BEAUTY OF CHINA
中国之美
自然生态图鉴
THE NATURAL ECOLOGICAL VIEW

中国野菜图鉴

刘全儒 编著

山西出版传媒集团
山西科学技术出版社

图书在版编目(CIP)数据

中国野菜图鉴/刘全儒编著. —太原：山西科学技术出版社，2015.2（2015.5重印）

ISBN 978-7-5377-5026-4

Ⅰ.①中… Ⅱ.①刘… Ⅲ.①野生植物-蔬菜-中国-图集 Ⅳ.① S647-64

中国版本图书馆 CIP 数据核字（2015）第 026150 号

中国野菜图鉴

出 版 人：张金柱
作 者：刘全儒
出 版 策 划：张金柱
责 任 编 辑：黄 聪
文 图 编 辑：高霁月
美 术 编 辑：罗小玲
责 任 发 行：阎文凯
版 式 设 计：孙阳阳
封 面 设 计：垠 子

出 版 发 行：山西出版传媒集团·山西科学技术出版社
地址：太原市建设南路21号 邮编：030012
编 辑 部 电 话：0351-4922134 0351-4922061
发 行 电 话：0351-4922121
经 销：各地新华书店
印 刷：北京艺堂印刷有限公司
网 址：www.sxkxjscbs.com
微 信：sxkjcbs

开 本：710mm×1000mm 1/16 印张：20
字 数：482千字
版 次：2015年4月第1版 2015年5月北京第2次印刷

书 号：ISBN 978-7-5377-5026-4
定 价：78.00元

本社常年法律顾问：王葆柯
如发现印、装质量问题，影响阅读，请与印刷厂联系调换。

前言 >>

　　从神秘莫测的史前生物到飞翔的鸟类，从鱼到虫，从田间地头不起眼的野花野草到美丽炫目的观赏花卉，有阳光雨露的地方就有植被和动物的繁衍及发展，它们创造着自然规律的发展变化，不断地改变着自然生态，将一个异彩纷呈、丰富多彩的大自然呈现在我们面前。本套丛书多角度展现了中国美丽的生物大世界，也展现了中国人运用智慧，利用自然，保护自然以及对大自然的深厚情感。

　　"中国之美·自然生态图鉴"丛书，包括《中国昆虫图鉴》《中国鱼类图鉴》《中国野菜图鉴》《中国野花图鉴》《中国观赏花卉图鉴》《中国恐龙图鉴》《中国鸟类图鉴》《中国蝴蝶与蛾类图鉴》《中国田野作物图鉴》《中国古动物化石图鉴》，共计10本，是国内首部大型辞典型自然科普图鉴，呈现了中国生命科学的研究新成果，是很有价值的生物工具书。

　　本套丛书由资深植物学、昆虫学、鱼类学、恐龙专家亲自撰稿，娓娓道来，科学权威。对于专业生物学家来说，研究大自然是他们一生的追求。对于普通人来说，自然的秘密更多地和青春、情感、记忆联系在一起，是一种情怀，是年少时笼中蝈蝈的鸣叫，是追捕蝴蝶的童真，是天空中鸟儿掠过的身影，是稻谷成熟的喜悦，也是"子非鱼，焉知鱼之乐"的辩论和思考，是人情的味道。这些味道，已经在中国人辛勤劳动和积累经验的时光中与丰富的情感混在一起，形成了中国人的生活态度和文化意象，如对土地的眷恋，对故乡的思念等。

　　本套丛书邀请了国内著名的写实插画团队绘制生物图片，栩栩如生，呼之欲出，可以直接让你叫出它们的名字。科技绘画为人类拓展着对生物的认识和反映，那艺术视觉的张力、记述场景的再现、融合着水土木的生态环境——反映着融合的生命力。艺术家们唯物辩证地认识生物世界，更有利于人类改造自然环境和创造生命力的发展空间。

目录
• Contents •

Herbages

草本篇

阿尔泰狗哇花

Heteropappus altaicus (Willd.) Novopokr.

● 形态特征 多年生草本，高20～40cm，全株被弯曲短硬毛和腺点。茎多由基部分枝，斜升。叶疏生或密生，呈条形、条状长圆形、披针形或近匙形，长2.5～10cm，宽0.7～1.5cm，端尖或钝，基部楔形，全缘。头状花序单生枝端或排列成伞房状，直径2～3cm；总苞片草质；舌状花淡蓝紫色，

管状花黄色，上端有5裂片，其中有1裂片较长。瘦果长圆状倒卵形；冠毛污白色或红褐色，糙毛状。花果期7～9月。

头状花序直径2～3cm

● 食用部位和方法
采集嫩茎、叶用沸水焯熟，然后换水浸洗，去除苦味，加入油盐调拌食用。

叶形多变

● 野外识别要点 全株被弯曲短硬毛和腺点，叶条形，全缘；头状花序单生枝端或排列成伞房状，舌状花淡蓝紫色，管状花黄色。

全株被硬毛和腺点

别名：阿尔泰紫菀。	科属：菊科狗哇花属。
生境分布：广泛生于荒漠草原、干草原和草甸草原地带，在沙质地、田边、路旁及村舍附近等处也有。分布于中国东北、华北及陕西、湖北、四川、甘肃、青海、新疆、西藏等地。	

凹头苋

Amaranthus ascendens Loisel.

● 形态特征 一年生草本。植株低矮，高不过30cm，茎自基部分枝，伏卧而上升，淡绿色或紫红色，全株无毛，叶片卵形或菱状卵形，长1.5～4.5cm，宽1～3cm，顶端凹缺，有1芒尖，基部宽楔形，全缘或稍呈波状，具短柄；花成簇腋生或呈穗状花序生于枝端，苞片及小苞片矩圆形，花被片3枚，淡绿色，顶端急尖，边缘内曲，背部有1隆起中脉；柱头3或2裂，果熟时脱落；胞果扁卵形，不裂，微皱缩而近平

滑，超出宿存花被片；种子环形，黑色至黑褐色，边缘具环状边。花期7～8月，果期8～9月。

● 食用部位和方法 幼苗及嫩茎叶可食，在春末夏初采收高7～10cm的幼苗和嫩茎叶，洗净，入沸水中焯一下，再用凉水浸泡，凉拌、炒食、做汤或做馅。

顶端凹缺，有1芒尖

● 野外识别要点
本种和皱果苋很相似，但凹头苋由基部分枝，茎伏卧而上升，叶顶端明显凹缺，花簇生，由基部叶腋一直生长到顶部；胞果微皱缩而近平滑，二者易区别。

花淡绿色

茎淡绿色或紫红色

别名：银子菜、人情菜、野苋菜。	科属：苋科苋属。
生境分布：常野生于田野、田间及地边，除内蒙古、宁夏、青海、西藏外，中国广泛分布。	

凹叶景天

Sedum emarginatum Migo

形态特征 多年生草本。植株低矮，茎细弱；叶对生，匙状倒卵形至宽卵形，长1～2cm，宽5～10mm，先端圆，有微缺，基部渐狭，叶面光滑，全缘，近无柄或有短柄；聚伞状花序顶生，常有3个分枝，花朵，无梗，萼片5个，基部有短距；花瓣5片，黄色，线状披针形至披针形；心皮5个，基部合生；略叉开，腹面有浅囊状隆起；种子细小，褐色。花果期5～6月。

食用部位和方法 嫩茎叶可食，在春季4～5月采摘，洗净，入沸水焯熟后，凉拌、炒食或炖食。

野外识别要点 本种茎带紫红色，叶肉质，对生，匙状倒卵形，先端微缺；聚伞状花序，花黄色，萼片、花瓣、鳞片、心皮均为5个；种子褐色。

聚伞花序常有3个分枝

茎带紫红色

叶对生，先端微缺

根茎节部生须根

别名：	石板菜、九月寒、石板还阳、岩板菜。	科属：	景天科景天属。

生境分布： 常野生于海拔600～1800m的山坡阴湿处，主要分布于中国西南、西北南部和华东地区。

巴天酸模

Rumex patientia L.

形态特征 多年生草本。株高90～150cm，茎直立，粗壮，具深沟槽，上部分枝；基生叶长圆形或长圆状披针形，长15～30cm，宽5～10cm，顶端急尖，基部圆形或近心形，边缘波状；叶柄粗壮，长5～15cm；茎上部叶较小，披针形，全缘，近无柄；托叶鞘筒状，膜质，易破裂；大型圆锥状花序，花两性，花梗细弱，中下部具关节，关节果时稍膨大；花被6片，排列成两轮，果时内轮花被片增大成宽心形，有网纹，一枚或全部有瘤状突起；瘦果卵形，具3锐棱，顶端渐尖，褐色。花期5～6月，果期6～7月。

食用部位和方法 嫩叶可食，春季采摘，洗净，可直接生食，也可焯熟，凉拌、炒食、做汤或蒸食，还可腌渍。

野外识别要点 本种基生叶边缘波状，叶柄粗壮；茎上部叶全缘，近无柄；托叶鞘筒状，易破裂；花梗中部关节在果期增大，花被6片，两轮生，果实内轮花被片增大成宽心形，一枚或全部有瘤状突起。

大型圆锥状花序

叶大型，边缘波状

别名：	洋铁酸模、洋铁叶、牛舌头棵。	科属：	蓼科酸模属。

生境分布： 生于海拔20～4000m的水沟边、田边、路旁或村庄附近的湿地，分布于中国东北、华北、西北及山东、湖南、湖北、四川、西藏等地。

白苞蒿

Artemisia lactiflora Wall. ex DC.

- **形态特征** 多年生直立草本。株高80～150cm，全株无毛，茎直立，下部叶花时凋落；中部叶有柄和假托叶，叶片长5.5～14cm，宽4.5～10cm，一至二回羽状深裂至羽状全裂，每侧有裂片3～5枚，裂片卵形至长椭圆形状披针形，锯齿深或浅，两面光滑无毛，先端渐尖、长尖或钝尖，边缘常有细裂齿、锯齿或近全缘，中轴微有狭翅；叶柄长2～5cm，两侧有时有小裂齿，基部具细小的假托叶；上部叶无柄，略小；头状花序黄白色，直径约2mm，密集成穗状，再构成大型圆锥花序；总苞片薄膜质，白色，3～4层，最外层较短，卵形，内层椭圆形，花浅黄色，雌花3～6朵，两性花4～10朵，均发育；瘦果椭圆形，长约1.5mm。花果期7～10月。

- **食用部位和方法** 春季采取嫩苗、嫩茎叶，入沸水焯熟后，凉拌或直接炒食。

- **野外识别要点** 本种无毛，叶片一至二回羽状深裂至羽状全裂，每侧有裂片3～5枚；头状花序黄白色，密集成穗状，再构成大型圆锥花丛；总苞片白色。

别名：秦州菴间子、鸭脚艾、鸡甜菜、四季菜、白花蒿、广东刘寄奴、甜菜子、野芹菜、白花艾、鸭脚菜、珍珠菊、土三七、肺痨草、野红芹菜、白米蒿、红姨妈菜。	科属：菊科蒿属。
生境分布：生于海拔900～2000m的林下、林缘、山沟、灌丛或路边，中国秦岭以南各省区的大部分地区均有分布。	

白车轴草

Trifolium repens L.

- **形态特征** 多年生草本。植株低矮，主根短，侧根和须根发达，茎匍匐蔓生，节上生根，无毛；掌状三出复叶，叶柄长10～30cm，托叶卵状披针形，膜质，基部抱茎成鞘状；小叶倒卵形至近圆形，先端凹头至钝圆，基部渐窄至小叶柄，中脉在下面隆起，侧脉约13对，叶面无毛，叶背疏生柔毛，边缘有细锯齿，叶柄短，微被柔毛；球形花序顶生，总花梗长，花20～50朵，苞片披针形，花梗开花立即下垂；萼钟形，具脉纹10条，萼齿5；花冠白色、乳黄色或淡红色，具香气；荚果长圆形，种子通常3粒。花果期5～10月。

- **食用部位和方法** 白车轴草营养丰富，富含蛋白质，一般在春末夏初采摘，洗净，入沸水煮5～10分钟捞出，沥干水分，切断，凉拌食用，也可炒食或煮汤。

- **野外识别要点** 本种茎匍匐，三出复叶，小叶先端凹头至钝圆，叶轴、叶柄、叶背有柔毛；花白色、乳黄色或淡红色；荚果含种子2～4粒。

球形花序顶生

掌状三出复叶

叶柄长10～30cm

托叶基部抱茎成鞘状

茎匍匐蔓生，节上生根

别名：白三叶、荷兰翘摇、白花三叶草、白三草、车轴草、三叶草。	科属：豆科车轴草属。
生境分布：常生长在山沟、草地、河岸及路边等处，中国各地多有引种栽培，贵州一带有野生。	

白花败酱

Patrinia villosa Juss.

形态特征

多年生草本，高达1m。地下茎细长，地上茎直立，密被白色倒生粗毛或仅两侧各有1列倒生粗毛。基生叶簇生，卵圆形，边缘有粗齿，叶柄长；茎生叶对生，卵形或长卵形，长4～10cm，宽2～5cm，先端渐尖，基部楔形，1～2对羽状分裂，基部裂片小；上部不裂，边缘有粗齿，两面有粗毛，近无柄。伞房状圆锥聚伞花序，花序分枝及梗上密生粗毛或仅两列粗毛；花萼不明显；花冠白色，直径4～6mm。瘦果倒卵形，基部贴生在增大的圆翅状膜质苞片上，苞片近圆形。花期5～6月。

聚伞花序

茎两侧倒生粗毛

叶缘有粗齿

根散发腐臭味

食用部位和方法

同异叶败酱。

野外识别要点

根有浓烈的腐臭味，茎两侧常各有1列倒生粗毛，叶对生，花白色；瘦果基部贴生在增大的圆翅状膜质苞片上。

别名：苦益菜、萌菜。	科属：败酱科败酱属。
生境分布：生于海拔50～2000m山地的溪沟边、山坡疏林下、林缘、路边、灌丛及草丛中。广泛分布于除西北以外的全国大部分地区。	

白花菜

Cleome gynandra L.

形态特征

一年生直立草本。株高约1m，全株密生黏质柔毛，有臭味，根系不发达，茎直立，多分枝；掌状复叶，小叶3～7片，顶生小叶最大，侧生小叶渐小，叶倒卵状椭圆形、倒披针形或菱形，先端尖，基部楔形至渐狭延成小叶柄，两面近无毛，边缘有细锯齿或腺纤毛；掌状复叶具长叶柄，小叶具短柄或近无；总状花序顶生，苞片由3枚小叶组成，花梗短，萼片分离，被腺毛；花瓣4枚，白色或带红晕，倒卵形，基部有长爪，雄蕊6，伸出花冠外；蒴果圆柱形，有纵条纹；种子肾形，熟时黑褐色。花果期7～10月。

食用部位和方法

嫩茎叶可食，从春到秋可陆续在不断长出的新枝上采摘，但以花瓣微露出时采摘最佳，通常腌制后生食、炒食或晒成干菜，具有提神生津、开胃健脾的效果。腌制法：准备：白花菜嫩叶1kg，盐200g。做法：将嫩叶洗净、切碎，放入盆中，一边轻揉一边放入盐，直到能捏成团；再等菜色由草绿色变为深绿色时，放入罐中，密封3～4天后即可食用。

蒴果长3～8cm

野外识别要点

本种掌状复叶，苞片由3枚小叶组成；花瓣4枚；雌、雄蕊明显。

掌状复叶，小叶3～7片

植株有黏毛和臭味

别名：羊角菜、白花草、香菜。	科属：山柑科白花菜属。
生境分布：常野生于草丛中、沟谷、河岸边及田边，是常见杂草，广泛分布于中国各地，以长江中下游地区较多。	

白花鬼针草

Bidens pilosa L. var. *radiata* Sch.-Bip

· 形态特征 一年生草本。株高30～100cm，茎直立，钝四棱形，无毛或上部被极稀的柔毛；茎下部叶较小，3裂或不分裂，通常在开花前枯萎；中部叶三出复叶，小叶常3枚，长椭圆形或卵状椭圆形，长2～4.5cm，宽1.5～2.5cm，先端锐尖，基部阔楔形或渐狭，边缘有锯齿，叶柄短；上部叶小，3裂或不分裂，条状披针形。头状花序，总苞基部被柔毛，苞片7～8枚，条状匙形；舌状花5～7枚，白色，先端钝或有缺刻；盘花筒状冠檐5齿裂。瘦果黑色，条形，先端芒刺3～4枚，具倒刺毛。花果期6～9月。

· 食用部位和方法 同鬼针草。

成熟果实
白色舌状花
芒刺3～4枚
瘦果条形
中部叶为三出复叶
茎钝四棱形

· 野外识别要点 在野外，本种常与鬼针草混生，但舌状花5～7枚，白色，这一特征不变，易区别。

别名：金杯银盏、山叶鬼针草、金盏银盆、盲肠草。	科属：菊科白花鬼针草属。
生境分布：常野生于荒野、村旁及路边，分布于中国华东、华中、华南、西南等地区。	

白花碎米荠

Cardamine leucantha (Tausch) O. E. Schulz.

· 形态特征 多年生草本。株高30～80cm，地下根状茎细长，地上茎直立，不分枝，具纵槽，被柔毛；叶为奇数羽状复叶，小叶2～3对，宽披针形，长达6cm，宽达3cm，先端渐尖，基部宽楔形，幼时叶背密生短硬毛，边缘有锯齿；叶柄长1.5～6cm，上部侧生小叶有时无柄；总状花序顶生，花密集，白色，花梗极短，花瓣4枚；长角果条形，具宿存花柱，顶端具喙，散生柔毛，果梗近直展，种子卵形，熟时栗褐色。花果期6～7月。

· 食用部位和方法 幼苗及嫩茎叶可作野菜食用，4～5月采收高约15cm的幼苗或嫩茎叶，洗净，入沸水焯一下，再用凉水浸泡片刻，炒食。

花瓣呈"十"字形
细长的根茎
叶缘有锯齿
奇数羽状复叶

· 野外识别要点 本种茎不分枝，奇数羽状复叶，嫩叶密生短硬毛；花密集，花瓣4枚，呈"十"字形，白色；长角果条形，顶端具喙。

别名：白花菜、山芥菜、假芹菜、白花野芝麻、白花石芥菜。	科属：十字花科碎米荠属。
生境分布：常生长在山地、林缘或沟谷湿草地，分布于中国东北、华北、西北及江苏、浙江、湖北、四川等地。	

白茅

成熟果序

Imperata cylindrica (L.) Beauv.

● **形态特征** 多年生草本。株高30～100cm，根茎白色，匍匐横走，密被鳞片。秆直立，圆柱形，丛生，具1～3节，无毛，基部被多数老叶及残留的叶鞘；叶鞘质地厚，老后破碎，呈纤维状；叶舌膜质，背部或鞘口具柔毛；叶线形或线状披针形，根生叶长约20cm，扁平，质地较薄；茎生叶长1～3cm，通常内卷，顶端渐尖，呈刺状，下部渐窄或具柄，质硬，被白粉，基部具柔毛，叶鞘褐色，叶柄具短舌。圆锥花序紧缩成穗状，顶生，小穗成对排列在花序轴上，花两性，每穗具花1朵，基部被白色丝状毛。颖果椭圆形，暗黄色，成熟时序被白色毛。花果期5～7月。

● **食用部位和方法** 嫩芽可食，春季采摘，剥去外皮，取里面的嫩心直接食用。

● **野外识别要点** 本种春花先叶开放，花穗成对排列在花序轴上，基部密生白毛；颖果暗黄色。

扁平叶长约20cm
穗状花序
秆圆柱形
根茎匍匐横走

别名：茅、茅针、茅根、兰根、茹根、白花茅根、地节根、甜草根、寒草根。	科属：禾本科白茅属。
生境分布：常野生于河岸草地、沙质草甸、荒漠与海滨，主要分布于我国辽宁、河北、山东、山西、陕西、新疆等北方地区。	

白香草木樨

Melilotus albus Desr.

● **形态特征** 二年生草本。株高50～150cm，茎多分枝。三出羽状复叶，互生，叶片椭圆形或披针状椭圆形，先端微凹，基部楔形，叶面近无毛，叶背散生短柔毛，边缘具疏牙齿；叶柄长1～2cm；托叶锥状。总状花序，花梗极短，萼齿三角形，与萼筒等长；花白色，旗瓣较翼瓣稍长，与龙骨瓣等长；子房披针形，含胚珠3～4粒。荚果卵球形，灰棕色，无毛，先端具喙，有网纹；种子通常1～2粒，灰黄色至褐色，平滑或具小疣状突起。花果期6～9月。

● **食用部位和方法** 嫩叶可食，春季采摘，洗净，入沸水焯熟，再用清水浸洗，加入油盐调拌食用。

● **野外识别要点** 植株有香气，三出羽状复叶，小叶边缘具疏牙齿；花白色；荚果卵球形。

总状花序，花白色
三出羽状复叶，叶缘疏生牙齿
叶背散生短柔毛
成熟种子
成熟荚果
茎多分枝

别名：白香草木樨、白甜车轴草。	科属：豆科草木樨属。
生境分布：生于山坡草丛、田野、田间或林缘等潮湿处，主要分布于中国东北、华北、西北及西南地区。	

白芷

根状茎晒干后，可以作药材

Angelica dahurica (Fisch. ex Hoffm.) Benth. et Hook. f.

• 形态特征 多年生草本，高可达2.5m。茎粗大，基部粗5～9cm，中空，通常呈紫红色，基部光滑无毛，近花序处有短柔毛。茎下部的叶大；叶柄长，基部扩大，呈鞘状抱茎；叶为2～3回羽状分裂，最终裂片卵形至长卵形，长2～6cm，宽1～3cm，先端锐尖，边缘有尖锐的重锯齿，基部下延成小柄；茎上部的叶较小，叶柄全部扩大成卵状的叶鞘，叶片两面均无毛，仅叶脉上有短柔毛。复伞形花序顶生或腋生，总花梗长10～30cm；总苞缺或呈1～2片膨大的鞘状苞片，

小总苞14～16个，狭披针形；花白色。双悬果扁平椭圆形或近于圆形，分果具5果棱，侧棱呈翅状。花期6～7月，果期7～9月。

复伞形花序，花白色

茎中空，常呈紫红色

• 食用部位和方法 春季采摘嫩茎，剥皮后洗净，用水焯后凉拌或炒食。

• 野外识别要点 有芹菜味；茎干紫色，粗壮；叶2～3回羽状分裂，末回裂片边缘有尖锐重锯齿；双悬果侧棱翅状。

别名：兴安白芷、河北独活、大活、香大活、走马芹、狼山芹。	科属：伞形科当归属。
生境分布：多生于河岸、溪边、林下，分布于东北及华北等地。	

白子菜

Gynura divaricata (L.) DC.

• 形态特征 多年生草本。株高30～60cm，茎直立，木质，干时具条棱，稍带紫色。叶通常集中于下部，卵形、椭圆形或倒披针形，质厚，两面被柔毛，叶面绿色，叶背带紫色，侧脉3～5对，网脉干时呈清晰的黑线，边缘具粗齿或提琴状裂，叶柄短，有柔毛，基部具耳；茎上部叶渐小，狭披针形或线形，无柄。头状花序常3～5个排成疏伞房状圆锥花序，花序梗长，密被短柔毛；总苞钟状，基部有数个线状或丝状小苞片；花橙黄色，有香气，花冠管部细，上部扩大，裂片顶端红色。瘦果圆柱形，褐色，具10条肋，被微毛，冠毛白色。花果期7～10月。

• 食用部位和方法 嫩叶可食，春季采摘，洗净，入沸水焯熟后，再用凉水浸泡去除苦涩味，凉拌、炒食、煮食或做馅均可。

花橙黄色

茎直立，稍带紫

叶集中于下部，质厚

总苞钟状

花序梗长

• 野外识别要点 本种茎干时具条棱；叶集中生于下部，叶背带紫色，网脉干时呈清晰的黑线，叶边缘具粗齿、提琴状裂或羽状分裂；花橙黄色，有香气。

别名：鸡菜、大肥牛、叉花土三七、白东枫、玉枇杷、三百棒、厚面皮、白背三七。	科属：菊科菊三七属。
生境分布：生长于海拔100～1800m的山坡草地、林缘、田边或村舍附近的潮湿处，主要分布于中国云南、广东、海南及香港。	

百里香

Thymus mongolicus Ronn.

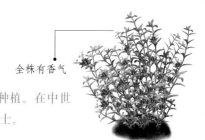

全株有香气

百里香是一种芳香草本，现在被作为美食的香料而广泛种植。在中世纪欧洲，人们认为百里香象征勇气，所以常把它赠给出征的骑士。

● **形态特征** 半灌木。株高15～30cm，有香味，茎多数，匍匐或上升，不育枝从茎的末端或基部生出，被短柔毛；叶卵圆形，较小，先端钝或稍锐尖，基部楔形或渐狭，侧面2～3对，腺点明显，通常全缘，叶柄向上渐短；花枝高2～10cm，密被向下弯曲或稍平展的疏柔毛，花序头状，苞叶与叶同形，花具短梗，花萼管状钟形或狭钟形，内面在喉部有白色毛环；花冠紫红、紫或淡紫、粉红色，冠筒伸长，向上稍增大；小坚果近圆形或卵圆形，压扁状，光滑。花期6～8月。

● **食用部位和方法** 嫩叶可食，春季采摘，洗净，入沸水焯熟后，凉拌、炒食或做馅。另外，百里香还可作调料食用，在欧洲，人们经常在炖肉、煎蛋或做汤时放入，增加香味；中国则将百里香叶晒干，用来冲茶饮，被称为上品。

● **野外识别要点** 本种全株有香味，茎被柔毛，叶面有腺点，头状花序，花紫色或粉红色，果光滑。

蕊伸出冠筒

花冠筒长，向上增大

叶卵形，腺点明显

花萼管状钟形
或狭钟形

苞叶与叶同形

茎紫红色

别名：千里香、地椒叶、地角花、地椒、山椒。	科属：唇形科百里香属。
生境分布：多生长于海拔1100～3600m的山地、斜坡、山谷、山沟、路旁及杂草丛中，分布于中国甘肃、陕西、青海、山西、河北、内蒙古等地。	

草本篇

荸荠

Heleocharis dulcis (Burm. f.) Trin.

荸荠表皮紫黑色，肉质洁白，味甜多汁，清脆可口，自古就有"地下雪梨"之美誉，北方人视之为"江南人参"。荸荠既可作水果，又可作蔬菜，是深受大众喜爱的时令之品。

· **形态特征** 多年生草本。株高15～60cm，地下根状茎细长而匍匐，茎顶端生扁球形块茎，深栗色，俗称叶荸荠；地上茎直立，圆柱形，中空，丛生，不分枝，有多数横隔膜，干后表面有节，灰绿色，无毛；叶退化，只在基部具2～3个叶鞘，膜质，绿黄色、紫红色或褐色，鞘口斜，顶端急尖；小穗顶生，圆柱状，多数花，在小穗基部有两片鳞片中空无花，抱小穗基部一周，其余鳞片全有花，松散地覆瓦状排列，灰绿色；小坚果宽倒卵形，成熟时棕色，光滑。花果期5～10月。

· **食用部位和方法** 荸荠口感甜脆，营养丰富，含有蛋白质、脂肪、粗纤维、胡萝卜素等营养物质，秋季采挖，洗净，可直接生吃，也可凉拌、煮食、炒食，或制作淀粉。

· **野外识别要点** 本种地下茎生有深栗色块茎，叶退化，只在茎基部有少数叶鞘；小穗顶生，花多，灰绿色。

小穗顶生，圆柱状

茎圆柱形，中空

叶退化，只在基部具2～3个叶鞘

根状茎细长而匍匐

成熟块茎，俗称荸荠

成熟和剥皮的荸荠，口感甜脆，营养丰富

多野生于池塘、水沟等湿地中

别名：马蹄、水栗、地栗、乌芋、菩荠。	科属：莎草科荸荠属。
生境分布：常野生于浅水、池塘、水沟等湿地，主要分布于中国南方。	

萹蓄

Polygonum aviculare L.

花生于叶腋

• 形态特征 一年生草本。株高20～50cm，茎平卧或斜上，基部多分枝，具明显的节及纵沟纹，嫩枝有棱角；叶互生，狭椭圆形或披针形，草质，灰白色，无毛，全缘；叶柄短或近无柄，基部具关节；茎上托叶鞘宽，短而尖，下部褐色，上部白色，撕裂脉明显；小枝托叶鞘膜质，抱茎，透明，具光泽；花6～10朵簇生于叶腋，花梗细而短，顶部具关节；苞片及小苞片均为白色透明膜质；花被椭圆形，绿色，边缘白色，果期变为粉红色；花丝短，基部扩展；子房长方形，柱头头状；瘦果卵形，具3棱，包于宿存花被内，仅顶端稍露出，成熟时黑褐色，具细纹及小点。花期6～8月，果期9～10月。

• 食用部位和方法 嫩茎叶可食，4～5月采收，洗净，沸水烫一下，换水浸泡片刻，凉拌、炒食或切碎后和面蒸食，也可晒干作干菜。

菜谱——蒸萹蓄。

食材：鲜嫩萹蓄苗500g，精盐、味精、酱油、醋、香油、大蒜、红油各适量。

做法：将萹蓄苗洗净，沥干水分，加入少量盐和味精，拌匀；在笼屉上铺纱布，把萹蓄苗均匀摊放在纱布上，大火蒸熟，等晾凉后装盘；将大蒜捣成泥状，加少许精盐、味精、酱油、香油、红油对成汁，倒适量于盛萹蓄的盘中，拌匀可食。具有清热、利湿、利尿的食疗功效。

• 野外识别要点 本种叶互生，叶片灰白色、无毛；茎生托叶鞘短而尖，下部褐色，上部白色，枝生托叶鞘抱茎，透明；花白色或淡红色；小瘦果带花被，成熟时黑褐色。

小枝托叶鞘膜质，抱茎

花瓣5深裂，果期变为粉红色

单叶互生，灰白色

全株被白粉

茎具明显的节及纵沟纹

根茎多分枝

别名：扁竹、扁竹蓼、竹叶草、扁猪牙、猪牙菜、道生草、牛筋草。	科属：蓼科蓼属。
生境分布：一般野生于荒野、河边沙地、田边或路旁，海拔可达4000m，广泛分布于中国南北各地。	

变豆菜

Sanicula chinensis Bunge

花和幼果

● 形态特征

多年生草本。株高可达1m，根茎短缩而不明显，具多数须根，茎直立，无毛，具纵沟，上部叉状分枝；叶圆肾形至圆心形，通常掌状3裂，偶5裂，中间裂片倒卵形，具1条主脉，叶柄极短或近于无，两侧裂片常各有1深裂，裂口深达基部1/3～3/4，所有叶面绿色，叶背淡绿色，边缘具大小不等的重锯齿；基生叶和茎下部叶具长柄，茎中上部叶柄短，柄基部扩大抱茎；复伞形花序2～3回叉式分枝，每个伞形花序具花5～10朵，总苞片叶状，通常3深裂；小总苞片8～10片，卵状披针形或线形；花白色，萼齿窄线形，顶端渐尖；花瓣长倒卵形，顶端内折；花瓣及雄蕊不超出萼齿；双悬果卵圆形，密布硬刺，顶端钩状，基部膨大。花果期6～8月。

● 食用部位和方法 幼苗

可食，4～6月采收，洗净，入沸水焯一下，再换清水浸泡10分钟左右，凉拌、炒食、做馅或腌制均可。

● 野外识别要点

本种叶掌状3裂，偶5裂；花白色，花瓣及雄蕊不超出萼齿；双悬果密被硬刺。

复伞形花序2～3回叉式分枝

叶通常掌状3裂

株高可达1m，茎直立

别名：蓝布正、山芹菜、鸭脚板、紫花芹、白梗芹、鸭巴掌、碗儿菜。	科属：伞形科变豆菜属。
生境分布：常生长在林缘、杂木林、灌丛或沟谷路旁，分布于中国东北、西北、华东、中南及西南地区。	

播娘蒿

Descurainia sophia (L.) Webb. ex Prantl

成熟长角果和种子

花瓣黄色

萼片背面有细柔毛

● 形态特征

一年生草本。株高20～80cm，全株被叉状柔毛，下部茎生叶多，向上渐少；茎直立，多分枝；叶为2～3回羽状深裂，末端裂片条形或长圆形，下部叶具柄，上部叶无柄；总状花序顶生，果期伸长；萼片线形，直立，背面有分叉细柔毛，常早落；花瓣4枚，黄色，长圆状倒卵形；长角果圆筒状，稍向上弯曲；种子长圆形，棕褐色，表面有细网纹。花期5～7月。

● 食用部位和方法 幼苗和

嫩茎叶可食，在春、夏季采摘，洗净，入沸水焯一下捞出，再用凉水反复漂洗去除苦味，凉拌、炒食或做馅。

● 野外识别要点

本种全株有柔毛，下部叶密集，具柄，上部叶稀疏，常无柄，叶2～3回羽状深裂，总状花序，花黄色，长角果，种子棕褐色。

地下根茎发达

叶2～3回羽状深裂

别名：野芥菜、南葶苈子、麦蒿、黄花草、米篙。	科属：十字花科播娘蒿属。
生境分布：常野生于山坡、荒野、沟谷、田边及村旁，除华南地区，中国各地均有分布。	

薄荷

花语：美德

Mentha haplocalyx Briq.

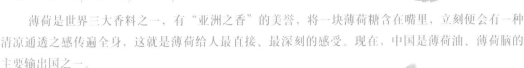

嫩茎叶可食用或泡饮

薄荷是世界三大香料之一，有"亚洲之香"的美誉，将一块薄荷糖含在嘴里，立刻便会有一种清凉通透之感传遍全身，这就是薄荷给人最直接、最深刻的感受。现在，中国是薄荷油、薄荷脑的主要输出国之一。

形态特征 多年生草本。株高30～80cm，具匍匐状根茎，地上茎直立，多分枝，四棱形，具4槽，无毛或略具倒生的柔毛；单叶对生，叶形变化大，披针形、卵状披针形、长圆状披针形至椭圆形，先端锐尖，基部楔形至近圆形，侧脉5～6对，叶面深绿色，叶背淡绿色，边缘有齿，具叶柄；轮伞花序腋生，球形，花梗有或无，萼管状钟形，外具微柔毛及腺点；花冠淡紫色至白色，4裂，喉部内部微被柔毛；小坚果卵珠形，成熟时黄褐色，具小腺窝。花期7～9月，果期10～11月。

食用部位和方法 嫩茎叶可食，一般在春末夏初采摘，洗净，入沸水焯一下，再用清水浸泡片刻，凉拌、炒食或掺面蒸食均可，也可榨汁或作调味剂、香料，还可配酒、冲茶等。

野外识别要点 本种轮伞花序腋生，球形，花冠淡紫色至白色，4裂；叶对生，披针形，边缘具大小几乎相同的三角状齿。

轮伞花序腋生，聚合成球形

侧脉5～6对

叶形变化大，边缘有齿

小枝

花冠4裂，淡紫色至白色

茎四棱形，具4槽，倒生柔毛

别名：野薄荷、南薄荷、仁丹草、水益母、接骨草、水薄荷、鱼香草。	科属：唇形科薄荷属。
生境分布： 喜生于水旁潮湿地，主要分布于中国河北、江苏、江西及四川等地。	

菜蕨

Callipteris esculenta (Retz.) J. Sm. ex Moore et Houlst.

- **形态特征** 多年生草本。植株高矮不等，根状茎直立，密被鳞片，鳞片狭披针形，褐色，边缘有细齿；叶簇生；能育叶长60～120cm，叶柄长50～60cm，褐禾秆色，基部疏被鳞片；叶片三角形或阔披针形，长60～80cm，宽30～60cm，先端羽裂渐尖，下部1～2回羽裂；羽片12～16对，互生，斜展，下部的有柄，阔披针形，羽状分裂或一回羽裂，上部的近无柄，线状披针形，边缘有齿或浅羽裂；小羽片8～10对，互生，平展，近无柄，狭披针形，两侧稍有耳，边缘有锯齿或浅羽裂（裂片有小锯齿）；叶脉在裂片上羽状，小脉8～10对，斜向上，下部2～3对通常连结；叶轴平滑，无毛，羽轴上面有浅沟，光滑或偶被浅褐色短毛；孢子囊群多数，线形，几生于全部小脉上，达叶缘；囊群盖线形，膜质，黄褐色，全缘。

- **食用部位和方法** 嫩叶可食，4～5月采摘株高8～10cm的鲜绿的卷状嫩幼叶，洗净，入沸水中焯熟，再用清水洗几遍，蘸酱、炒食、做汤或凉拌均可。

- **野外识别要点** 本种叶簇生，1～2回羽裂，羽片12～16对，互生，斜展，下部的有柄，上部的无柄；孢子囊线形或短线形，通直或微弯。常生于河边湿地，容易识别。

孢子囊群线形，生于脉上

上部羽片无柄

植株高矮不等，常生于河岸等湿地

小羽片边缘有齿或浅羽裂

叶轴平滑

叶片三角形或阔披针形，1～2回羽裂

能育叶长60～120cm

别名： 过沟菜蕨。	**科属：** 蹄盖蕨科菜蕨属。
生境分布： 生于海拔100～1200m的山谷林下或河沟边等湿地，主要分布于中国华南沿海及贵州、云南等省。	

蚕茧草

Polygonum japonicum Meisn.

形态特征

一年生草本。株高可达1m，地下根状茎横走，茎直立，淡红色，常无毛，节部膨大；叶披针形，薄草质，长7～15cm，宽1～2cm，两面疏生短硬伏毛，或仅叶脉及叶缘有刺伏毛，全缘，叶柄短或近无柄；托叶鞘筒状，膜质，具硬伏毛；穗状花序，长6～12cm，通常数个集成圆锥状；苞片漏斗状，绿色，上部淡红色，具缘毛，每苞内具3～6花，花梗短，花白色，花被长椭圆形，5深裂；瘦果卵圆形，两面凸出，黑色，具光泽。花期7～9月，果期9～11月。

穗状花序，花白色

食用部位和方法

幼苗及嫩茎叶可食，春季、夏季采摘，洗净，入沸水焯熟后，凉拌、炒食或做汤。

野外识别要点

本种茎淡红色，无毛，叶两面疏生短硬伏毛，全缘；穗状花序，花白色，果黑色。

茎淡红色，节部膨大

别名：	紫蓼、小蓼、水咙蚣。	科属：	蓼科蚕茧草属。
生境分布：	常野生于山坡、水沟边、山谷草地及路边湿地，海拔可达1700m，主要分布于中国陕西、安徽、江苏、湖北、四川、云南、浙江、福建、广东及台湾等地。		

草本威灵仙

Veronicastrum sibiricum (L.) Pennell.

形态特征

多年生草本。株高约1m，根状茎横走，茎直立，不分枝，被短曲毛；叶3～9枚轮生或对生，叶片宽卵形或长圆状披针形，长可达15cm，宽达6cm，先端尖，基部渐狭至柄，两面被短毛，边缘有三角形锯齿，近无柄；穗状花序顶生，偶有小花序腋生，花序轴被短腺毛，花梗极短；花萼筒5裂；花冠紫色或蓝色，筒状，上部4裂，裂片开展，内面有毛；雄蕊2枚，稍伸出花冠外；蒴果卵形。花期7～8月，果期8～9月。

叶3～9枚轮生或对生

穗状花序顶生，紫色或蓝色

食用部位和方法

嫩茎叶可食，在4～6月采收，洗净，沸水焯后，换清水浸泡，炒食、做汤或生吃。

野外识别要点

本种叶常3～9枚轮生，叶两面有短柔毛，边缘具三角形齿；穗状花序，花紫色或蓝色；雄蕊稍伸出花冠。

株高约1m，茎被短曲毛

别名：	九轮草、山鞭草、八叶草、狼尾巴花、救星草、轮叶婆婆纳。	科属：	玄参科腹水草属。
生境分布：	多野生于林缘、坡地、草地或路旁，主要分布于中国西北部。		

15

苍术
Atractylodes lancea (Thunb.) DC.

根茎晒干可
入药材

● **形态特征** 多年生草本。株高30～100cm，根状茎粗长，通常呈疙瘩状，生多数不定根；茎直立，中部以下常紫红色，有时上部分枝；基生叶花期脱落；茎中下部叶长椭圆形或长倒卵形，长可达15cm，宽达8cm，通常3～5回羽状深裂或半裂，基部宽楔形，或扩大半抱茎，或渐狭成柄；顶裂片偏斜卵形、卵形或椭圆形，侧裂片1～3对，椭圆形、长椭圆形或倒卵状长椭圆形；茎中上部叶不分裂或有时分裂，倒卵状长椭圆形或长椭圆形，叶基偶有1～2对三角形刺齿裂；全部叶质地硬，无毛，边缘或裂片边缘有针刺状缘毛、三角形刺齿或重刺齿；头状花序顶生枝端，总苞钟状，苞叶针刺状羽状裂，总苞片5～7层，覆瓦状排列，中内层苞片上部有时变成红紫色，全部苞片边缘有稀疏蛛丝毛；小花白色；瘦果倒卵圆状，基部连合成环，有稠密的白色长直毛。花期7～9月，果期9～10月。

● **食用部位和方法** 幼苗及嫩叶可食，在4～5月采摘，洗净，入沸水焯熟后、炒食、做汤、熬粥或和面蒸食均可。

● **野外识别要点** 叶互生，无柄，3～5回羽状浅裂至深裂，边缘有针刺或锐锯齿；头状花序单生茎顶，外围为羽状分裂的苞叶，苞叶裂片边缘有刺齿。

茎中下部叶通常3～5
回羽状深裂或半裂

头状花序
单生茎顶

茎中部以下常
紫红色

根状茎粗长，通
常呈疙瘩状

叶缘有针刺
状缘毛或锐
锯齿

不定根细长

脉在叶背隆起

别名：北苍术、青术、赤术、仙术。	科属：菊科苍术属。
生境分布：常野生于山坡、草地、杂林、灌丛及石缝中，分布于中国东北、华北、西北、华中及四川等地。	

糙叶败酱

Patrinia scabra Bunge

花冠呈漏斗状钟形

• 形态特征 多年生草本。株高20～60cm，茎多丛生，有分枝，被短糙毛；基生叶花期枯萎，倒卵长圆形或卵形，羽状裂或不分裂而边缘具缺刻，裂片长圆状披针形至条形，顶生裂片再裂或具缺刻齿，具短柄或无；茎生叶对生，长圆形或椭圆形，质厚，羽状深裂至全裂，顶端裂片大而长，全缘或具缺刻状钝齿，叶柄短，上部叶无柄；伞房状聚伞花序顶生，最下分枝处总苞片羽状全裂，上部分枝总苞片较小；花密生，花冠漏斗状钟形，黄色，花冠筒基部一侧有浅的囊肿，口部裂片长圆形或卵圆形；瘦果长圆柱状，具短果柄，与增大膜质苞片贴生，翅状苞片常带紫色，顶端3裂。花期7～9月，果期8～9月。

• 食用部位和方法 嫩叶可食，春季采摘，洗净，入沸水焯熟，再用凉水漂洗几遍，加入油盐调拌即可。

• 野外识别要点 糙叶败酱与异叶败酱很像，采摘时注意：前者茎生叶琴状羽裂，裂片较宽，质地薄；后者茎生叶羽状深裂，裂片狭窄，质地厚。

伞房状聚伞花序顶生

株高20～60cm

上部叶无柄

顶生裂片再裂或具缺刻齿

茎生叶对生，羽状深裂至全裂

别名：墓头回。	科属：败酱科败酱属。
生境分布：常生长在山坡、草甸、林下或岩石缝，分布于中国内蒙古、山西、河南、河北、甘肃等省区。	

草甸碎米荠

Cardamine pratensis L.

● **形态特征** 多年生草本。植株低矮，全株近无毛；根状茎短，密生短的纤维状须根；茎单一、直立、表面有沟棱；羽状复叶，基生叶具细长叶柄，柄有时带紫色，疏生短柔毛，小叶2～6对，顶生小叶三角状卵形，侧生小叶稍小，卵形，全缘，具小叶柄；茎生叶具短叶柄或近无叶柄，下部叶具小叶4～5对，上部的2～3对，顶生小叶线形或倒卵状楔形，顶端有时有3浅圆齿，通常全缘，侧生小叶线形，顶端尖，全部小叶均无柄；总状花序顶生，着生花10余朵，花梗细，萼片卵形，基部带囊状；花瓣淡紫色，稀白色；长角果线形，果梗斜升开展。花果期5～8月。

花淡紫色，稀白色

● **食用部位和方法** 嫩茎叶可食，春季采摘，洗净，入沸水焯一下，凉拌、炒食、做汤或做馅。

● **野外识别要点** 本种全株近无毛，根茎密生纤维状须根；羽状复叶，基生叶具细长的叶柄，小叶2～6对，具小叶柄；茎生叶具短叶柄或近无柄，小叶2～5对，无小叶柄；总状花序，着花十余朵，淡紫色。

长角果线形

别名：诺古音一照古其。	科属：十字花科碎米荠属。
生境分布：生长于海拔300～1100m的疏林、草地、河边或溪旁等湿地，主要分布于中国西藏、内蒙古、黑龙江等地，目前尚未人工引种栽培。	

草木樨

Melilotus officinalis (L.) Pall.

花

由于草木樨具有食用价值高、抗逆性强、产量高的特点，被誉为"宝贝草"。

● **形态特征** 1～2年生草本。株高可达1m，有香气；地下根系发达，入土深度可达2m；茎圆柱形，中空，分枝；三出羽状复叶，小叶椭圆形、狭椭圆形或狭倒披针形，顶端钝圆，边缘有细齿；托叶小，先端尖；总状花序腋生，花梗较长，花30～60朵，花冠黄色，萼齿三角形，旗瓣与翼瓣近等长；荚果倒卵形，每荚有种子1粒，种子肾形，成熟时黄褐色。花果期6～8月。

● **食用部位和方法** 嫩叶可食，春季采摘，洗净，入沸水焯熟，再用清水浸洗，加入油盐调拌食用。

● **野外识别要点** 本种三出羽状复叶，小叶边缘有锯齿；花黄色，香气极浓。

花序

花枝

种子

别名：野苜蓿、草木犀。	科属：豆科草木樨属。
生境分布：生长在坡地、林缘、草甸等处，分布于中国东北、华南和西南地区，国外主要分布于地中海沿岸和亚洲。	

叉分蓼

花被5深裂，白色

Polygonum divaricatum L.

圆锥状花分枝开展

叶缘具短缘毛

形态特征 多年生草本。株高70～120cm，茎直立，自基部作二叉状分枝，疏散开展，故得名；叶披针形或长圆状披针形，长达12cm，宽达2cm，顶端急尖，基部楔形，两面有时散生柔毛，边缘具短缘毛；叶柄极短，托叶鞘膜质，常疏生柔毛，开裂；圆锥状花序顶生，分枝开展；苞片卵形，边缘膜质，每苞片内具2～3朵花；花梗极短，顶部具关节；花密集，白色，花被椭圆形，5深裂；雄蕊7～8枚；瘦果宽椭圆形，具3锐棱，黄褐色，具光泽，成熟后超出宿存花被约1倍。花期7～8月，果期8～9月。

食用部位和方法 幼苗和嫩茎叶可食，春季、夏季采摘，洗净，入沸水焯熟后，凉拌、炒食或做馅。另外，本种嫩茎含有酸甜的汁液，无毒，在野外干渴时可采食解渴。

野外识别要点 本种植株高大，枝二叉状分枝，托叶鞘开裂，疏生柔毛；圆锥状花序，花白色，花被5深裂。

别名：酸浆、酸不溜、分叉蓼、酸梗儿、酸姜。	科属：蓼科蓼属。
生境分布：多生长在山坡、草地、山谷或灌木丛，海拔可达2100m，分布于中国东北、华北及山东。	

长萼鸡眼草

Kummerowia stipulacea (Maxim.) Makino

形态特征 一年生草本。植株低矮，茎平伏，多分枝，茎、枝疏生白色柔毛；三出羽状复叶，叶柄短，托叶卵形；小叶倒卵形、宽倒卵形或倒卵状楔形，纸质，长5～18mm，宽3～12mm，侧脉多而密，叶背沿中脉及叶缘有毛，侧脉多而密，全缘；花常1～2朵腋生，小苞片4枚，生于萼下，其中1枚很小，生于花梗关节之下，常具1～3条脉；花梗有毛；花萼膜质，阔钟形，5裂，有缘毛；花暗紫色；荚果椭圆形或卵形，稍扁。花期7～8月，果期8～10月。

食用部位和方法 同鸡眼草。

三出羽状复叶

花常1～2朵腋生

茎、枝疏生白色柔毛

地下根密生须根

野外识别要点 本种茎、枝有向上的柔毛；三出羽状复叶；花常1～2朵腋生，暗紫色，旗瓣椭圆形，较龙骨瓣短，翼瓣狭披针形，与旗瓣近等长，龙骨瓣钝，上面有暗紫色斑点。

别名：掐不齐、野苜蓿草、圆叶鸡眼草。	科属：豆科鸡眼草属。
生境分布：生于海拔100～1200m的山坡、草地、路旁或沙丘等处，主要分布于中国西北、东北、华北、华东及中南地区。	

长叶轮种草

Campanumoea lancifolia (Roxb.) Merr.

花冠白色或淡红

成熟浆果

叶面网脉凹陷

叶缘有齿

● 形态特征

直立或蔓性草本。株高可达3m，中空，分枝多而长，无毛，有乳汁；叶对生，偶有3枚轮生，叶卵形、卵状披针形至披针形，长可达15cm，宽达5cm，顶端尖，基部渐狭，边缘有齿，叶柄短；花通常单朵顶生兼腋生，有时3朵组成聚伞花序，花梗中上部有一对丝状小苞片；花萼贴生子房下部，裂片5～7枚，丝状或条形，边缘有分枝状细长齿；花冠白色或淡红色，管状钟形，5～6裂至中部；雄蕊5～6枚，花丝边缘具长毛，柱头5～6裂，子房5～6室；浆果球状，熟时紫红色；种子多数。花期7～10月。

● 食用部位和方法

根可食，一般在秋季植株枯萎后挖取，洗净，炖食。

● 野外识别要点

本种茎中空，全株有乳汁，叶通常对生，花常单朵顶生兼腋生，花萼5～7裂，花冠白色或淡红色，柱头5～6裂；浆果熟时紫红色。

别名：肉算盘、山莘荠、土人参。	**科属**：桔梗科金钱豹属。
生境分布：常野生于海拔1500m以下的疏林、灌丛或草地中，分布于中国云南、四川、贵州、湖北、湖南、广西、广东、福建及台湾等地。	

朝天委陵菜

Potentilla supina L.

● 食用部位和方法

幼苗及嫩茎叶可食，在4～6月采摘，洗净，入沸水焯一下捞出，再用凉水浸泡漂洗后，凉拌、炒食、做汤或做馅。

● 形态特征

一年生或二年生草本。植株低矮，主根细长，茎自基部分枝，平铺或斜升，疏生柔毛；基生叶羽状复叶，具柄，叶柄被疏柔毛，小叶7～13枚，倒卵形或长圆形，叶背有时微生柔毛，边缘有缺刻状锯齿，无柄；茎生叶与基生叶相似，向上小叶渐少，偶为三出复叶；基生叶托叶膜质，褐色，常3裂，茎生叶托叶草质，绿色、全缘、有齿或分裂；花单生叶腋，花梗细长，花瓣5枚，黄色，先端微凹；瘦果卵形，黄褐色，有皱纹。花期5～8月，果期9～10月。

● 野外识别要点

本种多生于平原地区，羽状复叶，较柔，小叶7～13枚；花常单生，黄色，有副萼。

主根细长

基生叶羽状复叶，小叶7～13枚

聚合瘦果

花黄色

别名：伏委陵菜、仰卧委陵菜、野香菜、老鹳筋、鸡毛菜。	**科属**：蔷薇科委陵菜属。
生境分布：常野生于山坡湿地、荒地、草甸、河岸沙地及田边等处，海拔可达2000m，分布于中国南北大部分省区。	

车前

Plantago asiatica L.

● 形态特征 二年生或多年生草本。植株低矮，根茎短；叶基宽卵形或宽椭圆形，纸质，长4～12cm，宽2.5～6.5cm，脉5～7条，叶面疏生短柔毛，全缘或中部以下有锯齿或齿，叶柄长2～15cm；花序3至多数排列成穗状花序，花序轴疏生灰白色短柔毛，花序细圆柱状，下部常间断；苞片狭卵状三角形，花冠白色，无毛，冠筒5裂，裂片狭三角形，中脉明显，花后反折；雄蕊4柱，与花柱明显外伸；蒴果卵球形，于基部上方周裂；种子5～6颗，椭圆状卵形，黑褐色至黑色，有光泽。花期6～8月，果期7～9月。

● 食用部位和方法 同大车前。

● 野外识别要点 本种具须根，叶具5～7脉，疏具短柔毛；花序细圆柱状；蒴果于基部上方周裂，易与同属其他植物区别。

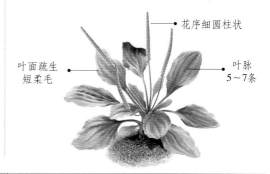

花序细圆柱状

叶面疏生短柔毛

叶脉5～7条

别名：车轮草、猪耳草、牛耳朵草、车轱辘菜、蛤蟆草。	科属：车前科车前属。
生境分布：生长于草地、沟边、河岸湿地、村边或田边，海拔可达3200m，分布于中国新疆各地。	

扯根菜

Penthorum chinense Pursh

蒴果

● 形态特征 多年生草本。株高20～80cm，全株无毛，根状茎紫红色、分枝，地上茎不分枝，具多数叶，中下部无毛，上部疏生黑褐色腺毛；叶互生，披针形至狭披针形，基部渐窄，边缘具细重锯齿，无柄；聚伞花序，花序轴和花梗被褐色腺毛；苞片小，卵形至狭卵形；萼片5片，革质，三角形；花多数，黄绿色，花瓣线形或线状匙形；雄蕊10枚，心皮5～6枚，子房5～6室，花柱5～6枚，较粗；蒴果扁平，5裂，并有5喙；种子多数，细小，红色。花果期7～10月。

● 食用部位和方法 嫩叶可食，在春季采摘，洗净，用沸水焯熟，再用清水浸洗几遍，凉拌或炒食。

● 野外识别要点 本种根、茎紫红色，叶互生，叶缘有细齿，聚伞花序2～3个分枝，花黄绿色，蒴果五角形。

花序常2～3分枝

叶缘具细重锯齿

紫红色根茎

幼苗

茎疏生黑褐色腺毛

别名：干黄草、水杨柳、水泽兰。	科属：虎耳草科扯根菜属。
生境分布：常野生于林下、灌丛、草甸、田边及路旁等湿地，海拔可达2200m，分布于中国华南、西南、东北及河北、陕西等地。	

齿果酸模

Rumex dentatus L.

具刺的内花被片和幼果

● **形态特征** 一年生草本。株高30～70cm，茎直立，具浅沟槽，自基部分枝；茎下部叶长圆形或长椭圆形，长4～12cm，宽1.5～3cm，边缘浅波状，茎生叶较小，具短叶柄；总状花序顶生和腋生，具叶，常数个再组成圆锥状花序，长达35cm，轮状排列，花轮间断；花梗中下部具关节，外花被片椭圆形，内花被片三角状卵形，网纹明显，具小瘤，边缘每侧具2～4个刺状齿；瘦果卵形，具3锐棱，成熟后黄褐色，有光泽。花期5～6月，果期6～7月。

● **食用部位和方法** 嫩茎叶可食，每年4～5月采摘，洗净，入沸水焯熟后，凉拌、炒食、做汤或掺面蒸食，也可晒干，制成干菜。

● **野外识别要点** 本种叶长椭圆形，边缘波状；总状花序呈圆锥状，花簇轮状排列，内花被片边缘每侧具2～4个刺状齿；瘦果黄褐色。

花序长可达35cm

茎下部叶较大，叶缘波状

花序轮状排列

别名：牛舌草、羊蹄大黄、羊蹄、牛舌棵子、齿果羊蹄、土大黄、野甜菜、土王根、牛耳大黄。	科属：蓼科酸模属。
生境分布：常野生于沟边湿地、山坡路旁，海拔可达2500m，分布于中国华北、西北、华东、华中及西南地区。	

川芎

Ligusticum chuanxiong Hort.

可作药材的拳形根茎

● **形态特征** 多年生草本。株高40～70cm，根茎发达，呈不规则的结节状拳形，下端有多数须根，具浓烈香气；茎直立，圆柱形，中空，具纵条纹，上部多分枝；叶互生，为2～3回单数羽状复叶，小叶3～5对，边缘又作不规则的羽状全裂或深裂，叶柄基部呈鞘状抱茎；复伞形花序顶生或侧生，有短柔毛；总苞和小总苞片线形，花白色，有5枚线形萼片；花瓣5枚，呈椭圆形，全缘，中央有短突起，并向内弯曲，雄蕊5枚，与花瓣互生；双悬果卵形。花期7～8月，幼果期9～10月。

● **食用部位和方法** 嫩叶可食，洗净，入沸水焯熟后，再用清水浸洗去除苦涩味，凉拌食用。

● **野外识别要点** 本种根有浓烈香气，茎具纵沟纹；基生叶及茎下部叶为2～4回奇数羽状复叶，末回裂片线状披针形；小总苞片全缘，长3～5mm，花白色，萼齿不明显。

2～3回单数羽状复叶

别名：山鞠穷、芎䓖、香果、马衔、雀脑芎、京芎、贯芎。	科属：伞形科藁本属。
生境分布：常生长于荒野、林缘或沟谷，主要分布于中国西北、华北、华中、华南、西南等地区，尤其是四川、云南、贵州、广西、湖北等地。	

川续断

根茎可入药材

Dipsacus asper Wall.

形态特征 多年生草本。株高可达2m，主根圆柱形，黄褐色；茎中空，具6～8条棱，棱上疏生下弯的硬刺；基生叶稀疏，琴状羽裂，长15～25cm，宽5～20cm，顶裂片大，两侧裂片3～4对，叶面被白色刺毛或乳头状刺毛，叶背沿脉密被刺毛，叶柄较长；茎生叶羽状深裂，裂片披针形或长圆形，边缘具疏粗锯齿，叶柄渐短；上部叶披针形，不裂或基部3裂，叶柄短或无；头状花序球形，总苞片5～7枚，叶状；小苞片先端具喙尖；花萼四棱形，花冠淡黄色或白色，花冠基部狭缩成细管，顶端4裂，外被短柔毛；雄蕊4枚，超出花冠；花丝扁平，花药紫色；柱头短棒状；瘦果长倒卵柱状。花期7～9月，果期9～11月。

食用部位和方法 肉质根可食用，一般秋季植株枯萎后挖取，洗净，煮食、炖食或熬粥。

野外识别要点 本种茎具6～8条棱，棱上有刺，叶对生，基生叶琴状羽裂，茎中部叶羽状深裂，上部叶披针形；头状花序，花黄色或白色，花药紫色；瘦果长倒卵柱状。

总花梗长可达55cm

基生叶琴状羽裂

主根圆柱形，黄褐色

茎生叶羽状深裂

别名：南草、接骨草、鼓槌草、和尚头、川萝卜根、黑老鸦头、山萝卜、起绒草。	科属：川续断科川续断属。
生境分布：一般野生于沟边、灌丛、草地、林缘和田野，主要分布于中国西藏、云南、贵州、四川、湖北、湖南、江西和广西等省区。	

垂盆草

Sedum sarmentosum Bunge

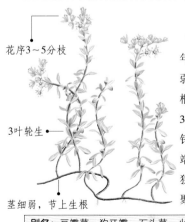

花序3～5分枝

3叶轮生

茎细弱，节上生根

形态特征 多年生草本。茎细弱，匍匐而节上生根，长10～35cm；3叶轮生，叶倒披针形至长圆形，先端近急尖，基部急狭且有距，全缘；聚伞花序顶生，3～5分枝，花稀疏，无梗；萼片5枚，披针形至长圆形；花瓣5枚，黄色，披针形至长圆形，先端有长尖头；雄蕊10枚，两轮；心皮5枚，略叉开，每心皮含10颗以上胚珠；蓇葖果腹面呈浅囊状，种子细小，卵形，具细乳头状突起。花期5～7月，果期8月。

食用部位和方法 嫩茎叶可食，一般每年3～5月采摘。洗净，入沸水焯熟，漂洗，去苦涩味，凉拌、炒食或炖食。

野外识别要点 本种匍匐生长，叶肉质，3叶轮生，聚伞花序3～5分枝，花黄色，无梗，花瓣5枚，雄蕊10枚，心皮5枚，种子具细乳头状突起。

别名：豆瓣菜、狗牙瓣、石头菜、火连草、石指甲、瓜子草、爬景天、金钱挂。	科属：景天科景天属。
生境分布：常野生于山坡、石隙、沟边及路旁湿润处，海拔在1600m以下，分布于中国南北大部分地区。	

莼菜

Brasenia schreberi J. F. Gmel.

· **形态特征** 多年生水生草本。株高60～80cm，根状茎白色，匍匐生于水底泥中，节上生不定根；水中茎细长，多分枝，茎随水位上涨而不断伸长，基部节两侧簇生叶色细根；水上茎具互生叶，叶片圆状矩圆形，长达7cm，宽可达10cm；叶面绿色，光滑无毛，叶背紫红色，无毛，从叶脉处皱缩，全缘；叶柄长25～40cm，有柔毛，盾状着生；花梗自叶腋抽出，花顶生，暗紫红色，萼片、花瓣、花药、心皮均为条形；坚果矩圆卵形，果皮革质，在水中成熟；种子1～2粒，卵形。花期6月，果期10～11月。

· **食用部位和方法** 嫩茎叶可食，春季采摘，采后放入木桶或塑料盆中，忌放入铁质容器，因叶片极易腐烂，最好鲜食，如要保存，需经过加工处理。

菜谱——莼菜鲫鱼羹。
食材：鲜鲫鱼500g，嫩莼菜叶150g，葱、姜、蒜末各10g，猪油、酱油、白糖、精盐、淀粉、麻油各适量。
做法：将鲫鱼去脏器，洗净；莼菜去杂质，洗净，切段；鲫鱼入锅，加水适量，煮熟，鱼肉去刺，鱼汤倒入容器内备用；锅内放猪油烧热，再放入葱、姜、蒜煸香，最后放入鱼肉、莼菜、酱油、白糖、精盐和鱼汤，待煮至鱼肉入味，用湿淀粉勾芡，出锅装碗，淋入麻油即成。此菜具有清热利水、消肿化积的功效。

· **野外识别要点** 本种叶面绿色，叶背紫红色，叶柄盾状着生；茎和叶背均有一层透明胶质；花暗紫红色，萼片、花瓣、花药、心皮均为条形。

叶面绿色，光滑无毛

茎随水位上涨而不断伸长

花顶生，暗紫红色

叶背紫红色，无毛，从叶脉处皱缩

别名： 马蹄草、屏风、湖菜、水葵、水荷叶。	科属： 睡莲科莼属。

生境分布： 常野生于河湖或沼泽，分布于中国江苏、浙江、江西、湖南、四川、云南等省。

刺儿菜

Cirsium segetum Bunge

形态特征 多年生草本。株高20～60cm，有匍匐的根状茎，茎直立，有纵沟棱，无毛或被蛛丝状毛；叶互生，椭圆或椭圆状披针形，长7～10cm，宽1.5～2.5cm，两面疏生蛛丝状毛，全缘或羽状浅裂、齿裂，齿端有硬刺，无柄；头状花序常单个生于茎顶，总苞片披针形，顶端长尖，有刺；雌雄异株，全为管状花，紫红色；瘦果椭圆形或长卵形，冠毛羽状。花期6～8月，果期8～9月。

食用部位和方法 嫩苗可食，含胡萝卜素、维生素B_2、维生素C等营养物质，在3～5月采摘。采摘后，洗净，入沸水焯一下，凉拌、炒食、做汤或熬粥食用，也可腌制。

花管状，紫红色

野外识别要点 本种叶全缘或具波状齿，叶缘有硬刺，头状花序单生或少数几个。

叶面疏生蛛丝状毛

幼苗

叶缘有齿，齿端有硬刺

别名：小蓟、刺刺芽。	科属：菊科蓟属。
生境分布： 一般野生于平原、荒地、河岸、田间、路边及村庄附近，是一种常见杂草，分布于中国各地。	

刺芹

Eryngium foetidum L.

叶对生于分枝的基部

茎直立，有数条槽纹

叶缘有骨质尖锐锯齿

形态特征 多年生草本。植株低矮，主根纺锤形，茎粗壮，有数条槽纹，上部3～5歧聚伞式的分枝；基生叶倒披针形，革质，长可达25cm，宽达4cm，顶端钝，基部渐窄，有膜质叶鞘，叶面深绿色，叶背淡绿色，羽状网脉，边缘有骨质尖锐锯齿，近基部的锯齿狭窄，呈刚毛状，具短叶柄；叶着生在每一叉状分枝的基部，对生，顶端不分裂或3～5深裂，边缘有深锯齿，齿尖刺状，无柄；聚伞花序具3～5回二歧分枝，无花序梗，总苞片4～7枚，叶状，边缘有1～3个刺状锯齿；小总苞片阔线形，边缘透明膜质；花瓣倒披针形至倒卵形，顶端内折，白色、淡黄色或草绿色；双悬果卵圆形，表面有瘤状突起。花果期4～12月。

食用部位和方法 嫩茎叶可食，一年四季均可采摘。洗净，可直接凉拌。由于香味特殊，常作其他菜肴的配料。

野外识别要点 本种茎有数条槽纹，叶缘有齿，齿有硬刺；花序3～5回二歧分枝，无花序梗，花淡白绿色；双悬果，表面有瘤状突起。

别名：假芫荽、节节花、野香草、假香荽、缅芫荽。	科属：伞形科刺芹属。
生境分布： 常野生于林缘、丘陵、沟边及路边等湿润处，主要分布于中国贵州、云南、广东、广西等省区。	

刺穗藜

Chenopodium aristatum L.

· 形态特征 一年生草本。株高10~40cm，全株通常呈圆锥形，秋后常带紫红色；茎圆柱形，直立，具棱和条纹，稍有毛，多分枝；叶条形至狭披针形，长达7cm，宽约1cm，先端渐尖，基部收缩成短柄，中脉黄白色，全缘；复二歧式聚伞花序生于枝端及叶腋，最末端的分枝针刺状，花两性，近无梗，花被裂片5枚，狭椭圆形，边缘膜质，果时开展；胞果圆形，顶基扁，果皮透明，与种子贴生；种子周边截平或具棱。花期8~9月，果期9~10月。

· 食用部位和方法 嫩苗和嫩茎叶可食，3~5月采收，洗净，入沸水焯熟后，凉拌、炒食、做汤或做馅均可。

· 野外识别要点 本种全株呈圆锥形，秋后常带紫红色；叶条形至狭披针形，中脉黄白色，基部收缩成短柄；复二歧式聚伞花序，最末端的分枝针刺状。

复二歧式聚伞花序

叶条形至狭披针形

全株呈圆锥形，秋后常带紫红色

花被裂片5枚，狭椭圆形

别名：刺藜、针尖藜。	科属：藜科藜属。
生境分布：生于山坡、荒地、沙质地、路旁或田边，为农田常见杂草，分布于中国东北、西北、华北及西南地区。	

刺苋

Amaranthus spiosus L.

· 形态特征 一年生草本。株高30~100cm，茎直立，有纵条纹，绿色或带紫色，多分枝，无毛；叶互生，菱状卵形或卵状披针形，长3~12cm，宽1~5.5cm，顶端微凸头，基部楔形，幼叶沿叶脉有柔毛，全缘，叶柄短，叶腋具1~2个尖刺；圆锥花序腋生及顶生，长可达25cm，下部顶生花穗常全部为雄花；苞片在腋生花簇及顶生花穗的基部者变成尖锐直刺，在顶生花穗的上部者狭披针形，小苞片狭披针形；花被片3枚，绿色，顶端具凸尖，边缘透明；胞果矩圆形，盖裂；种子近球形，成熟时黑色或带棕黑色。花果期7~11月。

· 食用部位和方法 同反枝苋。

· 野外识别要点 本种叶腋有1~2个刺，且部分苞片变形成刺，易和本属其他种区别。

圆锥花序长可达25cm

叶向上渐小，幼叶沿脉被柔毛

茎绿色或带紫色

叶顶端具微凸头

叶腋有1~2个刺

别名：刺搜、假苋菜、勒苋菜。	科属：苋科苋属。
生境分布：常野生于草丛、田间或路边，除西藏、新疆外，中国大部分地区均有分布。	

刺芋

Lasia spinosa (L.) Thwait

灰白色根茎

形态特征 多年生草本。株高可达1m，根茎圆柱形，灰白色，横走，多具皮刺，须根纤维状；地上茎极短，具短缩的节间，节环状，稍膨大；叶形多变，幼苗叶戟形或箭形，长、宽可达10cm，成株的叶"鸟足状"深裂，长、宽可达60cm，先端尖，基部弯缺宽短，叶面绿色，叶背淡绿色且沿脉疏生皮刺，侧裂片2～3对，条状或长圆状披针形，最下部的裂片常再3裂；花梗自叶腋抽出，高可达30cm，佛焰苞长15～30cm，暗红色，仅基部张开，上部螺旋呈角状，肉穗花序圆柱形，黄绿色；浆果倒卵圆状，先端有小瘤状突

起，表面具5～6棱，成熟时红色；种子1粒，较小。花期5～7月，果期翌年2月。

食用部位和方法 嫩叶可食，在3～5月采摘，洗净，直接炒食即可。

野外识别要点 本种叶形变化大，戟形、箭形至"鸟足状"深裂，叶柄比叶片长；佛焰苞暗红色，肉穗花序单生，黄绿色；果成熟时红色，只有1粒种子。

叶柄长20～50cm，比叶片长

幼苗叶戟形或箭形

别名：刺过江、金慈菇、山慈菇、早慈菇、野簕芋。	科属：天南星科刺芋属。
生境分布：常野生于阴湿的草丛、沟边或田边，主要分布于中国西藏、云南、广东、广西、台湾等地。	

大齿山芹

Ostericum grosseserratum (Maxim.) Kitag.

叶三角状，2～3回三出式分裂

复伞形花序

形态特征 多年生草本。高达1m，茎直立，圆管状，有纵沟纹。除花序下稍有短糙毛外，其余部分均无毛。叶有长柄，基部有狭长而膨大的鞘；叶片三角形，2～3回三出式分裂，第一、二回裂片有短柄，末回裂片无柄或下延成短柄，阔卵形至菱状卵形，边缘有粗大缺刻，齿端圆钝，有白色小凸尖；上部叶简化为带小叶的线状披针形叶鞘。复伞形花序具伞辐6～14枚，不等长，花白色；双悬果广椭圆形，

长4～6mm，侧棱为薄翅状。花果期7～10月。

膨大的叶鞘

食用部位和方法 春季采摘嫩苗，水焯熟后，过水浸泡，加入油盐调拌食用。

野外识别要点 有芹菜味；叶2～3回三出式分裂，末回裂片边缘有粗大缺刻；复伞形花序，伞辐不等长，花白色，双悬果侧棱为薄翅状。

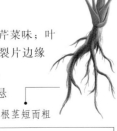

根茎短而粗

别名：大齿当归、朝鲜独活、朝鲜羌活、大齿独活、碎叶山芹。	科属：伞形科山芹属。
生境分布：生于河边沼泽草甸、山地灌丛、林缘草甸，分布于中国东北及内蒙古、河北。	

27

酢浆草

Oxalis corniculata L.

一般来说，酢浆草只有3片小叶，但如果你在野外碰见4片小叶的酢浆草，那就赶紧许个愿望吧，因为这是一株"幸运草"，据说可以帮你实现任何心愿。酢浆草是爱尔兰的国花，当地童子军的徽章图正是酢浆草。

• 形态特征 多年生草本。株高10～35cm，全株疏生柔毛，根茎肥厚，地上茎匍匐状生长，有多数柔弱分枝，节上生有不定根；叶基生或茎上互生，掌状复叶，叶柄细长，托叶小；小叶3片（偶有4片，是一种突变现象），倒心形，先端凹入，基部宽楔形，叶片正中叶脉明显，边缘具缘毛，无柄；花单生或数朵聚合成伞形花序，腋生，总花梗淡红色，小苞片2枚，披针形；萼片5片，披针形或长圆状披针形，叶背和边缘具缘毛；花瓣5枚，黄色或紫色，长圆状倒卵形；雄蕊10枚；花丝白色，半透明，基部合生；子房长圆形，5室，被短伏毛；花柱5枚，柱头头状；蒴果长圆柱形，5棱，种子宽卵形，熟时褐色，具横向肋状网纹。花果期为夏秋季。

• 食用部位和方法 嫩茎叶可食，4～6月采摘，洗净，焯熟，再用凉水浸泡2小时，炒食或做汤均可。

• 野外识别要点 本种叶较为特别，掌状复叶，通常有3片小叶，倒心形，中脉明显，四季常绿，容易识别。

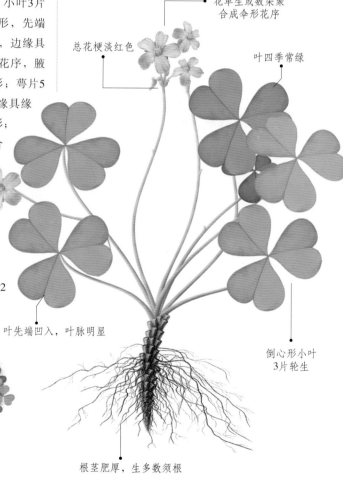

花单生或数朵聚合成伞形花序

总花梗淡红色

叶四季常绿

叶先端凹入，叶脉明显

倒心形小叶3片轮生

根茎肥厚，生多数须根

植株低矮，丛生状

别名：酸米草、酸醋酱、鸠酸、酸酸草、三叶酸、小酸茅。	科属：酢浆草科酢浆草属。

生境分布：常生长在山坡草地、河谷、林缘、荒地、田边或路边，广泛分布于中国南北各地。

大车前

Plantago major L.

植株低矮

穗状花序1至数个

叶基出脉常5条

形态特征

二年生或多年生草本。植株低矮，根茎粗短，须根多数；叶基生，呈莲座状，宽卵形至宽椭圆形，长可达30cm，宽可达20cm，两面疏生柔毛，全缘、波状或疏生齿，叶柄长3～10cm，基部鞘状，常被毛；穗状花序1至数个，花序梗直立或弯曲上升，有纵条纹，被柔毛；苞片宽卵状三角形，先端疏生短毛；花无梗；花萼4裂，边缘膜质；花冠白色，冠筒等长或略长于萼片，裂片披针形至狭卵形，于花后反折；蒴果近球形，在中部或稍低处周裂；种子卵形，具角，黄褐色。花期6～8月，果期7～9月。

食用部位和方法

幼苗及嫩叶可食，富含胡萝卜素和维生素等。春季采摘，洗净，先用沸水焯一下，再用清水浸泡3～5个小时，漂洗数次、凉拌、炒食、做汤、做馅或掺面蒸食均可。

野外识别要点

本种具须根，叶铺地，全缘或波状，基出脉常5条；穗状花序较长，花无梗，白色，种子具角，黄褐色，常8～16粒。

别名：钱贯草、大猪耳朵草、客马草。	科属：车前科车前属。
生境分布：常野生于草地、草甸、河滩、沟边、沼泽地、山坡路旁、田边或荒地，海拔可达2500m，分布于中国大部分省区。	

大刺儿菜

Cephalanoplos setosum (Willd.) Kitam.

形态特征

多年生草本。株高50～100cm，地下根状茎长，茎直立，被蛛丝状毛，上部分枝；叶矩圆形或椭圆状披针形，长可达12cm，宽达6cm，先端尖，基部渐狭，叶面无毛或有疏蛛丝状毛，叶背毛较密，边缘有缺刻状齿或羽状浅裂，齿端有细刺，有短柄或无柄；头状花序多数集生于茎顶，排成疏松的伞房状，花冠紫红色，均为筒状花；瘦果长圆形，浅褐色；冠毛白色或基部褐色。花果期5～9月。

食用部位和方法

嫩茎叶可食，在春季采摘，洗净，入沸水焯熟后，凉拌、炒食或做馅等。

头状花序多数集生成伞房状

花全为筒状，紫红色

叶缘具缺刻状齿或羽状浅裂刺

野外识别要点

本种茎、叶有蛛丝状毛，叶缘具缺刻状粗锯齿或羽状深裂，齿端有细刺；花紫红色；头状花序多数集生成伞房状。

别名：刺蓟菜。	科属：菊科刺儿菜属。
生境分布：常野生于山野、荒地、田边、路边及村子附近，分布于中国东北、华北、西北、西南及江苏等地。	

大蓟

Cirsium japonicum Fisch. ex DC.

根茎成熟干燥后可入药

- **形态特征** 多年生草本。株高30～150cm，块根萝卜状，茎直立，枝有条棱，被多细胞节毛，接头状花序处通常灰白色，混生蜘蛛状毛；基生叶较大，卵形、长倒卵形或长椭圆形，长8～20cm，宽2.5～8cm，羽状深裂或几全裂，基部渐狭成柄翼，柄翼边缘有针刺及刺齿；顶裂片披针形或长三角形，侧裂片6～12对，宽狭变化极大，边缘有大小不等的锯齿，齿缘针刺小而密或几无针刺；头状花序，总苞钟状，苞片约6层，向内渐长，背面有微糙毛或蜘蛛状毛，有黑色黏质分泌物；管状花红色或紫色，檐部不等5浅裂；冠毛浅褐色，多层，基部连合成环，冠毛刚毛长羽毛状；瘦果压扁，褐色。花果期4～11月。

- **食用部位和方法** 嫩叶可食，一般在3～5月采摘，洗净，入沸水焯熟后，再用清水浸泡几小时，凉拌、炒食或做汤。

- **野外识别要点** 本种叶缘有针刺及刺齿，茎、枝没有有刺的翼状附属物。

头状花序，管状花红色或紫色

苞片内有黑色黏质分泌物

齿缘通常具小而密的针刺

基生叶羽状深裂或几全裂

总苞钟状

块根萝卜状

可食用的幼苗

茎直立，混生蜘蛛状毛

别名：蓟、山萝卜、地萝卜。	科属：菊科蓟属。
生境分布：常野生于山坡林中、林缘、灌丛、草地、荒地、田间或路旁，海拔2000m以下，广泛分布于中国华北地区及以南大部分省区。	

大蝎子草

Girardinia diversifolia (Link.)Friis

形态特征

多年生草本。茎高达2m，下部常木质化，具5棱，生短柔毛和刺状螫毛，多分枝；叶互生，轮廓宽卵形或五角形，掌状3裂，一回裂片具少数三角形裂片；叶面疏生刺毛和糙伏毛，叶背生糙伏毛或短硬毛，在脉上疏生刺毛，基出脉3条，边缘有粗齿；叶柄长3～15cm，毛被同茎；托叶大，长圆状卵形，外面疏生细糙伏毛；花雌雄异株或同株，雌花序生于上部叶腋，长达18cm，具少数分枝，花密集，大的一枚舟形，小的一枚条形，柱头丝状；雄花序生于下部叶腋，花密集，卵形，内凹，雄蕊4枚，退化雌蕊杯状；瘦果近心形，熟时棕黑色，表面有粗疣点。花期9～10月，果期10～11月。

食用部位和方法

本种根茎可食，一般秋季挖取，洗净，入沸水中焯一下，煮食或炖食。注意：螫毛有毒，避免接触，否则皮肤会痛痒。

野外识别要点

本种分布较广，变异很大，一般以茎5棱、叶掌状裂及裂片上又有裂片作为识别点，此外，全株具刺状螫毛。

别名：大荨麻、大荃麻、虎掌荨麻、掌叶蝎子草。	科属：荨麻科蝎子草属。
生境分布：常野生于山谷、溪旁、山地林边或疏林，分布于中国西藏、云南、贵州、四川及湖北等地。	

大叶芹

Pimpinella brachycarpa (Kom.)Nakai

三出复叶，薄纸质

小伞形花序有花15～20朵

叶缘具齿

叶基呈狭鞘抱茎

形态特征

多年生草本。株高可达1m，根状茎短而粗大，密生暗褐色须根，茎单一、直立，具棱，节部有毛；叶为三出复叶，稀为二回三出复叶，薄纸质，顶生小叶宽卵形，侧生小叶卵形，顶端短尖，基部楔形，两面沿脉微被柔毛，边缘有钝齿或锯齿；基生叶具长柄，茎生叶的柄短，基部呈狭鞘抱茎，鞘边缘膜质，茎上部叶的柄全部成鞘；复伞形花序顶生，无总苞片或有1～2枚，小总苞片2～5枚，线形；小伞形花序有花15～20朵，花梗短，花白色；萼齿较大，披针形；花瓣近圆形，有内折的小舌片；双悬果近圆形，两侧稍扁，无毛，果棱线形。花期7～8月，果期8～9月。

食用部位和方法

嫩茎可食，清脆爽口，是一种色、香、味俱佳的山野菜，在4～6月采收高约10cm的幼苗，去根，洗净，炒食或做馅。

野外识别要点

本种具须根；基生叶和茎下部叶为三出复叶，叶裂片卵形、阔卵形；花白色，萼齿明显；果实无毛。

别名：短果茴芹、明叶菜、蜘蛛香、假茴芹。	科属：伞形科茴芹属。
生境分布：常野生于山坡、草地、林下、灌丛或沟谷湿地，主要分布于中国东北及河北、贵州。	

大叶石龙尾

Limnophila rugosa (Roth) Merr.

- **形态特征** 一年生草本。植株低矮，高不过50cm，根状茎横走，具多数须根；茎直立，略呈四方形，单生或丛生，无毛；叶对生、卵形、菱状卵形或椭圆形，长可达10cm，宽可达5cm，边缘具浅圆齿；叶柄短，带翅；花通常聚集成头状，稀单生，无梗，无小苞片，萼片有时具5条突起的纵脉，花冠紫红色或蓝色，花柱纤细，顶端圆柱状而被短柔毛，稍下两侧具较厚而非膜质的耳；蒴果卵珠形，两侧扁，浅褐色；花果期8～11月。

- **食用部位和方法** 嫩茎叶可食，在3～6月采摘，洗净，入沸水焯熟后，再用清水浸泡清洗、炒食、煮食或做馅。

花冠紫红色或蓝色

叶对生，边缘具浅圆齿

- **野外识别要点** 本种低矮，茎略呈四棱形，无毛，花通常聚集成头状，无梗、无小苞片，紫红色或蓝色。

茎略呈四棱形

根状茎横走，具多数须根

别名：水八角、草八角。	科属：玄参科石龙尾属。
生境分布：常野生于水边，有时山谷和草地也可见，主要分布于中国云南、湖南、广东、福建及台湾等省。	

丹参

根可入药材

Salvia miltiorrhiza Bunge

　　丹参是一味常用中药，因其外形与人参相似，表皮呈紫红色，故得此名。

- **形态特征** 多年生草本。株高40～80cm，根肥厚、肉质，表皮红色，里面白色，茎有长柔毛；奇数羽状复叶，小叶1～3对，卵形或椭圆状卵形，两面有毛；轮伞花序组成顶生或腋生假总状花序，花序梗密生腺毛或长柔毛；花多数，苞片披针形，花萼钟形、紫色，外被腺毛；花冠蓝紫色，筒内有毛环，上唇镰刀形，下唇短于上唇，3裂，中间裂片最大；小坚果椭圆

形，成熟时黑色。花期4～6月，果期7～8月。

- **食用部位和方法** 嫩叶可食，春季采摘，洗净，入沸水焯熟，再用凉水浸洗去除苦味，凉拌、炒食、煮食或做馅。

轮伞花序组成总状花序

- **野外识别要点** 根肥大，肉质，外表皮红色。轮伞花序多花，组成顶生或腋生的总状花序，密生腺毛和长柔毛，雄蕊2枚，特化成杠杆状。

奇数羽状复叶

嫩叶　　　花

别名：紫丹参、葛公菜、红根、血参根、大红袍、山红萝卜。	科属：唇形科鼠尾草属。
生境分布：生长在山坡、草地、林缘、道旁或山地，全国大部分地区均有分布，但主产区位于四川、山东、浙江等省。	

地肤

成熟果实
和种子

Kochia scoparia (L.) Schrad.

形态特征 一年生草本。株高可达1m，根略呈纺锤形，茎直立，淡绿色或带紫红色，分枝密，如扫帚状，密生柔毛或下部近光滑；叶小，互生，披针形或条状披针形，先端短，渐尖，基部渐狭至柄，两面微被柔毛，基出3脉明显，边缘具锈色的绢状毛；叶柄短或近于无；花杂性，常1~3朵生于上部叶腋，排列成穗状花序，花被近球形，淡绿色，花被裂片近三角形；花丝丝状，花药淡黄色；花柱极短，柱头两裂，丝状，紫褐色；胞果扁球形，果皮膜质，背、腹扁，种子横生。花果期7~9月。

食用部位和方法 幼苗、嫩茎、嫩叶可作蔬菜，5~7月采收高约20cm的幼苗及嫩茎、嫩叶，洗净，入沸水焯一下，换清水浸泡片刻，凉拌、炒食、腌制、晒干或做馅均可。

野外识别要点 本种分枝密如扫帚，叶互生，披针形，基出3脉明显，边缘具锈色绢毛；花常1~3朵生于上部叶腋。

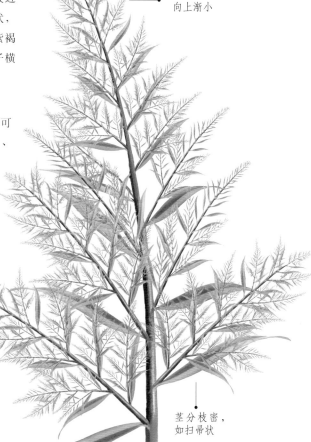

叶互生，
向上渐小

茎分枝密，
如扫帚状

茎淡绿色或
带紫红色

根略呈
纺锤形

别名：地麦、落帚、扫帚苗、扫帚菜、孔雀松。	科属：藜科地肤属。
生境分布：常野生于荒地、田边或路旁，分布于中国大部分地区。	

地锦草

叶正面
和花

Euphorbia humifusa Willd. ex Schlecht

形态特征

一年生草本。全株含白色乳汁，茎平卧地面，红色；叶两列对生，矩圆形或椭圆形，叶面绿色，叶背绿白色，两面被疏柔毛，边缘常于中部以上具细锯齿；叶柄极短，托叶线形，通常3深裂；杯状聚伞花序单生枝腋或叶腋，总苞倒圆锥形，淡红色，边缘4裂；腺体4枚，边缘具白色或淡红色附属物；雄花数朵和雌花1朵同生于总苞内；蒴果三棱状卵球形，熟时分裂为3个分果片，花柱宿存；种子三棱状卵球形，灰色。花果期6～10月。

食用部位和方法

嫩叶可食，春季采摘，洗净，入沸水焯熟，再用清水浸洗干净，加入油盐调拌食用。

野外识别要点

在野外，地锦草与斑地锦最为相似，但后者叶面沿中脉有紫红色斑痕，而前者没有。

叶两列对生

全株含白色乳汁

蒴果

根纤细，偶分枝

茎常自基部二歧分枝

别名：地锦、地联、夜光、小虫儿卧单、铺地锦、血风草、红丝草、地瓣草、奶汁草。	科属：大戟科地锦属。
生境分布：生于荒野、田间、路旁及庭院间，除海南外，中国大部分地区均有分布。	

地梢瓜

Cynanchum thesioides (Freyn) K. Schum.

形态特征

多年生草本。植株低矮，地下茎横走，棕褐色，向下生支根，向上生出茎，茎自基部多分枝，有白色乳汁；叶对生或近对生，线形，长2～5cm，宽2～5mm，两面被短硬毛，叶背沿中脉隆起，全缘，无柄；伞形聚伞花序腋生，花萼5深裂，裂片披针形，外被短硬毛；花冠绿白色，辐状，5深裂，裂片矩圆状披针形；副花冠杯状，裂片三角形；蓇葖果单生，纺锤形，种子近矩圆形，扁平，暗褐色，顶端具白色种毛。果期8～10月。

食用部位和方法

嫩果可食，春、夏采摘，洗净，可直接食用。

野外识别要点

本种叶有短硬毛，花绿白色，蓇葖果单生，纺锤形，嫩时绿色，直径达2cm。变种雀瓢的茎柔弱缠绕，嫩果也可食用。

果长
4～6cm

种子顶端具白毛

茎含白色乳汁

别名：地梢花、女青。	科属：萝藦科鹅绒藤属。
生境分布：生长于海拔200～2000m的山坡、沙丘、山谷、荒地、田边等处，分布于中国东北、华北、西北及江苏等地。	

地笋

Lycopus lucidus Turcz. ex Benth.

———• 花白色，柱头两裂

形态特征 多年生草本。株高可达1.5m，根状茎呈纺锤形，肉质肥大，横走，节上生鳞片和须根；地上茎直立，四棱形、中空、具槽，常不分枝，节部呈紫红色；叶交互对生，狭长圆形或披针形，质厚，先端尖，基部楔形或渐狭至柄，叶面无毛，叶背具凹陷的腺点，边缘具不整齐的粗锐锯齿，叶柄近无；轮伞花序腋生，无梗，花多数；小苞片卵状披针形，先端刺尖，外被柔毛；花萼钟形，4~6裂，裂片狭三角形，先端芒刺状；花冠白色，两唇形，外有黄色发亮的腺点；雄蕊4枚，前对能育，超出花冠，后对雄蕊退化，有时4枚全部退化；子房着生于花盘上，4深裂；花柱伸出花冠外，柱头2裂；小坚果倒卵圆形，腹部具小腺点，成熟时暗褐色。花期7~9月，果期9~11月。

食用部位和方法 地笋含蛋白质、碳水化合物、粗纤维、胡萝卜素等营养物质。春季可采摘高约15cm的幼苗和嫩茎叶，洗净，入沸水焯熟后，再用清水浸泡，凉拌、炒食、做汤或腌制均可；在秋末可采挖地下膨大的洁白色匍匐茎，鲜食或炒食均可。

野外识别要点 本种根茎横走，密生须根和鳞片；茎节紫红色；叶交互对生，叶背有内凹的腺点；轮伞花序腋生，无梗，花白色。

叶缘具粗锐锯齿

叶交互对生，叶面无毛

叶背具凹陷的腺点

茎四棱形，节部紫红色

干燥的茎皮和叶

株高可达1.5m

根茎横走，密生须根和鳞片

块茎肉质肥大，纺锤形

别名：野油麻、提娄、地参、银条菜、地瓜儿苗。	科属：唇形科地笋属。
生境分布：常野生于林下、草甸、水沟旁、沼泽地等阴湿处，分布于中国东北、华北、西北及西南地区。	

地榆

Sanguisorba officinalis L.

穗状花序呈圆
柱形或卵圆形

干燥根茎
可入药材

由于初生时铺地，小叶似榆树叶，因而称地榆。其实，将新鲜嫩叶揉碎闻一闻，会发现有一股淡淡的生黄瓜味，因而地榆还有一个名字——黄瓜香。

· **形态特征** 多年生草本。株高1～2m，主根纺锤形，粗壮，棕褐色或紫褐色，有纵皱及横裂纹，茎直立，有棱，基部常有稀疏腺毛；奇数羽状复叶，小叶5～19片，卵形或长圆状卵形，长可达7cm，宽达3cm，先端渐尖，基部心形或宽楔形，边缘具尖锐齿；有短叶柄；托叶小，近于镰刀状，边缘具三角形齿，抱茎；穗状花序呈圆柱形或卵圆形，花密集，每朵花基部都有1枚苞片和2枚小苞片，花萼4枚，花瓣状，暗紫红色，顶端常具短尖头；无花瓣；雄蕊4枚；瘦果包藏在宿存萼筒内，外面有纵棱。花果期6～8月。

· **食用部位和方法** 幼苗和嫩叶可食，4～5月采收，洗净，焯熟，再换清水浸泡1天，待苦味去除，炒食。

· **野外识别要点** 植株较高，奇数羽状复叶，小叶5～19片，嫩叶搓揉有一股生黄瓜味。穗状花序，花密集，暗紫红色，无花瓣，花萼4枚，花瓣状，顶端常具短尖头。

叶缘具尖锐齿

奇数羽状复叶，
小叶5～19片

花密集，花萼4
枚，花瓣状，
暗紫红色

株高1～2m

主根纺锤形，棕
褐色或紫褐色

别名：黄瓜香、马猴枣、小棒槌、山枣子、酸赭、豚榆系、山地瓜、猪人参、血箭草。	科属：蔷薇科地榆属。
生境分布：常生长在山坡草甸、林缘、灌丛田边或路边，海拔可达3000m，广泛分布于中国南北各地。	

东北百合

Lilium distichum Nakai et Kamibayashi

形态特征 多年生草本。株高60～120cm，鳞茎卵圆形，白色，外被披针形鳞片，具节；茎直立，有小乳头状突起；叶1轮，通常7～9枚生于茎中部，叶片倒卵状披针形至长圆状披针形，长可达15cm，宽达4cm，先端尖，基部渐狭至柄，全缘；花大，下垂，常2～12朵排列成总状花序，苞片叶状，花梗长6～8cm；花淡橙红色，具紫红色斑点，花被片稍反卷，蜜腺两边无乳头状突起；花药条形；子房圆柱形；柱头球形，3裂；蒴果倒卵形。花期7～8月，果期9月。

食用部位和方法 嫩茎叶可食，春季采收，洗净，入沸水焯一下，再用清水浸泡，炒食或煮食；鳞茎可在秋季挖采，多烧食。

野外识别要点 本种鳞片具节，花被片反卷，在同属植株中易识别。

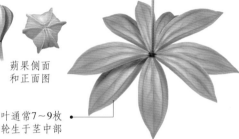

花下垂，花瓣反卷

花药条形，红色

蒴果侧面和正面图

叶通常7～9枚轮生于茎中部

别名：	轮叶百合、山梗米、狗牙蛋饭、鸡蛋皮菜、皂角莲。	科属：	百合科百合属。
生境分布：	常野生于混交林、林缘、林下、溪旁或路旁，海拔可达2000m，分布于中国吉林和辽宁。		

东北堇菜

Viola mandshurica W. Beck.

花正面图

形态特征 多年生草本。植物低矮，根状茎缩短，节密生，呈暗褐色，常自一处发出数条褐色长根，无明显地上茎；叶全部基生，3～5片，长圆形、舌形或卵状披针形，长达6cm，宽达2cm，花期后稍增大，先端钝圆，基部宽楔形，两面无毛或被疏柔毛，边缘具浅锯齿或下部全缘；叶柄长2.5～8cm，上部具狭翅，花期后翅显著增宽，有时具柔毛；托叶膜质，下部者呈鳞片状，褐色，上部者淡褐色，下部与叶柄合生，上部边缘疏生细齿或近全缘；花大，紫堇色或淡紫色，花梗细长，常在中部具2枚线形苞片；萼片卵状披针形，有3脉，具狭膜质边缘；花瓣4枚，上方花瓣倒卵形，侧方花瓣长圆状倒卵形，下方花瓣圆筒形；花柱棍棒状，具短喙；蒴果长圆形，种子多数，熟时淡棕红色。花果期4～9月。

食用部位和方法 幼苗及嫩叶可食，春季采收，洗净，入沸水焯1～2分钟，捞出，用清水浸泡片刻，做汤或炒食。

野外识别要点 本种无明显地上茎，叶基生，叶缘具浅锯齿，叶柄有狭翼。

花大，紫堇色或淡紫色

叶全部基生，3～5片

别名：	紫花地丁。	科属：	堇菜科堇菜属。
生境分布：	常野生于山坡草地、杂木林、河谷湿地、丘陵坡地、林缘灌丛、荒地及河岸沙地，分布于中国东北、西北、华北及台湾。		

东北土当归

Aralia continentalis Kitaga.

形态特征

多年生草本。株高可达1m，地下根茎块状，地上茎上部有灰色细毛；叶为2～3回羽状复叶，叶柄长且疏生灰色细毛；托叶和叶柄基部合生，上部有不整齐裂齿，外密生灰色细毛；羽片3～7对，膜质，顶生叶倒卵形或椭圆状倒卵形，侧生叶长圆形或椭圆形至卵形，两面有灰色细硬毛，叶背尤密，边缘有不整齐锯齿或重锯齿；圆锥花序顶生或腋生，长可达55cm，花序轴及分枝有灰色细毛；花多数，花瓣5枚，三角状卵形；果实紫黑色，有5棱。花果期7～9月。

食用部位和方法

嫩叶可食，春季采摘，洗净，入沸水焯熟后，再用凉水洗几遍，凉拌、炒食、做汤或做馅。

野外识别要点

本种茎、叶、叶柄、托叶及花序均有灰色细毛，叶为二回或三回羽状复叶，伞形花序进一步组成圆锥花序。

花序分枝多而紧密

花侧面

叶为2～3回羽状复叶

成熟果实图

茎上部有灰色细毛

别名：长白木、长白楤木、牛尾大活、香秸棵。	科属：五加科楤木属。
生境分布：生长于海拔800～3200m林下和山地草丛中，分布于中国吉林、河北、河南、陕西、四川及西藏地区。	

东北羊角芹

Aegopodium alpestre Ledeb.

形态特征

多年生草本。株高20～100cm，根状茎细长，茎直立，圆柱形，具细条纹，中空，上部稍有分枝；基生叶和茎中下部叶具叶柄，长5～13cm，叶鞘膜质；叶片阔三角形，二回三出羽状分裂，裂片卵形或长卵状披针形，边缘有锯齿或缺刻状分裂，齿端尖，叶柄短或近无；茎上部叶小，一回羽状分裂，裂片卵状披针形，边缘有锯齿或浅裂；复伞形花序顶生或侧生，花序梗长，无总苞片和小总苞片，伞辐9～17个，小伞形花序有多数小花，萼齿退化，花白色，花柱向外反折；双悬果矩圆状卵形。花果期6～8月。

复伞形花序，伞辐9～17个

食用部位和方法

嫩茎、嫩叶可食，无纤维，是口感上好的山珍野味，在早春采摘，洗净，入沸水焯熟后，蘸酱生食，或凉拌、炒食、做汤、做馅，也可冷冻或腌制。

野外识别要点

本种揉之有芹菜味，茎中空，上部有分枝；下部叶二回三出羽状分裂，上部叶一回羽状分裂；花白色。

茎圆柱形，中空

叶二回三出羽状分裂

别名：小叶芹、野芹菜、河芹、水芹菜、山芹菜。	科属：伞形科羊角芹属。
生境分布：一般野生于杂木林下、河旁或山顶草地，海拔可达2500m，主要分布于中国黑龙江、吉林、辽宁及新疆等省区。	

东方草莓

Fragaria orientalis Lozinsk.

形态特征 多年生草本。植株低矮，全株密被长柔毛，根状茎横走，黑褐色，细长而多，匍匐茎细长；掌状三出复叶簇生基部，叶柄长达15cm；小叶宽卵形或菱状卵形，纸质，叶面疏生伏毛，叶背灰白色且有毛，顶生小叶边缘中部以上具粗大齿，侧生小叶外边缘1/4以上具齿，内边缘中部以上有齿，小叶近无柄；托叶膜质，条状披针形；聚伞花序，花稀疏，萼片5枚，密被柔毛；副萼片5枚；花瓣5枚，白色，近圆形；雄蕊、雌蕊多数；瘦果卵形，聚生于肉质花托上，花托红色，果梗下垂。花果期5～8月。

食用部位和方法 果实可食，肉质多汁，7～8月采摘，生食或做果酱、果汁、罐头等。

野外识别要点 本种掌状三出复叶，顶生或侧生小叶边缘齿位置不一；聚伞花序，花白色，萼片、副萼片均5枚；卵形果聚生于红色花托上，容易识别。

别名：野草莓、孜孜萨森、野高丽果。	科属：蔷薇科草莓属。
生境分布：常野生于山坡草地、林缘灌丛、河滩草甸中，分布于中国东北、华北、西北及西南地区。	

东风菜

Doellingeria scabra (Thunb.) Nees

形态特征 多年生草本。株高80～150cm，根粗短，横卧，棕褐色，旁生多数须根；茎圆柱形，直立而粗壮，上部多分枝，全株从下到上部毛渐密；叶互生，基生叶和茎下部叶心脏形，长达14cm，两面密生粗毛，边缘有齿，叶柄较长，具翅；茎中部叶较小，常为卵状三角形，叶柄较短、带翅；头状花序生于茎顶，数个组成伞房状，总苞半圆形，中央管状花，黄色，5齿裂，裂片反卷；边缘舌状花9～10朵，白色；瘦果长椭圆形，冠毛白色。花果期6～10月。

基生叶心脏形

根生多数须根

食用部位和方法 幼苗可食，富含胡萝卜素和维生素C，多在5～6月采约10cm的幼苗和嫩茎叶，洗净，用沸水焯约1分钟，再用清水浸泡4～6小时，做汤、炒食、掺面蒸食或腌渍。注意：凉拌东风菜忌多食，以免引起腹泻。

野外识别要点 东风菜和短冠东风菜、紫色东风菜很相似，在野外采摘时注意：短冠东风菜，叶心形，叶柄长达17cm，中部叶柄不具翅；总苞片3层近等长，内层总苞片边缘有膜质；瘦果冠毛褐色。紫色东风菜，叶面绿色，叶背紫色；嫩叶两面几乎都是紫色；根茎多为浅紫色。

叶面密生粗毛

别名：钻山狗、白山菊、大耳朵毛、白云草、疙瘩药、草三七。	科属：菊科东风菜属。
生境分布：一般野生于山地、林缘、水边、灌丛、田间或路旁，中国几乎各省区都有分布。	

东亚唐松草

Thalictrum minus L.var. *hypeleucum* Sieb.et zucc.Miq.

花　瘦果

- **形态特征** 多年生草本。株高可达1m，全株无毛，茎直立，常自下部或中部分枝，枝条具棱；叶为2～3回三出羽状复叶，开展，小叶倒卵形或近圆形，草质，叶面深绿色，叶背粉绿色，基部圆形或浅心形，上部3浅裂，中裂片具3个大圆齿，脉网明显，在叶背隆起，稀全缘；基部叶矩长于叶柄，上部叶的叶柄较短；聚伞花序圆锥状，花梗丝形，花白色或淡堇色，萼片4裂，倒卵形，花药椭圆形，心皮4～6裂，子房长圆形；花柱短，沿腹面生柱头组织；瘦果圆柱状长圆形，柱头具宽翼，有6～8条纵肋。花果期7～9月。

- **食用部位和方法** 幼苗可食，春季采收，洗净，焯熟，再用清水浸泡，炒食、凉拌或做汤均可。

小叶顶端3裂

- **野外识别要点** 叶为2～3回三出羽状复叶，顶生小叶上部常3浅裂，中裂片具3个大圆齿，是本种特点。

羽状复叶开展

别名：毛蹄子。	科属：毛茛科唐松草属。
生境分布：常生长在林缘、草地或灌丛，分布于中国南北大部分省区。	

冬葵

Malva verticillata L.

果实和种子

背面平滑，两侧具网纹；种子肾形，成熟时紫褐色。花期6～7月，果期8～9月。

- **食用部位和方法** 嫩叶可食，在春、夏季采收，洗净，入沸水焯一下，炒食、做汤、做馅或晒干磨粉与面蒸食，具有清热润燥、利尿除湿的食疗功效。

花簇生叶腋，白色至淡红色

- **形态特征** 二年生草本。株高50～100cm，茎直立，少分枝，被星状长柔毛；叶肾形或圆形，通常掌状5～7裂，裂片三角形，先端钝尖头，两面有粗糙伏毛，边缘具粗齿；叶柄近叶处槽内被绒毛；托叶卵状披针形，被星状柔毛；花数朵簇生叶腋，花梗短或无，小苞片3枚，线状披针形，被纤毛；花萼杯状，5裂，裂片广三角形，疏被星状长硬毛；花瓣5枚，淡白色至淡红色，先端凹入，基部具爪；花柱分枝10～11裂；果扁球形，分果片10～11裂，

- **野外识别要点** 本种茎和托叶有星状长柔毛，叶掌状5～7裂，两面有粗糙伏毛；花淡白色至淡红色；果扁球形，具分果片10～11裂。

叶掌状5～7裂

托叶卵状披针形

别名：野葵、土黄芪、巴巴叶、冬寒菜、冬苋菜、滑滑菜。	科属：锦葵科锦葵属。
生境分布：一般野生于山野、水边湿地、草滩及路旁等，广泛分布于中国南北各地。	

豆瓣菜

Nasturtium officinale R. Br.

据说20世纪初，广东有位叫黄生的人在葡萄牙做生意，不料刚去没多久，便得了传染性肺痨，结果被当地政府驱赶到了野外。黄生贫病交迫、饥肠辘辘，于是采摘长在浅水中的一种"水菜"充饥，谁知吃了大半年，肺病竟然奇迹般地好了。黄生回乡探亲时，便把"水菜"种子带了回去，由于当地人称葡萄牙人为"西洋人"，故将这种水菜称为"西洋菜"。至于"豆瓣菜"这个名字，其实很少有人知道。

● **形态特征** 多年生水生草本。株高20～50cm，全株无毛，茎中空，常部分生于水中，多分枝，节节生根；叶多为奇数羽状复叶，具叶柄，基部呈耳状，略抱茎；小叶3～7枚，长圆形或近圆形，顶生小叶较大，侧生小叶较小，先端钝，基部截形，全缘或具少数波状齿；顶生小叶具短柄，其他小叶近无柄；总状花序顶生，花朵数枚，白色，花梗极短，萼片长卵形，边缘膜质，基部略呈囊状；花瓣倒卵形，具脉纹，基部渐狭成细爪；长角果圆柱形，稍扁，具短喙；种子每室两行，多数，卵形，熟时红褐色，表面具网纹。花期4～5月，果期6～8月。

● **食用部位和方法** 嫩茎叶可食，在春季采摘，洗净，入沸水焯一下，凉拌、炒食、做汤、做馅、腌制或晒干制干菜。

菜谱——西洋菜蜜枣生鱼汤
食材：西洋菜700g、生鱼500g、猪肉100g、蜜枣5枚、生姜3～4片。做法：将生鱼去鳞及内脏，洗净，生油起锅，稍煎；蜜枣去核，洗净，清水浸泡片刻；猪肉洗净，切成丝状；西洋菜洗净，切段；将以上食材一起放入瓦煲内，加入适量清水，大火煮沸后，再以小火慢炖约3小时，最后放入适量盐和生油即可。此菜具有滋润肺胃、清热润燥的功效。

● **野外识别要点** 常生于水中，多分枝；叶多为奇数羽状复叶，小叶3～7枚；长角果微弯曲；种子1～2行排列。

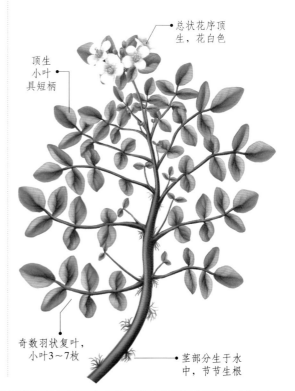

总状花序顶生，花白色

顶生小叶具短柄

奇数羽状复叶，小叶3～7枚

茎部分生于水中，节节生根

别名：西洋菜、水生菜、水田芥、水蔊菜、水白菜、无心菜。	科属：十字花科豆瓣菜属。
生境分布：常野生于沼泽地、溪水边、池畔及水田中等潮湿处，分布于中国华北、华南、西南及陕西，主产于湖北、安徽和江苏。	

豆茶决明

Cassia nomame (Sieb.) Honda

- **食用部位和方法** 荚果，种子可食，8～9月采收，嫩荚果可采摘、洗净、直接煮食；种子成熟后剥取、煮食。

- **形态特征** 一年生草本。株高30～60cm，稍有毛；偶数羽状复叶，互生，长5～10cm，叶柄短，在叶柄的上端有黑褐色、盘状、无柄腺体1枚；小叶8～35对，线状矩圆形，长5～9mm，先端短尖，两端稍斜形，全缘；托叶1对，披针形，先端钻形，宿存；花1～2朵腋生，黄色，花梗短，苞片1对，线状披针形，萼片5深裂，被细毛；花瓣5枚，倒卵形，雄蕊4枚，雌蕊1枚；荚果扁平，长圆状线形，密被灰黄色毛，具种子6～12枚；种子扁，菱形，浅黄棕色。花果期7～9月。

- **野外识别要点** 本种偶数羽状复叶互生，小叶8～35对，披针形托叶1对；花黄色，萼片5深裂，花瓣5枚；荚果扁平，密被灰黄色毛。

小叶8～35对

荚果扁平

偶数羽状复叶

花瓣5枚，倒卵形，黄色

别名：山扁豆、山梅豆、关门草、江芒决明。	科属：豆科决明属。
生境分布：常生于山坡、原野、草丛或路边，主要分布于中国东北、华北、华东及西南地区。	

独行菜

Lepidium apetalum Willd.

成熟的种子

- **食用部位和方法** 幼苗可食，4～6月采收，洗净，入沸水焯一下，炒食或和面蒸食均可。

- **形态特征** 1～2年生草本。植株低矮，茎直立，上部多分枝，被微小头状短柔毛；基生叶呈莲座状，平铺地面，羽状浅裂或深裂，叶片狭匙形，具短柄；茎生叶互生，狭披针形至条形，向上渐小，全缘或顶端具粗大齿，叶柄短或无；总状花序顶生，花绿色，花梗丝状，被棒状毛；萼片4裂，舟状，早落；花瓣极小，匙形，有时退化成丝状或无花瓣；雄蕊2或4裂，伸出萼片外；短角果椭圆形，扁平，具狭翅，具宿存短花柱，果梗被头状毛；种子近椭圆形，极小，熟时红棕色。花期4～6月，果期6～7月。

- **野外识别要点** 本种基生叶呈莲座状，茎生叶互生，花绿色，萼片4裂，花瓣常退化成丝状。短角果扁平，具狭翅，种子极小，成熟时红棕色。

总状花序，花绿色

株高不及30cm

叶羽状浅裂或深裂

可食用的幼苗

地下茎多分枝

别名：腺独行菜、北葶苈子、辣椒根、羊辣罐。	科属：十字花科独行菜属。
生境分布：常野生于沟谷草丛、林缘或路旁，分布于中国东北、华北、西北、西南及华东地区。	

短尾铁线莲

Clematis brevicaudata DC.

形态特征

藤本。枝有棱，小枝疏生短柔毛或近无毛；叶为一至二回羽状复叶或二回三出复叶，有5～15枚小叶，有时茎上部为三出复叶；小叶片长卵形、卵形至宽卵状披针形或披针形，顶端尖，基部圆形、截形至浅心形，两面近无毛或疏生短柔毛，边缘浅裂，具短叶柄；圆锥状聚伞花序腋生或顶生，常比叶短，花梗有短柔毛；花白色，直径1.5～2cm；萼片4个，开展，白色，狭倒卵形，有柔毛；瘦果卵形，密生柔毛，宿存花柱长1.5～2cm。花果期7～10月。

花枝

瘦果密生柔毛

食用部位和方法

嫩茎叶可食，春季采收，洗净、焯熟，再用凉水浸泡片刻，炒食或做汤。

野外识别要点

本种与毛果扬子铁线莲较为相似，区别在于前者花序常比叶短，花梗长1～1.5cm，萼片白色；瘦果卵形，长约3mm，宽约2mm，密生柔毛，容易区别。

别名：林地铁线莲、连架拐、石通。	科属：毛茛科铁线莲属。
生境分布：一般生长在山地灌丛或疏林中，海拔可达3200m，主要分布于中国西藏、云南、四川、甘肃、青海、宁夏、陕西、内蒙古、河南、湖南、浙江及东北地区。	

多花黄精

Polygonatum cyrtonema Hua

形态特征

多年生草本。株高50～100cm，根状茎肥厚，常呈连珠状或结节成块；茎直立，常具10～15枚叶；叶互生，卵状披针形至矩圆状披针形，长10～18cm，宽2～7cm，先端尖，基部宽楔形或近圆形，两面光滑，无柄；伞形花序腋生，具花2～7朵，苞片微小，位于花梗中部以下，或不存在；花被黄绿色，6浅裂，雄蕊6枚，花丝着生于花被筒上，具乳头状突起或具短绵毛，顶端稍膨大成囊状；子房卵形，花柱细长，柱头细小；浆果球形，黑色，具3～9颗种子。花期5～6月，果期8～10月。

食用部位和方法

同黄精。

野外识别要点

本种根状茎常呈连珠状或结节成块，茎具10～15枚叶，叶互生，光滑无毛；花序腋生，花黄绿色，花丝顶部稍膨大，花柱细小，果黑色。

叶互生，光滑无毛

花序腋生，花黄绿色

别名：黄精、长叶黄精、山捣臼、山姜、南黄精、野生姜。	科属：百合科黄精属。
生境分布：常野生于海拔500～2100m的林下、灌丛或山坡阴湿处，分布于中国河南以南及长江流域各省，东至福建，南达广东，西至四川。	

鹅绒委陵菜

Potentilla ansrina L.

花正面

食用部位和方法 块根、幼苗及嫩茎叶可食，早春或秋季挖取块根，生食、煮食或磨粉蒸食；早春采收幼苗和嫩茎叶，洗净，入沸水焯1～2分钟，再用冷水浸泡去涩味，炒食或做汤。

形态特征 多年生草本。植株近平铺地面，根纺锤形、肥厚，茎细长，长可达1m，匍匐生长，分枝处生不定根，叶与花梗；奇数羽状复叶，基生叶较大，茎生叶较小，小叶3～12对，长圆形或长圆状倒卵形，叶面亮绿色，叶背密生白细绵毛，宛若鹅绒，故得名，边缘具粗齿；叶柄长4～6cm，小叶无柄；花单生叶腋，花梗长约6cm，花萼5裂，被毛，具副萼；花瓣5枚，黄色；瘦果椭圆形，多数，被宿存萼包裹，成熟时褐色，微被柔毛。花期6～8月，果期8～9月。

野外识别要点 本种匍匐生长，奇数羽状复叶，叶背密生白细绵毛，宛若鹅绒，花单生，花梗长约6cm，易识别。

叶背密生白细绵毛

别名：莲花菜、人参果、长寿果、蕨麻、鸭子巴掌菜、老鸭爪。	科属：蔷薇科委陵菜属。
生境分布：多野生于河岸草甸、河滩草地、湿碱性沙地或田边，分布于中国东北、华北、西北及西南各地。	

耳叶蟹甲草

Parasenecio auriculatus (DC.) H. Koyama

形态特征 多年生草本。株高可达1m，根状茎较短，平卧，具多数须根；茎直立，具纵槽棱，无毛；基生叶花期枯萎；下部茎叶互生，五角状肾形或三角状肾形，薄纸质，长约4cm，宽约7cm，顶端急收缩成长尖，或有时微凹，边缘有不等的大齿；叶柄细，长约为叶的2倍，基部扩大；中部茎叶肾形至三角状肾形，基部深凹或微凹，常具角，边缘具等大的齿，稀全缘，叶柄基部常扩大成小叶耳；茎上部叶较小，三角形或长圆状卵形，具短叶柄；顶部叶披针形；头状花序在茎端排列成狭总状花序，花序梗被头状腺毛及短柔毛，总苞圆柱形，紫色；小花4～7朵，花冠管状，黄色；瘦果圆柱形，淡黄色，具肋，冠毛白色。花期6～7月，果期9月。

总状花序，花黄色

食用部位和方法 幼苗和嫩茎叶可食，在3～5月采摘，洗净，入沸水焯熟后，再用清水漂洗去除苦涩味，炒食或煮食。

野外识别要点 本种茎具纵棱，无毛，同株叶形变化大，总苞球形，紫色，花黄色。

顶端急收缩成长尖

瘦果具白色冠毛

别名：耳叶兔儿伞。	科属：菊科蟹甲草属。
生境分布：常野生于山坡林下或林缘，海拔可达1600m，主要分布于中国东北地区。	

遏蓝菜

Thlaspi arvense L.

种子成熟后黄褐色

- **形态特征** 一年生草本。植株低矮，茎直立，不分枝或分枝，具棱，全株无毛；基生叶倒卵状长圆形，茎生叶长圆状披针形，先端圆钝或急尖，基部箭形抱茎，两侧箭形，边缘具疏齿，叶柄短；总状花序顶生，花梗细，萼片直立，卵形，花白色；花瓣长圆状倒卵形；短角果倒卵形，扁平，顶端凹入，边缘有翅；种子每室2～8个，倒卵形，黄褐色，有同心环状条纹。花期3～4月，果期5～6月。

- **食用部位和方法** 嫩苗和嫩茎叶可食，每年3～6月采集，洗净，用开水焯后，再用冷水浸泡至无苦味，炒食；也可洗净，用细盐腌渍成绿色的咸菜，虽然有微微苦味，但口感清香。

菜谱——黄腌菜

食材：新鲜遏蓝菜嫩茎叶适量。

做法：将嫩茎叶洗净，切成小段，晾成半干，加细盐适量，揉搓盐和菜，拌匀后装入坛中，密封后置于通风处，也可埋入地下。一年左右，待菜叶变黄即可食用，加些醋或植物油，味道更佳。

- **野外识别要点** 全株无毛，茎生叶基部箭形抱茎；花白色；短角果倒卵形，扁平，顶端凹，边缘有翅。

萼片直立，卵形

短角果倒卵形，扁平，顶端凹入

总状花序，花白色

茎生叶基部箭形抱茎

基生叶呈莲座状，具叶柄

别名： 菥蓂、败酱草、大蕺、荣目、马驹、瓜子草、花叶荠、水荠。	**科属：** 十字花科菥蓂属。
生境分布： 常野生于海拔1000～2000m的沟谷、荒野、田边、路旁或村子附近，分布于中国南北各地。	

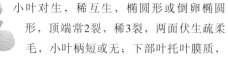
二裂委陵菜

Potentilla bifurca L.

花

形态特征
多年生草本或亚灌木。植株低矮，根圆柱形，木质化，茎直立或上升，被柔毛或微硬毛；羽状复叶，通常具小叶5～8对，叶柄短，被疏柔毛或微硬毛；

小叶对生，稀互生，椭圆形或倒卵椭圆形，顶端常2裂，稀3裂，两面伏生疏柔毛，小叶柄短或无；下部叶托叶膜质，褐色，外面被微硬毛，上部叶托叶草质，绿色，卵状椭圆形，常全缘稀有齿；近伞房状聚伞花序顶生，花疏散，萼片卵圆形，副萼片椭圆形，外被疏柔毛；花瓣黄色，倒卵形；心皮沿腹部有稀疏柔毛；花柱侧生，棒形，基部较细，顶端缢缩；瘦果表面光滑。花果期5～9月。

食用部位和方法
根可食，夏、秋季花开前采挖，洗净，可生食，也可煮熟。

野外识别要点
本种小叶先端通常2裂，稀3裂，在同属植株中易识别。

别名：黄瓜绿草、地红花、土地榆、黄瓜瓜苗、二裂翻白草、痔疮草、叉叶委陵菜。	科属：蔷薇科委陵菜属。

生境分布： 一般生于海拔800～3600m的山坡、沙地、河滩、荒漠、疏林、田边及道旁，主要分布于中国东北、西北及华北地区。

二色棘豆

荚果密生长柔毛

Oxytropis bicolor Bunge

形态特征
多年生草本。株高5～20cm，株茎非常短；羽状复叶，长4～20cm，叶柄短，托叶披针形，密被白色绢状长柔毛，基部与叶柄合生；小叶对生或3～4片轮生，披针形，两面被白色绢状长柔毛，边缘常反卷，叶柄近无；花数朵，在花序梗上部排列成总状花序；花萼筒状，密被长柔毛，萼齿5个，三角形；花冠紫红色、蓝紫色，旗瓣菱状卵形，腹面中央有绿色斑点；荚果长圆形，密生长柔毛，两室；种子略呈肾形或方形，黄褐色。花期4～6月，果期6～9月。

食用部位和方法
荚果可食，春季采摘，洗净，可直接生食；秋季从成熟荚果中剥取种子，煮食。

野外识别要点
本种株茎极短，叶、托叶、萼筒及荚果密被白色绢状长柔毛；羽状复叶，小叶对生或3～4片轮生；花紫红色或蓝紫色；种子黄褐色。

羽状复叶

小叶边缘常反卷

旗瓣腹面有绿色斑点

植株低矮，高5～20cm

别名：地角儿苗、猫爪花、鸡咀咀、地丁、人头草。	科属：豆科棘豆属。

生境分布： 生于海拔1800～2500m的干燥荒野、坡地、堤坝、田间或路旁，主要分布于中国西北、华北、河南及山东等地。

翻白委陵菜

Potentilla discolor Bunge

形态特征 多年生草本。株高10～40cm，除叶面疏生长柔毛而老时近无毛外，其余部分均密被白色绒毛并混杂长柔毛；根多分枝，常为纺锤形或棒槌状；茎半卧生、斜升或直立，带红色；奇数羽状复叶，有托叶；基生叶丛生，小叶3～9片；茎生叶常为3片小叶，叶片长圆形至椭圆形，边缘具粗锯齿，叶柄短；聚伞花序，花密集，花梗短，花萼5裂，花黄色，花瓣5枚，倒心形，雄蕊、雌蕊多数；瘦果光滑，多数，聚生于密被绵毛的花托上。花期5～6月，果期6～9月。

食用部位和方法 根可食，夏、秋季花开前采挖，洗净，可生食，也可煮熟食用。

野外识别要点 本种除叶面疏生长柔毛而老时近无毛外，其余部分均密被白色绒毛并混杂长柔毛，易识别。

聚伞花序，花黄色

叶背灰绿色

基生叶具长柄

花瓣倒心形

株低矮，茎多分枝

别名：鸡腿儿、天青地白、白头翁、结梨、鸡爪参、土洋参、叶下白。	科属：蔷薇科委陵菜属。
生境分布：生于草甸、半山坡、路旁及草地，主要分布于中国河北、北京及安徽等地。	

繁穗苋

Amaranthus paniculatus L.

数个穗状花序排列成圆锥花序，紫色或绿色

叶面绿色或红色

形态特征 一年生或二年生草本。株高20～80cm，茎直立，粗壮，淡绿色，有时带紫色条纹，稍具钝棱；叶菱状卵形或椭圆状卵形，长5～12cm，宽2～5cm，先端尖，基部楔形，叶面绿色，叶背红色，或两面全为红色，两面有柔毛，全缘，具短柄；穗状花序，常数个排列成顶生及腋生的圆锥花序，花后下垂，苞片及小苞片钻形，白色，先端具芒尖；花被片白色，有1淡绿色细中脉，先端具小凸尖；胞果扁卵形，环状横裂，包裹在宿存花被片内；种子近球形，直径1mm，棕色或黑色。花期7～8月，果期8～9月。

食用部位和方法 嫩叶可食，初春采摘，洗净，入沸水焯熟后，再用凉水漂洗几遍，炒食、煮食或做馅。

野外识别要点 本种无毛，圆锥花序直立，后下垂，花穗顶端尖，苞片及花被片顶端芒刺明显；胞果与花被片近等长。

别名：天雪米、鸦谷。	科属：苋科苋属。
生境分布：常生长在山坡、旷野、荒地、田边、沟旁、河岸及路旁等处，分布于中国大部分地区。	

繁缕

花语：恩惠

Stellaria media (L.) Cyr.

繁缕是世界性杂草，繁殖力极为旺盛，一年四季开满了洁白的小花，四处散播着种子。由于嫩叶可作野菜供人们食用，种子则是鸟儿们喜爱的食物，可以说是大地的恩惠，因此花语便是：恩惠。

• 形态特征
一年生或二年生草本。植株低矮，茎匍匐地面生长，自基部多分枝，常带淡紫红色，具1行柔毛；叶片小，宽卵形或卵形，顶端尖，基部渐狭，叶缘下部两侧常疏生缘毛；基生叶具长柄，上部叶无柄或具短柄；疏聚伞花序顶生，花梗细弱，具1列短毛，花后伸长，下垂；萼片5个，卵状披针形，边缘膜质，外被短腺毛；花瓣白色，长椭圆形，比萼片短，深两裂达基部；蒴果卵形，顶端6裂；种子多数，卵圆形，稍扁，红褐色，表面具半球形瘤状突起，脊较显著。花期6~7月，果期7~8月。

• 食用部位和方法
嫩苗和嫩茎叶可食，每年4~6月采摘，洗后入沸水焯一下，再用清水漂洗去除苦涩味，凉拌、炒食或做汤均可。

• 野外识别要点
本种比较常见，茎柔软，淡紫红色，具1行柔毛；叶卵形，叶缘有毛，叶柄向上渐短至无；花白色，果顶端6裂，种子红褐色，有瘤状突起。

花瓣白色，长椭圆形

叶缘有毛

叶背灰绿色

茎常带淡紫红色，具1行柔毛

萼片外被短腺毛

花瓣深两裂达基部

别名：鹅肠菜、鹅儿肠菜、五爪龙、乌云草、野墨菜、和尚菜、鸡儿肠。	科属：石竹科繁缕属。
生境分布：常野生于山坡、林下、田野及路旁等地，是常见田间杂草，除新疆、黑龙江外，中国大部分地区均有分布。	

反枝苋

Amaranthus retroflexus L.

反枝苋是一种典型的田间杂草，常生长在果园或农田，往往要耗费巨大的人力和物力进行清除，一旦没有及时除掉，会严重影响产量。

形态特征 一年生草本。株高20～80cm，茎直立，粗壮，淡绿色或带紫色条纹，密生短柔毛；叶大，菱状卵形或椭圆状卵形，草质，长可达12cm，宽可达5cm，先端常具小凸尖，基部楔形，微被柔毛，全缘，无柄；多数穗状花序形成大型圆锥花序，顶生或腋生，苞片及小苞片钻形，白色，先端具芒尖；花被5个，白色，有1淡绿色细中脉，先端具小凸尖；胞果扁卵形，包裹在宿存花被片内，种子近球形，成熟时棕色或黑色。花期7～8月，果期8～9月。

食用部位和方法 幼苗及嫩茎叶可食，在春末夏初采收高7～10cm的幼苗和嫩茎叶，洗净，入沸水中焯一下，再用凉水浸泡，凉拌、炒食、做汤或做馅。

野外识别要点 本种茎密生柔毛；叶大，花白色，花瓣5枚，每瓣具1条淡绿色条纹，先端具短凸尖；胞果成熟时环状开裂，种子黑褐色。

多个穗状花序排列成大型圆锥花序

叶背淡绿色

茎常带紫色条纹，密生柔毛

叶先端常具小凸尖

反枝苋幼苗

苞片及小苞片钻形，白色，具芒尖

别名：苋菜、野苋菜、西风谷。	科属：苋科苋属。
生境分布：常野生于山坡、旷野、田边、沟旁或河岸，是常见杂草，分布于中国东北、华北及西北地区。	

返顾马先蒿

Pedicularis resupinata L.

花侧面　　花自基部向右扭旋

· 形态特征

多年生草本。株高30～70cm，茎直立，绿色带紫红色，上部多分枝；叶互生或中下部对生，卵形至矩圆状披针形，长2～6cm，宽1～2cm，边缘有钝圆的重齿，齿上有刺状尖头，常反卷，近无柄或具短柄；总状花序生于枝端，苞片叶状，花萼长约1cm，前方深裂，仅两齿；花冠淡紫红色，稀白色，自基部向右扭旋，使下唇及盔部呈回顾状，盔顶端为圆锥形短喙，下唇稍长于盔，中裂片较小，略向前突出；花丝仅1对有毛；蒴果斜矩圆状披针形。

· 食用部位和方法

幼苗及嫩茎叶可食，在5～6月采摘，洗净，入沸水焯一下，再用清水浸泡数小时，炒食。

叶齿具尖头

· 野外识别要点

本种花形独特，唇形花冠，扭曲成"回顾"状，紫红色，易识别。

别名：马先蒿、马尿泡、鸡冠菜。	科属：玄参科马先蒿属。
生境分布：常野生于海拔300～2000m的湿润草地及林缘，主要分布于中国西北、东北、华北及山东、安徽、四川、贵州等地。	

风毛菊

Saussurea japonica (Thunb.) DC.

· 形态特征

二年生草本。株高30～150cm，根倒圆锥状或纺锤形，黑褐色，生多数须根；茎直立、粗壮，具纵棱，疏被细毛和腺毛；基生叶和茎下部叶长椭圆形，长达30cm，宽达5cm，通常羽状深裂，顶生裂片长椭圆状披针形，侧裂片7～8对，狭长椭圆形，两面均被细毛和腺毛，有腺点，叶柄较长；茎上部叶渐小，椭圆形或线状披针形，羽状分裂或全缘，基部有时下延成翅状；头状花序在茎顶密集成伞房状，总苞筒状，苞片多层，外层较短小，顶端圆钝，中层和内层线形，顶端具膜质圆形的附片，背面和顶端通常紫红色；花管状，紫红色，顶端5裂；瘦果长椭圆形，冠毛两层，外层糙毛状，内层羽毛状。花期8～9月。

上部叶羽状分裂或全缘

· 食用部位和方法

嫩茎叶可食，在春季采摘，洗净，入沸水焯熟后，再用凉水漂洗几遍，凉拌、炒食或煮食均可。

· 野外识别要点

本种株形介于菊和蓟之间；头状花序全为管状花，在茎顶排列成伞房状，花冠开放时露出总苞较多。

别名：八棱麻、八楞麻、三棱草、日本风毛菊。	科属：菊科风毛菊属。
生境分布：分布于中国西北、东北、华北、华东至华南等地，是繁殖力极强的杂草之一，生长地较为普遍。	

防风

Saposhnikovia divaricata (Turcz.) Schischk.

花苞

花瓣5枚，白色

防风在古代又叫"屏风"，这是指它抵御"风病"的能力就像屏障一样，而入药的根部具有"风药中之润剂"的称号，对于风湿、风疹、破伤风等症有极好的疗效。

● 形态特征

多年生草本。株高30～80cm，根粗壮，茎直立，常两叉状分枝，茎基密生褐色叶柄残基，全株无毛；基生叶丛生，具长柄，基部呈鞘抱茎，叶片三角状卵形，质厚，2～3回羽状分裂，最终裂片条形至披针形，两面灰绿色，无毛，全缘或先端具2～3缺刻；顶生叶简化，具扩展叶鞘；大型复伞形花序，顶生，每个小伞形花序具花4～9朵，小总苞片4～5枚，披针形；萼齿短三角形；花瓣5枚，白色，倒卵形，先端向内卷；子房下位，两室，花柱2枚，花柱基部圆锥形；双悬果卵形，嫩时外被瘤状突起，成熟时两瓣裂，分果有棱。花期8～9月，果期9～10月。

● 食用部位和方法

幼苗和嫩叶可食，春季采摘，洗净，焯熟，凉拌、炒食、做馅或做汤均可。

● 野外识别要点

茎二叉状分枝，叶2～3回羽状分裂。复伞形花序，通常无总苞片，子房密被白色瘤状突起。

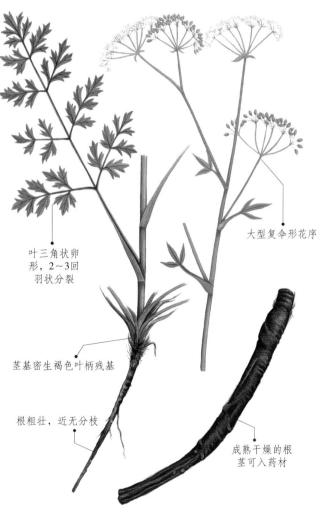

叶三角状卵形，2～3回羽状分裂

大型复伞形花序

茎基密生褐色叶柄残基

根粗壮，近无分枝

成熟干燥的根茎可入药材

株高30～80cm

别名：白毛草、山芹菜、茴草、百枝、铜芸。	科属：伞形科防风属。
生境分布：常生长在山坡草丛、田边或路旁，分布于中国东北、西北及华北地区。	

飞廉

Carduus crispus L.

飞廉是一种田间杂草，也是一种优良的蜜源植物。每年5月过后，在山沟、溪旁等湿处，一朵朵紫色的花儿绽放，全身布满硬刺，似乎在说"别靠近我"，那准是飞廉。

· **形态特征** 二年生或多年生草本。株高可达1.5m，茎直立，有纵行的翅，翅上有硬刺；茎下部叶长椭圆形或倒披针形，长可达18cm，宽达7cm，羽状深裂或半裂，裂片半椭圆形、半长椭圆形、三角形或卵状三角形，边缘有大小不等的近三角形刺齿，齿顶及齿缘具浅褐色或淡黄色的针刺，齿顶针刺较长，长达3.5cm，齿缘针刺较短；茎中部叶较小，与下部叶同形；茎上部叶更小，线状倒披针形或宽线形；全部叶片异色，叶面绿色，疏生多细胞长节毛，中脉处较多，叶背灰绿色或浅灰白色，被蛛丝状薄绵毛，基部渐狭，沿茎下延成茎翼，茎翼边缘齿裂，齿顶及齿缘有黄白色或浅褐色的针刺；头状花序常2～3个生于枝顶，花序梗极短，总苞卵圆形，苞片多层，覆瓦状排列，无针刺；管状花紫红色，偶有白色，檐部5深裂，裂片线形；瘦果椭圆形，稍压扁，有明显的横皱纹，冠毛多层，白色或污白色。花果期5～8月。

· **食用部位和方法** 幼苗可食，在4～5月采摘，洗净，入沸水焯一下，再用清水浸泡、炒食、做汤、做馅或蘸酱生吃。

· **野外识别要点** 容易识别：株形直立，满身硬刺，茎上有翅；头状花序全为管状花，无舌状花，紫红色。

头状花序生于枝顶，管状花紫红色

苞片覆瓦状排列

茎有纵行的翅，翅上有硬刺

下部叶羽状深裂或半裂，叶缘有刺齿

叶背灰绿色或浅灰白色

株高可达1.5m，根茎粗壮

别名：丝毛飞廉、针刺菜、老牛错。	科属：菊科飞廉属。
生境分布：生长在海拔400～3600m的山坡、草地、田间、荒地、溪旁和林下，分布于中国各地。	

凤眼莲

Eichhornia crassipes (Mart.) Solms

　　凤眼莲原产于南美洲亚马孙河流域。1884年，作为观赏植物首次被带到一个园艺博览会上，从此迅速走向世界各地。凤眼莲美丽却不娇贵，由于具有较强的水质净化作用，因此常被种植于水质较差的河流或水池中。

形态特征
多年生浮生草本。根系发达，主茎极短，具长匍匐枝；叶基生，呈莲座状，宽卵形或卵状菱形、光亮、无毛，顶端圆钝，基部浅心形、截形、全缘；叶柄基部膨大成囊状，海绵质，内含空气；花茎自叶间抽出，总状花序顶生，小花淡蓝紫色，花被6片，上面一片较大，在中部有黄褐色斑点；蒴果卵形，种子椭圆形，灰褐色。花期8～9月，果期9～10月。

食用部位和方法
嫩茎叶可食，在春季采摘，洗净，入沸水焯一下，捞出后沥干水分，炒食或做汤。但严重污染的水体中不可采食。

野外识别要点
本种叶柄基部膨大成囊状，故又称为水葫芦；花淡蓝紫色，上方的一片花瓣较大，中心生有一明显的鲜黄色斑点，形如凤眼，故得此名，可作为野外识别点。

花

花瓣上生有黄色斑点，看上去像凤眼

叶光亮无毛，顶端圆钝

叶基部浅心形

叶柄中下部有膨胀如葫芦状的气囊

凤眼莲多浮于水面生长，具有净化污水的作用，是园林水景中的常用造景材料

根系发达

别名： 水葫芦、凤眼蓝、水葫芦苗、水浮莲。	**科属：** 雨久花科凤眼蓝属。
生境分布： 常野生于海拔200～1500m的水塘、沟渠、河道及稻田中，现广泛分布于中国长江、黄河流域及华南各省。	

附地菜

Trigonotis peduncularis (Trev.) Benth.ex Baker et Moore

花长可达20cm，淡蓝色花偏向一侧

- **形态特征** 一或二年生草本。植株低矮，茎常簇生，自基部分枝，被短糙伏毛；基生叶呈莲座状，叶片较小，匙形或卵状椭圆形，先端圆钝，基部楔形或渐狭至柄，两面和叶缘有糙毛，全缘，有叶柄；茎生叶长圆形或椭圆形，叶形与基生叶相似，具短柄或无柄；花序生茎顶，幼时卷曲，后渐伸长，基部具2~3个叶状苞片，其余部分无苞片；花梗短，花后稍增长，顶端与花萼连接部分变粗，呈棒状；花萼5裂，裂片卵形，端尖锐，有短毛；花冠淡蓝色，5裂，裂片平展，倒卵形，喉部白色或带黄色，有8个鳞片状附属物；花药卵形，先端具短尖；雄蕊5枚，内藏；子房4裂；小坚果4个，四面体形，有锐棱。花期5~6月。

茎、叶密被糙毛

- **食用部位和方法** 幼苗可食，春季采收高10cm以上的幼苗，洗净，入沸水焯熟后凉拌、炒食或掺面蒸食。

根茎多细小分枝

- **野外识别要点** 本种茎、叶密被糙毛，蝎尾状聚伞花序长，花蓝色，喉部黄色，易识别。

别名：地胡椒、鸡肠草、黄瓜香、雀铺拉。	科属：紫草科附地菜属。
生境分布：常生长在荒地、草地、林缘、灌木丛及田间，分布于中国南北大部分省区。	

甘菊

Dendranthema lavandulifolium (Fisch.ex Trantv.) Kitam.

花

伞房状花序，花黄色

叶背灰绿色

中部叶二回羽状分裂

- **形态特征** 多年生草本。株高40~150cm，多分枝；中部叶二回羽状分裂，一回裂片全裂或深裂，叶两面同色，疏被柔毛；头状花序直径10~15mm，多数在茎顶，呈伞房状；总苞直径5~7mm，总苞片约5层；舌状花黄色，舌片椭圆形，全缘或顶端有2~3个不明显齿。花期9~10月，果期10~11月。

- **食用部位和方法** 花瓣可食，秋季盛开时采摘新鲜、无虫害的花瓣，洗净，凉拌、炒食、煮粥、掺面煎炸或沏茶、泡酒，与菊花相同。

- **野外识别要点** 本种叶二回羽状分裂，轮廓卵形；舌状花黄色，头状花序直径1.5~2.5cm。

别名：野菊花、北野菊。	科属：菊科菊属。
生境分布：生于山坡、河谷、河岸、荒地，全国各地较为常见。	

甘露子

Stachys sieboldi Miq.

花唇形，上唇直立，下唇三裂

中国栽培甘露子历史悠久，17世纪末传入日本，后引入欧美等国。据说，当年慈禧太后西行，偶然吃到百姓家的酱甘露，她赞不绝口，后来派御厨专门去研制。现在，甘露子是驰名中外的"八宝菜"、"什锦菜"之一。

形态特征 多年生草本。株高30～120cm，地下有匍匐枝，成熟时顶端膨大成螺旋状的肉质块茎，即"甘露子"；茎直立，方形，单一或分枝，具硬毛；叶对生，卵形至长椭圆状卵形，两面被贴生短硬毛，叶缘具钝齿，叶基部抱茎；轮伞花序，通常具花6朵，排列成顶生的穗状花序；花唇形，浅紫色，筒内有毛环，上唇直立，下唇三裂，中裂片近圆形；小坚果卵圆形，表面具小瘤，黑褐色。花果期7～9月。

食用部位和方法 块茎可食，肉质脆嫩，秋季挖取，洗净，可直接炒食或煮食，也可腌制或酱制食用，还可加工成咸菜、罐头、蜜饯、甜果等。

野外识别要点 本种全株具硬毛，块茎呈螺旋状或念珠状，白色；轮伞花序排成顶生的穗状花序，花唇形，粉红色或紫红色；果黑褐色，表面具瘤状物。

叶对生，两面被贴生短硬毛

叶缘具钝齿

花萼果实的正面和侧面图

匍匐茎熟时顶端膨大成螺旋状的肉质块茎

块茎肉质脆嫩，炒食或煮食

株高30～120cm

别名：甘露儿、地蚕、地牯牛、旱螺蛳、罗汉菜、地母、地蕊、米累累、宝塔菜、草石蚕、土人参。	科属：唇形科水苏属。
生境分布：常野生于湿润处或近水处，分布于中国大部分地区。	

甘蔗

可食的茎秆

Saccharum officinarum L.

• 形态特征

多年生高大草本。根状茎粗壮发达，秆高3～6m，具20～40节，下部节间较短而粗大，被白粉；叶鞘长于节间，鞘口具柔毛；叶舌极短，生纤毛；叶片线形，长可达1m，宽4～6cm，无毛，中脉粗壮，白色，边缘具粗糙锯齿；大型圆锥花序，常20～50cm，花序轴节部具毛，总状花序多数轮生，小穗线状长圆形，基盘具长于小穗2～3倍的丝状柔毛；第一颖脊间无脉，不具柔毛，顶端尖，边缘膜质；第二颖具3脉，中脉成脊，粗糙，无毛或具纤毛；第一外稃膜质，与颖近等长，无毛；第二外稃微小，无芒或退化；第二内稃披针形；鳞被无毛。花期3～5月。

• 食用部位和方法

茎秆可食，一般冬季割取，去外皮，可直接食用，也可制成蔗糖、糖浆等。

• 野外识别要点

本种茎秆高大，下部节间短而粗，被白粉，叶鞘具柔毛，叶舌极短，叶片线形，中脉白色，边缘具齿。

别名：秀贵甘蔗、薯蔗、糖蔗、黄皮果蔗。	科属：禾本科甘蔗属。
生境分布：一般生于山谷或山坡林地，中国四川、云南、福建、广东、广西及台湾等地广泛种植。	

高河菜

Megacarpaea delavayi Franch.

• 形态特征

多年生草本。株高30～70cm，根肉质、肥厚，茎直立，有分枝，被短柔毛；羽状复叶，长圆状披针形，基生叶及茎下部叶具柄，茎中、上部叶基部抱茎，叶轴有长柔毛；小叶5～7对，卵形或卵状披针形，顶端急尖，基部圆形，叶面被短糙毛，叶背有长柔毛，边缘有不整齐锯齿或羽状深裂，叶柄短或近无；总状花序常数个排列成圆锥状；总花梗及花梗有柔毛，萼片卵形，深紫色；花粉红色或紫色，花瓣顶端常有3齿，基部渐窄成爪；短角果，顶端两深裂，裂瓣歪倒卵形，黄绿带紫色，果梗粗，有长柔毛；种子卵形，棕色。花期6～7月，果期8～9月。

• 食用部位和方法

幼苗及嫩叶可食，初春采摘，洗净，入沸水焯熟，再用清水洗几遍，凉拌、炒食、煮食、做汤或做馅均可。

总状花序顶生

• 野外识别要点

本种茎、叶、叶轴、花序梗、花梗及果梗有柔毛；羽状复叶，小叶5～7对，边缘具齿或深裂；花粉红色或紫色，萼片深紫色，花瓣顶端具3齿，基部渐窄成爪；果顶端两裂。

茎被短柔毛

羽状复叶长6～10cm

别名：无。	科属：十字花科高河菜属。
生境分布：一般生长在海拔3000～3800m的高山草原，主要分布于中国甘肃、四川和云南。	

藁本

Ligusticum sinense Oliv.

● 形态特征 多年生草本。株高30～60cm，根茎发达，茎直立、中空、有纵纹；基生叶三角形，两回羽状全裂，末裂片3～4对，卵形，叶面沿脉有乳头状突起，边缘不整齐羽状深裂，叶柄长9～20cm，花期枯萎；茎生叶互生，宽三角形，羽状全裂，脉有柔毛，叶柄长；复伞形花序，花多数，小伞梗纤细，小总苞线形或披针形，花白色，无萼，花瓣5枚，椭圆形至卵圆形，中央具短尖突起，向内折卷；雄蕊5枚，花丝弯曲，花药椭圆形，2室，子房下位，2室；双悬果广卵形，分果具5条果棱，无毛。花期7～8月，果期9～10月。

● 食用部位和方法 嫩叶可食，春季采摘，洗净，入沸水焯熟后，再用清水漂洗几遍，凉拌、炒食、做馅或做汤。

● 野外识别要点
本种茎中空，表面具纵纹；基生叶两回羽状全裂，花期枯萎；茎生叶互生，宽三角形，羽状全裂；花白色，花瓣5枚，萼齿不明显。

茎生叶羽状全裂

干燥根茎

茎中空，具纵纹

别名：西芎、鬼卿、微茎、山苣、山园菜。	科属：伞形科藁本属。
生境分布：生于海拔1000～2700m的林下，向阳的山坡草丛中及湿润的水滩边，分布于中国河南、陕西、甘肃、江西、湖北、湖南、四川、山东、云南等地，产于湖北、四川、陕西、河南、湖南、江西、浙江等省。	

茖葱

Allium victorialis L.

根茎

花序

果序

● 形态特征 多年生草本。株高可达1m，鳞茎长椭圆形，黑褐色或灰褐色，茎皮有网状纤维；叶2～3枚，长卵形、长椭圆形或宽椭圆形，长达20cm，宽达10cm，先端钝或尖，基部渐狭而沿叶柄稍下延，叶脉平行，叶面光滑而稍带白粉，全缘；花葶圆柱形，高30～60cm，有2枚卵形苞片，花密集成伞形花序，白色或带绿色，花被6片，长椭圆形，顶端钝圆；雄蕊6枚；花丝长；子房3室，每室1颗胚珠，蒴果成熟后室背开裂，种子黑色。花果期6～8月。

● 食用部位和方法 幼苗及嫩叶可食，在5～6月采收，洗净，蘸酱生吃或炒食、做汤、腌制咸菜，具有活血散瘀、止血止痛的功效。

花密集，白色或带绿色

花葶圆柱形，高30～60cm

● 野外识别要点 本种叶宽大，椭圆形；伞形花序，花密集，白色或带绿色。

叶2～3枚，叶脉平行

别名：旱葱、天蒜、角蒜、山葱、寒葱、鹿耳葱。	科属：百合科葱属。
生境分布：多生长在海拔达2500m的山野、草地、沟边或林下，主要分布于中国东北、西北及河北、河南、浙江、湖北、四川等地。	

葛缕子

Carum carvi L.

花

· 形态特征 多年生草本。株高30～70cm，根圆柱形，表皮棕褐色，长可达25cm；茎通常单生，基生叶及茎下部叶的叶柄与叶片近等长，叶片长圆状披针形，2～3回羽状分裂，末回裂片线形或线状披针形；茎中、上部叶与下部叶同形，较小，无柄或有短柄；复伞形花序，伞幅5～12个，极不等长；小伞形花序具花5～15朵，花杂性，无萼齿，花瓣白色或带淡红色；果实长卵形，成熟时黄褐色，果棱明显。花果期5～8月。

· 食用部位和方法 嫩叶可食，春季采摘，洗净，入沸水焯熟，再用清水洗净，凉拌、炒食、做汤或做馅。

叶2～3回羽状分裂

· 野外识别要点 本种叶的末回裂片较细，宽不足0.5mm。

复伞形花序

果实长卵形

花枝

营养枝

别名：野园荽、黄蒿、藏茴香。	科属：扇形科葛缕子属。
生境分布：生长于草原、山沟、河滩、林下、草甸或山坡等处，分布于中国东北、华北、西北及西藏、四川等地。	

沟酸浆

Mimulus tenellus Bunge

花

· 形态特征 多年生草本。植株常呈铺散状，全株无毛，茎长可达40cm，四方形，角处具窄翅，多分枝，下部匍匐生根；叶小、卵形、卵状三角形至卵状矩圆形，羽状脉，边缘具明显的疏锯齿，叶柄细长，与叶片等长或较短；花单生叶腋，花萼圆筒形，果期肿胀成囊泡状，增大近一倍，沿肋偶被绒毛；萼齿5裂，细小，刺状；花冠较萼长一倍半，漏斗状，黄色，喉部有红色斑点；唇短，端圆形，竖直，沿喉部被密的髯毛；蒴果椭圆形，种子卵圆形，具细微的乳头状突起。花果期6～9月。

· 食用部位和方法 嫩叶可食，春季采摘，洗净，入沸水焯熟后，再用凉水漂洗几遍，炒食或煮食。

漏斗形花单生叶腋

· 野外识别要点 本种茎四方形，角处具窄翅；叶羽状脉，边缘疏生锯齿；花单生叶腋，花萼果期肿胀成囊泡状，花冠漏斗状，黄色，喉部有红色斑点，沿喉部被密的髯毛。

叶背灰白色

未成熟蒴果

叶具羽状脉，叶缘有疏锯齿

别名：无。	科属：玄参科沟酸浆属。
生境分布：生长在海拔700～1200m的水边、沟渠、林下等湿地，分布于中国秦岭、淮河以北及陕西以东各省区。	

狗尾草

Setaria viridis (L.) Beauv.

花序　　颖果

在田野里，常常可以看到一个个毛茸茸的细长穗子，结满了千百颗籽粒，风吹来，便摇曳着，仿佛调皮的小狗在抖动着尾巴，故得"狗尾草"之名。

形态特征
一年生草本。株高10～100cm，根为须状，秆直立或基部膝曲，叶鞘松弛，叶舌极短，边缘具纤毛；叶片扁平，长三角状狭披针形或线状披针形，长4～30cm，宽2～18mm，先端渐尖，基部钝圆形，疏被疣毛，边缘粗糙；圆锥花序紧密，呈圆柱形，长2～15cm，主轴被较长柔毛和间杂刚毛，绿色、褐黄色至紫红色，小穗2～5个簇生于主轴或更多小穗着生于短小枝上，椭圆形，铅绿色；第一颖卵形，长约为小穗的1/3，具3脉；第二颖几与小穗等长，具5脉；第一外稃与小穗第长，具5～7脉，且具1个狭窄的内稃；第二外稃椭圆形，具细点状皱纹，边缘内卷；颖果灰白色。花果期5～10月。

食用部位和方法
种子可食，夏、秋采集，春去外壳，熬粥食用。

野外识别要点
本种叶线状披针形，长4～30cm；圆锥花序紧密，呈圆柱状，刚毛长0.4～1cm，绿色、褐黄色或紫红色。

株高可达1m，是常见杂草之一

圆锥花序紧密，呈圆柱形

叶线状披针形，疏被疣毛

叶基部钝圆形

叶鞘松弛

须状根不发达

别名：谷莠子、莠、绿狗尾草、狗尾巴草。	科属：禾本科狗尾草属。
生境分布：常野生于荒野、林中、沟谷、田间及道路，是常见杂草，广泛分布于中国各地。	

鬼针草

Bidens pilosa L.

未成熟瘦果

• 形态特征

一年生草本。株高30～100cm，茎直立，钝四棱形，上部有时疏生柔毛；茎下部叶为羽状复叶，通常花前枯萎，叶柄短或近无；茎中部叶为三出复叶，小叶常具3枚，叶面无毛或疏生短柔毛，边缘有锯齿，叶柄短；茎上部叶3裂或不分裂，条状披针形，全缘或微裂；头状花序，花梗长3～10cm，总苞基部被短柔毛，苞片7～8枚，条状匙形；外层托片披针形，背面褐色，边缘黄色，内层条状披针形；舌状花白色或黄色；瘦果黑色，条形，略扁，具棱，上部具瘤状突起及刚毛，顶端具芒刺。花果期6～9月。

• 食用部位和方法

嫩茎叶可食，一般初春采摘，洗净，入沸水焯熟后，再用清水漂洗去除苦涩味，炒食或做汤。

花白色或黄色，花梗长

• 野外识别要点

本种茎四棱形，三出复叶或羽状复叶，枝梢叶对生或互生，三裂或不裂；舌状花白色或黄色；瘦果细棒状，顶端有3～4个短刺。

根部

茎钝四棱形

别名：三叶鬼针草、蟹钳草、虾钳草、对叉草、粘人草、粘连子、豆渣草、豆渣菜、盲肠草。	科属：菊科白花鬼针草属。

生境分布：常野生于荒野、山坡、田间、村旁或路边，主要分布于中国华东、华中、华南及西南地区。

海乳草

Glaux maritima L.

花单朵腋生

• 形态特征

多年生草本。植株低矮，根常数条束生，根状茎横走，节部被对生的卵状膜质鳞片；茎常单一或下部分枝，无毛，节间短，节上被淡褐色卵形膜质鳞片状叶；叶密集，交互对生、对生或互生，叶线形、长圆状披针形至卵状披针形，肉质，先端钝，基部楔形，全缘，近无柄；花腋生，花梗极短，花萼钟形，白色或粉红色，花冠状，分裂达中部，

裂片倒卵状长圆形，全缘；无花冠；雄蕊5枚，花丝基部扁宽，子房卵珠形，上半部密被小腺点；蒴果卵球形，先端稍尖，略呈喙状。花期6～7月，果期7～8月。

• 食用部位和方法

嫩叶可食，春季采摘，洗净，入沸水焯熟后，再用凉水浸洗去除苦涩味，凉拌、炒食或煮食。

• 野外识别要点

低矮草本，叶密集，交互对生、对生或互生，肉质，全缘，近无柄；花萼状似花冠，无花冠。

叶肉质，全缘

植株低矮，丛生

别名：西尚。	科属：报春花科海乳草属。

生境分布：常生长于海边、河边、渠沿、湖岸、草地、河滩盐碱地或沼泽草甸等潮湿地，分布于中国东北、华北、西北及西南地区。

蔊菜

花

长角果

总状花序

形态特征 一年生直立草本。株高20~50cm，茎直立、粗壮，具沟纹，偶有柔毛；叶互生，质厚，基生叶及茎下部叶具长叶柄，叶形变化大，常大头羽状分裂，顶端裂片较大，卵状披针形，侧裂片1~5对，边缘具不整齐齿；茎上部叶渐小，多不分裂，宽披针形或匙

叶常大头羽裂

Rorippa indica (L.) Hiern

形，边缘疏生锯齿，具短柄或叶基呈耳状抱茎；总状花序顶生或侧生，小花多数，具细花梗；萼片4裂，卵状长圆形；花瓣4枚，黄色，匙形，基部渐狭成短爪；雄蕊6枚；长角果线状圆柱形，短而粗，斜上开展，成熟时果瓣隆起；种子每室2行，多数，细小，卵圆形，褐色，表面具细网纹。花期4~6月，果期6~8月。

食用部位和方法 嫩茎叶可食，在3~6月采摘，洗净，切碎，凉拌可食；也可入沸水焯一下，再用清水浸泡，炒食、做汤或拌食均可。

野外识别要点 本种茎直立而粗壮；叶常大头羽状分裂；花黄色，长角果线状圆柱形，长1~2cm，种子黄褐色。

别名：印度蔊菜、塘葛菜、江剪刀草、香荠菜、鸡肉菜、野油菜。	科属：十字花科蔊菜属。

生境分布：常野生于山野、草地、河边、田边及路旁，广泛分布于中国大部分省区，尤其是华东、华南、华中及西南地区。

河北大黄

Rheum franzenbachii Munt.

形态特征 多年生草本。株高50~100cm，根茎粗壮、深黄色；茎直立、粗壮、中空，具细沟纹；基生叶大型，心状卵形至宽卵形，质厚，长12~30cm，宽10~25cm，先端钝圆或急尖，基部心形，基出脉5~7条，叶面灰绿色或蓝绿色，光滑无毛，叶背暗紫红色，疏生短柔毛，边缘波状；叶柄半圆柱状，常暗紫红色；茎生叶较小，与基生叶相似，近无柄，托叶鞘膜质；大型圆锥花序2次以上分枝，花序轴及分枝被短毛；花梗细、下垂；小花白色，3~6朵簇生于苞腋内，花被片6深裂，两轮，内轮3片稍大；瘦果三棱状，有翅，翅为棱角延伸而成。果期7~9月。

食用部位和方法 幼苗、嫩茎秆及嫩叶可食，含胡萝卜和维生素。在春末夏初采摘，洗净，入沸水焯一下，再用清水漂洗，待异味去除，炒食、做汤或和面蒸食。

野外识别要点 本种茎粗壮，叶面灰绿色或蓝绿色，无毛，叶背暗紫红色，生短柔毛；花绿白色，花被6片，两轮排列；瘦果三棱状，棱角延伸成翅。

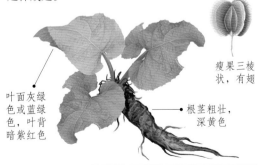

瘦果三棱状，有翅

叶面灰绿色或蓝绿色，叶背暗紫红色

根茎粗壮，深黄色

别名：华北大黄、波叶大黄、祁黄、山大黄、土大黄、庄黄。	科属：蓼科大黄属。

生境分布：常生长在山坡草地、石滩、林缘或沟谷石缝中，分布于中国西北、东北、华北等地。

黑三棱

成熟干燥的块茎

Sparganium stoloniferum (Graebn.) Buch.Ham. ex Juz.

形态特征 多年生草本。株高60～120cm，根状茎圆柱形，横走泥中，下生粗短的块茎及多数须根；茎直立，粗壮，圆柱形，挺水；叶丛生，排成两列，长条形，长20～90cm，宽0.7～1.6cm，具中脉，上部扁平，下部背面呈龙骨状突起，基部鞘状，总体呈三棱状；圆锥花序自叶丛间抽出，具3～7个侧枝，每个

粗短的块茎

侧枝上着生7～11个雄性头状花序和1～2个雌性头状花序，主轴顶端通常具3～5个雄性头状花序，无雌性头状花序，花白色；果实为核果状，有棱角。花期5～7月，果期8～10月。

一般野生于浅水处

食用部位和方法 嫩茎可食，夏季采摘，剥去外皮，洗净，入沸水焯熟，凉拌食用。

野外识别要点 本种植株高大，大型圆锥花序，主轴无雌性头状花序，果实大，具棱角，易区别。

核果　　　　　　花枝

别名：三棱、泡三棱。	科属：黑三棱科黑三棱属。
生境分布：常野生于湖泊、河沟、沼泽、水塘等浅水处，海拔可达1500m，主要分布于中国东北、黄河流域、长江中下游各省区及西藏。	

红凤菜

花序

Gynura bicolor (Willd.) DC.

形态特征 多年生草本。株高50～100cm，全株带肉质，无毛；根粗壮，茎直立，多分枝，带紫色，有细棱；叶互生，茎下部叶有柄，上部叶近无柄；叶片椭圆形或卵形，长6～10cm，先端渐尖或急尖，基部下延，边缘有粗锯齿，有时下部具1对浅裂片，上面绿色，下面红紫色；头状花序直径0.5～2cm，在茎顶作伞房状疏散排列；总苞筒状，总苞片草质，两层，外层长为内层的1/3～1/2，内层条形，边缘膜质；花黄色，全为两性管状花；

花柱分枝钻形；瘦果矩圆形，有纵肋；冠毛白色，绢毛状。花期10月至次年3月。

食用部位和方法 红凤菜全年均可采收食用，以叶片完整、不枯黄萎烂、无黑色斑点、用手折梗易断者为佳。去除根，洗净，焯熟后凉拌或大火快炒；也可晒干，进行短期储存食用。

叶背红紫色

野外识别要点 叶互生，稍肉质，表面绿色，背面紫红色，容易识别。

叶面绿色　　　　茎带紫色

别名：紫背天葵、红番苋、红毛番、红背菜、红菜、叶下红、红玉菜、血皮菜、当归菜、观音菜、木耳菜。	科属：菊科菊三七属。
生境分布：生于平原及低山区阴湿处，或家种于园圃，分布于福建、浙江、广东、广西、台湾、四川、云南等省区。	

红花

Carthamus tinctorius L.

管状花

外层绿色，卵状披针形，边缘有尖刺，内层卵状椭圆形，白色膜质；花为两性花，管状，初开时黄色，后渐变为橙红色；瘦果椭圆形，乳白色，具四棱，无冠毛。花期5~7月，果期7~9月。

· **形态特征** 一年生草本。株高约1m，茎直立，上部分枝，茎枝白色或淡白色，无毛；叶互生，卵形或卵状披针形，长4~12cm，宽1~3cm，革质，叶面光滑无毛，边缘具不规则齿，齿端有锐刺，近无柄，基部微抱茎；头状花序，常数朵在枝顶排成伞房花序，总苞片数层，

花枝

· **食用部位和方法** 嫩叶可食，春季采摘，洗净，入沸水焯熟后，再用清水洗净，凉拌或炒食。

· **野外识别要点** 本种叶坚硬，边缘齿端有刺；花全为管状花，黄色渐变为橙红色，外层苞片绿色，边缘有针刺，内层苞片白色膜质；果无冠毛。

别名：红蓝花、刺红花、草红、杜红花、金红花。	科属：菊花科红花属。
生境分布：主产于中国的河南、湖北、四川、云南、浙江等地。	

红花酢浆草

Oxalis corymbosa DC.

· **形态特征** 多年生草本。植株低矮，地下鳞茎球形，外层鳞片褐色，具3条肋状纵脉，被长缘毛，内层鳞片三角形；无地上茎，基部具多数呈莲座状排列的小鳞茎；叶基生，叶柄长5~30cm，散生柔毛，托叶长圆形，与叶柄基部合生；掌状3小叶，扁圆状倒心形，顶端凹入，两面散生暗红色瘤状小腺体，全缘，无柄；总花梗基生，二歧聚伞花序排列成伞形，具花5~12朵，花梗、苞片、萼片、花丝、花药均被毛，萼片淡绿色，先端具两个红色的

小腺体，花瓣5枚，淡紫红色，向下渐淡，下部淡绿色；蒴果短条形。花期6~9月。

· **食用部位和方法** 嫩茎叶可食，每年4~6月采摘，洗净，入沸水焯熟后，再用清水浸泡去除苦涩味，炒食、凉拌或做汤。

· **野外识别要点** 本种鳞茎褐色，无地上茎，叶基生，掌状3小叶，小叶先端凹入，叶面有暗红色小腺体；花淡红色，萼片先端有两个红色小腺体。

二歧聚伞花序，花淡紫红色

掌状3小叶

别名：铜锤草、大酸味草、花花草、大叶酢浆草、三夹莲。	科属：酢浆草科酢浆草属。
生境分布：一般野生于田野、山地、路旁或水田中，常成片生长，分布于中国长江流域以南大部分省区。	

红蓼

Polygonum orientale L.

红蓼株形挺拔，叶大而绿，花序宽大、鲜艳，既可丛植于庭院，也可作切花观赏。

瘦果双凹

形态特征

一年生草本。株高1～2m，茎直立、粗壮，上部多分枝，茎、叶密被长柔毛；叶互生，大型，宽卵形或卵状披针形，长达20cm，宽12cm，先端尖，基部圆形或近心形，两面有毛，全缘；具叶柄，托叶鞘筒状，下部膜质、褐色，上部草质、绿色，有缘毛；总状花序呈穗状，微下垂，通常数个再组成圆锥状，苞片卵形，每苞内可生出多朵花，花密集，粉红色或玫瑰红色；花被椭圆形，5深裂；花柱2枚，中下部合生；

瘦果近圆形，双凹，熟时黑褐色，有光泽，包于宿存花被内。花期6～9月，果期8～10月。

食用部位和方法

幼苗、嫩茎叶可食，春夏季采摘，洗净，入沸水焯一下，捞出，凉拌、炒食或掺面粉蒸食。

花密集，呈穗状

野外识别要点

本种叶大、互生、全缘，托叶鞘筒状，下部膜质、褐色，上部草质、绿色，有缘毛；圆锥形花序，花穗下垂，花密集，粉红色。

托叶鞘筒状，下部膜质、褐色

别名：红草、八字蓼、东方蓼、狗尾巴花、辣蓼、丹药头。	科属：蓼科蓼属。
生境分布：一般生长在山沟、岸边等湿地，海拔可达2700m，除西藏外，广泛分布于中国各地。	

湖北百合

Lilium henryi Baker

花药深橘红色

形态特征

株高100～200cm，鳞茎近球形，直径约5cm，鳞瓣矩圆形，先端尖，白色；茎具紫色条纹，无毛；叶两型、散生，中、下部叶矩圆状披针形，长达15cm，宽3cm，先端急尖，基部圆形，有3～5条脉，全缘，叶柄极短；上部叶卵圆形，较小，无柄；总状花序具花2～12朵，苞片卵圆形，叶状，花梗水平开展，每一花梗常具2朵花；花被片披针形，反卷，橙色，具稀疏的黑色斑点，全缘，蜜腺两边具多数流苏状突起；雄蕊四面张开，花丝钻状；花药深橘红色；子房近圆柱形；柱头稍膨大，略3裂；蒴果矩圆形，褐色。花期7月。

食用部位和方法

鳞茎可食，一般在秋季枯萎后挖取，洗净，炒食、炖食、煮食、做汤或熬粥，也可制成百合粉冲饮。

野外识别要点

本种叶两型，中下部叶为矩圆状披针形，上部叶为卵圆形；花橙色，花瓣反折，苞片卵圆形；蒴果矩圆形，长4～4.5cm。

花被片反卷，橙色，具黑色斑点

中、下部叶矩圆状披针形

株高可达2m

别名：无。	科属：百合科百合属。
生境分布：常野生于海拔700～1000m的山地灌木丛，分布于中国湖北、江西和贵州等省区。	

猴腿蹄盖蕨

Athyrium multdentatum (Doell) Ching

猴腿蹄盖蕨营养丰富，味道鲜美而独特，又有多种药用功能，在众多山珍野味中，享有"山野之王"的美誉。

· 形态特征 多年生草本。株高60～120cm，根状茎短，顶端和叶柄基部密生黑褐色披针形鳞片；叶簇生，叶密集，叶柄长可达55cm，基部黑褐色，向上禾秆色，偶有小鳞片；叶片卵状披针形，长达60cm，宽达30cm，叶轴和羽轴疏生淡棕色卷缩腺毛，三回羽裂；第1回羽片15～18对，互生，具短柄，上部和下部羽片较小，中部羽片披针形，二回羽裂；小羽片25～28对，互生，末回羽裂；小裂片10～15对，披针形，向上渐狭，边缘有尖锯齿；羽片和小裂片的叶脉羽状，侧脉2～4对；孢子囊群常呈马蹄形，生于羽片背面，每片有1～4对，基部裂片上常有3对，囊群盖上有颗粒状纹饰。

· 食用部位和方法 猴腿蹄盖蕨的嫩叶是一种极好的山野菜，营养丰富，含有多种维生素，在4～5月，采摘高10～20cm的未张开的嫩叶，洗净，沸水焯1分钟，凉拌或炒食，也可腌制成咸菜或晒成干菜。

· 野外识别要点 本种叶簇生，卵状披针形，三回羽裂；孢子囊群呈马蹄形，每个羽片背面1～4对。

株高60～120cm

带孢子囊的羽片

别名: 多齿蹄盖蕨、猴腿菜。	**科属:** 蹄盖蕨科蹄盖蕨属。
生境分布: 一般野生于山坡林下或沟谷灌丛中，分布于中国东北、华北及山东。	

65

虎耳草 花语：持续

Saxifraga stolonifera Meerb.

由于虎耳草喜欢生长在阴湿的山下或岩石裂缝里，因而在拉丁语中的意思便是"割岩者"。虎耳草还是四月十二日的生日花，凡是这天出生的人，都被认为是超级有耐性并能够持之以恒实现某种成就的人。

3枚花瓣较短

2枚花瓣较长

大型圆锥状花序，白色花稀疏

叶面具白色条状脉

匍匐茎着地可生根另成单株

匍匐茎细长

植株低矮，根茎细而短

● **形态特征** 多年生草本。植株低矮，高不过40cm，全株被疏毛，具细长的匍匐茎，其梢着地可生根另成单株；基生叶1~4枚，叶片近心形、肾形至扁圆形，先端钝圆，基部圆形至心形，叶面绿色，被腺毛，具白色条状脉，叶背通常紫红色，有腺毛和斑点，叶缘具浅齿；叶柄长2~20cm，被长腺毛；茎生叶极小，披针形，全缘，近无柄；数个聚伞花序组合成圆锥状，花序多分枝，花稀疏，花梗短而细弱，被腺毛；萼片卵形，在花期开展至反曲，3脉于先端会合成一疣点，具缘毛，背面密被褐色腺毛；花瓣5枚，白色，基部具黄色斑点，中上部具紫红色斑点，其中3枚较短，卵形，另2枚较长，披针形，基部具爪；花丝棒状；花盘半环状，围绕于子房一侧，边缘具瘤突；心皮2个，下部合生；子房卵球形，花柱2裂，叉开；蒴果。花期春夏季。

● **食用部位和方法** 嫩茎叶可食，每年3~5月采摘，洗净，入沸水焯熟后，再用清水漂洗去除苦涩味，炒食或煮食。

● **野外识别要点** 本种植株低矮，有毛，匍匐茎细长，基生叶1~4枚，圆肾形；花白色，带紫红色斑点，萼片3脉于先端会合成一疣点，花瓣5枚，3枚较短，2枚较长。

别名： 石荷叶、丝棉吊梅、耳朵草、天青地红。 **科属：** 虎耳草科虎耳草属。

生境分布： 常生长在灌木丛、草甸、林下或石缝等阴湿处，除东北、华北及新疆、西藏外，中国大部分地区均有分布。

虎杖

干燥根茎

Polygonum cuspidatum Sieb. et Zucc.

形态特征

多年生灌木状草本。株高可达1m，根茎横卧地下，木质，黄褐色，节明显；

枝叶

茎直立，多丛生，中空，无毛，散生紫红色斑点；叶互生，宽卵形或卵状椭圆形，长达12cm，宽达10cm，先端尖，基部楔形，两面无毛，全缘；具短叶柄，紫红色；托叶鞘膜质，褐色，早落；花单性，雌雄异株，圆锥花序腋生，花梗细长，中部有关节，上部有翅；花白色，

花被5深裂，裂片2轮，外轮3片在果时增大，背部生翅；瘦果椭圆形，有3棱，黑褐色，包于翅状宿存花被内。花期6~8月，果期9~10月。

食用部位和方法

嫩茎叶可食，含有粗蛋白、粗纤维、胡萝卜素等，在春季采摘，洗净，入沸水焯一下，再用清水浸泡，炒食、做汤或腌制咸菜。注意，该植物有毒，食用前一定要用清水浸泡数小时。

瘦果具3棱，熟时黑褐色

野外识别要点

本种叶近圆形，无毛，叶柄紫红色；花白色，花梗上部有翅，花被5深裂；瘦果有3棱，黑褐色。

别名：苦杖、山大黄、花斑竹、黄药了、土地榆、活血龙、酸桶笋。	科属：蓼科虎杖属。

生境分布：常野生于沟谷、河边、荒野、草丛或路旁，分布于中国华东、中南、西南及河北、陕西、甘肃等地。

花蔺

伞形花序，花绿色稍带红色

Butomus umbellatus L.

形态特征

多年生水生草本。株高可达1m，根茎横走，密生须根和叶；叶基生，条形，呈三棱状，长可达60cm，最宽只有1cm，先端渐尖，基部扩大，呈鞘状抱茎，鞘缘膜质，无柄；花葶直立，圆柱形，长30~70cm，顶生伞形花序，着花10~20朵；花序基部3枚卵形苞片，膜质；花梗细长；花两性，外轮花被3片，较小，萼片状，绿色而稍带红色，内轮花被3片，花瓣状，粉红色，早落；雄蕊9枚，雌蕊6枚，3轮排

列；蓇葖果较小，顶端具长喙，成熟时沿腹缝线开裂；种子多数，细小，有沟槽。花期6~7月，果期7~8月。

食用部位和方法

根可食，夏、秋季挖，洗净，去皮，煮食或磨成粉面蒸食，也可晒干后炒食，还可酿酒。

叶条形，呈三棱状

野外识别要点

叶基生，条形，呈三棱状，长可达60cm，最宽只有1cm。花葶高30~70cm，伞形花序顶生，花红白色，外轮3枚花被萼片状，绿色而稍带红色，内轮3枚花被花瓣状，粉红色，早落。

根茎密生须根

别名：猪尾菜、荔嫂。	科属：花蔺科花蔺属。

生境分布：多生长在湖泊、水塘、沟渠或沼泽地等低洼湿地，分布于中国华北、华东及黑龙江、吉林和新疆。

华北风毛菊

Saussurea mongolica (Fr.) Franch.

• 形态特征
多年生草本。株高40～90cm，根茎斜生，颈部有褐色残叶柄；茎直立，无毛或有疏糙伏毛；茎中下部叶卵状三角形或卵形，顶端锐尖，基部楔形或心形，叶缘下部常羽状深裂，上部边缘有粗齿，具长叶柄；茎上部叶渐小，矩圆状披针形或披针形，边缘有粗齿，有短柄或无柄；全部叶有短糙伏毛；头状花序密集成伞房状，花梗短，苞叶条状披针形，被短柔毛；总苞卵状筒形，被疏蛛丝状毛和短柔毛，总苞片5层，常反折；花紫红色；瘦果小，冠毛淡褐色，外层糙毛状，内层羽毛状。花果期8～10月。

叶缘下部常羽状深裂

• 食用部位和方法
嫩叶可食，春季采摘，洗净，入沸水焯熟，再用凉水洗净，凉拌食用。

• 野外识别要点
本种根茎颈部有褐色残叶柄，基生叶卵状三角形，常羽状深裂，两面有短糙伏毛；头状花序的总苞片常反折；花紫红色。

别名：山菠菜。	科属：菊科风毛菊属。

生境分布：常野生于山坡林缘、灌丛、草地或田间，海拔500～2900m，分布于中国东北、华北、西北及华中等地区。

花枝

华中碎米荠

Cardamine urbaniana O.E.Schulz.

• 形态特征
多年生草本。株高30～70cm，根状茎粗壮，通常匍匐，密生须根；茎直立，不分枝，表面有沟棱，近无毛；羽状复叶，小叶3～6对，卵状披针形、宽披针形或狭披针形，薄纸质，长5～10cm，宽1～3cm，先端尖，顶生小叶基部楔形、无柄，侧生小叶基部不等或下延成翅状，叶柄短，边缘有锯齿；总状花序，花多数，花梗短，萼片长卵形，绿色或淡紫色；花瓣倒卵楔形，紫色、淡紫色或紫红色；长角果条形，略扁，果瓣有时带紫色，疏生短柔毛或无毛，果梗直立，被短柔毛；种子椭圆形，褐色。花期4～7月，果期6～8月。

花

根茎粗壮

• 食用部位和方法
嫩茎叶可食，春季采摘，洗净，入沸水焯一下，凉拌、炒食、做汤或做馅。

• 野外识别要点
本种根状茎粗壮，小叶3～6对，卵状披针形、宽披针形或狭披针形，薄纸质，叶缘具不整齐齿，顶生小叶具短柄，侧生小叶基部下延成微翅状；花紫红色；长角果。

复叶

果枝

别名：菜子七、妇人参、普贤菜、半边菜。	科属：十字花科碎米荠属。

生境分布：生长于海拔500～3500m的沟谷、山坡、林下，主要分布于中国甘肃、陕西、浙江、湖北、湖南、江西及四川等省区。

黄鹌菜

花语：喜乐

Youngia japonica (L.)DC.

黄鹌菜是纪念四世纪西利亚的隐士——圣朱利安之花，也是七月六日的生日花。据说，在这天出生的人一生轻松愉快、没有大的负担，而且很会保护自己，因而它的花语就是喜乐。

形态特征
一年生或二年生草本。株高10～80cm，根圆柱形，须根肥嫩，茎直立，折断后有白色乳汁；叶基生，倒披针形，顶端钝圆或急尖，大提琴状羽裂，裂片从顶部向下渐小，边缘有不规则细齿，无毛或被细软毛，叶柄短，具翅或有不明显的翅；茎生叶互生，少数，通常有1～2片退化的羽状分裂叶片；头状花序小而窄，常排列成聚伞状圆锥花丛，花序梗长，总苞钟形，外层苞片较小，三角形或卵形，内层苞片稍大，披针形，舌状花黄色，花冠先端具5齿，具细短软毛；瘦果纺锤形，红棕色或褐色，稍扁平，具粗细不均的纵棱1～13条，顶端有白色冠毛。花果期4～11月。

食用部位和方法
嫩苗和嫩叶可食，春季采摘，洗净，入沸水中焯一下，捞出后凉拌、炒食、做汤或做馅等。

野外识别要点
黄鹌菜和蒲公英很像，尤其是基生叶，常常令人无法识别。黄鹌菜的裂片边缘具不规则细齿，蒲公英的裂片呈三角形，全缘或有数齿，倒向排列。黄鹌菜有少数茎叶，蒲公英无茎叶。黄鹌菜果实纺锤形，顶部有白色冠毛；蒲公英果实倒披针形，被白色绒毛。

株高10～80cm

舌状花黄色，花冠先端具5齿

总苞钟形

头状花序排列成聚伞状圆锥花丛

叶大提琴状羽裂

茎带紫红色，含白色乳汁

根圆柱形，须根肥嫩

别名：毛连连、黄瓜菜、野芥菜、黄花枝香草、野青菜	科属：菊科黄鹌菜属。
生境分布：多生长在山谷、田野、草丛、水沟旁等阴凉潮湿处，广泛分布于中国江南各地。	

黄花菜

Hemerocallis citrina Baroni

花侧面

花被6片，淡黄色

蒴果钝三棱状椭圆形

- **形态特征** 多年生草本。植株高大，根近肉质，中下部常有纺锤状膨大；叶基生，7～20枚，条形，长50～130cm，宽6～25mm，排成两列，无毛，全缘，无柄；花葶长短不一，基部三棱形，上部多圆柱形，有分枝；苞片披针形，自下向上渐短；花梗较短，花多朵，最多可达100朵以上；花被6片，淡黄色；蒴果钝三棱状椭圆形；种子20多个，黑色，有棱。花果期5～9月。

- **食用部位和方法** 花可食，夏季采摘，洗净，入开水锅中蒸熟或煮食，凉拌、炒食或做汤。注意：黄花菜含有毒物质秋水仙碱，不可生食。

- **野外识别要点** 本种花淡黄色，花被管长3～5cm，容易识别。

叶7～20枚，条形

别名：金针菜、柠檬萱草。	科属：百合科萱草属。
生境分布：常野生于海拔2000m以下的山坡、山谷、草地、荒地或林缘，主要分布于中国山西、河北、山东及秦岭以南各省区。	

黄花龙牙

Patrinia scabiosaefolia Fisch.

花

- **形态特征** 多年生草本。株高可达1.5m，根状茎横走，撕破皮有刺鼻的腐烂气味，茎直立，枝被脱落性白粗毛；基生叶簇生，大型，长卵形，羽状全裂或不裂，边缘具粗齿，具长柄，花时枯落；茎生叶对生，披针形或窄卵形，长达15cm，羽状深裂或全裂，裂片2～3对，裂片向上渐小，两面疏生粗毛或近无毛，边缘具缺刻，叶柄向上渐短至无；聚伞圆锥花序常在枝端集成疏松大伞房状花序，总花梗近方形，淡黄色，苞片小，小花黄色，花萼不明显，花冠筒短，口部5裂；瘦果长圆柱形，极小。花果期6～8月。

- **食用部位和方法** 幼苗和嫩茎叶可食，4～6月采摘，洗净，入沸水焯熟后用清水浸泡直到苦味去除，炒食、做馅、和面蒸食或晒成干菜。

- **野外识别要点** 本种属高大草本，茎直立，分枝稀疏，叶片羽状深裂或全裂，顶生裂片大，多为长椭圆形，侧裂片2～3对，长条形；大型疏散聚伞状花序，花梗淡黄色，花黄色。

成熟瘦果

根茎横走

别名：败酱、黄野花、土龙花。	科属：败酱科败酱属。
生境分布：常生长在山坡、灌丛、草地或林缘等湿地，广泛分布于中国南北大部分省区。	

黄精

根茎可入药材

果序

筒状花下垂

叶4～6枚轮生

Polygonatum sibiricum Delar. ex Redoute

形态特征

多年生草本。株高50～80cm，具圆柱形的根状茎，肥大肉质，黄白色，横生，节部膨大，有数个茎痕，生少数须根；茎单一、直立、圆柱形，不分枝，光滑无毛；叶通常4～6枚轮生，线状披针形至线形，长达11cm，宽仅1.2cm，先端弯曲，钩状或卷曲，叶面绿色，叶背淡绿色，全缘；花序生于叶腋，着花2～4朵，似伞形；花下垂，乳白色，花被6片，下部合生成筒状，先端6齿裂，带绿白色；雄蕊6枚，内藏，生于花冠筒内壁上；雌蕊1枚；子房上位，柱头上有白色毛；浆果球形，成熟时黑色。花果期5～7月。

食用部位和方法

嫩茎叶和根茎可食，春季采摘嫩茎叶，洗净，入沸水焯一下，凉拌、炒食或做汤；春季或秋季采挖根茎，洗净，可炒食、煮食、蒸食或炖食，是冬季滋补佳品。

浆果熟时黑色

野外识别要点

本种具圆柱形、肥大、白色的根状茎，横生，节部膨大；叶轮生，叶尖卷拳状；小花管状，有6个小裂片。

别名：老虎姜、鸡头参、救穷、马箭、土灵芝、鸡头参。	科属：百合科黄精属。

生境分布： 常生长在沟谷、林间、灌木丛或山坡的半阴处，分布于中国东北、华北、西南及安徽、浙江等地。

灰绿藜

Chenopodium glaucum L.

叶背面灰白色

茎有沟槽和紫红色条纹

形态特征

一年生草本。株高10～45cm，茎通常自基部分枝，斜上或平卧，有沟槽和绿色或紫红色条纹；叶肉质，矩圆状卵形至披针形，长2～4cm，宽6～20mm，先端急尖或钝，基部渐狭，叶面平滑，叶背有粉，呈灰白色，有时带紫红色，中脉明显，黄绿色，边缘具缺刻状牙齿，具短叶柄；花两性兼有雌性，常簇生，呈短穗状，腋生或顶生，花被裂片3～4个，浅绿色，狭矩圆形或倒卵状披针形，长不及1cm；胞果伸出花被片，果皮薄，黄白色；种子扁圆，暗褐色。花果期5～10月。

食用部位和方法

嫩苗和嫩茎叶可食，3～5月采收，洗净，入沸水焯熟，凉拌、炒食、做汤或做馅均可。

野外识别要点

在同属植物中，本种株形较小，叶表面暗绿色，背面灰白色；花被片3～4片；扁圆形的种子上有缺刻状突起，易识别。

别名：黄瓜菜、山菘菠、山芥菜、山根龙。	科属：藜科藜属。

生境分布： 生于海拔540～1400m的渠沟旁、平原荒地、山间谷地或农田边等，中国除台湾、福建、江西、广东、广西、贵州、云南等省区外，其他各地都有分布。

活血丹

Glechoma longituba (Nakai) Kupr.

- **形态特征** 多年生草本。植株低矮，高不过30cm，具匍匐茎，逐节生根，四棱形，基部常呈淡紫红色，幼枝疏生长柔毛；下部叶较小，上部叶较大，叶心形或近肾形，草质，先端渐尖，基部心形，脉隆起，两面有柔毛或长硬毛，边缘具圆齿，叶柄长为叶片的1～2倍；轮伞花序通常着花2朵，苞片及小苞片线形，花萼管状，齿5裂，齿卵状三角形，先端芒状，边缘具缘毛；花冠淡蓝、蓝至紫色，下唇具深色斑点，冠筒直立，上部渐膨大成钟形，冠檐两唇形，上唇直立，2裂，裂片近肾形，下唇伸长，斜展，3裂，中裂片最大，肾形，先端凹入，两侧裂片长圆形；小坚果长圆状卵形，成熟时深褐色，顶端圆，基部略呈三棱形，无毛。花期4～5月，果期5～6月。

- **食用部位和方法** 幼苗及嫩茎叶可食，4～5月采收，洗净，入沸水焯1～2分钟，再用清水浸泡1天，炒食。

- **野外识别要点** 本种匍匐茎四棱形，逐节生根，基部常呈淡紫红色；花萼管状，萼齿先端芒状，边缘具缘毛，花冠唇具深色斑点，冠筒上部渐膨大成钟形，易识别。

叶向上渐小，两面有毛，边缘具圆齿

花冠筒上部膨大成钟形

叶心形或近肾形

茎四棱形，基部常呈淡紫红色

叶柄长为叶片的1～2倍

匍匐茎节部生根

成熟干燥的根茎可入药材

别名：连钱草、遍地香、地钱儿、钹儿草、铜钱草、乳香藤。	科属：唇形科活血丹属。

生境分布： 生长在海拔50～2000m的林缘、草地、灌丛、溪边湿地及路旁，除青海、甘肃、新疆、西藏外，全国各地均有分布。

藿香

Agastache rugosa (Fisch. et Meg)O. Ktze.

藿香株形优雅、花色艳丽，全株散发出香气，很适合布置花境、花坛或种植于庭院观赏。

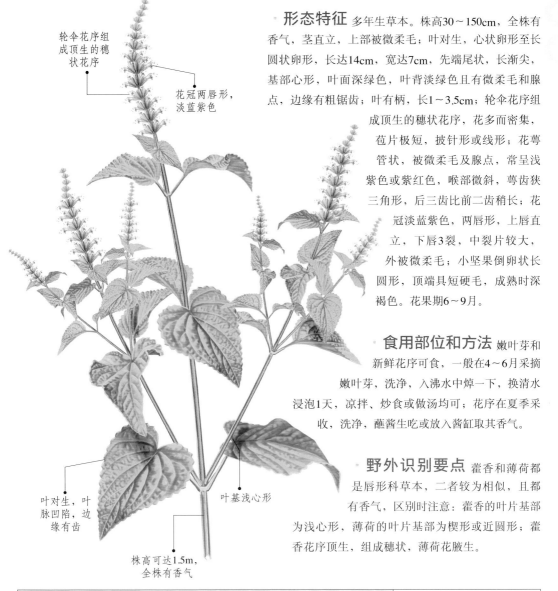

轮伞花序组成顶生的穗状花序

花冠两唇形，淡蓝紫色

叶对生，叶脉凹陷，边缘有齿

叶基浅心形

株高可达1.5m，全株有香气

形态特征 多年生草本。株高30～150cm，全株有香气，茎直立，上部被微柔毛；叶对生，心状卵形至长圆状卵形，长达14cm，宽达7cm，先端尾状，长渐尖，基部心形，叶面深绿色，叶背淡绿色且有微柔毛和腺点，边缘有粗锯齿；叶有柄，长1～3.5cm；轮伞花序组成顶生的穗状花序，花多而密集，苞片极短，披针形或线形；花萼管状，被微柔毛及腺点，常呈浅紫色或紫红色，喉部微斜，萼齿狭三角形，后三齿比前二齿稍长；花冠淡蓝紫色，两唇形，上唇直立，下唇3裂，中裂片较大，外被微柔毛；小坚果倒卵状长圆形，顶端具短硬毛，成熟时深褐色。花果期6～9月。

食用部位和方法 嫩叶芽和新鲜花序可食，一般在4～6月采摘嫩叶芽，洗净，入沸水中焯一下，换清水浸泡1天，凉拌、炒食或做汤均可；花序在夏季采收，洗净，蘸酱生吃或放入酱缸取其香气。

野外识别要点 藿香和薄荷都是唇形科草本，二者较为相似，且都有香气，区别时注意：藿香的叶片基部为浅心形，薄荷的叶片基部为楔形或近圆形；藿香花序顶生，组成穗状，薄荷花腋生。

别名： 土藿香、猫巴蒿、人丹草、大叶薄荷、野苏子、排香草、水麻叶、山茴香。 | **科属：** 唇形科藿香属。

生境分布： 多生长在海拔150～1600m的山坡、林间、山沟、河岸或路旁，分布于中国各省区。

鸡冠花

花语：真挚的爱情

Celosia cristata L.

花多为红色，花序扁平似鸡冠，故得"鸡冠花"之名。在欧美等地，由于鸡冠花经风傲霜，花姿不减，花色不褪，许多恋人会将火红的鸡冠花赠送给恋人，因此鸡冠花的花语是真挚的爱情。

· 形态特征 一年生草本。株高40～100cm，茎直立，粗壮，绿色带紫红色，全株无毛；叶互生，长卵形或卵状披针形，长5～15cm，宽2～6cm，先端尖，基部渐狭成柄，全缘；穗状花序顶生及腋生，花多数，呈扁平肉质鸡冠状、卷冠状或羽毛状的穗状花序，花红色、紫色、黄色、橙色或红黄色相间；果实盖裂，种子扁圆肾形，黑色，有光泽。花果期7～9月。

· 食用部位和方法 花序可食用，其营养全面，风味独特，堪称食苑中的一朵奇葩。夏季选植株旺盛、花刚开的植株割取，洗净，炒食或做汤。

菜谱——鸡冠花蛋汤

食材：白鸡冠花50g，鸡蛋2个，油、葱段、姜片、盐、味精、白糖、麻油各适量。

做法：将鸡冠花洗净，加清水1L放入锅内煎煮到60ml，留汤去渣；将葱段、姜片放入锅中，再放入适量盐、味精、白糖，烧开，将鸡蛋打入锅内，煮成荷包蛋，盛入碗中，淋少许麻油即可。这道菜具有凉血止血、滋阴养血的功效。

· 野外识别要点 本种光滑无毛，老茎紫红色；花序扁平，呈鸡冠状、卷冠状或羽毛状，花色丰富；种子成熟时黑色，野外易识别。

花密集，呈穗状扁平花序，似鸡冠

花红色、紫色、黄色、橙色或红黄色相间

叶互生，羽状脉红色

茎直立，粗壮，绿色带紫红色

别名：鸡髻花、老来红、鸡公花、笔鸡冠、大头鸡冠、凤尾鸡冠、红鸡冠。	科属：苋科青葙属。
生境分布：常野生于温暖、土壤肥沃的地区，广泛分布于中国南北各地。	

鸡肉参

Incarvillea mairei (Levl.) Grierson

形态特征 多年生草本。植株低矮，根状茎肉质，地上茎不明显；叶基生，一回羽状复叶，顶生小叶较大，阔卵圆形，长达11cm，宽达9cm，边缘具钝齿，具短柄；侧生小叶较小，2~3对，叶形与顶生小叶相似，叶柄短或近无；总状花序，花葶长，花2~4朵，花梗短，小苞片2个，线形；花萼钟状，萼齿三角形；花冠紫红色或粉红色，冠筒下部带黄色，花冠裂片圆形；雄蕊4枚，柱头两裂；蒴果圆锥状，具不明显的棱纹；种子多数，阔倒卵形，淡褐色，边缘具薄膜质的翅，腹面具微小的鳞片。花期5~7月，果期9~11月。

食用部位和方法 肉质茎可食，在3~5月采摘，洗净，入沸水焯熟后，再用清水漂洗几遍，凉拌、炒食或煮食，也可腌制。

野外识别要点 本种无地上茎，叶基生，一回羽状复叶；花葶长，总状花序顶生，花紫红色或粉红色，花冠筒下部带黄色；果具棱纹，种子淡褐色。

花冠裂片圆形

一回羽状复叶

别名：	土地黄、滇川角蒿、土生地、山羊参、红花角蒿、波罗花、鸡蛋参、短柄波罗花。	科属：	紫葳科角蒿属。

生境分布： 常野生于高山石砾堆、山坡路旁向阳处或山坡草丛中，海拔可达4500m，分布于中国四川、云南、西藏等地。

鸡腿堇菜

Viola acuminata Ledeb.

花

形态特征 多年生草本。株高约40cm，根状茎密生黄白色或淡褐色须根；茎直立，常丛生，多分枝，上部有柔毛；叶互生，心形、卵状心形或卵形，长达6cm，宽达4cm，有时叶面沿叶脉被柔毛，密生褐色腺点，边缘具长锯齿；叶柄长；托叶两片，叶状，着生于叶柄基部，边缘浅裂成齿牙状、羽状或深裂成流苏状；花两侧对称，花梗细长，有柔毛，中部以上具两枚线形小苞片；花淡紫色或近白色，萼6片，两轮生，基部有附属物；花瓣5枚，有褐色腺点，上方花瓣向上反曲，侧瓣里面近基部有长须毛，下瓣里面常有紫色脉纹；距呈囊状；花柱顶部具数列明显的乳头状突起，先端具短喙，喙端微向上嘬；蒴果卵圆形，无毛，通常有黄绿色腺点。花果期5~9月。

花瓣有褐色腺点

上方花瓣向上反曲

食用部位和方法 幼苗及嫩叶可食，一般在4~6月采摘，洗净，用沸水焯熟，做汤、炒食或煮菜粥。

托叶浅裂成羽状或深裂成流苏状

野外识别要点 本种茎丛生，托叶近叶基部生，边缘浅裂成齿牙状、羽状或深裂成流苏状，是本种特点。

别名：	鸡腿菜、胡森堇菜、红铧头草、鸡蹬菜、鸡裤腿、夹皮草。	科属：	堇菜科堇菜属。

生境分布： 常生长在林缘、山坡草地、河谷湿地或灌丛，分布于中国东北、华北及华中地区。

鸡眼草

种子

Kummerowia striata (Thunb.) Schindler

- **形态特征** 一年生草本。株高15～50cm，根纤细，茎直立，多分枝，茎枝被倒生的白色柔毛；三出羽状复叶互生，小叶长圆形或倒卵形，纸质，先端钝圆，基部渐狭至柄，两面沿中脉及边缘有白色粗毛，侧脉多而密，全缘，无柄；复叶具短柄，托叶膜质，卵状长圆形，具条纹，边缘有毛；花单生或2～3朵簇生于叶腋，花梗下部具2枚大小不等的苞，苞及苞片具5～7条纹脉，花萼钟状，带紫色，5裂，具网状脉，外被白毛；花冠粉红色或紫色，旗瓣

椭圆形，下部具耳，龙骨瓣比旗瓣稍长或近等长，翼瓣比龙骨瓣稍短；荚果倒卵形，先端锐尖，被小柔毛。花果期7～10月。

- **食用部位和方法** 嫩茎叶可食，5～6月采收，洗净，入沸水焯一下，再用清水浸泡1～2天，炒食、做汤或掺面蒸食。

- **野外识别要点** 本种茎上被向下的柔毛；叶为三出复叶，互生，小叶长圆形或倒卵形，具较大托叶；花粉红色或紫色，易识别。

花枝

根部

别名：掐不齐、牛黄黄、公母草。	科属：豆科鸡眼草属。
生境分布：常生长在山坡草地、沙质地、河岸旁或田边，分布于中国东北、华北、华东、中南及西南地区。	

积雪草

Centella asiatica (L.) Urb.

叶长1～3cm，宽1.5～5cm

成熟的双悬果

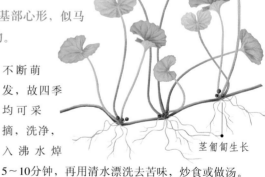

积雪草由于极其耐寒，故得此名；而叶肾形，基部心形，似马蹄，也称"马蹄草"，以上两点可利于识别此种植物。

- **形态特征** 多年生草本。茎细长，匍匐生长，节上生根，微被柔毛；单叶互生，肾形或近圆形，先端钝，基部阔心形，有时叶背沿脉疏生柔毛，掌状脉5～7裂，边缘有钝锯齿；叶柄长2～15cm，基部鞘状；伞形花序单生或2～4个聚生叶腋，苞片2～3个，膜质；花梗短，花紫红色或乳白色；双悬果扁圆形，每侧有纵棱数条，棱间有明显的小横脉，网状。花果期4～10月。

- **食用部位和方法** 嫩茎叶可食，由于新枝

不断萌发，故四季均可采摘，洗净，入沸水焯5～10分钟，再用清水漂洗去苦味，炒食或做汤。

茎匍匐生长

- **野外识别要点** 本种为匍匐草本，节上生根，叶圆肾形，掌状脉5～7条，单伞形花序单生或2～4个聚生叶腋。

别名：连钱草、铜钱草、半边碗、地钱草、马蹄草、大叶蛇。	科属：伞形科积雪草属。
生境分布：常野生于阴湿草地、田边或沟边，海拔可达2000m，分布于中国西南、中南、华南及安徽、台湾等地。	

荠菜

Capsella bursa-pastoris (L.) Medic

成熟果实和种子图

荠菜原产于中国，是一种美味的野菜，在饥荒年月使无数老百姓活了下来，而民间有"三月三，荠菜胜灵丹"的说法，更说明了其营养价值很高！每年春天，绽放一朵朵白色的小花，十分惹人喜爱。

• 形态特征 1～2年生草本。株高15～50cm，茎直立，有分枝，全株被毛；基生叶呈莲座状，长达12cm，宽达3cm，大头羽状分裂或羽状裂，顶裂片卵形至长圆形，侧裂片3～8对，长圆形至卵形，全缘或有不规则粗锯齿，具短叶柄；茎生叶互生，披针形，基部箭形，抱茎，边缘有缺刻或锯齿；总状花序长达20cm，顶生，花稀疏，白色，花梗极短，萼片4裂，长圆形；花瓣4片，倒卵形，排列成"十"字形，具短爪；心皮2枚，合生；短角果倒三角形，扁平，顶端微凹，成熟时开裂，裂瓣具网脉；种子多数，长椭圆形，淡褐色。花期3～4月，果期5～6月。

• 食用部位和方法 幼苗可食，4～6月采收高约15cm的嫩苗，洗净，用沸水焯后换清水浸泡片刻，凉拌、炒食、熬粥、做馅或煮汤均可。

• 野外识别要点 本种基生叶大头羽状分裂，茎生叶披针形；花白色，萼片、花瓣各4枚，花瓣呈"十"字形排列，具短爪。

植株低矮，全株被毛

花

白色小花稀疏

短角果倒三角形，顶端微凹

茎生叶互生，基部箭形抱茎

总状花序长达20cm

根茎多分枝

基生叶大头羽状分裂或羽状裂

别名：荠、枕头菜、护生草、菱角菜、地菜、鸡脚菜、清明草。	科属：十字花科荠菜属。
生境分布：常野生于山坡、田边或路旁，广泛分布于中国南北大部分省区。	

荠苨
Adenophora trachlioides Maxim.

• **形态特征** 多年生草本。株高可达1.2m，全株具白色乳汁，根长圆锥形，表面淡棕褐色，粗糙，上部具横环纹；茎单生，常"之"字形曲折，偶有分枝，无毛或稀有毛；叶互生，心状卵形或三角状卵形，长可达20cm，宽可达8cm，先端渐尖，基部近截形或心形，两面疏生短毛或近无毛，叶背淡绿色，边缘具不整齐锯齿；叶柄长2~6cm，上部叶较小，近无柄；圆锥状松散花序，分枝近平展，花梗短，小苞片细小；萼筒倒圆锥形，先端5裂，裂片披针形；花冠钟形，蓝色或蓝紫色，先端5浅裂，裂片三角形，下垂；雄蕊5枚，花丝下半部变宽，密被白色柔毛；花盘短圆筒状；子房下位；柱头3浅裂；蒴果卵状圆锥形，种子长矩圆形，黄棕色，两端黑色。花期8~9月，果期9~10月。

花冠钟形，蓝色或蓝紫色

圆锥状松散花序

上部叶较小

叶背淡绿色

叶缘具不整齐锯齿

茎常"之"字形曲折

根长圆锥形，淡棕褐色，粗糙，具横环纹，亦可食

• **食用部位和方法** 嫩苗可食，在春夏季采摘，洗净，入沸水焯一下，再用清水浸泡直至苦味去除，炒食或做汤。

• **野外识别要点** 本种叶心状卵形，叶背色淡，边缘具不整齐齿，茎生叶全部具明显叶柄；花序松散，花钟状，蓝色或蓝紫色，花萼裂片顶端稍钝；种子黄棕色，两端黑色。

别名：杏参、杏叶菜、灯笼菜、白面根、甜桔梗、老母鸡肉。	科属：桔梗科沙参属。
生境分布：常野生于林缘、林间草地，分布于中国大部分省区，主产于东北、西北、华北及华东地区。	

荚果蕨

Matteuccia struthiopteris (L.) Todaro

　　荚果蕨是一种深受国内外人们喜食的山野菜，因食之有黄瓜的清香味，故又名"黄瓜香"。在中国东北地区，速冻荚果蕨的出口历史已有几十年，是周边国家重要的进口菜之一。

形态特征 多年生草本。株高70～120cm，根状茎直立、粗壮、坚硬，深褐色，叶柄基部密被鳞片，鳞片披针形，棕色，中部常为黑褐色。叶簇生，二型，不育叶具褐棕色叶柄，长6～10cm，上面有深纵沟，基部三角形，具龙骨状突起，密被鳞片，叶片椭圆状披针形至倒披针形，长可达100cm，中部宽可达30cm，向两端逐渐变狭，二回羽状深裂，第一回羽片40～60对，斜展，基部羽片缩小成耳形，中部羽片最大，线状披针形，无柄，第二回小羽片20～25对，椭圆形或近长方形，整齐齿状排列，近全缘或具波状圆齿，常略反卷，无柄，全部羽片草质，叶脉明显，叶轴、羽轴和主脉疏生柔毛和小鳞片；能育叶较小，倒披针形，长可达40cm，中部最宽可达8cm，一回羽裂，深褐色，羽片线形，两侧反卷成荚果状，故得名；羽片包裹圆形孢子囊群，小脉先端形成囊托，成熟时连接而呈线形，囊群盖膜质。

株高可达1.2m，散发黄瓜的清香

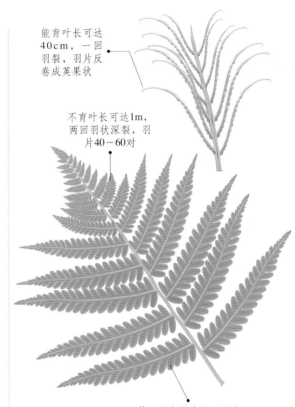

能育叶长可达40cm，一回羽裂，羽片反卷成荚果状

不育叶长可达1m，两回羽状深裂，羽片40～60对

第二回小羽片20～25对

食用部位和方法 拳卷状嫩叶富含维生素，在4～5月，采株高8～10cm的鲜绿的卷状嫩幼叶，洗净、焯熟、蘸酱、炒食、做汤或凉拌均可。

野外识别要点 不育叶的叶柄较短，叶二回羽状深裂，叶轴、羽轴和主脉疏生柔毛；嫩叶卷曲，像鹦鹉螺壳；能育叶的叶柄较长，叶一回深裂，羽片反卷成荚果状，包裹孢子囊群。

别名： 黄瓜香、荚果蕨、小叶贯众。	**科属：** 球子蕨科荚果蕨属。
生境分布： 常野生于山谷或溪边林下，海拔可达3000m，分布于中国东北、华北及西藏、陕西、河南、四川、云南。	

假升麻

Aruncus sylvester Kostel

大型穗状
圆锥花序

2~3回
羽状复叶

茎圆柱
形，带
暗紫色

• **形态特征** 多年生草本。株高1~3m，茎圆柱形，无毛，带暗紫色，基部木质化；2~3回羽状复叶，具叶柄；小叶片3~9枚，菱状卵形、卵状披针形或长椭圆形，长5~13cm，宽2~8cm，边缘有不规则的尖锐重锯齿，有时疏生柔毛，小叶柄短或近无；大型穗状圆锥花序，长10~40cm，花序轴被柔毛或星状毛，果期渐少；苞片线状披针形，微被柔毛；萼筒杯状，微具毛，萼片三角形；花瓣倒卵形，白色；蓇葖果并立，果梗下垂，萼片宿存。花期6~7月，果期8~9月。

• **食用部位和方法** 嫩茎叶可食，初春采摘，洗净，入沸水焯熟后，凉拌或炒食。

• **野外识别要点** 在野外，本种和虎耳草科的落新妇极为相似，但叶质地薄，叶柄无托叶，花两性，蓇葖骨常5枚，可以与后者区别。

别名：棣棠升麻、山花菜。	科属：蔷薇科假升麻属。
生境分布：常野生于山沟、山坡杂木林下，海拔可达3500m，主要分布于中国东北、西北及河南、四川、云南、湖南、江西、安徽、广西及西藏等地。	

尖头叶藜

Chenopodium acuminatum Willd.

花枝

• **形态特征** 一年生草本。株高20~80cm，茎直立，具条棱及绿色色条，有时色条带紫红色，多分枝；叶宽卵形、卵形或卵状披针形，长2~4cm，宽1~3cm，先端有时具短尖头，基部宽楔形、圆形或近截形，叶面浅绿色，叶背灰白色，被白粉，全缘并具半透明的环边，叶柄短；花两性，团伞花序于枝上部排列成穗状或圆锥状花序，花序轴在花期具圆柱状毛束；花被片扁球形，5深裂，裂片宽卵形，有红色或黄色粉粒，果时背面大多增厚并彼此合成五角星形；胞果顶基扁，圆形或卵形；种子横生，直径约1mm，黑色，表面略具点纹。花果期6~9月。

营养期植株

• **食用部位和方法** 嫩苗和嫩茎叶可食，3~5月采收，洗净，入沸水焯熟后，凉拌、炒食、做汤或做馅均可。

• **野外识别要点** 本种茎具条棱及绿色色条；叶面浅绿色，叶背灰白色，被白粉，叶缘具半透明的环边；团伞花序，花被片5深裂，裂片有红色或黄色粉粒；种子黑色，表面略具点纹。

别名：绿珠藜。	科属：藜科藜属。
生境分布：一般生于海拔50~2900m的河岸、荒地及田边，目前尚未人工引种栽培，主要分布于中国东北、华北、西北等地区。	

剪刀股

Ixeris debilis A. Gray

· **形态特征** 多年生草本。植株低矮，高不过30cm，全株无毛，有匍匐茎，茎直立，稍呈乳白色；基生叶排列成莲座状，长圆状披针形或倒卵圆形，质薄，长5～15cm，宽1.5～3cm，全缘，或具稀疏的锯齿，或下部呈羽裂状，有柄；花茎上的叶很少，仅1～2枚，全缘，无柄；头状花序1～5枚排列成伞房状，总苞圆筒状，外层苞片极短小，内层苞片线状披针形，边缘干膜质；花黄色，花冠舌状，先端5齿裂；雄蕊5枚，花药黄色；子房下位，花柱细长，柱头2裂，黄色，花后卷曲；瘦果长圆形，扁平，具短喙，熟后红棕色；冠毛白色。花期4～5月。

幼苗

· **食用部位和方法** 嫩叶可食，春季采摘，洗净，入沸水焯熟后，再用清水浸洗去除苦涩味，凉拌或做馅。

茎匍匐生长，棕红色

· **野外识别要点** 本种全株无毛，茎略带白色，基生叶全缘，或具稀疏的锯齿，或下部呈羽裂状，茎生叶全缘；花黄色；果熟时红棕色。

别名: 假蒲公英、鸭舌草、鹅公英、沙滩苦荬菜。	科属: 菊科苦荬菜属。
生境分布: 常野生于海边、荒地及路旁，分布于中国华东及中南各地。	

碱蓬

花被裂片果期呈五角星状

Suaeda glauca (Bunge) Bunge

· **形态特征** 一年生草本。株高可达1m，茎圆柱状，直立，浅绿色，有条棱，上部多分枝，枝细长；叶丝状条形或半圆柱状，灰绿色，无毛，稍向上弯曲，先端微尖，基部稍收缩；花两性兼有雌性，单生或2～5朵簇生于叶腋的短柄上，呈团伞状；两性花花被杯状，黄绿色，雌花花被近球形，灰绿色；花被裂片卵状三角形，果期呈五角星状，干后变成黑色；雄蕊5枚，花药黑褐色；胞果包在花被内，果皮膜质；种子双凸镜形，黑色，表面具清晰的颗粒状点纹。花果期7～9月。

· **食用部位和方法** 嫩茎叶可食，营养丰富，是一种优质的蔬菜和油料作物，春季采摘嫩叶，洗净，入沸水焯熟，凉拌、炒食或做汤，也可制成干菜。

茎圆柱形，绿色带红色

· **野外识别要点** 本种茎圆柱形，绿色带红色；叶肉质，条形或半圆柱状，可贮存水分；花单生或2～5朵簇生于叶柄上，两性花黄绿色，雌花灰绿色，花被裂片果期呈五角星状，干后变成黑色。

叶长1.5～5cm，宽约1.5mm

别名: 碱蒿子、老虎尾、盐蒿子、和尚头、猪尾巴、盐蒿、黄须菜。	科属: 藜科碱蓬属。
生境分布: 生于海滨、荒地、渠岸、田边等潮湿盐碱的环境中，分布于中国东北、西北、华北及河南、山东、江苏、浙江等地。	

碱菀
Tripolium vulgare Ness.

形态特征

一、二年生草本。株高30～60cm，茎直立，单一或自基部分枝，平滑而有棱，基部略带红色；基生叶花期枯萎，茎生叶互生，条状或矩圆状披针形，稍肉质，光滑无毛，顶端尖，基部渐狭，全缘或有具小尖头的疏锯齿；茎上部叶渐小，苞叶状，无柄；头状花序排成伞房状，花序梗长，总苞近管状，花后钟状，苞片2～3层，绿色，边缘常红色，干后膜质，无毛；舌状花1层，紫堇色；管状花长8～9mm，顶部5裂，黄色；瘦果长圆形，稍扁，有边肋，两面各有1脉，冠毛多层。花果期8～12月。

舌状花紫堇色，管状花黄色

叶线形至长圆状披针形

食用部位和方法

嫩叶营养丰富，春季采摘后，洗净焯熟、凉拌、炒食或做汤。

野外识别要点

本种叶线形至长圆状披针形，微肉质，全缘；头状花序较小，直径2～2.5cm，冠毛白色，生于盐碱地或海滨。

别名：六月菊、铁杆蒿、灯笼草。	科属：菊科碱菀属。
生境分布：生长在湖滨、沼泽、盐碱地、湿地，分布于中国的新疆、甘肃、内蒙古、陕西、山西、辽宁、吉林、山东、江苏、浙江等省区。	

箭叶淫羊藿
Epimedium sagittatum (Sieb. et Zucc.) Maxim.

花瓣囊状，淡棕黄色

萼片两轮，外轮4枚

根茎呈结节状

形态特征

多年生草本。株高30～50cm，根茎匍匐行，呈结节状，根出叶1～3枚，三出复叶，小叶卵圆形至卵状披针形，先端尖，基部心形，叶面无毛，叶背有时疏生粗短伏毛，边缘有细刺毛；侧生小叶基部不对称，外侧裂片形斜而较大，三角形，内侧裂片较小而近于圆形；茎生叶常对生于顶端，形与根出叶相似；花多数，聚成总状，或下部分枝而成圆锥花序，花白色；萼片两轮，外萼片具紫色斑点，内萼片白色；花瓣囊状，淡棕黄色；蒴果长约1cm。花果期4～7月。

三出复叶

食用部位和方法

嫩叶可食，春季采摘，洗净，入沸水焯熟，再用清水漂洗去除苦涩味，加入油、盐调拌食用。

野外识别要点

本种根茎匍匐行，呈结节状；根出叶1～3枚，三出复叶，边缘有细刺毛；茎生叶常对生于顶端；花白色，直径6～8mm。

别名：三枝九叶草、仙灵脾、黄连祖、千两金、放杖草。	科属：小檗科淫羊藿属。
生境分布：一般生长在山坡林下或路旁岩石缝中，分布于中国浙江、安徽、福建、江西、湖北、湖南、四川、广东及广西等省区。	

角蒿

Incarvillea sinensis Lam.

花

蒴果顶端长尾状

形态特征
一年生草本。株高可达80cm，茎直立，基部半木质，有分枝，疏生细毛；基生叶对生，分枝叶互生，2～3回羽状细裂，形态多变，裂片线状披针形，全缘或边缘具细齿；总状花序顶生，长达20cm，有花多朵，小苞片线形，绿色；花萼钟状，绿色带紫红色，5裂，萼齿钻状；花冠两唇形，桃红色；雄蕊内藏，2长2短，雌蕊有腺毛；花柱淡黄色，柱头为扁平的扇形；蒴果细长圆柱形，顶端长尾状，淡绿色；种子扁圆形，极小，四周有透明的膜质翅。花期5～9月，果期10～11月。

食用部位和方法
嫩叶可食，春季采摘，洗净，入沸水焯熟，再用凉水浸泡去除苦味，凉拌食用。

野外识别要点
基生叶对生，分枝叶互生，叶细裂，像蒿的叶；花大，花冠两唇形，桃红色；果实长角状弯曲，故有角蒿之名。

根

别名：羊角蒿、猪牙菜、烂石草、萝蒿、冰耘草、冰糖花、大一枝蒿、莪蒿。	科属：紫葳科角蒿属。
生境分布：常生长在山坡、田野、河滩、路边、荒地、山地阳坡等处，海拔可达3800m，主要分布于中国西藏、陕西、甘肃、四川及云南。	

节节菜

Rotala indices (Willd.) Koehne

叶交互对生

形态特征
一年生草本。植株低矮，茎略具4棱，多分枝，节上生根，上部直立或稍披散；叶对生，倒卵状椭圆形或矩圆状倒卵形，全缘，无柄或近无柄；花小，长不及3mm，通常组成腋生的穗状花序，苞片叶状，小苞片2枚，线状披针形；花萼钟状，裂片4裂，披针状三角形；花瓣4枚，极小，倒卵形，长不及萼裂片之一半，淡红色；蒴果椭圆形，稍有棱。常2瓣裂。花期9～10月，果期10月至次年4月。

老叶红褐色

食用部位和方法
嫩苗可食，春季采摘，洗净，入沸水焯熟后，再用凉水浸洗几遍，凉拌、炒食或煮食。

野外识别要点
本种茎具4棱，节上生根；穗状花序，花小，长不及3mm，淡红色；蒴果常2瓣裂。

花腋生，长不及3mm

别名：碌耳草、水马兰、节节草。	科属：千屈菜科节节菜属。
生境分布：常生于沼泽地、浅水、河滩湿地或稻田中，主要分布于中国陕西及长江流域以南各省区。	

83

金钱豹

Campanumoea javanica Bl. subsp. *japonica* (Makino) Hong

· 形态特征

一年或二年生缠绕草本。茎细弱，自基部分枝，具1行柔毛；叶对生，卵形至卵状心形，叶面粗糙，具多数点状突起，绿色，网脉凹陷，叶背灰白色，叶脉隆起，边缘波状，中部以下常有缘毛，叶柄向上渐短；聚伞花序顶生，有时单花生于叶腋，萼裂片卵状长圆形，外被腺毛和具节毛；花冠白色或黄绿色，2深裂近基部；雄蕊5枚；花药紫红色，后变成蓝色；浆果球形，熟时黑紫色或紫红色；种子短柱状，表面有网状纹饰。花期2～11月。

· 食用部位和方法

嫩苗及嫩茎叶可食，一般在3～5月采摘，洗净，入沸水焯一下，再用清水浸泡，凉拌、炒食、煮食或蒸食均可；果实味甜，可食。

叶面具点状突起

· 野外识别要点

本种为缠绕草本，茎具1行柔毛；叶常对生；花白色或黄绿色，钟形，花萼裂片全缘；果为浆果，种子具网状纹饰。

浆果

叶背灰白色，脉隆起

别名：土党参、蔓人参、土人参。	科属：桔梗科金钱豹属。
生境分布：常野生于山坡、林下、田间或路旁，分布于中国四川、贵州、湖北、湖南、江西、福建、浙江、广东、广西及台湾等地。	

金盏菊

Calendula officinalis L.

果实

很久以前，印度人就把这种开放出橘红色或金黄色花的植物尊称为"圣花"。人们把金盏菊编织成的花环挂在神明的雕像上，还把金盏菊花冠系在门把上，祛病除邪。

· 形态特征

二年生草本。株高30～60cm，全株被白色茸毛；茎直立，多分枝；单叶互生，长圆形至长圆状倒卵形，全缘或具疏齿，基部抱茎，无柄；头状花序单生茎顶，花径约5cm，苞片线状披针形，舌状花一轮或多轮平展，花色丰富，有白、黄、金黄、橙红或橘黄色等，花形有卷瓣、重瓣等；瘦果，呈船形、爪形。花果期从冬季至次年春季。

舌状花一轮或多轮，花色丰富

· 食用部位和方法

嫩叶可食，春季采摘，洗净，入沸水焯熟后，再用凉水漂洗去除酸味，凉拌食用，也可制作沙拉。

· 野外识别要点

本种全株被柔毛，叶互生，长圆形；花序直径约5cm，花色丰富，有卷瓣、重瓣等品种；瘦果弯曲。

叶互生，全缘或具疏齿

别名：金盏花、黄金盏、长生菊、醒酒花、常春花、金钟。	科属：菊科金盏菊属。
生境分布：一般生长于荒野，中国大部分地区都有栽培。	

堇菜

Viola verecunda A. Gray

花

形态特征 多年生草本。植株高不过20cm，根状茎短粗，节较密，须根多条；地上茎常数条丛生，平滑无毛；基生叶较小，宽心形、卵状心形或肾形，先端圆或微尖，基部宽心形，两侧垂片平展，边缘具向内弯的浅波状圆齿，具长柄，托叶褐色，下部与叶柄合生，上部离生，呈狭披针形，边缘疏生细齿；茎生叶稀疏，叶形与基生叶相似，但基部弯缺较深，幼叶的垂片常卷折，叶柄短且具狭翅，托叶离生，绿色、全缘或具细齿；花单生于茎叶的叶腋，白色或淡紫色，花梗细弱，中部以上有两枚近对生的线形小苞片；萼片5枚，基部具短附属物；花瓣5枚，有深紫色条纹，距呈浅囊状；花柱棍棒状，柱头2裂，裂片间有短喙；蒴果长圆形或椭圆形，种子卵球形，熟时淡黄色，基部具狭翅状附属物。花果期5～10月。

食用部位和方法 幼苗及嫩茎尖可食，在4～6月采摘，洗净，沸水焯后，再用清水浸泡去味，凉拌、炒食、做汤、做馅、熬粥或蒸食均可。

野外识别要点 本种近无毛，基生叶具长柄，托叶褐色，下部与叶柄合生，上部离生，呈狭披针形，边缘有齿；茎生叶具短柄，托叶绿色，离生，通常全缘。

别名：董董菜、葡堇菜。	科属：堇菜科堇菜属。
生境分布：生长在草地、山坡、灌丛、林缘、田野等潮湿处，广泛分布于中国南北各地。	

荆芥

Nepeta cataria L.

花冠两唇形

形态特征 多年生草本。株高40～150cm，茎四棱形，基部木质化，上部多分枝，具浅槽，被白色短柔毛；叶卵状至三角状心脏形，草质，先端钝至锐尖，基部心形至截形，侧脉3～4对，叶面微凹陷，叶背隆起，边缘具粗圆齿或牙齿；叶柄较短，细弱；聚伞状花序，下部者多为腋生，上部者组成顶生的圆锥花序，苞叶叶状，向上渐小，苞片、小苞片钻形；花萼花时管状，外被白色短柔毛，内面仅萼齿被疏硬毛，齿锥形，花后增大，呈瓮状，纵肋明显；花冠白色，两唇形，上唇短，先端具浅凹，下唇3裂，中裂片近圆形，边缘具粗牙齿，侧裂片圆裂片状；雄蕊内藏，花丝扁平，无毛，花柱线形，先端2等裂；小坚果卵形，成熟时灰褐色。花果期7～10月。

食用部位和方法 茎叶可食，春季采摘，洗净，入沸水焯熟后，再用清水洗净，可凉拌或做汤。

野外识别要点 叶对生，卵状至三角状心脏形，侧脉在叶面微凹陷，叶背隆起。花萼花时管状，花后增大，呈瓮状，纵肋十分清晰。

别名：香荆荠、线荠、假苏、香薷、小荆芥、土荆芥、大茴香。	科属：唇形科荆芥属。
生境分布：多生长在海拔2500m以下的山谷、林缘、山坡或路旁，分布于中国西部、西南及河南、山东等地。	

景天三七

Sedum aizoon L.

萼片5枚，
长短不一

花瓣黄
色，先端
具短尖

· 形态特征 多年生草本。株高可达80cm，根状茎粗厚，近木质化，地上茎直立，不分枝；叶互生，椭圆状披针形至卵状披针形，先端钝或尖，基部渐狭，近全缘或边缘具细齿；聚伞花序顶生，呈平顶形，萼片5枚，长短不一，线形至披针形；花瓣5枚，黄色，长圆状披针形，先端具短尖；雄蕊10枚；心皮5个，基部稍合生；蓇葖果5枚，呈星芒状排列，种子平滑，边缘具窄翼。花期6～7月，果期7～8月。

聚伞花序，呈平顶形

叶肉质，边
缘通常具齿

株高可达80cm

· 食用部位和方法 景天三七是一种营养丰富的保健蔬菜，幼苗和嫩茎叶口感好，无苦味，食法多样，具有养心安神，补心止汗，增强免疫力的食疗保健效果。

菜谱——景天三七炖猪心
食材：景天三七嫩茎叶200g，猪心1只，料酒、精盐、味精、葱段、姜片、胡椒粉适量。
做法：将嫩茎叶洗净，在沸水锅中焯一下，用清水漂洗几次，挤干水分，备用；将猪心洗净，也用沸水焯一下，捞出，洗净；锅内加适量水，放入猪心，煮至熟；加入适量精盐、料酒、葱和姜，再用小火炖至入味；放入嫩茎叶，稍煮片刻，点入味精、胡椒粉，即可出锅。

· 野外识别要点 本种叶互生，肉质；聚伞花序，呈平顶形，花黄色，萼片5枚，长短不一，花瓣5枚，长圆状披针形，先端具短尖，在野外很容易识别。

别名： 费菜、土三七、血山草、见血、蝎子草、草三七。　**科属：** 景天科费菜属。

生境分布： 常生长在林缘、林下、灌丛或阴湿草丛，主要分布于中国西北、东北和华北，长江流域各省区也有分布。

桔梗

花语：永恒不变的爱

Platycodon grandiflorum (Jacq.) A. DC.

花冠阔钟形，5浅裂，裂片三角状

桔梗用朝鲜语叫做"道拉基"，关于这个名字有一个美丽的传说。从前，有一位叫道拉基的姑娘，她的恋人因为砍死了来抢她的地主而被抓进监狱，道拉基悲痛欲绝，每天在恋人砍柴必经的路上哭泣，最后化为一朵紫色的小花，人们就叫这种花为"道拉基"。花语便是永恒不变的爱。

形态特征 多年生草本。株高40～120cm，有白色乳汁，主根粗大，呈胡萝卜形，肉质，外皮淡黄色；茎直立，上部有分枝，叶多为互生，少数对生或3片轮生，卵形至披针形，叶背具白粉，先端钝，基部渐狭至抱茎，边缘有尖锯齿，近无柄；花常单生或数朵成总状花序聚生茎顶，花大型，蓝紫色或蓝白色，具短花梗；花萼钟状，花冠阔钟形，5浅裂，裂片三角状，尖端稍外卷；雄蕊5枚，花柱柱头5裂；蒴果倒卵形，成熟时顶部5瓣裂，种子多数，黑褐色。花期6～9月。

食用部位和方法 嫩叶及根可食。在4～5月采嫩叶，洗净，入沸水焯1分钟，再用清水浸泡，直到异味去除，凉拌、炒食或煮汤均可；根在8～10月采挖，洗净，去皮，再用清水浸泡2～3小时，锤打，撕成细丝，凉拌、炒食或盐渍。

野外识别要点 本种全株具白色乳汁，下部叶常轮生，中部叶互生，上部叶对生；花蓝色，花冠阔钟形，花瓣具突起脉络，喉部白色。

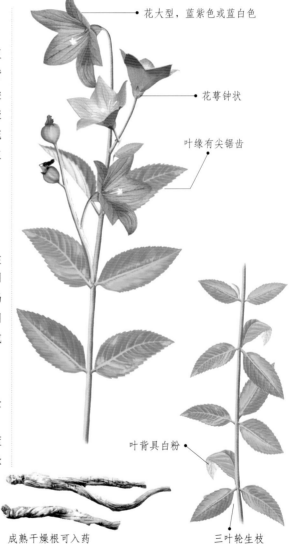

花大型，蓝紫色或蓝白色

花萼钟状

叶缘有尖锯齿

叶背具白粉

株高可达1.2m，含白色乳汁

成熟干燥根可入药

三叶轮生枝

别名： 六角荷、包袱花、老和尚帽子、明夜菜、铃铛花、僧帽花。　**科属：** 桔梗科桔梗属。

生境分布： 常生长在山地林下、疏林、向阳草坡或灌丛，分布于中国大部分省区。

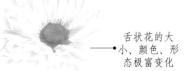

菊花

花语：清净、高洁、长寿、吉祥

Dendranthema grandiflorum (Ramat.) Kitag

舌状花的大小、颜色、形态极富变化

菊花是中国十大名花之一，自古以来就深受各地人民的喜爱，不仅因为其丰富各异的色彩，或白之素洁，或黄而雅淡，或红或紫，沉稳而浑厚，也由于其头状花序的奇特姿态，或飘若浮云，或矫若惊龙。所以，中国历代诗人常以菊花为题咏。菊花的花语：清净、高洁、长寿、吉祥。

形态特征
多年生草本。株通常高60～150cm，茎直立，分枝或不分枝，被柔毛；叶互生，卵形至披针形，长可达15cm，宽达4cm，2～5回羽状浅裂或半裂，每个裂片又做2～5回浅裂或深裂，叶背疏生白色短柔毛，边缘有缺刻及锯齿，无柄；头状花序一朵或数朵簇生枝顶，大小不一，总苞片多层，外层外面被柔毛，管状花黄色，舌状花的大小、颜色、形态极富变化，有香气；瘦果，一般不发育。花果期9～11月。

食用部位和方法
花瓣可食，秋季盛开时采摘新鲜、无虫害的花瓣，洗净，凉拌、炒食、煮粥、掺面煎炸或者沏茶、泡酒均可。

野外识别要点
本种茎被灰白色绵毛，叶长圆形或卵形，羽状深裂或半裂，叶背有白色柔毛，叶缘有齿；花形大小、颜色、形态依品种而异。

管状花黄色

叶缘有缺刻及锯齿

总苞片多层

叶2～5回羽状浅裂或半裂

叶背疏生白色短柔毛

株高可达1.5m

别名：鞠、秋菊、甜菊花、药菊、女华、女茎、阴成年、日精、黄花。	科属：菊科菊属。
生境分布：常野生于水边及沼地，原产于中国，现大部分地区都有栽培。	

苣荬菜

Sonchus brachyotus DC.

　　苣荬菜的嫩茎、叶微微发苦，但比苦菜口感好，在农村一般作为日常野菜食用。每到开花的时候，远远望去，田野上、农田边、小溪边，一群群黄色的"小人"，在清风的吹拂下，摇头摆尾，那情景令人觉得可爱极了！

植株含乳汁

● **形态特征** 多年生草本植物，植株高20～70cm，全株含白色乳汁；地下根状茎匍匐，白色；地上茎直立，少分枝；单叶互生，基生叶广披针形或长椭圆形，绿色，边缘有锯齿，茎生叶无柄，呈耳状抱茎，无毛；头状花序在茎顶排成伞房状，舌状花80多朵，黄色；瘦果长圆形，冠毛白色。花期6～9月，果期7～10月。

● **食用部位和方法** 幼苗及嫩茎叶可食，含有多种营养成分，在4～5月采收，洗净，沸水焯后，再换清水浸泡，去苦味。东北多蘸酱生吃；西北多做馅包包子、饺子、拌面或加工酸菜；华北多凉拌或和面蒸食。苣荬菜具有消热解毒、消肿排脓、补虚止咳的功效。

● **野外识别要点** 本种有白色乳汁，具匍匐根状茎，叶不分裂，边缘具稀疏波状牙齿或羽状浅裂。

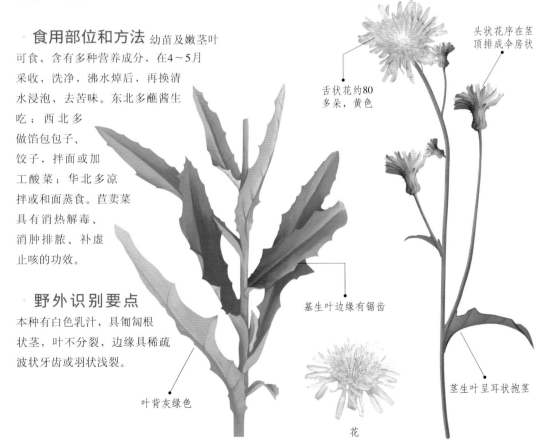

头状花序在茎顶排成伞房状

舌状花约80多朵，黄色

基生叶边缘有锯齿

叶背灰绿色

茎生叶呈耳状抱茎

花

别名：荬菜、曲麻菜、野苦菜、苣苣菜、启明麻、苦荬菜。	科属：菊科苦苣菜属。
生境分布：多生长在田边、荒地、沟边草地上，广泛分布于中国北方。	

决明

Cassia tora L.

干燥成熟种子可入药材

· 形态特征

一年生半灌木状草本。株高1～2m，散发腐败气味；羽状复叶互生，小叶3对，倒卵形或倒卵状长椭圆形，膜质，先端钝或有小尖头，基部渐狭，两面被稀疏柔毛，全缘；复叶具长叶柄，小叶柄短或无；托叶线形，被柔毛，早落；花常2朵腋生，总梗和花梗较短，萼片5枚，卵形，膜质，外面被柔毛；花瓣5枚，黄色，下面2片略长，基部有爪；雄蕊10枚；花柱内弯；荚果条形，长可达20cm，呈弓形弯曲，具4棱，疏生柔毛；种子多数，菱形，灰绿色，两侧各有一块淡黄色斑块。花期6～8月，果期9～10月。

· 食用部位和方法

幼苗及嫩茎叶可食，在4～5月采收，洗净，沸水焯后，炒食或做汤；种子也可食，秋季采收，煮食。

· 野外识别要点

本种偶数羽状复叶，小叶3对；花黄色；荚果长可达20cm，种子灰绿色，两侧各有一块淡黄色斑。

花常2朵腋生

小叶长达6cm，宽达3cm

荚果弓形弯曲，长可达20cm

别名：草决明、假绿豆、马蹄子、假花生、小决明、羊尾豆。	科属：豆科决明属。
生境分布：常野生于荒地、山坡、溪边、田间及路旁，分布于中国吉林、河北、山西及长江流域以南各省。	

空心莲子草

Alternanthera philoxeroides (Mart.) Griseb.

· 形态特征

多年生草本。株高50～120cm，茎管状，不明显4棱，基部匍匐，上部上升，节部生根，幼茎及叶腋有白色或锈色柔毛，茎老时仅在两侧纵沟内保留；叶对生，矩圆状倒卵形或倒卵状披针形，革质，顶端急尖或圆钝，具短尖，基部渐狭，两面无毛或上面有贴生毛及缘毛，下面有颗粒状突起，全缘，叶柄短，有时微被柔毛；头状花序单生于叶腋，总花梗长1～4cm，苞片及小苞片白色，具1脉；花瓣5枚，矩圆形，白色，光亮，无毛；胞果扁平，边缘具翅，种子凸透镜状，种皮革质，胚环形。花果期7～10月。

花气味微苦

叶对生，绿黑色

匍匐茎节部生根

· 食用部位和方法

幼苗和嫩茎叶可食，含有蛋白质、脂肪、纤维素、维生素等，在春夏季采摘，洗净，入沸水焯一下捞出，凉拌、炒食或做馅。

· 野外识别要点

本种茎绿色微带紫红色，粗茎节处簇生棕褐色须状根；叶对生，全缘，绿黑色；头状花序单生于叶腋，花白色，气味微苦。

别名：空心苋、水蕹菜、革命草、水花生、喜旱莲子草。	科属：苋科莲子草属。
生境分布：常野生于池沼、水沟、沟渠、河岸及湿润地，主要分布于中国北京、江苏、浙江、江西、湖南、福建等地。	

蕨

Pteridium aquilinum (L.)Kuhn var.*latiusculum* (Desv.) Underw. exHeller

　　蕨，味道清香可口，素有"山珍之王"的美称。目前，在中国尤其是南方许多城市，受到越来越多人们的喜爱。不过，这种植物含有一定的致癌成分，不宜多食。

· 形态特征 多年生草本。株高可达1m，根状茎长而粗壮，横走，密被黄色节状柔毛，后渐渐脱落；叶远生，每年春季自根状茎上长出，幼时卷曲，成熟后开展，叶柄长30～120cm，褐棕色或棕禾秆色，上面有浅纵沟1条，光滑无毛；叶阔三角形或长圆三角形，革质，长可达90cm，宽可达70cm，先端渐尖，基部楔形，3回羽状裂；第1回羽片7～10对，卵状三角形，基部一对最大，具柄；第2回羽片8～10对，长圆状披针形，具短柄；第3回羽片5～8对，长卵形，无柄；所有叶叶面无毛，叶背在主脉上疏生棕灰色毛，叶轴及羽轴均光滑，但各回羽轴上均具1条深纵沟，沟内无毛；孢子囊棕黄色，群生于叶缘，囊群盖线形，两层。

· 食用部位和方法 卷拳状嫩叶可食，俗称"蕨菜"，在4～6月，选取植株高约20cm、被白色茸毛的肥厚嫩叶，洗净，沸水焯1～3分钟，再换清水浸泡15～30分钟（不经沸水焯和清水浸泡会中毒），凉拌、炒食或做汤，也可腌制或制作干菜。此外，其根状茎富含淀粉，提取后干制成蕨粉，可炒食或用开水冲食。

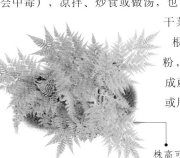

株高可达1m

孢子囊棕黄色，群生于叶背边缘

幼叶掌卷

叶长可达90cm，宽可达70cm，3回羽状裂

· 野外识别要点 本种3回羽状复叶，远生，叶柄长可达1m，禾秆色，上面有浅纵沟1条；孢子囊群线形，生于叶的背面边缘。

别名： 蕨菜、如意菜、蕨苔。	**科属：** 蕨科蕨属。
生境分布： 一般野生于山坡、林缘、灌丛或荒野，海拔可达2500m，广泛分布于中国南北各地。	

苦菜

Ixeris chinensis (Thunb.) Nakai

　　苦菜作为野菜的食用历史非常悠久。在中国北方农村，苦菜生长极为普遍，几乎无人不识。黄色的小花温馨而可爱，女孩子们常常采来插在发辫上，或插于瓶中观赏。

· **形态特征** 多年生草本。植株低矮，高不过30cm，根状茎极短，茎直立或斜生，少数成簇生长，上部伞房花序状分枝，全株无毛；叶基生，呈莲座状，倒披针形、线形或舌形，顶端钝、急尖或向上渐窄，基部渐狭成有翼的短或长柄，全缘或羽状裂；头状花序常在茎枝顶端聚生成伞房花序，舌状花21～25枚，总苞圆柱状，苞片3～4层，外层苞片宽卵形，内层苞片狭长形；舌状花先端5齿裂，黄色或白色，花药绿褐色；瘦果成熟时褐色，长椭圆形，有细棱和小刺状突起，冠毛白色。花果期1～10月。

· **食用部位和方法** 苦菜营养丰富，是一般野菜所不及的，多在早春采挖刚出土的幼苗，带根营养价值更高，既可洗净调拌或蘸酱生食，也可用沸水焯熟后，炒食、做馅或做汤。

· **野外识别要点**
植株低矮，基生叶呈莲座状，小花鲜黄色，叶形不一。

花药绿褐色

舌状小花21～25枚，黄色或白色

花侧面图

伞房花序状分枝

黄色花图

植株高不过30cm，全株无毛

叶基生，呈莲座状，全缘或羽状裂

别名： 中华小苦荬、山苦荬菜、兔儿菜、小金英、鹅仔菜、白花败酱、苦猪菜、苦斋。　**科属：** 菊科苦荬菜属。

生境分布： 生长在山坡、路旁、田野、河边、灌丛，中国大部分省区都有分布。

苦苣菜
Sonchus oleraceus L.

冠毛和花正面图

● **形态特征** 1~2年生草本。株高可达1m，全株有白色乳汁，根纺锤形，灰褐色，须根多；茎直立，圆柱形，中空，上部有时疏生腺毛，叶互生，质柔软，长达20cm，宽达8cm，通常大头羽状全裂或羽状半裂，边缘有刺状尖齿；茎下部叶具柄，有翅，上部叶近无柄，叶基宽大，呈戟耳形；头状花序顶生，单一或数个组成伞房状花序，总苞钟状，暗绿色；舌状花黄色；雄蕊5枚；花柱细长，

全株有白色乳汁

柱头2深裂；瘦果长椭圆状倒卵形，两面各有3条高起的纵肋，肋间有细皱纹，熟后红褐色，具白色冠毛。花期4~6月，果期6~9月。

总苞钟状，暗绿色

● **食用部位和方法** 食用方法同苦菜。

● **野外识别要点** 本种叶羽状全裂或羽状半裂，边缘有锐齿，基部扩大抱茎，顶端裂片近三角形；花两性，舌状花黄色，花序梗及总苞片上常有腺毛，冠毛白色。

叶大头羽状全裂或羽状半裂，边缘有齿

别名：荼草、老鸦苦荬、苦马菜、滇苦菜。	科属：菊科苦苣菜属。
生境分布：常野生于山野、田边或路旁，广泛分布于全国各地。	

苦荬菜
Ixeris sonchifolia (Bunge) Hance

● **形态特征** 多年生草本。株高30~70cm，全株无毛，茎直立，紫红色，多分枝；基生叶丛生，长圆形或倒卵状长圆形，绿色，先端尖或钝，基部渐窄，边缘具锯齿、羽状齿裂或羽状分裂，基部下延成柄；花茎直立，高30~60cm，茎生叶基部最宽，全缘或有稀疏浅齿，无柄抱茎；头状花序排成伞房状，具细梗，苞片条状披针形；舌状花，黄色，先端5齿裂；瘦果黑褐色，纺锤形，扁平，有喙，冠毛白色。花期4~6月，果期6~7月。

● **食用部位和方法** 带根全草可食，春季采收，洗净，入沸水焯熟后，再用凉水浸泡约2小时，凉拌、炒食或炖食。

伞房状花序，花黄色

茎生叶基部抱茎

● **野外识别要点** 本种茎紫红色，基生叶花期存在，茎生叶基部最宽，并抱茎；花全为舌状花，黄色；瘦果纺锤形，黑色，具喙和冠毛。

基生叶边缘具锯齿、羽状齿裂或羽状分裂

茎紫红色

别名：节托莲、盘儿菜、苦碟子、抱茎苦荬菜、燕儿衣、败酱草、苦麻菜、苦叶苗。	科属：菊科苦荬菜属。
生境分布：常野生于山坡、田野、路旁或农田，海拔可达4000m，广泛分布于中国大部分地区。	

苦荞麦

Fagopyrum tataricum (L.) Gaertn.

据现代医学研究证明，苦荞麦具有降血压、降血脂、降血糖的"三降"功效，因而在日本被称为"长生不老的保健食品"、在韩国被称为"神仙的粮食"，在德国有"东方神草"之美誉。中国四川省凉山州被誉为苦荞麦的故乡。

形态特征

一年生草本。株高30～70cm，茎直立，多分枝，绿色或微呈紫色，有细纵棱，一侧具乳头状突起；叶宽三角形，两面沿叶脉具乳头状突起，全缘或微波状，下部叶具长叶柄，上部叶较小且叶柄短；托叶鞘偏斜，膜质，黄褐色；总状花序顶生或腋生，花稀疏，苞片卵形，每苞内具2～4朵花，花梗中部具关节；花白色或淡红色，花瓣椭圆形，5深裂，雄蕊8枚，花柱3裂；瘦果圆锥状卵形，具3棱，灰褐色，果上有小瘤状突起。花期6～9月，果期8～10月。

食用部位和方法

嫩叶及种子可食，春季采摘嫩叶，洗净，入沸水焯熟，凉拌或炒食；秋季采收种子，可用来做米饭、熬粥，也可磨成粉面，制成面包、糕点、烙饼、面条等。

野外识别要点

本种茎棱和叶脉具乳头状突起；托叶黄褐色，花白色或淡红色；瘦果具3棱，灰褐色，具小瘤状突起，易识别。

总状花序，花稀疏，花白色或淡红色

托叶黄褐色

瘦果具小瘤状突起

成熟瘦果

叶宽三角形，两面沿叶脉具乳头状突起

茎绿色或微呈紫色，一侧具乳头状突起

别名： 菠麦、乌麦、野荞麦、花荞、鞑靼荞麦。　　**科属：** 蓼科荞麦属。

生境分布： 生于海拔500～3900m的山坡、河谷、田边及路旁，分布于中国东北、华北、西北和西南地区。

宽翅沙芥

Pugionium dolabratum Maxim.

沙芥风味清香，还带有类似芥的微辣味，是沙漠地区蒙古族民间最有特色的野菜之一。除了食用，沙芥还是防风固沙的优良植物，对沙漠化日趋严重的西北地区来说，广泛种植沙芥真是一举两得啊！

伞形花序

两翅近平角

基生叶

角果

地表植株形态

形态特征 宽翅沙芥和沙芥在形态方面极为相似，不同之处在于：本种株高50～100cm，基生叶和茎下部叶1～2回羽状全裂，小裂片条形至披针形；角果宽而短，长2～3cm，室宽5～6mm，翅比果室宽，末端斜截形、截形或近圆形，两翅近平角。

食用部位和方法 同沙芥。

别名：绵羊沙芥、斧形沙芥、斧翅沙芥。	科属：十字花科沙芥属。
生境分布：一般野生于半固定沙丘上，主要分布于中国内蒙古。	

宽叶荨麻

Urtica laetevirens Maxim.

形态特征 多年生草本。株高30～100cm，根状茎匍匐，茎纤细，四棱形，节间长，有时疏生刺毛或细糙毛，节上尤密；叶卵形或披针形，向上渐狭，近膜质，先端尖，基部圆形或宽楔形，两面疏生刺毛和细糙毛，基出脉3条，侧脉2～3对，叶缘中部有牙齿或牙齿状锯齿；叶柄纤细，向上渐短，疏生刺毛和细糙毛；托叶每节4枚，条状披针形或长圆形，微被柔毛；雌雄同株，稀异株，雄花序近穗状，生于上部叶腋；雌花序近穗状，生于下部叶腋，较短；雄花无梗或具短梗，直径1～2mm，花被片4枚，在近中部合生；雌花具短梗；瘦果卵形，长近1mm，熟时灰褐色，有疣点，果梗上部有关节。花果期6～9月。

食用部位和方法 嫩茎叶可食，含水分、粗蛋白、脂肪、粗纤维、碳水化合物、钙等营养物质，5～7月采摘，洗净，入沸水焯熟后做汤。

野外识别要点 本种茎、叶及叶柄均疏生刺毛或细糙毛；叶基出脉3条，侧脉2～3对，叶缘具牙齿或齿状锯齿；雌雄同株，稀异株，雄花序在下，雄花近无梗，雌花序在上，雌花具短梗。

别名：蝎子草、痒痒草、螫麻子、虎麻草。	科属：荨麻科荨麻属。
生境分布：分布于中国华北及东北地区。	

宽叶香蒲

Typha latifolia L.

- **形态特征** 多年生水生草本。株高1~2.5m，根茎横走、乳黄色、先端白色，节处生多数须根；茎圆柱形，髓白色；叶长条形，光滑无毛，上部扁平，下部横切面近新月形；叶鞘抱茎，圆柱形，边缘白色，膜质；穗状花序圆柱形，下部有2~3片叶状总苞，花后脱落；雌雄花序紧密相接，雄花序在上，长可达15cm，雌花序在下，长可达20cm，花序轴具灰白色弯曲柔毛，花红褐色，后变为灰白色；小坚果披针形，种子小，椭圆形，熟时褐色。花果期5~8月。

- **食用部位和方法** 嫩茎叶和根可食，5~6月采摘，洗净，沸水焯5~10分钟，再用清水浸泡，直至去除异味，炒食、做汤或做馅；8~9月采挖根，煮食或腌制咸菜。

上为雄花序，下为雌花序

叶长可达1m，宽2~3cm

- **野外识别要点** 本种植株粗壮，叶片较宽，达2~3cm，横切面近新月形；穗状花序圆柱形，雌雄花序紧密相接。

根茎横走，乳黄色

别名：蒲草、香蒲草、甘蒲。	科属：香蒲科香蒲属。
生境分布：常野生于湿地、池沼和水边，分布于中国东北、华北、西北、西南及新疆等地。	

款冬

Tussilago farfara L.

花正面图

款冬花的叶子非常大，常被用来当作雨伞或遮阳的工具，因此款冬花的花语是公正。款冬花是1月26日的生日花，凡是这天出生的人，被认为爱好公平和正义。

叶花后长出，花葶苞叶淡紫褐色

根状茎横走

- **形态特征** 多年生草本。根状茎横走，褐色，叶子宽阔而呈心形，淡紫褐色，互生且呈鳞片状排列，掌状网脉，下面被密白色茸毛，边缘呈波状，具长叶柄；花先叶开放，早春数枚花葶自叶间抽出，高5~10cm，密被白色茸毛，苞叶鳞片状，互生，淡紫色；头状花序生顶端，初时直立，花后下垂；总苞钟状，苞片1~2层，线形，常带紫色，被白色柔毛，有时具黑色腺毛；雌雄异株，雄花黄色，雌花舌状，白色；瘦果圆柱形，有明显的纵棱和白色冠毛。花期3~4月，果期5月。

- **食用部位和方法** 嫩茎叶可食，春季采摘，洗净，入沸水焯熟后，凉拌、炒食或煮食。

- **野外识别要点** 本种根状茎褐色；叶子在花后长出；花葶被白色茸毛，雌花白色，雄花黄色。

根状茎

别名：款冬花、冬花、虎须、九九花、冬花、蜂斗菜。	科属：菊科款冬属。
生境分布：常野生于山谷湿地或林下，分布于中国西北、华北及华中等地。	

辣蓼铁线莲
Clematis mandshurica Rupr.

形态特征 草质藤本。茎攀缘，长可达1m，具细肋脐棱，节部和嫩枝密生白色柔毛；叶对生，1~2回羽状复叶，小叶5~7枚，针状卵圆形，先端尖基部近圆形或微心形，叶面绿色、无毛，叶背淡绿色，无毛或沿叶脉疏生柔毛，全缘或稀2~3裂，具短柄；圆锥状聚伞花序腋生或顶生，小花多数，花梗微被柔毛，萼片4~5个，白色，长圆形或狭倒卵形，外面有短柔毛，边缘密被白色绒毛；雄蕊多数；瘦果近卵形，扁平，边缘增厚，具宿存花柱，成熟时褐色，有柔毛。花期6~8月，果期7~9月。

食用部位和方法 嫩茎叶可食，3~5月采收，洗净，入沸水中焯一下，再用清水浸泡1夜，炒食或做汤均可。

野外识别要点 本种茎具棱，节部密被白毛，叶1~2回羽状复叶，叶背沿中脉被柔毛，全缘或稀2~3裂；花白色。

萼片4~5枚，白色

瘦果具宿存花柱

1~2回羽状复叶

别名：东北铁线莲、威灵仙、驴笼头菜、风车草、黑薇。	科属：毛茛科铁线莲属。
生境分布：常野生于林缘、灌丛、河岸或沟谷，主要分布于中国东北和华北。	

狼把草
Bidens tripartita L.

外层苞片叶状

形态特征 一年生草本。株高30~150cm，茎直立，自基部分枝，无毛；叶对生，茎中、下部叶片羽状分裂或深裂，裂片3~5个，顶端裂片较大，椭圆形或长椭圆状披针形，边缘有锯齿；茎上部叶3深裂或不裂；叶具柄，叶柄有狭翅；头状花序顶生或腋生，总苞片多层，外层倒披针形，叶状，有睫毛；花全为两性管状花，黄色，花柱头两裂；瘦果扁平，倒卵状楔形，边缘具倒刺毛，顶端具2根芒刺，有时3~4根，正是因为这个特点，狼把草又名"一包针"。

食用部位和方法 嫩叶可食，春季采摘，洗净，入沸水焯熟后用清水漂洗几遍，凉拌食用。

野外识别要点 本种叶羽状3裂或不裂，叶柄有翅；花黄色，全为管状花；果顶端具芒刺，2~4根，易识别。

根茎粗长，棕黄色

茎上部叶3深裂或不裂

茎直立，无毛

别名：针包草、一包针、鬼叉、豆渣菜、乌阶、水苏子。	科属：菊科刺针草属。
生境分布：生长在水边湿地，广泛分布于中国南北大部分省区。	

狼尾花

Lysimachia barystachys Bunge

由于花序很长，且向上渐渐变窄，故名狼尾花。每当初夏，狼尾花簇拥在一起，绽放出一朵朵白色的小花，远远望去，那高高翘起的大尾巴真是惹人喜爱！

· 形态特征 多年生草本。株高30～100cm，全部密被柔毛，具横走根状茎；地上茎直立，基部红色，向上渐渐变淡；叶互生或近对生，长圆状披针形、倒披针形以至线形，厚纸质，长达10cm，宽仅2cm，先端急尖，基部楔形，两面有柔毛，全缘，近无柄；总状花序顶生，下宽上窄，呈狼尾状，故得名，果期长可达30cm，花密集，苞片线状钻形，花萼钟形，5裂，裂片卵圆形，边缘膜质；花冠白色，常5裂，裂片舌状，先端有暗紫色短腺条；雄蕊5枚，内藏；花丝基部连合并贴生于花冠基部；花药椭圆形；子房上位，1室；花柱柱头膨大，顶部绒毛状；蒴果卵球形，成熟时瓣裂，种子多数，具光泽。花期5～8月，果期8～10月。

· 食用部位和方法 嫩叶可食，春季采摘，洗净，入沸水焯熟后，再用凉水浸洗去除苦涩味，凉拌、炒食或做馅。

野外识别要点 叶互生或近对生，椭圆状披针形至倒披针形，密被细柔毛。花白色，总状花序，开花时常弯曲成狼尾状。

株高可达1m，全部密被柔毛

总状花序下宽上窄，呈狼尾状，故得名

花冠白色，常5裂

腋生小枝

叶互生或近对生，两面有柔毛

茎直立，基部红色

别名：重穗排草、虎尾草、红丝毛、酸草根、百日疮。	科属：报春花科狼尾花属。
生境分布：常生长在草地、林缘、灌丛或路旁等阴湿地，分布于中国东北、华北、华东、西北及西南地区。	

老鹳草

Geranium Wilfordii Maxim.

葫果先端长喙状

· **形态特征** 多年生草本。株高30~80cm，根状茎短，直立，茎直立，多分株，被倒生微毛；叶对生，肾状三角形，基部略呈心形，叶面疏生长柔毛，上部3~5深裂，中央裂片最大，边缘具缺刻或粗锯齿；叶柄长2~4cm，具倒生短柔毛，托叶狭披针形；花通常成对腋生，花梗长约4cm，花萼5个，卵状披针形，疏生长柔毛，先端有芒；花瓣5枚，

倒卵形，近白色或淡红色，有深红色纵脉；雄蕊10枚；花柱5裂，延长并与果柄连合成喙；葫果先端长喙状，熟时心皮向上开裂，喙反卷；种子长圆形，黑褐色。花果期5~7月。

· **食用部位和方法** 嫩叶可食，4~6月采收，洗净，入沸水焯1分钟，捞出，再用清水浸泡约2小时，炒食或腌渍。

· **野外识别要点** 本种叶对生，掌状5浅裂，花通常成对腋生，葫果先端具长喙。

花成对腋生

叶肾状三角形，3~5深裂

别名：老鸦嘴、老鹳嘴、贯筋、老牛筋。	科属：牻牛儿苗科老鹳草属。
生境分布：常野生于林缘、灌丛、草地或路旁，分布于中国东北、华北、华东、西北及西南地区。	

狸藻

Utricularia vulgaris L.

捕虫囊

· **形态特征** 多年生水生食虫草本。全株柔软，根近无，茎细弱，长达60cm，多分枝，呈绳索状；叶互生，两回羽状分裂，裂片条形至丝状，叶缘长着许多小口袋，是用来捕虫的工具——捕虫囊，每个囊都有一个小口，口上有小盖，盖子上长着4根感觉毛；花梗自茎上抽出，花数朵，黄紫色；葫果球形，外面有宿存萼包围；种子多数，六角柱形。花果期6~8月。

· **食用部位和方法** 嫩苗及嫩叶可食，春季采摘，洗净，煮食或腌制。

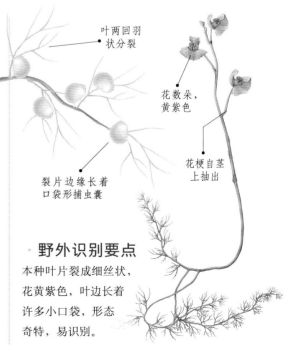

叶两回羽状分裂

花数朵，黄紫色

裂片边缘长着口袋形捕虫囊

花梗自茎上抽出

· **野外识别要点** 本种叶片裂成细丝状，花黄紫色，叶边长着许多小口袋，形态奇特，易识别。

别名：水豆、闸草。	科属：狸藻科狸藻属。
生境分布：一般生长在静水池塘或稻田中，主要分布于中国东北、西北、华北及四川等地。	

藜

Chenopodium album L.

圆锥花序，花两性

- **形态特征** 一年生草本。株高可达1.5m，茎直立，多分枝，具棱及绿色条纹；叶互生，菱状卵形、卵状三角形至宽披针形，先端钝或急尖，基部楔形或渐狭，嫩叶呈白色，成叶叶背密被白粉，边缘具不整齐缺刻齿；上部叶渐小，近全缘；具叶柄，与叶片近等长或为叶片长度的1/2；两性花簇生成圆锥花序，花序内有白粉，花被5片，宽卵形至椭圆形，背面具纵隆脊，有粉；雄蕊5枚，超出花被片；胞果扁球形，包于花被内，果皮薄，初有小泡状突起，后大部分脱落变为皱纹，成熟时果实脱落；种子横生，双凸镜状，黑色，表面具浅沟纹。花果期5～10月。

- **食用部位和方法** 幼苗及嫩茎叶可食，4～5月采收高10cm左右的幼苗和嫩叶，洗净、焯熟，用清水浸泡半天，凉拌、炒食或做汤，也可晒干做干菜。

叶缘具缺刻或粗齿

- **野外识别要点** 本种茎具棱和条纹，叶互生，嫩叶和叶背有白粉，明显3出脉，叶缘具不整齐缺刻或粗齿，易识别。

主根粗长

别名：灰菜、粉仔菜。	科属：藜科藜属。
生境分布：一般野生于田野、荒地、草原、田间或路旁湿地，分布于中国大部分地区，主产于黑龙江、辽宁及内蒙古。	

鳢肠

Eclipta prostrata L.

有一种鱼叫鳢鱼，全身乌黑，而且肠子细而色黑，与鳢肠被揉过的茎很像，故得此名。

- **形态特征** 一年生草本。株高40～60cm，茎通常自基部分枝，斜升或平卧，茎内有黑色乳汁，被贴生糙毛；叶对生，长圆状披针形或披针形，边缘波状或有细锯齿，两面被密硬糙毛；头状花序单生，总苞钟形，绿色，草质，花托突起；外围舌状花雌性，白色；中央管状花两性，白色，顶端4齿裂；雌花的瘦果三棱形，两性花的瘦果扁四棱形，基部稍缩小，顶端截形，具1～3个细齿，边缘有白色的肋，表面有小瘤状突起，无冠毛。花期6～9月。

- **食用部位和方法** 嫩茎叶可食，春季采摘，洗净，入沸水中焯一下，凉拌、炒食、做馅、煮粥等均可。

头状花序单生，外围舌状花白色

叶面被密硬糙毛

- **野外识别要点** "墨旱莲"这个名字最早记载于《唐本草》，因为生于旱田，果实如莲房，最重要的是揉搓茎叶会流出像墨一样的黑色汁液，这也是野外识别的重点。

茎和茎叶内含黑色乳汁

根茎密生须根

别名：旱莲草、墨草、墨菜、墨旱莲、金陵草、墨水草、莲子草。	科属：菊科鳢肠属。
生境分布：常生于湿地、河边、田边或路旁，广泛分布于中国各地，遍及世界热带及亚热带地区。	

莲

花语：清白、坚贞、纯洁

Nelumbo nucifera Gaertner

远在2500年前，吴王夫差在太湖为宠妃西施修筑了玩花池，满园荷花，这大概就是人工池塘栽植荷花的开始。荷花花大色丽、清香飘溢、亭亭玉立，像仙女一样，它的花语是清白、坚贞、纯洁。

· 形态特征 多年水生植物。根茎（藕）横生于水底泥中，肥大多节，节间内有多数孔眼；叶盾状圆形，高出水面，直径可达30cm，叶面蓝绿色，被蜡质白粉，叶背灰绿色，全缘并呈波状；叶柄圆柱形，挺出水面，密生倒刺；花单生花梗顶端，花色有粉红、红和白色，具清香；雄蕊多数，药隔先端伸出成棒状附属物；雌蕊多数，离生；花托海绵质，果期膨大；坚果卵球形，半包于花托。花期6~8月，昼开夜合。

· 食用部位和方法 根状茎俗称"藕"，春秋季采挖，洗净，生食或煮食；种子俗称"莲子"，秋季采种，去胚（莲心）后煮食或磨面蒸食。

可食用的藕

莲子

别名： 莲花、水芙蓉、六月花神、藕花。	**科属：** 睡莲科莲属。
生境分布： 常生长在池沼、湖泊、溪流、池塘或水田中，分布于中国南北各省。	

莲子草

Alternanthera sessilis (L.) DC.

叶对生，厚纸质

花侧面图

· 形态特征 多年生草本。株高20~60cm，茎上升或匍匐，多分枝，具纵沟，沟内有柔毛，节处常有一行横生柔毛；单叶对生，条状披针形、倒卵状长圆形或倒卵形，厚纸质，长1~8cm，宽0.2~2cm，先端渐尖，基部渐窄，全缘或具不明显锯齿，近无柄；头状花序1~4个腋生，球形或长圆形，无总梗；花密集，花轴密生白色柔毛；苞片、小苞片和花被片均为白色，干膜质状，宿存；雄蕊3枚，花丝基部连合成环状，退化雄蕊三角状钻形；子房1室，有胚珠1枚，柱头短裂；胞果倒心形，边缘常具翅，包于宿存花被片内；种子卵球形，有小凹点。花期5~7月，果期7~9月。

· 食用部位和方法 幼苗及嫩茎叶可食，春季采摘，洗净，入沸水焯熟后，炒食或煮食。

别名： 耐惊菜、虾钳菜、满天星、节节花。	**科属：** 苋科莲子草属。
生境分布： 常野生于荒野、河边、河滩及田边等水湿处，主要分布于中国长江流域以南各省区。	

镰叶韭

Allium carolinianum DC.

· **形态特征** 鳞茎粗壮，单生或2～3枚聚生，狭卵状至卵状圆柱形，粗1～2.5cm；鳞茎外皮褐色至黄褐色，革质，顶端破裂，常呈纤维状；叶宽条形，扁平，光滑，常呈镰刀状弯曲，钝头，比花葶短，宽5～15mm；花葶粗壮，高20～50cm，下部被叶鞘；总苞常带紫色，两裂，近与花序等长，宿存；伞形花序球状，具多而密集的花；小花梗近等长；花紫红色、淡紫色、淡红色至白色；子房近球状，腹缝线基部具凹陷的蜜穴；花柱伸出花被外。花果期6～9月。

· **食用部位和方法** 采摘嫩叶，洗净后可直接炒食或与鸡蛋一同炒食。

· **野外识别要点** 植株体有葱蒜味，叶扁平，呈镰刀状弯曲，宽5～15mm。

伞形花序球状

叶扁平，常呈镰刀状弯曲

单生或2～3枚聚生

花葶粗壮，高20～50cm

别名：无。	科属：百合科葱属。
生境分布：生长于海拔2500～5000m的砾石山坡、向阳的林下，分布于新疆、西藏、青海、甘肃等地。	

梁子菜

Erechthites hieracifolia (Li.) Raffin ex DC.

· **形态特征** 一年生草本。株高可达1m，茎不分枝或上部分枝，具条纹，被疏柔毛；叶互生，无柄，基部渐狭，呈翼状或半抱茎，披针形至长圆形，长7～16cm，宽3～4cm，边缘有不规则粗齿，羽状脉，两面无毛或仅下面有短柔毛；头状花序多数，长约15mm，宽1.5～1.8mm，在茎端排成伞房状，总苞片1层；小花全为管状，花淡绿色或带红色；瘦果圆柱形；冠毛白色。花果期6～10月。

· **食用部位和方法** 嫩茎用沸水焯熟，然后换水浸洗，去除苦味，加入油、盐调拌食用。

· **野外识别要点** 叶互生，基部渐狭，呈翼状或半抱茎，边缘有不规则粗齿；头状花序全为管状，总苞1层。

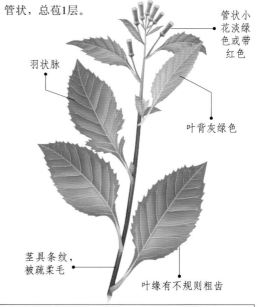

管状小花淡绿色或带红色

羽状脉

叶背灰绿色

茎具条纹，被疏柔毛

叶缘有不规则粗齿

别名：菊芹、饥荒草。	科属：菊科菊芹属。
生境分布：生于山坡、林下、灌木丛中或湿地上，海拔1000～1400m，分布于云南、贵州、四川、福建和台湾。	

两栖蓼

瘦果图

Polygonum amphibium L.

花序图

· 形态特征 多年生草本。株高40～60cm，根茎横走，无毛，节上生不定根；叶漂浮于水面，叶片长圆形或长圆状披针形，顶端急尖，基部近圆形，两面被短硬伏毛，全缘，具缘毛；叶柄短，自托叶鞘中部以上发出；托叶鞘筒状，膜质，疏生长硬毛，顶端截形，具短缘毛；穗状花序顶生或腋生，花紧密，苞片三角形，花3～4朵，花被片长椭圆形，淡红色或白色，5深裂；雄蕊通常5枚，花柱2歧裂，

地表植株形态

基部合生；小瘦果双凸镜状，近圆形，黑色，有光泽。花果期7～9月。

水中植株形态

· 食用部位和方法 嫩叶可食，春季采摘，洗净，入沸水焯熟，再用清水浸洗直至酸味去除，可凉拌食用。

· 野外识别要点 本种多生于浅水中，根茎横走，节上生不定根；叶漂浮于水面，两面被短硬伏毛；叶柄由托叶鞘中部伸出；穗状花序，花紧密，淡红色或白色。

根茎横走

别名：扁蓄蓼、小黄药、兔儿浆、湖蓼、兔儿酸。	科属：蓼科蓼属。
生境分布：分布于中国东北、华北、西北、华东、华中和西南，多生长于池沼和水沟等浅水中。	

蓼蓝

Polygonum tinctorium Ait

　　蓼蓝虽然没有开着蓝色的花，也不是蓝色的叶，但由于叶内含有尿蓝母，可作为蓝色染料，故得此名。

· 形态特征 一年生草本。株高50～80cm，须根细，多数，茎直立，具显明的节，有分枝；单叶互生，叶卵形或宽椭圆形，长3～8cm，宽2～4cm，先端钝，基部下延，干后两面均蓝绿色，全缘；叶柄短，基部有鞘状膜质托叶，边缘有毛；穗状花序顶生或腋生，苞片漏斗状，绿色，有缘毛，每苞内含花3～5朵，花梗细，花被5深裂，淡红色；雄蕊6～8枚，

花序

着生于花被基部，雌蕊1枚，花药黄色，柱头3歧；瘦果，具3棱，褐色，有光泽。花果期7～9月。

· 食用部位和方法 嫩叶可食，春季采摘，洗净，入沸水焯熟后，可凉拌、炒食、煮汤或做馅。

· 野外识别要点 本种茎红紫色，叶长椭圆形，干时暗蓝色；穗状花序，花淡红色；果黑褐色。

膜质托叶

叶干后两面均蓝绿色

别名：蓝、靛青。	科属：蓼科蓼蓝属。
生境分布：常野生于旷野或水沟边，主要分布于中国辽宁、河北、山东、陕西、湖北、四川、广东、广西等地。	

裂叶荆芥

花侧面图

Schizonepeta tenuifolia (Benth.) Briq.

· **形态特征** 一年生草本。株高30～100cm，茎四棱形，多分枝，通常紫红色，密被白色短柔毛；叶对生，常指状3全裂，裂片披针状条形，草质，叶面暗橄榄绿，微被柔毛，叶背灰绿色，被短柔毛，脉及边缘较密，有腺点，叶柄短；多数轮伞花序组成顶生穗状花序，通常生于主茎上的大而多花，生于侧枝上的小而花疏，苞片叶状，小苞片线形；花萼管状钟

顶裂片较大

叶指状
3全裂

形，被灰色疏柔毛，具15脉，齿5裂；花冠青紫色，二唇形，上唇2浅裂，下唇3裂；雄蕊4枚，花药蓝色，花柱先端2裂；小坚果长圆状三棱形，褐色，有小点。花期7～9月，果期9～11月。

· **食用部位和方法** 茎叶可食，春季采摘，洗净，入沸水焯熟后，再用清水洗净，可凉拌或做汤。

· **野外识别要点** 本种茎四棱形，茎与叶被白色短柔毛；叶指状3全裂；花青紫色，组成顶生的间断穗状花序。

穗状花序图

茎四棱形，密被白色短柔毛

别名：小茴香、四棱杆蒿、假苏。	科属：唇形科裂叶荆芥属。
生境分布：生长在山坡、山谷、林缘或路边，海拔可达2700m，分布于中国东北、西北、西南及河北、河南等地。	

柳兰

Chamaenerion angustifulium (L.) Scop

由于种子裸露在地表时很容易发芽，因而柳兰在众多植物中有"火烧地上的先锋"之称号！柳兰常成片生长，每当初夏来临，一片壮观的紫色，令人不敢相信这是一种野花。

· **形态特征** 多年生草本。株高可达1m，具匍匐状根茎，茎直立，常不分枝，叶互生，披针形，长8～14cm，宽1～3cm，近全缘，无柄；总状花序顶生，常数个组成大型圆锥状花序，苞片线形，花两性，大而开展，紫红色或淡红色，稀白色，萼片4裂，花瓣4枚，倒卵形，顶端微凹，基部具爪；雄蕊8枚，花柱弯曲，柱头4裂；蒴果长圆柱状，种子多数，顶端有簇毛。花期6～8月。

· **食用部位和方法** 嫩芽可食，初春采摘，洗净，换水焯两次去除涩味，再用凉水浸洗几遍，凉拌、炒食或做汤。

· **野外识别要点**

大型圆锥状花序

本种叶互生，披针形，似柳叶；花紫红色，4枚花瓣开展，子房细长，犹如花梗，比较特别。

叶互生，披针形，似柳叶

花大而开展，紫红色或淡红色

别名：独木牛。	科属：柳叶菜科柳兰属。
生境分布：常生长在林缘、山坡草地、沟谷或河岸，分布于中国东北、华北、西北及西南地区。	

柳叶菜

Epilobium hirsutum L.

花正面图　　根茎图

形态特征 多年生草本。株高可达1m，根茎粗壮，簇生须根，茎直立，上部分枝，密生白色长柔毛及短腺毛；茎下部叶和中部叶对生，上部叶互生，叶长圆状披针形或长圆形，两面有长柔毛，边缘具细锯齿；两性花单生于上部叶腋，淡红色或紫红色，萼筒圆柱形，4裂，外面被毛；花瓣4枚，倒卵形，先端凹缺成2裂，淡紫红色；雄蕊8枚，4长4短；柱头4裂；蒴果圆柱形，长达7cm；种子长椭圆形，先端有一簇白色长毛，密生小乳突。花果期6~8月。

食用部位和方法 嫩茎叶可食，4~6月采摘，洗净，入沸水焯熟后，再用清水漂洗几遍，凉拌、炒食或煮食均可，也可煮熟晒制干菜。

野外识别要点 茎密生白色长柔毛及短腺毛，下部叶对生，上部叶互生，叶面有长柔毛；花大，淡红色或紫红色，花瓣4枚，先端2裂，雄蕊4长4短；种子密生小乳突，先端有一簇白色长毛。

上部叶互生，叶面有长柔毛

叶基部渐狭而微抱茎

别名：水丁香、地母怀胎草、通经草、水兰花、长角草、鱼鳞草、光明草。	科属：柳叶菜科柳叶菜属。
生境分布：常生长在沼泽地、沟边、溪边、林边或路边，广泛分布于中国大部分省区。	

柳叶蒿

Artemisia integrifolia L.

形态特征 多年生草本。株高可达1.2m，全株具清香气味，主根明显，根状茎稍粗，地上茎直立，紫褐色，有明显纵棱；单叶互生，薄纸质，叶面初时被白色短柔毛，后脱落无毛或近无毛，叶背密生灰白色绒毛，叶缘有稀疏锯齿或裂齿；茎下部叶狭卵形，叶缘有少数深裂齿；茎中部叶披针形，每侧边缘有1~3个深裂齿；茎上部叶不分裂，全缘或有几个不明显齿，无柄；小头状花序常数个排列成穗状花序，小花黄绿色，近无梗，总苞片3~4层，背面初时疏被灰白色蛛丝状短绵毛，花序托小，突起；雌花10~15朵，花冠狭管状，花柱细长，伸出花冠；两性花20~30朵，花冠管状，花药线形，先端具长三角形附属物；瘦果倒卵形，稍扁。花果期8~10月。

食用部位和方法 嫩叶可食，在5~6月采收，洗净，入沸水焯约1分钟，再用清水浸泡1~2天，待苦味去除，蘸酱生吃或炒食、做馅、做汤、掺面蒸食。

野外识别要点 本种单叶互生，无叶柄，边缘具稀疏深或浅的锯齿、裂齿或全缘，叶面初时被灰白色短柔毛，后脱落无毛或近无毛，叶背密生灰白色绒毛，野外识别时要注意。

别名：柳蒿、九中草。	科属：菊科蒿属。
生境分布：常野生于林缘、草甸、沟谷及灌丛，分布于中国东北及内蒙古东部和河北。	

柳叶芹

Czernaevia laevigata Turcz.

形态特征 二年生草本。株高90~120cm。茎直立，上部稍分枝，无毛；基生叶花时常枯萎；茎下部叶具长柄，叶片两回羽状全裂，轮廓卵状三角形，长达30cm；末回羽片披针形至长圆状披针形，长1.5~5cm，宽5~15mm，基部稍歪斜，先端渐尖，边缘具白色软骨质的锯齿或重锯齿，上面沿中脉微被短硬毛，下面无毛；中、上部叶渐小；复伞形花序，伞辐15~30个，不等长；总苞鞘状，早落。小伞形花序具多花；小总苞片2~7个，线状锥形；萼齿不明显；花白色，花序外缘花具辐射瓣；双悬果椭圆形，长约3mm，背棱和中棱狭翅状，侧棱为宽翅状。花果期7~9月。

食用部位和方法 采嫩苗，沸水焯熟后，清水浸泡，加入油、盐调拌食用。

野外识别要点 有芹菜味；叶两回羽状全裂；复伞形花序具1鞘状总苞，花白色，花序外缘花具辐射瓣。

复伞形花序，具1鞘状总苞

别名：婆婆指甲菜、瓜子草、高脚鼠耳草。	科属：伞形科柳叶芹属。
生境分布：生于河边沼泽草甸、山地灌丛、林缘草甸，分布于中国东北及内蒙古、河北。	

龙葵

Solanum nigrum L.

果序和花

形态特征 一年生草本。株高约1m，茎直立，多分枝，黄绿色，有棱角或不明显，近无毛或稀被细毛；叶互生，卵形，长3~10cm，宽2~5cm，先端短尖，基部楔形，两面光滑无毛或疏生短柔毛，侧脉5~6对，边缘波状或全缘；叶柄长1~2cm；蝎尾状聚伞花序腋外生，通常由3~6朵花组成，花梗短，花萼小，浅杯状，外疏被细毛，5浅裂；花冠白色，5深裂，裂片卵圆形；雄蕊，花药黄色；雌蕊1枚，球形；子房2室，花柱下半部密生白色柔毛，柱头圆形；浆果球形，具光泽，成熟时黑色；种子多数，扁圆形，黄色。花果期6~11月。

食用部位和方法 嫩茎叶可食，每年5~6月采摘，洗净，入沸水焯熟，再用清水浸泡去苦味，炒食或煮食。

注意：龙葵含有龙葵素、茄碱等有毒物质，尤其是绿色幼果不可生食。

侧脉5~6对

野外识别要点 本种叶互生；蝎尾状聚伞花序腋外生，花冠白色，花药彼此靠合；浆果球形，熟时黑色。

别名：野辣椒、苦葵、地泡子、天茄苗儿、水茄。	科属：茄科龙葵属。
生境分布：常野生于荒野、田边或路旁，广泛分布于中国各地。	

龙须菜

Asparagus schoberioides Kunth

形态特征

多年生直立草本。株高可达1m，根细长，茎直立，多分枝；叶状枝常3～7枝成簇，窄条形，略弯曲，呈镰刀状，基部近锐三棱形，上部扁平；叶鳞片状，极小，白色；小花2～4朵腋生，黄绿色；花梗很短；雄花被片长仅约2mm，雄蕊6枚；雌花于雄

叶片退化成鳞片状

根茎密生须根

花近等长；浆果球形，初绿色，成熟时红色，由于果梗极短，使果实看起来紧贴在枝条上，种子1～2粒。花期5～6月，果期7～9月。

食用部位和方法

嫩叶可食，营养丰富，是优良的绿色保健蔬菜，初春采摘，洗净，入沸水焯熟后，凉拌、炒食、煮食或做馅。

野外识别要点

变态枝3～7条成簇，纤细弯曲，呈镰刀状；叶片退化成鳞片，极小，有白色膜状物。

变态枝

浆果熟时红色

别名：雉隐天冬。	科属：百合科天门冬属。
生境分布：常生长在草坡或林下，海拔可达2300m，分布于中国东北、华北及陕西、甘肃等地。	

龙牙草

果

花

Agrimonia pilosa Ledeb.

形态特征

多年生草本。株高约1m，全株具白色长柔毛及腺毛；根茎横走，秋末自先端生一圆锥形向上弯曲的白色芽，茎直立，不分枝；奇数羽状复叶，互生，具短柄，小叶5～11枚，大小不等，间隔排列，卵圆形至倒卵形，先端尖，基部楔形，叶面绿色、毛疏，叶背淡绿色、毛密，无柄；托叶卵形，被长柔毛，基部与叶柄合生；总状花序1～3个生于茎顶，长可达20cm，花小，黄色，花梗短，萼筒倒卵形，上部5裂，外面有槽和毛，顶端生一圈钩状刺毛；花瓣5枚；雄蕊10余枚；心皮2个；瘦果卵形，具带钩刺毛。花期7～8月，果期9～10月。

食用部位和方法

幼苗及嫩茎叶可食，4～6月采收，洗净，入沸水焯1～2分钟，再用凉水浸泡半天去涩味，蘸酱、凉拌或炒食均可。

野外识别要点

种叶为羽状复叶，小叶大小不等，且间隔排列，两面有毛，边缘有齿；复叶有柄，小叶无柄；花黄色；瘦果包于宿存的萼筒内，萼筒上部有一圈钩状刺毛。

总状花序长可达20cm，花黄色

奇数羽状复叶

根茎秋末自先端生一白色芽

别名：仙鹤草、地仙草、瓜香草、黄牛尾、老牛筋。	科属：蔷薇科龙牙草属。
生境分布：常野生于荒野、山坡、林缘、灌丛或沟谷、草地，广泛分布于中国各地。	

蒌蒿

Artemisia selengensis Turcz. ex Bess.

- **形态特征** 多年生草本。株高60~150cm，茎直立，无毛，紫红色；叶互生，有柄，下部叶花期枯萎；中部叶密集，羽状深裂，侧裂片1~2对，叶面无毛，叶背疏生白色绒毛，叶缘有锯齿；茎上部叶3裂或不裂，条形全缘；头状花序，常在茎顶或叶腋密集成复总状花序，花小，黄色；瘦果细小，有冠毛。花果期7~10月。

- **食用部位和方法** 嫩茎、叶可食，清香鲜美，脆嫩爽口，营养丰富，常在春季采摘，洗净，凉拌、炒食、做馅、蒸食或腌制。

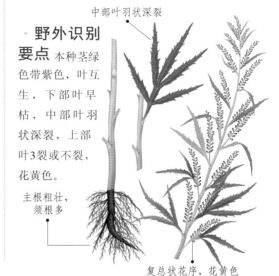

中部叶羽状深裂

- **野外识别要点** 本种茎绿色带紫色，叶互生，下部叶早枯，中部叶羽状深裂，上部叶3裂或不裂，花黄色。

主根粗壮，须根多

复总状花序，花黄色

别名：水艾、芦蒿、水蒿、白蒿、柳叶蒿、三叉叶蒿、香艾、刘寄奴。	科属：菊科蒿属。

生境分布：常野生于山坡、林下、草地、河滩及沼泽地，广泛分布于中国南北各地，尤其是长江流域地区。

芦苇

Phragmites australis (Cav.) Trin. ex Steud.

- **形态特征** 多年生草本。地下具发达的匍匐根状茎，茎秆直立，高1~3m，具20多节，节下被蜡粉；叶鞘圆筒形，无毛或有细毛；叶舌小，边缘密生一圈短纤毛；叶片长线形或长披针形，两列，长15~45cm，宽1~3.5cm，顶端长渐尖，呈丝形，无毛，全缘；大型圆锥花序，长20~40cm，分枝多数，着生稠密下垂的小穗；小穗有花4~7朵，颖具3脉，第一颖短小，二颖略长；第一不孕外稃雄性，第二外稃具3脉，顶端长渐尖，基盘延长，两侧密生丝状柔毛，脊上粗糙；雄蕊3枚，黄色；颖果小。花果期7~10月。

- **食用部位和方法** 嫩根茎可食，春、夏、秋季均可挖取，洗净，剪去残茎、芽及节上须根，剥去膜状叶，煮食或炖食。

大型圆锥花序

叶两列，线形或长披针形

匍匐根状茎

叶鞘圆筒形

- **野外识别要点** 本种茎秆具20多节，节下被蜡粉；叶舌缘有毛；叶两列，线形或长披针形；大型圆锥花序，小穗具花4~7朵，颖具3脉。

别名：芦、苇、葭、蒹。	科属：禾本科芦苇属。

生境分布：常野生于江河湖泽、池塘沟渠沿岸和低湿地，广泛分布于全国各地。

鹿药

Smilacina japonica A. Gray

浆果成熟时红色

叶脉5～7条

片，分离，椭圆形；雄蕊6枚；花柱1；浆果近球形，成熟时红色，种子1～2粒。花期5～6月。

● 形态特征

多年生草本。株高20～60cm，根状茎圆柱形、肥厚、横卧、有多数须根；茎单生，直立，疏生粗毛，基部有鳞片；叶互生，5～9片，集中生于茎的中上部，卵状椭圆形或广椭圆形，先端尖，基部浑圆，全缘，有短柄；圆锥花序顶生，密生柔毛，小花密集，白色，花被6

花序图

叶长可达16cm，宽可达7cm

● 食用部位和方法

嫩茎叶可食，在3～5月采摘，洗净，入沸水焯熟后，再用冷水浸泡去除苦涩味，炒食或煮食。本属其他种类的嫩茎叶也可食用。

● 野外识别要点

本种叶与玉竹叶相似，但被毛；圆锥花序顶生，有密毛。

别名：鞭杆七、铁梳子、扁豆菜。	科属：百合科鹿药属。
生境分布：常生长在沟谷和林间，海拔可达1000m，广泛分布于中国南北各地。	

卵叶韭

Allium ovalifolium Hand.-Mzt.

● 形态特征

鳞茎单一或2～3枚聚生，近圆柱状，外皮灰褐色，破裂成纤维状；叶通常2枚，披针状矩圆形至卵状矩圆形，长8～15cm，宽2～7cm，先端尖，基部圆形至浅心形，叶柄明显，连同叶片的两面和叶缘常具乳头状突起；花葶圆柱状，从叶间抽出，高30～60cm，下部被叶鞘；总苞两裂；伞形花序球状，花密集，小花梗果期伸长，基部无小苞片；花白色，稀淡红色，内轮花被片长而狭，外轮花被片宽而短，边缘有时具齿；花丝等长，基部合生并与花被片贴生；子房3室，每室1胚珠。花果期7～9月。

● 食用部位和方法

嫩叶可食，每年3～5月采摘，洗净，入沸水焯熟后，再用清水浸泡去除苦涩味，炒食或做汤。

花葶圆柱状，高30～60cm

● 野外识别要点

本种鳞茎单一或2～3枚聚生，叶通常2枚；叶面和叶柄有乳头状突起，伞形花序，花密集，白色，偶有淡红色。

花密集，白色

叶脉自基部出，在叶缘聚合

叶通常2枚，披针状矩圆形至卵状矩圆形

茎近圆柱状，外皮灰褐色

别名：鹿耳韭、仙蒜。	科属：百合科葱属。
生境分布：常野生于海拔1500～4000m的疏林、山坡湿地或沟边，分布于中国青海、甘肃、陕西、云南、贵州、四川和湖北等地。	

轮叶沙参

Adenophora tetraphylla (Thunb.) Fisch.

干燥根茎可入药材

· 形态特征 多年生草本。株高可达1.5m，根圆锥形，粗壮，表皮具皱纹；茎直立，不分枝，无毛或微被柔毛；叶3～6枚轮生，卵圆形至条状披针形，叶面绿色，叶背淡绿色，两面微被柔毛，边缘具不规则齿，叶柄短或近无柄；狭圆锥状花序生于茎顶，分枝轮生，花数朵，下垂，蓝紫色；花梗长短不一，每个花梗都具1枚小苞片；花萼倒

花序图

圆锥状，无毛，5齿，全缘；花冠钟形，口部稍缢缩，裂片短三角形；花盘细管状；蒴果卵圆状圆锥形，种子长圆状圆锥形，稍扁，成熟时黄棕色，有一条棱，并由棱扩展成一条白带。花果期7～9月。

· 食用部位和方法 嫩茎叶可食，5～6月采收，洗净，入沸水焯一下，蘸酱生吃或炒食，还可腌制咸菜。

叶3～6枚轮生 ●

· 野外识别要点 叶3～6枚轮生，花冠小而细长，口部稍缢缩，花萼裂片短小，花盘细长，是本种的特点。

根粗壮，圆锥形 ●

别名：四叶沙参、泡参、南沙参、歪脖菜、四叶菜。	科属：桔梗科轮叶沙参属。
生境分布：常野生于林缘、灌丛或草地，分布于中国东北、西北、华北、华东及西南地区。	

罗勒

Ocimum basilicum L.

花正面图

罗勒散发出刺鼻的味道，有时闻起来像茴香，有时像丁香或者薄荷。据说，在几个世纪前的亚洲，罗勒被视为上天赐予人们的神圣之物，如果有人踩踏了罗勒，那么这个人将被众人践踏至死。

· 形态特征 一年生草本。株高60～70cm，全株散发强烈芳香味，茎直立，呈纯四棱形，绿色带紫色，微被柔毛；叶对生，卵形或三角状卵形，两面疏生柔毛，叶背灰绿色，具腺点，全缘或略有锯齿；穗状轮伞花序，每轮常具花6～8朵，花序轴微被柔毛；

花枝图

花萼钟形，萼齿5，边缘具茸毛；花冠白色微带红色；小坚果长圆状卵形，黑褐色。花果期7～10月。

穗状轮伞花序 ●

· 食用部位和方法 嫩茎叶可食，在4～6月采摘，洗净，可直接生食或凉拌，也可油炸食用，口感清香，风味独特。

· 野外识别要点 本种全株有强烈香味，茎四棱形，绿色微带紫色；叶对生，微被柔毛，叶背色淡，散生油点；轮伞花序，每轮具花6～8朵，花冠白色微带红色，二唇形，上唇4裂，下唇全缘。

别名：零陵香、薄荷树、光明子、九层塔、千层塔、省头草、香菜、缠头花椒、光阴子。	科属：唇形科罗勒属。
生境分布：常野生于荒野、田间、路边或庭院，广泛分布于中国南北大部分地区。	

落葵薯

珠芽图

Anredera cordifolic (Tenore) Steenis

· 形态特征 缠绕草质藤本。枝条长可达数米，根状茎粗壮，多分枝；叶卵形至近圆形，肉质，顶端急尖，基部圆形或心形，腋生小块茎（珠芽），具短柄；总状花序腋生，多花，花序轴纤细，下垂；苞片狭，宿存；花梗下面一对小苞片宿存，宽三角形，急尖，透明，上面一对小苞片扁平，淡绿色，长圆形至椭圆形；花托顶端杯状，花常由此脱落；花小，花被片基部合

总状花序腋生

叶卵心形，肉质，暗绿色

枝条长可达数米

生、白色渐变黑，花后包裹果实；雄蕊白色，花丝顶端在芽中反折；花柱白色，分裂成3个柱头臂，每臂具1棍棒状或宽椭圆形柱头；胞果球形，种子双凸镜状。花期6～10月。

· 食用部位和方法 嫩叶可食，一般在初春采摘，洗净，入沸水焯熟后，浸泡去苦涩味，凉拌、炒食或煮食均可。另外，根状茎可炖食。

· 野外识别要点 本种茎长，叶卵心形，无毛，光滑，暗绿色，腋生小珠芽；花托杯状，花白色渐变黑，花柱3叉裂。

别名：马德拉藤、藤三七、洋落葵、川七。	科属：落葵科落葵薯属。
生境分布：常野生于灌丛、林缘、沟谷等温暖湿润处，分布于中国南方至华北一带，主要在重庆、贵州、湖南、广西、广东、福建等地。	

麻叶荨麻

Urtica cannabina L.

· 形态特征 多年生草本。株高50～150cm，根状茎木质化、横走，地上茎四棱形，不分枝，有螫毛和紧贴的短毛；叶交叉对生，五角形，长4～14cm，宽3～12cm，掌状3全裂或深裂，中间裂片呈缺刻状深裂，小裂片边缘具缺刻状齿，叶面疏生细糙毛，后渐变无毛，叶背有短柔毛和脉上生的刺毛；叶柄长2～8cm，生刺毛或微柔毛；托叶每节4枚，离生，条形，两面被微柔毛；雌雄同株，雄花序圆锥状，常生下部叶腋，多分枝，花

被片4枚、深裂；雌花序穗状，常生上部叶腋，花被片4枚，花后增大，紧包瘦果；瘦果狭卵形，顶端锐尖，稍扁，熟时灰褐色，表面有褐红色点，外面生刺毛1～4根和细糙毛。花果期7～10月。

· 食用部位和方法 同狭叶荨麻。

· 野外识别要点 本种植株有螫毛，叶对生，轮廓五角形，掌状3全裂，雌花被片在下部1/3处合生，易识别。

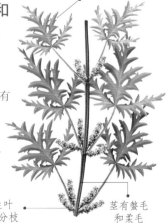

叶五角形，掌状3全裂或深裂

花序生叶腋，有分枝

茎有螫毛和柔毛

别名：火麻、蝎子草、哈拉海、赤麻子。	科属：荨麻科荨麻属。
生境分布：常野生于草原、坡地、路旁或沙丘地，分布于中国东北、西北及河北等地。	

马鞭草

Verbena officinalis L.

马鞭草原产欧洲，是一种极其神秘的植物。在中世纪希腊，人们认为马鞭草具有净化灵魂的作用，因此常用来施行法术、给人算命，有时打仗前还会祭祀敌人，充满诅咒意味。

· **形态特征** 多年生草本。株高30～120cm，茎上部常呈四方形，基部近圆形，节和棱上有硬毛；单叶对生，卵圆形、倒卵形或长圆状披针形，长达8cm，宽达4cm，两面有粗毛，边缘有粗锯齿或缺刻；茎生叶多数3深裂，有时羽裂，两面有硬毛，叶背脉上尤密，裂片边缘具不规则齿，无柄；穗状花序顶生和腋生，细弱，开花时形似马鞭，故得此名；花无梗，最初密集，果期疏散；每花有1个苞片，花萼管状，5裂；花冠管状，淡紫色或蓝色，近两唇形；子房4室，每室内有1个胚珠，成熟后分裂为4个长圆形的小坚果。花期6～8月，果期7～10月。

· **食用部位和方法** 嫩叶可食，春季采摘，洗净，焯熟，用油、盐调拌食用。

· **野外识别要点** 花序很长，花开放后，形似一条长长的马鞭。子房4室，每室有1个胚珠。

花淡紫色或蓝色，近两唇形

穗状花序开花时形似马鞭

根茎块状，密生须根

株高30～120cm

叶面有粗毛

茎生叶多数3深裂

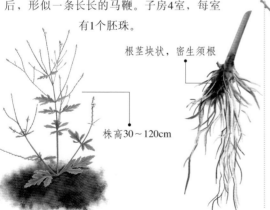

别名：铁马鞭、风须草、蜻蜓草、野荆芥、紫顶龙芽草。	科属：马鞭草科马鞭草属。
生境分布：一般生长在山坡、溪边、林缘或路边，分布于中国大部分省区。	

马齿苋

Portulaca oleracea L.

蒴果和种子图　花

·形态特征

一年生草本。株高40～80cm，全株无毛、多汁，茎常自基部四散分枝，枝条圆柱状，平卧或斜生，淡绿色，向阳面常带淡褐色；叶通常互生，叶扁平而肥厚，倒卵状匙形，似马齿状，顶端圆钝或平截，基部楔形，叶面深绿色，叶背淡绿色，全缘，叶柄短而粗壮；花黄色，通常3～5朵簇生，无梗，午时盛开，苞片2～6个，叶状，近轮生；萼片2个，对生，盔形，背部具龙骨状突起；花瓣5枚，倒卵形，黄色，顶端微凹，基部合生；蒴果卵球形，成熟时盖裂；种

子多数，偏斜球形，黑褐色，有光泽，具小疣状突起。花期5～8月，果期6～9月。

·食用部位和方法

嫩茎叶可食，5～9月采收，洗净，在沸水中烫软，再在清水中过一下，最后挤干水分，凉拌、炒食、做馅或晒制干菜。

·野外识别要点

叶扁平而肥厚，马齿状

主根粗壮，棕红色

本种平卧地面，叶肥厚，形似马齿，全缘；花黄色，午时盛开；蒴果盖裂，种子细小、黑色。

别名：马苋、五行草、马齿草、瓜子菜、猪肥菜、蚂蚁菜、豆瓣菜、马子菜。	科属：马齿苋科马齿苋属。
生境分布：多野生于田野、农田或路旁，为常见田间杂草，分布于中国大部分省区。	

马兰

Kalimeris indica (L.) Sch.-Bip.

叶缘中部以上具2～4对浅齿

·形态特征

多年生草本。初春仅有基生叶，茎不明显，初夏地上茎增高，一般高30～80cm；地下具有细长根状茎，白色有节；茎直立，多分枝，基部绿色带紫红色，近无毛；叶互生，倒卵形、椭圆形至披针形，长3～7cm，宽1～2.5cm，先端钝或尖，基部渐狭，两面近无毛，边缘中部以上具2～4对浅齿，具短柄或无柄；

茎上部叶小，全缘；头状花序单生枝端，常数朵呈疏伞房状，总苞半球形，中央管状花多数，黄色，边缘舌状花1层，淡紫色；瘦果倒卵状矩圆形，褐色，冠毛长0.1～0.3mm，易脱落。

·食用部位和方法

幼苗及嫩叶可食，富含胡萝卜素、维生素、钙等营养成分，一般在早春3～5月采摘，入沸水焯一下，再用清水浸泡，待涩味去除后凉拌、炒食或蒸食均可，味道香甜。

·野外识别要点

本种茎生叶互生，叶缘中部以上具齿；花边缘紫色，中央黄色；果褐色，冠毛长0.1～0.3mm。

别名：泥鳅串、路边菊、蓑衣草、鸡儿肠、田边菊、马兰菊、红梗菜、散血草。	科属：菊科马兰属。
生境分布：常野生于林缘、草丛、河边、田边及路旁，耐寒、耐热、耐贫瘠，适应性强，广泛分布于全国各地，但温暖的南方更为常见。	

麦蓝菜 花 种子

Vaccaria segetalis (Necr.) Gracke

• 形态特征

一年生或二年生草本。株高30～70cm，全株无毛，微被白粉；茎单生，直立，上部叉状分枝，节略膨大；叶对生，卵状披针形或披针形，长3～9cm，宽1.5～4cm，顶端急尖，基部圆形或近心形，微抱茎，具3基出脉，全缘；聚伞花序顶生，花稀疏，花梗细长，总苞片及小苞片均2枚对生，叶状；花萼圆筒状，有5条绿色宽脉，先端5齿裂；花瓣5枚，淡红色，倒卵形；雄蕊10枚，内藏；花柱线形，微外露；蒴果近圆球形，包于宿萼内，成熟时4齿状开裂；种子多数，球形，黑紫色，有明显粒状突起。花果期5～8月。

聚伞花序顶生

• 食用部位和方法

嫩叶可食，春季采摘，洗净，入沸水焯熟，再用清水漂洗几遍，加入油、盐调拌食用。

叶对生，基部抱茎

• 野外识别要点

本种全株微被白色，灰绿色；叶无柄，基部抱茎，主脉3，侧脉不明显；花淡红色，花萼圆筒状，有5条绿色宽脉；蒴果包于宿萼内，成熟时4齿状开裂。

别名：王不留行、麦蓝子、奶米、大麦牛、留行子。	科属：石竹科麦蓝菜属。
生境分布：一般生长于田野、草坡、荒地或路旁，其中麦田中最为常见，除华南地区外，中国大部分地区均有分布，尤其是东北三省。	

麦瓶草

花瓣5枚，淡红色

萼圆锥形，果期膨大

Silene conoidea L.

• 形态特征

一年生草本。株高25～60cm，全株被短腺毛；根稍木质，茎单生，直立，叉状分枝；基生叶片匙形，茎生叶长圆形或披针形，长5～8cm，宽5～10mm，顶端渐尖，基部楔形，两面被短柔毛，中脉明显，边缘具缘毛，叶柄短；二歧聚伞花序，花数朵，萼圆锥形，基部脐形，果期膨大，纵脉30条，沿脉被短腺毛，具缘毛；花瓣5枚，淡红色，狭披针形，爪不露出花萼，耳三角形；副花冠片狭披针形，白色，顶端具数浅齿；蒴果梨状，种子肾形，暗褐色。花期5～6月，果期6～7月。

• 食用部位和方法

嫩苗可食，初春采摘，洗净，入沸水焯熟后，再用清水漂洗几遍，凉拌、炒食、煮食或做馅。

菜谱——麦瓶草烧肉

食材：麦瓶草150g，猪肉150g，料酒、精盐、味精、酱油、葱花、姜末各适量。

做法：1.将麦瓶草洗净、切段，猪肉洗净、切片；

2.锅烧热，下肉片煸干水分，加入酱油、姜、葱炒，再放入精盐、料酒和适量的水烧至肉熟入味；3.放入麦瓶草，烧至入味，点入味精，即可出锅食用。

别名：净瓶、米瓦罐、面条菜、香炉草、梅花瓶。	科属：石竹科蝇子草属。
生境分布：常野生于荒地或麦田中，分布于中国西北、华北及江苏、湖北、云南等省区。	

牻牛儿苗

Erodium stephanianum Willd.

花　果

个有花药；花柱5裂，紫红色，密生短柔毛；子房顶端具长喙、细锥子状，5室，每室有1粒种子，熟时室间开裂，果瓣与中轴分离，喙部螺旋状卷曲；种子褐色。花果期4～7月。

● 形态特征

多年生草本。植株低矮，高不超过45cm，具粗壮直根，少分枝、茎细弱、丛生，有分枝，节明显，淡紫色，全株有柔毛；叶对生，长卵形或椭圆形，两回羽状深裂，小羽片狭条形，2～7对，两面有柔毛，全缘或有粗锯齿；叶具长柄，生托叶；伞形花序腋生，每梗具花2～5朵，总花梗被柔毛，苞片6～7枚，狭披针形，分离；萼片矩圆状卵形，先端具长芒，被长糙毛；花瓣5枚，淡紫色或蓝紫色，倒卵形，先端微凹；雄蕊10枚，其中仅5

● 食用部位和方法

嫩叶可食，春季采摘，洗净，入沸水焯熟，再用凉水漂洗去苦味，加入油盐调拌食用。

叶对生，两回羽状深裂

● 野外识别要点

本种叶对生，两回羽状深裂；在果期较容易识别，子房顶端具长喙，极像鸟类的尖嘴，因而又叫"老鹳草"。

别名：太阳花、老鹳草。	科属：牻牛儿苗科牻牛儿苗属。
生境分布：常生长在山坡、荒地或路边，分布于中国东北、华北、西北、西南、华中及华东地区。	

毛百合

花　果

Lilium dauricum Ker-Gawl

倍以上，柱头膨大，3裂；蒴果长圆形。花果期6～9月。

花基部有一轮轮生叶

● 形态特征

株高50～70cm，鳞茎卵状球形，鳞片宽披针形，白色，大部分有节；茎直立，粗壮，有棱，被白色绒毛；叶散生，花基部常有4～5枚叶轮生，长条形，先端急尖，基部具一簇白绵毛，故得名，叶面无毛，叶脉平行，边缘有小乳头状突起或稀疏的白色长绢毛，近无柄；花大，通常1～2朵顶生，花梗长，有白色绵毛，苞片叶状；花橙红色或红色，有紫红色斑点，花瓣6枚，两轮交叉生，外轮花被片倒披针形，内轮花被片稍窄，蜜腺两边有深紫色的乳头状突起；雄蕊靠拢；子房圆柱形；花柱长为子房的2

● 食用部位和方法

嫩茎叶可食，春季采收，入沸水中焯一下，再用清水浸泡，炒食或做汤；鳞茎也可食，常在秋季挖采，可烧食。毛百合营养十分丰富，具有润肺止咳、清心安神的功效。

● 野外识别要点

本种茎直立，密被白色绒毛；花大，橙红色或红色，有紫红色斑点，花基部有一轮轮生叶。

茎具棱，被白色绒毛

别名：山顿子花。	科属：百合科百合属。
生境分布：常野生于林下、草甸、灌丛或向阳山坡，分布于中国东北及内蒙古、河北。	

毛果群心菜

Cardaria pubescens (C. A. Mey.) Jarm.

形态特征 多年生草本。株高20～50cm，全株灰绿色，有短柔毛，茎直立，近基部分枝；基生叶和茎下部叶矩圆形，长3～8cm，宽3～20mm，先端圆钝或急尖，基部渐狭，两面生柔毛，边缘具疏生细齿，叶柄短；茎中、上部叶矩圆形或披针形，长1～7cm，宽3～15mm，先端圆钝，基部箭形，两面生柔毛，边缘具细齿，无柄；短总状花序，常数个排成圆锥花序，花白色，花瓣倒卵状匙形，顶端微缺，基部有爪；短角果卵形或近球形，有明显网脉，果梗短；种子1个，宽卵形或椭圆形，棕色，无翅。花果期5～8月。

食用部位和方法 嫩叶可食，开花前采摘，洗净，入沸水焯熟后，换清水浸泡数小时，凉拌或炒食。

短角果有明显网脉

野外识别要点 本种花序有柔毛；短角果卵形或近球形，果瓣半球形或突出，有网脉和柔毛，在同属植株中易识别。

叶缘疏生细齿，两面有柔毛

别名：泡果荠、甜萝卜缨子。	科属：十字花科群心菜属。
生境分布：一般生长在水边、田边、路旁或村庄附近，主要分布于中国西北地区。	

毛连菜

花

Picris hieracioides L.

形态特征 二年生草本。株高50～120cm，全株覆盖刚毛，有乳汁；根垂直直伸、粗壮，茎直立，有纵沟纹，上部多分枝，基部略带紫色；基生叶花期枯萎，和茎下部叶同为倒披针形，边缘疏生尖锐锯齿，基部渐狭成柄；茎中部叶披针形，边缘波状，基部抱茎；茎上部叶线状披针形，全缘，无柄；全部茎叶两面特别是沿脉被亮色的钩状分叉的硬毛；头状花序排列成伞房状，有长梗，总苞钟形，绿色；全为舌状花，黄色，花冠有5齿，雄蕊5枚；瘦果狭纺锤形，棕红色，顶端有喙，冠毛灰白色。花果期7～10月。

叶两面有钩状分叉的硬毛

食用部位和方法 嫩叶可食，春季采摘，洗净，入沸水焯熟后，再用清水浸泡去除苦涩味，凉拌或炒食。

叶面被硬毛

野外识别要点 本种全株覆盖刚毛，有乳汁，茎有纵沟纹，基部略带紫色；叶向上渐小，两面有钩状分叉的硬毛，边沿有齿，或波状，或全缘，无柄；舌状花黄色；瘦果棕红色。

别名：羊下巴、毛柴胡、毛牛耳大黄、牛踏鼻。	科属：菊科毛连菜属。
生境分布：常野生于沟谷、林缘、山坡草地、林下、沟边、田间或沙滩地，海拔可达3400m，主要分布于中国华北、华东及中南地区。	

毛罗勒

花冠白色微带红色

Ocimum basilicum L. var. *pilosum* (Willd.) Benth.

轮伞花序，
每轮常具花
6～8朵

形态特征 本种是罗勒的变种，二者极为相似，不同之处在于：毛罗勒茎多分枝而上升；叶小，长圆形，叶柄被柔毛；轮伞花序密被白色长疏柔毛，颜色较浅，花序稍长。

食用部位和方法 同罗勒。

叶柄被柔毛

野外识别要点 本种与罗勒的区别在于多分枝、叶小、叶柄及轮伞花序被极多疏柔毛。

全株散发强烈芳香味

茎纯四棱形，绿色带紫色

叶背灰绿色，具腺点

别名：矮糠、薄荷草、蒿黑、香草、光明子。	科属：唇形科罗勒属。
生境分布：常野生于荒野、田间、路边或庭院，也作为芳香植物栽培，分布于中国大部分地区。	

花梗无小苞片

蒙古韭

Allium mongolicum Regel

花瓣有深色纵条纹

形态特征 多年生草本。鳞茎密集丛生，圆柱状，外皮褐黄色，破裂成纤维状；叶基生，近半圆柱形；花葶圆柱状，高10～30cm，具细纵棱，下部被叶鞘；总苞单侧开裂，宿存；伞形花序半球状至球状，花密集，花梗近等长，基部无小苞片；花大，淡红色、淡紫色至紫红色，花被6片，卵状矩圆形，中部有一条深色纵条纹，花柱伸出花被外；蒴果近球形。花果期7～9月。

食用部位和方法 同山韭。

野外识别要点 本种鳞茎丛生，外皮褐黄色；叶半圆柱形；花梗无小苞片，花被片卵状矩圆形，有深色纵条纹。

叶基生，
近半圆柱形

花葶具
细纵棱

别名：沙韭。	科属：百合科葱属。
生境分布：常野生于荒漠、沙地或干旱山坡，海拔可达2800m，主要分布于中国西北及河北。	

米口袋

Gueldenstaedtia multiflora Bunge

叶　花　果

· **形态特征** 多年生草本。植株低矮，高不过20cm，全株被白色绵毛，果期后毛渐少，主根圆锥形，粗壮，上端具短缩的茎或根状茎；叶丛生于短缩的茎或根状茎，奇数羽状复叶，小叶9～21枚，广椭圆形、椭圆形、长圆形、卵形或近披针形，先端钝圆或渐尖锐，基部圆形或广楔形，两面被白色长绵毛，全缘；托叶卵状三角形至披针形，基部与叶柄合生；总花梗自叶丛间抽出，2～8朵花密集成顶生的伞房状花序，花梗极短或近无梗，苞及小苞披针形至线形，萼钟状，花冠紫堇色；荚果圆筒状，被长柔毛；种子肾形，表面有光泽，具浅蜂窝状凹陷。花期4～5月，果期5～7月。

奇数羽状复叶

主根圆锥形，粗壮

· **食用部位和方法** 嫩叶和种子可食，春季采嫩叶，洗净、焯熟，凉拌食用；夏季采种，种子煮熟食用。

· **野外识别要点** 奇数羽状复叶，丛生于短缩的茎上；总花梗自叶丛间抽出，顶端具2～8朵花密集成的伞形花序；荚果圆筒状，形似装米的口袋。

别名：小米口袋、米布袋、甜地丁、莎勒吉日。	科属：豆科米口袋属。
生境分布：生长在草地、丘陵、坡地、山地、草甸和路旁等处，主要分布于中国西北、东北、华北、华东、中南等地，国外朝鲜、俄罗斯也有分布。	

棉团铁线莲

Clematis hexapetala Pall.

花萼6片，白色

花单生或数朵聚生

根茎分枝细长

瘦果密生白色长柔毛

叶1～2回羽状深裂

· **形态特征** 直立草本。株高可达1m，茎直立，坚硬，幼时疏生柔毛，枝具纵棱；叶近革质，干后常变成黑色，叶1～2回羽状全裂，裂片长椭圆状披针形、线状披针形至椭圆形，长达10cm，宽达2cm，顶端锐尖，两面或沿叶脉疏生长柔毛，网脉突出，全缘，具短柄；花单生或数朵聚集为总状、圆锥状花序，花萼6片，狭倒卵形，白色，密生白色绒毛，花蕾像棉花球；瘦果倒卵形，扁平，密生白色长柔毛，具宿存花柱。花期6～8月，果期7～10月。

· **食用部位和方法** 嫩茎叶可食，春季采收，洗净、焯熟，再用凉水浸泡片刻，炒食或做汤。

· **野外识别要点** 本种茎坚硬，叶1～2回羽状全裂，花萼6片，密生棉花状绒毛，花蕾像棉花球，易识别。

别名：山蓼、棉花子花、野棉花。	科属：毛茛科铁线莲属。
生境分布：常野生于沟谷、草地、林缘或灌丛，分布于中国西北、东北及河北等地。	

牡蒿

Artemisia japonica Thunb.

叶互生，叶形变化大

形态特征 多年生草本。株高 60～90cm，茎直立，有时疏生细柔毛，具不育枝；叶互生，营养枝叶匙形，基部渐狭，先端羽状3裂，中间裂又羽状3裂；花枝叶楔状匙形，基部具假托叶，先端齿裂或羽状分裂；上部叶线形，全缘；头状花序球形，腋生，具短梗，常数朵排列成圆锥花序状；总苞球形，苞片3～4层，边缘膜质；花托球形，上生两性花及雌花，花全部为管状，黄白色，中心花两性，不育；外层雌花

茎直立，紫红色

8～11朵，可育；瘦果椭圆形，无毛。花果期8～10月。

食用部位和方法 嫩茎叶可食，每年3～7月采摘，洗净，入沸水焯一下，再用清水浸泡1～2小时，炒食或煮食。

花序枝图

野外识别要点 本种叶形变化大，但茎生叶多为楔状匙形；花管状，黄白色，中心为两性花，边缘为雌花；瘦果椭圆形，无毛。

别名： 蔚、齐头蒿、油蒿、假柴胡、青蒿、白花蒿、鸡肉菜、脚板蒿、花艾草。 | **科属：** 菊科蒿属。

生境分布： 常野生于荒野、林下、草丛、河岸、山坡或路旁，除西北荒漠地区外，中国大部分地区均有分布。

尼伯尔酸模

Rumex nepalensis Spreng.

形态特征 多年生草本。株高可达1m，根粗壮，茎直立，具沟槽，上部分枝；基生叶长圆状卵形，长可达15cm，宽可达8cm，先端尖，基部心形，叶背沿中脉有小突起，全缘；茎生叶卵状披针形；叶柄长2～10cm，托叶鞘膜质；圆锥状花序，花两性，花梗中下部有关节；花被6片，呈两轮，外轮花被片椭圆形，内轮花被片宽卵形，边缘每侧具7～8个刺状齿，顶端呈钩状，一枚或全部具小瘤；瘦果

卵形，具3锐棱，褐色，有光泽。花果期4～7月。

圆锥状花序

食用部位和方法 同齿果酸模。

叶背沿中脉有小突起

野外识别要点 本种与齿果酸模很相似，但后者叶、叶柄较长，托叶鞘易破裂；圆锥状花序，花被6片，呈两轮，边缘每侧具7～8个刺状齿，顶端呈钩状。

茎直立，具沟槽

花被片边缘具刺状齿

别名： 土大黄。 | **科属：** 蓼科酸模属。

生境分布： 常野生于沟谷、山坡、草滩、灌丛等阴湿处，海拔可达4500m，分布于中国西北、西南、中南及广西等地。

南苜蓿

Medicago hispida Gaertn.

　　由于开金色的小花，南苜蓿叶被称为"金花菜"，花开后就不能再采摘嫩叶食用。南苜蓿在江浙一带有"四大绿肥之首"的称号。

形态特征 一年或二年生草本。株高30～100cm，主根细小，侧根发达，根上有圆形红色根瘤；茎直立或匍匐，略呈方形，无毛，基部多分枝；三出复叶，小叶倒心脏形或宽倒卵形，长1～25cm，宽7～20cm，先端钝圆或稍凹，基部楔形，叶面深绿色，无毛，叶背淡绿色，有毛，叶缘上部有锯齿，无柄；托叶卵形，有细裂齿；总状花序腋生，具花2～8朵，花萼钟状，花黄色；荚果螺旋形，通常卷曲2～3圈，边缘有疏刺，刺端钩状，含种子3～7粒；种子肾形，黄色或黄褐色。花果期4～6月。

食用部位和方法 嫩茎可食，含胡萝卜素和维生素、蛋白质等，春季采摘，洗净，入沸水焯一下捞出，凉拌、炒食或掺面蒸食，也可腌制咸菜。

菜谱——腌南苜蓿

食材：南苜蓿嫩叶2.5kg，盐300g，茴香50g，花椒50g。

做法：1.将南苜蓿叶洗净，摊开晾干，放入坛中，撒上盐，拌匀，腌4～5天，捞出，在太阳下晒至微干；2.准备一个小坛，洗净擦干，放一层南苜蓿叶，撒一些花椒和茴香，再放一层菜叶，再撒一些花椒和茴香，直到南苜蓿叶

放完，将南苜蓿叶压实，用干净的稻草或麦秸塞住坛口；3.将坛倒立于盆或缸内，盆或缸中加一些清水，水封，20天后即可取食。注意，水不能干，且要经常换水，尤其取菜时，不可以让水进入坛中。

总状花序腋生

三出复叶，叶缘上部有锯齿

荚果螺旋形，边缘有疏刺

果实含种子3～7粒

托叶卵形

花黄色

茎略呈方形，无毛，绿色带紫色

别名：金花菜、黄花苜蓿、肥田草、刺苜蓿、草头。	科属：豆科苜蓿属。
生境分布：常野生于草地、农田或路边，主要分布于中国长江中下游地区。	

尼泊尔堇菜

Viola betonicifolia J. E. Smith

萼片披针形

叶背灰绿色

形态特征 多年生草本。全株无毛，地下茎通常较短，主根粗短，有数条粗长的淡褐色根，无地上茎；叶基生，呈莲座状，具长柄；叶片箭头状披针形、线状披针形或线形，先端尖或稍钝，基部下延于叶柄，截形或略呈浅心形，边缘有疏浅的波状齿；托叶有疏齿；花葶高于叶，萼片披针形，基部附属物顶端圆；花瓣白色，有紫色条纹，距短囊形，顶端等

叶柄基部红色

粗，长3～4mm；蒴果椭圆形，长约1cm，无毛。花果期3～5月。

食用部位和方法 嫩叶可食，春季采摘，洗净，入沸水焯熟后，再用清水洗净，凉拌、炒食、做汤或掺面蒸食。

野外识别要点 本种叶箭头状披针形、线状披针形或线形，叶柄上半部具明显而狭长的翅；花白色，侧方花瓣密被须毛，距短，萼附属物末端钝圆，易识别。

主根有数条粗长的淡褐色根

别名：戟叶堇菜、箭叶堇菜、紫花地丁。	科属：堇菜科堇菜属。
生境分布：生于田野、路边、山坡草地、灌丛、林缘及田埂等处，分布于中国长江流域以南各省区。	

泥胡菜

Hemisteptia lyrata (Bunge) Bunge

泥胡菜在开花前也叫糯米菜，由于含有多种维生素和营养物质，也常被挖来当野菜食用。

形态特征 二年生草本。株高30～80cm，根圆锥形，肉质，茎直立，具纵沟纹，常疏生白色蛛丝状毛；基生叶莲座状，倒披针形或倒披针状椭圆形，长可达20cm，羽状分裂成提琴状，顶裂片三角形，较大，有时3裂，侧裂片7～8对，长椭圆状披针形，叶面绿色，叶背密生白色蛛丝状毛；茎中上部叶变小，中部叶椭圆形，上部叶条状披针形至条形；

基生叶图

头状花序多数，有长梗，总苞球形，外层卵形，中层椭圆形，内层线状披针形，总苞片背面顶端具1紫红色鸡冠状附片；花冠管状，紫红色；瘦果圆柱形，冠毛呈羽毛状，白色。花期5～6月。

食用部位和方法 幼苗可食，春季采摘，洗净，入沸水焯一下，再用凉水反复漂洗去除苦涩味，凉拌、炒食、做汤或做馅。

叶羽状分裂成提琴状

野外识别要点 泥胡菜和风毛菊极像，在野外采摘时注意：泥胡菜叶背密生白毛，风毛菊则无；泥胡菜头状花序的外层苞片有鸡冠状突起，风毛菊则无。

别名：苦马菜、牛插鼻、石灰菜、糯米菜、猫骨头。	科属：菊科泥胡菜属。
生境分布：生长于路旁、荒草丛、溪边、丘陵、山谷、田野，为杂草，分布几乎遍及全国。	

牛蒡

Arctium lappa L.

牛蒡叶大花奇，生命力极强，原产于中国，公元940年前后传入日本，现在已培育出优良品种。由于牛蒡的营养和保健价值极高，是高档蔬菜，现在风靡日本和韩国，走俏东南亚，甚至可与人参媲美，有"东洋参"的美誉。另外，现代医学研究发现，牛蒡可抗癌。

花正面

瘦果

头状花序排成伞房状

苞片顶端呈钩状弯曲

茎皮绿色带紫色

根茎可入药

基生叶又宽又大

株高可达2m

- **形态特征** 二年生草本。株高可达2m，地下根粗壮，地上茎直立，上部多分枝，皮绿色带紫色；基生叶丛生，茎生叶互生，叶形从下向上渐小，广卵形或心形，叶面无毛，叶背密生灰白色绒毛，全缘、波状或有细锯齿，叶柄长、粗壮；头状花序多数，排成伞房状，总苞球形，苞片披针形，顶端呈钩状弯曲；管状花淡红色，5齿裂；瘦果椭圆形，具棱，灰褐色，冠毛短刚毛状。花果期6～8月。

- **食用部位和方法** 嫩茎叶可食，含有蛋白质、粗纤维、钙、维生素等营养物质，4～5月采摘，洗净，入沸水焯一下，再换清水浸泡几小时，炒食或腌制。另外，根也可食，口感细嫩香脆，浸泡后炒食或腌制咸菜。

- **野外识别要点** 在野外，很容易混淆牛蒡和山牛蒡，二者区别为：牛蒡基生叶又宽又大，叶背密生白色绒毛，总苞球形，绿色，苞片呈弯钩状；山牛蒡总苞钟形，带紫色。

别名： 牛菜、大力子、黑萝卜、针猪草、蝙蝠刺、东洋萝卜、老母猪耳朵、牛鞭菜。	**科属：** 菊科牛蒡属。
生境分布： 生长于山沟、坡地、荒地，分布于中国东北至西南等地。	

牛繁缕

Malachium aquaticum (L.)Fries

● **形态特征** 多年生草本。株高20～60cm，茎多分枝，常伏生地面；叶对生，卵形或宽卵形，长2～6cm，宽1～3cm，先端尖，基部心形，光滑无毛，全缘或呈波状，上部叶无柄，基部略包茎，下部叶有柄；花顶生枝端或单生叶腋，常数朵成聚伞花序，花梗细长，花后下垂；萼片5个，宿存，果期增大，外被白色短柔毛；花瓣5枚，白色，2深裂近达基部；雄蕊10～12枚，花柱5枚，短线形；蒴果卵形，5瓣裂，每瓣端再2裂；种子肾形，褐色，密被刺状突起。花果期4～6月。

食用部位和方法

幼苗及嫩茎叶可食，一般在春夏采摘，洗净，入沸水焯一下，炒食、做汤。

● **野外识别要点** 茎多伏生地面，叶对生，花瓣5枚，2深裂几达基部，花柱5裂。与繁缕的区别在于后者叶略小，花柱3裂。

推荐菜谱——牛繁缕烧豆腐

食材：牛繁缕150g，豆腐200g，精盐、味精、葱花、素油适量。

做法：1.将牛繁缕洗净，入沸水焯一下，捞出后再用清水漂洗几遍，切段，备用。2.豆腐切块，入沸水焯一下捞出。3.将油放入锅中烧热，然后放入葱花煸香，再放入豆腐，加精盐和水适量，烧至入味。4.放入牛繁缕，烧至入味，加味精适量，即可出锅食用。

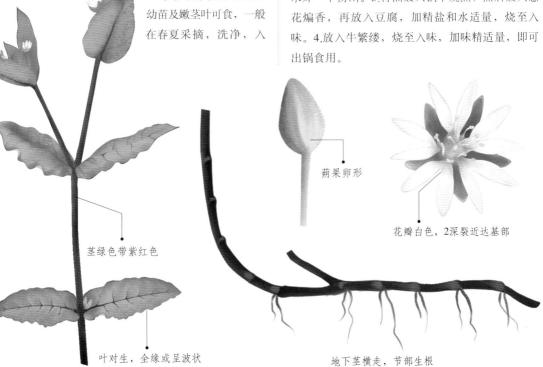

蒴果卵形

花瓣白色，2深裂近达基部

茎绿色带紫红色

叶对生，全缘或呈波状

地下茎横走，节部生根

别名：鹅儿肠、鹅肠菜。	科属：石竹科繁缕属。
生境分布：常野生于山坡、荒地、水沟、田边、路旁及较阴湿的草地，广泛分布于全国各地。	

牛尾菜

Smilax riparia DC.

果序　　根茎　　花序

· **形态特征** 多年生草质藤本。根状茎坚硬、横走，茎长1～2m，中空，有少量髓；叶形变化较大，长圆状披针形至卵状披针形，质厚，先端渐尖，基部近圆形或浅心形，无毛，基出3脉明显，侧面近平行，网脉在边缘处连接，全缘；叶柄短，常在中部以下有卷须；伞形花序腋生，总花梗长而纤细，苞片披针形；花淡黄绿色，雄花花被6片，裂片披针形，雌花较雄花小；花

柱3裂；浆果卵圆形，成熟时紫黑色。花果期6～10月。

· **食用部位和方法**
嫩茎可食，春季采收，洗净，放入沸水中焯一下，炒食或做汤。

叶长可达15cm，宽可达11cm

茎中空

· **野外识别要点** 本种茎中空，叶较大，基出3脉明显，侧面近平行，无毛，花淡黄绿色。

别名： 白须公、软叶菝葜。　　**科属：** 百合科牛尾菜属。
生境分布： 常野生于山坡林下、草丛或灌丛，除新疆、西藏、青海、宁夏、内蒙古及四川、云南高山地区外，中国大部分地区均有分布。

牛膝

Achyranthes bidentata BL.

花被披针形，绿色

· **形态特征** 多年生草本。株高可达1m，地下根细长，丛生，地上茎直立，近四棱形，茎节膨大，节上有对生的分枝；叶对生，椭圆形或椭圆状披针形，长可达15cm，宽达5cm，先端渐尖，基部楔形，两面被柔毛，全缘，具短柄；穗状花序腋生或顶生，花下折而贴近总花梗，花梗在花后伸长；花两性，花被5片，披针形，绿色；果实极小，矩圆形，种子黄褐色。花果期8～11月。

· **食用部位和方法**
嫩茎叶可食，富含胡萝卜素、维生素等营养物质，一般每年4～8月采摘，洗净，入沸水焯一下，炒食或做汤。

穗状花序，花下折而贴近总花梗

· **野外识别要点**
本种节间膨大，分枝在节上对生，两面有柔毛；花向下反折，花梗在花后伸长；种子黄褐色。

叶对生，两面被柔毛

别名： 山苋菜、白牛膝、蛾子草、怀牛膝。　　**科属：** 苋科牛膝属。
生境分布： 常野生于林下、坡地、水沟、岸边及杂草丛，除东北和新疆外，中国大部分地区都有分布。

牛膝菊

Galinsoga parviflora Cav.

舌状花图

形态特征

一年生草本。株高10～80cm，茎圆柱形、直立、多分枝，具细条纹，节处膨大，全株略被毛或近无毛；叶对生，卵圆形至披针形，草质，先端渐尖，基部圆形至宽楔形，叶面绿色，叶背淡绿色，基出3脉，偶有5脉，边缘有浅圆齿或近全缘；叶柄长1～2cm；头状花序小，顶生或腋生，花梗细长，总苞半球形，苞片两层，宽卵形、近膜质；花2型：舌状花雌性，4～5朵，白色，管状花两性，黄色，先端5齿裂；花托突起，有披针形托片；瘦果具3～5棱，稍扁，黑褐色，顶端具睫毛状鳞片。花果期7～10月。

食用部位和方法

牛膝菊的幼苗、嫩茎叶可食，香味特殊，风味独特，在春、夏、秋季均可采摘，洗净，入沸水焯熟后，再用清水浸泡，直到苦味去除，凉拌、炒食或做汤。

野外识别要点

本种茎略被毛，叶对生；花枝对生于叶腋，苞片叶状，花2型，白色舌状花和黄色管状花；瘦果熟时黑褐色，顶端具睫毛状鳞片。

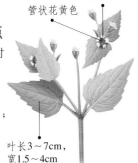

舌状花白色
管状花黄色
叶长3～7cm，
宽1.5～4cm

别名： 兔儿草、铜锤草、辣子草、向阳花、珍珠草、铜锤草。 **科属：** 菊科牛膝菊属。

生境分布： 常野生于山坡草地、林下、河岸、田边及路旁，海拔可达3500m，分布于中国西藏、四川、贵州、云南、浙江、江西等省。

糯米团

Gonostegia hirta (Bl.) Miq.

瘦果

形态特征

多年生草本。茎蔓生、铺地或渐升，长30～100cm，不分枝或分枝，上部枝条带棱，有短柔毛；叶对生，狭卵形至披针形，草质，长3～10cm，宽1.2～3cm，先端渐尖，基部圆形或浅心形，基出脉3条，全缘；叶柄短，托叶钻形，膜质，褐色；团伞状花序腋生，两性或单性，雌雄异株，苞片三角形，雄花花梗长约3mm，花被5片，倒披针形，顶端短、骤尖，雄蕊5枚，退化雌蕊极小，圆锥状；雌花花梗近无，花被片菱状狭卵形，顶端有2小齿，有疏毛；瘦果卵球形，白色或黑色，有光泽。花果期5～10月。

食用部位和方法

嫩茎叶可食，一般在3～5月采摘，洗净，入沸水焯一下，炒食或做汤，也可晒干制成粉，掺入面中蒸食。另外，肥壮的根可炖食。

野外识别要点

本种上部枝条带棱，叶对生，基出脉3条，托叶钻形，褐色；团伞状花序腋生，雄花梗短，雌花近无梗；果黑色或白色。

叶背灰白色，脉隆起
叶对生，基出脉3条
团伞状花序腋生

别名： 糯米草、红头带、猪粥菜、糯米条、大拳头、糯米芽、红头带、糯米菜。 **科属：** 荨麻科糯米团属。

生境分布： 常野生于丘陵、山地灌丛、水沟边等阴湿地，海拔可达1500m，分布于中国西藏东南部、陕西南部、云南、河南及华南等地。

125

欧白英

Solanum dulcamara L.

聚伞花序，花紫色

花冠筒隐于萼内，冠檐5裂；花丝短，子房卵形，花柱纤细、丝状；浆果球状，成熟后红色；种子扁平，近圆形。花期夏季，果熟期秋季。

· **形态特征** 草质藤本。全株无毛或被稀疏短柔毛，枝条干时灰绿色，有时具细条纹；叶戟形，齿裂或3～5羽状深裂，中裂片较长，边缘有不规则波状齿或浅裂，两面被稀疏短柔毛，侧脉4～7对，叶柄长1～2cm；聚伞花序腋外生，多花，总花梗、花梗被稀疏柔毛，萼杯状，5裂，裂片三角形；花冠紫色，

叶齿裂或3～5羽状深裂

未成熟的幼果

· **食用部位和方法** 嫩叶可食，春季采摘，洗净，入沸水焯熟，再用凉水浸泡、漂洗去除苦味，加入油、盐调拌食用。

· **野外识别要点** 本种枝条干时灰绿色，叶戟形，齿裂或3～5羽状深裂，中裂片边缘有不规则波状齿或浅裂；花紫色，果成熟时红色。

别名：山甜菜。	科属：茄科茄属。
生境分布：常见于林边坡地，海拔可达3300m，主要分布于中国云南西北部和四川西南部。	

蓬子菜

Galium verum L.

花瓣4枚，卵形

· **形态特征** 多年生草本。植株低矮，高不过40cm，根细圆柱形，常数条簇生，茎四棱形，中空，直立，常丛生，幼时密被短柔毛，基部木质化；叶6～10片轮生，窄线形，纸质，长达5cm，宽仅0.4cm，两面有柔毛和小突起，中脉隆起，边缘反卷，无柄；聚伞花序顶生或腋生，通常在枝顶集合成大型圆锥状花序，总花梗密被短柔毛，花密集，黄色，萼筒与子房愈合；花冠筒极短，裂片4个，卵形，辐射状排列；雄蕊4枚，伸出花冠；果实双头形，无毛。花期4～8月，果期5～10月。

· **食用部位和方法** 嫩叶及种子可食，春季采叶，洗净，入沸水焯一下捞出，凉拌或炒食；秋季采种，去壳得米，煮粥或磨成面蒸食。

大型圆锥状花序，花密集

· **野外识别要点** 本种叶6～10片轮生，窄线形，花黄色，果实双头形，在野外容易识别。

根细圆柱形，节部生根

茎四棱形，中空

叶6～10片轮生，窄线形

别名：松叶草、黄米花、铁尺草、鸡肠草、黄牛尾、月经草。	科属：茜草科猪殃殃属。
生境分布：多野生于草坡、林缘、灌丛、沟边和河滩，分布于中国长江流域附近及以北大部分省区。	

平车前

Plantago depressa Willd.

形态特征 一年或二年生草本。直根长，具多数侧根，稍肉质，无地上茎；叶基生，呈莲座状、椭圆形、椭圆状披针形或卵状披针形，纸质，长3～12cm，宽1～3.5cm，先端尖，基部下延至叶柄，脉5～7条，两面疏生白色短柔毛，边缘具浅波状齿，叶柄长2～6cm，基部扩大成鞘状；穗状花序，花序梗有纵条纹，疏生白色短柔毛；苞片三角状卵形，内凹；花萼龙骨突宽厚，不延至顶端；花冠白色，无毛，冠筒等长或略长于萼片，裂片极小，花后反折；雄蕊与花柱明显外伸，花药新鲜时白色或绿白色，干后变成淡褐色；胚珠5粒；蒴果卵状椭圆形，于基部上方周裂；种子4～5粒，椭圆形，黄褐色至黑色。花果期6～9月。

食用部位和方法 同大车前。

野外识别要点 本种和大车前较为相似，但前者为直根，叶稍小，叶脉稍多，叶柄稍短；花药由白色或绿白色变为淡褐色；胚珠常5粒，种子椭圆形，无角，黄褐色至黑色。

别名：车前草、车串串、小车前。	科属：车前科车前属。
生境分布：常野生于草甸、草地、河滩、沟边、田间及路旁，海拔可达4500m，广泛分布于中国南北各地。	

萍

Marsilea quadrifolia L.

形态特征 沼生蕨类植物。植株低矮，高不过20cm，根状茎细长横走，有分枝，顶端被淡棕色毛，茎节远离，向上发出一至数枚叶；叶由4片倒三角形的小叶组成，呈"十"字形，草质，外缘半圆形，基部楔形，叶脉自基部向上呈放射状分叉，组成狭长网眼，全缘；叶柄长5～20cm，基部生有单一或分叉的短柄，顶部着生孢子果；孢子果双生或单生于短柄上，长椭圆形，幼时被毛，褐色，木质，坚硬；每个孢子果内含多数孢子囊，一个大孢子囊内只有一个大孢子，而小孢子囊内有多数小孢子。

叶脉自基部向上呈放射状分叉

叶4片，呈"十"字形

食用部位和方法 嫩茎叶可食，将鲜嫩茎叶洗净后炒食或做汤。

野外识别要点 本种具细长的地下根茎，叶具4枚小叶，倒三角形，组成"十"字形，叶柄长可达20cm，基部有短柄，柄端生孢子果。

地下根茎细长

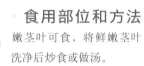

别名：田字草、四叶菜、破铜钱、夜合草。	科属：苹科苹属。
生境分布：常野生于水田或沟塘中，广泛分布于中国长江以南各省区，北达辽宁，西达新疆。	

萍蓬草

Nuphar pumilum

- **形态特征** 多年生水生草本。根状茎块状，肥厚，横卧；叶浮于水面，圆形至卵形，纸质或近革质，长6～17cm，宽6～12cm，先端圆钝，基部开裂成深心形，叶面无毛、亮绿色，叶背紫红色、密生柔毛；沉水叶薄而柔软，无毛；叶柄长20～50cm，有柔毛；花单生并伸出水面，花梗长40～50cm，有柔毛；萼片黄色，外面中央绿色，矩圆形或椭圆形；花黄色，花瓣窄楔形，先端微凹；柱头盘常10浅裂，淡黄色或带红色；浆果卵形，种子矩圆形，褐色。花果期6～9月。

- **食用部位和方法** 根状茎可以食用，洗净后炖食或炒食。

- **野外识别要点** 本种与睡莲较为相似，但花小、黄色，花瓣5枚，具瓣柄，易识别。

花瓣窄楔形，黄色

叶背紫红色

萼片黄色

浆果卵形

基部开裂成深心形

根状茎块状，横卧

别名：黄金莲、萍蓬莲。	科属：睡莲科萍蓬草属。
生境分布：常野生于湖沼、河流等浅水中，主要分布于中国新疆、黑龙江、吉林、四川、江苏、浙江、江西、福建及广东等地。	

婆婆纳

蒴果　花

Veronica didyma Tenore

- **形态特征** 一年生草本。植株低矮，高不过25cm，全株被柔毛，茎自基部分枝，下部铺散于地；叶在茎下部对生，上部互生，心形至卵形，基部圆形，两面被白色长柔毛，边缘有圆齿，具短柄；花单生于叶腋，花梗与苞片近等长，苞片叶状，花萼4裂，裂片卵形；花冠淡红紫色、蓝色、粉色或白色，基部结合；雄蕊2枚，蒴果近于肾形，密被腺毛；种子长圆形或卵形，背面具横纹。花果期3～10月。

- **食用部位和方法** 嫩叶可食，初春采摘，洗净，用热水焯熟，再换清水漂洗干净，凉拌食用。

- **野外识别要点** 本种全株具柔毛，叶缘有圆齿；花单生于叶腋，花淡红紫色，花萼4裂；果先端微凹，有细柔毛。

花单生叶腋，淡红紫色

叶心形至卵形，边缘有圆齿

叶两面被白色长柔毛

根茎细长，多分枝

别名：狗卵草、卵子草、将军草、双珠草、双铜锤、双肾草、菜肾子。	科属：玄参科婆婆纳属。
生境分布：常野生于荒地、林缘、路旁、墙根或田地，海拔在2200m以下，分布于中国华东、华中、西南及西北地区。	

匍枝委陵菜

Potentilla flagellaris Willd. ex Schlecht

形态特征 多年生草本。根细长、簇生，匍匐茎长可达60cm，密被柔毛；基生叶为掌状复叶，小叶3～5枚，卵状披针形或长椭圆形，长约3cm，宽约1cm，先端尖，基部楔形，两面疏生柔毛，后渐脱落或仅叶背沿脉微被柔毛，边缘具3～6缺刻状大尖锯齿；复叶具长叶柄，小叶无柄；匍匐枝上叶与基生叶相似；基生叶托叶膜质，褐色，外被稀疏长硬毛，匍匐枝托叶草质，绿色，常深裂；单花与叶对生，花梗短而被毛，花黄色，萼片5裂，卵状长圆形，外被柔毛；花瓣5枚，顶端微凹；花柱基部细，柱头稍扩大；瘦果长圆状卵形，表面呈泡状突起，成熟时棕褐色。花期5～7月，果期7～9月。

茎匍匐生长

基生叶为掌状复叶

食用部位和方法 幼苗可食，春季采收，洗净，入沸水焯一下，再用凉水浸泡片刻，炒食。

野外识别要点 本种匍匐生长，掌状复叶，小叶3～5枚；单花与叶对生，黄色，有副萼。

别名：鸡儿头苗、蔓萎陵菜。	科属：蔷薇科委陵菜属。
生境分布：常野生于林缘、草甸或路旁，分布于中国东北及河北、山东、山西、甘肃等地。	

祁州漏芦

花序

Stemmacantha uniflora (L.) Ditrich

在同属植物中，祁州漏芦的头状花序比其他野生种的都大，直径可达5cm，十分显眼，因而还有个怪名叫大脑袋花。

形态特征 多年生草本。株高20～80cm，地下根圆柱形，粗壮，黑褐色；茎直立，被白色绵毛或短柔毛，基部有残留叶柄；基生叶与茎下部叶长椭圆形，长达30cm，羽状深裂至全裂，裂片长圆形，两面密生柔毛，边缘具齿；叶柄长，有厚绵毛；茎上部叶渐小，叶柄短或无；头状花序单生茎顶，总苞宽钟状，苞片多层，上部干膜质，管状花淡紫红色，5裂，裂片狭长；瘦果矩圆形，具4棱，棕褐色，冠毛羽毛状，淡褐色。花果期5～8月。

叶羽状深裂至全裂

根粗壮，黑褐色

食用部位和方法 根可食，秋季采挖，洗净，去须根等杂质，可煮食或炖食、熬粥。

野外识别要点 在野外采摘时注意：祁州漏芦的基生叶羽状深裂至全裂，头状花序的外层苞片干膜质，枯黄色，顶端外翻，识别起来很容易。

干燥地下根

别名：漏芦、和尚头、大花口袋、大脑袋花。	科属：菊科祁州漏芦属。
生境分布：生长于山坡、林下、丘陵等地，海拔300～500m，分布于中国华北、东北、西北等地。	

蒲公英

Taraxacum mongolicum Hand.-Mazz.

舌状花，黄色

蒲公英的英文名字来自法语 dent-de-lion，意思是狮子牙齿，是因为蒲公英叶子的形状像一嘴尖牙。蒲公英成熟之后，花变成一朵圆的蒲公英伞，被风吹过会分为带着一粒种子的小白伞。各国儿童都以吹散蒲公英伞为乐。

* **形态特征** 多年生草本。高10～25cm，全株含白色乳汁，被白色疏软毛；叶基生，排列成莲座状；具叶柄；叶片线状披针形、倒披针形或倒卵形，长6～15cm，宽2～3.5cm，边缘浅裂或作不规则倒向羽状分裂；花茎由叶丛中抽出，每株数根；头状花序顶生，全为舌状花，黄色；瘦果倒披针形，具纵棱，并有横纹相连，果上全部有刺状突起，果顶具长8～10mm的喙；冠毛白色，长约7mm。花期4～5月，果期6～7月。

* **食用部位和方法** 蒲公英可以当作野菜食用。先将洗净的蒲公英用沸水焯1分钟，沥出，用冷水冲一下，再拌入盐、香油、醋、蒜泥、麻酱等佐料，就是一道可口的小菜了。此菜具有清热解毒、消肿散结、利尿通淋的功效。

* **野外识别要点** 本种有白色乳汁，叶全为基生，倒向羽状分裂；花茎中空。

叶基生，排列成莲座状

植株低矮，全株含白色乳汁

边缘不规则倒向羽裂

种子具白色冠毛

别名：蒲公草、婆婆丁、蒲公罂、姑姑英、满地金、黄花地丁、蒲公丁、黄花草。	科属：菊科蒲公英属。
生境分布：生于山坡草地、路旁、河岸沙地及田间，分布于中国各地。	

千屈菜

Lythrum salicaria L.

大型穗状花序

叶对生或3片轮生，似柳叶

出萼筒外；子房2室；蒴果椭圆形，成熟时2裂，裂瓣上部又2裂；种子细小、无翅。花期7～9月。

形态特征

多年生草本。株高可达1m，根茎粗壮、横走、茎直立、多分枝，枝条4～6棱，幼时被白色柔毛；叶对生或3叶轮生，披针形，先端钝或短尖，基部略抱茎，叶面明显，全缘，无柄；花密集、轮生，组成大型穗状花序，苞片阔披针形至三角状卵形，6裂，有纵棱12条，稍被粗毛，萼齿间有尾状附属物；花瓣6枚，红紫色或淡紫色，长椭圆形，生于萼筒上部，有短爪，稍皱缩；雄蕊12枚，6长6短，伸

食用部位和方法

嫩叶可食，春季采摘，洗净，焯熟，再用清水漂洗去除苦味，加入油、盐调拌食用。

野外识别要点

叶对生或3片轮生，似柳叶；花深红色，萼筒顶端6裂，齿间具尾状附属物，花瓣6枚，生于萼筒上部。

根茎粗壮，横走

别名：水枝柳、水柳、对叶莲、败毒草。	科属：千屈菜科千屈菜属。
生境分布：常生长在沼泽、河滩、湖畔、溪边或阴湿的草地，广泛分布于中国南北各地。	

芡

Euryale ferox Salisb.

种子

萼片内面紫色，外面绿色

形，似鸡头，污紫红色，外面密生硬刺；种子球形，黑色，种仁白色。花果期7～9月。

形态特征

一年生水生草本。地下茎短球形，沉水叶箭形或椭圆肾形，长达10cm，与叶柄均无毛、无刺；浮水叶椭圆肾形至圆形，草质，直径10～130cm，盾状着生，叶面多皱褶，叶背带紫色，全缘，叶柄长可达25cm，叶脉、叶柄及花梗均有锐刺；花单生，露出水面，萼片4裂，披针形，内面紫色，外面绿色，且密生稍弯硬刺；花瓣多数，呈数轮排列，矩圆披针形，紫红色；雄蕊多数，花药紫色；子房下位，8室；柱头扁平，圆盘状；浆果球

食用部位和方法

种子可食，在8～9月间割取果实，捞出，砸出种子，去掉种子外面的薄膜或捣烂果皮取种，洗净，晒干，炒食、煮食或磨粉蒸食。

野外识别要点

本种浮水叶大型，盾状着生，叶面多皱褶，叶背带紫色，叶脉、叶柄及花梗均有锐刺，易识别。

花单生，露出水面

浆果球形，似鸡头

别名：芡实、鸡头米、刺莲藕、假莲藕。	科属：睡莲科芡属。
生境分布：常野生于池塘、湖泊或沼泽中，分布于中国南北各省。	

茜草
Rubia cordifolia L.

花冠绿白色或白色

形态特征
多年生攀缘草本。茎四棱形，沿棱有倒刺；叶常4片轮生，其中一对较大、具长柄，卵形或卵状披针形，叶缘和背脉有小倒刺；聚伞花序顶生或腋生，花小，萼齿不明显，花冠绿白色或白色，5裂，有缘毛；果肉质，形小，成熟时红色或变为紫黑色。花果期8～10月。

根茎细长，多分枝

食用部位和方法
嫩叶及种子可食，春季采摘嫩叶，洗净，入沸水焯熟后，再用凉水浸泡成黄色，凉拌、炒食或做馅。

果熟时红色或紫黑色

野外识别要点
本种茎棱、叶缘和叶背有倒刺，叶常4片轮生，花绿色或白色，果熟时红色，易识别。

叶常4片轮生，叶缘和背脉有刺

别名：土茜苗、四轮草、拉拉蔓、金草、过山龙、地血、风车草、小活血。	科属：茜草科茜草属。
生境分布：生长在山坡岩石旁或沟边草丛，主要分布于中国陕西、河南、河北、安徽及山东等地。	

荞麦
花　瘦果
Fagopyrum esculentum Moench.

形态特征
一年生草本。株高30～110cm，茎直立，上部分枝，红色，具纵棱，无毛或于一侧沿纵棱具乳头状突起；叶三角形或三角状箭形，有的近五角形，长2.5～5cm，宽2～4cm，先端渐尖，基部心形，两面沿叶脉具乳头状突起，全缘；下部叶具长叶柄，上部较小，近无梗；托叶鞘膜质，短筒状，易破裂脱落；总状或伞房状花序，顶生或腋生，花序梗一侧具小突起；苞片卵形，每苞内具3～5花；花梗比苞片长，花白色或淡红色，花被5深裂，裂片卵形或椭圆形；雄蕊8枚，花柱3裂，柱头头状，子房具3棱；瘦果卵形，具3锐棱，顶端渐尖，暗褐色。花期5～9月，果期6～10月。

花枝图

食用部位和方法
种子可食，富含淀粉及其他营养物质，采收种子，可用来做米饭、熬粥，也可磨成粉面制作面包、糕点、烙饼、面条等，经常食用具有健脾益气、开胃宽肠、消食化滞、除湿下气的功效。

野外识别要点
本种与苦荞麦很像，但茎红色；叶三角形或三角状箭形，有的近五角形；花序梗一侧具小突起，花梗比苞片长，无关节，易区别。

茎枝图

别名：甜荞、乌麦、花荞、荞麦、荞子、净肠草、三角麦。	科属：蓼科荞麦属。
生境分布：一般生于荒野或路旁，主要分布于中国西北、东北、华北及西南一带。	

青杞
果实　花

Solanum septemlobum Bunge

· 形态特征
直立草本或半灌木。茎直立，具棱角，与叶柄同被白色具节弯卷的短柔毛或近无毛；叶互生、卵形，长3～7cm，宽2～5cm，先端钝，基部楔形，边缘通常7裂、5～6裂或上部的近全缘，裂片卵状长圆形至披针形，全缘或具尖齿，两面均被短柔毛，中脉、侧脉及边缘尤密；叶柄短；二歧聚伞花序顶生或腋外生，具微柔毛或近无毛，花梗纤细，基部具关节；萼小、杯状，外面被疏柔毛，5裂，萼齿三角形；花冠青紫色，冠筒隐于萼内，冠檐深5裂、裂片开放时常向外反折；花药黄色，子房卵形，花柱丝状，柱头绿色；浆果近球状，熟时红色，种子扁圆形。花期夏秋间，果期秋末冬初。

· 食用部位和方法
果可食，秋末成熟时采摘，洗净，可直接食用，也可熬粥、煮食或炖食。

· 野外识别要点
本种茎、叶柄常被白色具节弯卷的短柔毛；叶互生、边缘常7裂、5～6裂或上部的近全缘；二歧聚伞花序，花青紫色；果成熟时红色。

别名：蜀羊泉、野枸杞、野茄子、枸杞子。	科属：茄科茄属。
生境分布：一般生长于山坡向阳处，海拔可达2500m，分布于中国西北、东北、华北及四川等地。	

青葙
种子

Celosia argentea L.

花序长
3～10cm

· 形态特征
一年生草本。株高30～90cm，全体无毛，茎直立，通常上部分枝，绿色或红紫色，具条纹；叶互生，披针形或长圆状披针形，纸质，先端尖，基部渐狭且稍下延，全缘；叶柄短或近于无；穗状花序单生于茎顶或分枝顶，花密生，初为淡红色，后变为银白色；苞片、小苞片和花被片干膜质，白色光亮；花被5片，披针形；雄蕊5枚，下部合生成杯状，花药紫色；胞果卵状椭圆形，盖裂，上部作帽状脱落，顶端有宿存花柱，包在宿存花被片内；种子球形，黑色，具光泽。花果期5～10月。

· 食用部位和方法
嫩茎叶可食，由于繁殖简单，生长较快，几乎全年均可采摘，洗净，入沸水焯一下，再用清水浸泡去除苦味，炒食或做汤。另外，种子可代替芝麻做糕点。

茎绿色或红紫色，具条纹

· 野外识别要点
本种披针形叶互生，穗状花序短者呈圆锥状，长者呈圆柱状，花密集，淡红色渐变为银白色，苞片、小苞片和花被片干膜质、白色光亮；胞果盖裂，种子黑色。

别名：野鸡冠花、百日红、狗尾巴、草决明、狗尾草。	科属：苋科青葙属。
生境分布：常野生于山坡、丘陵、平原、田边或路旁，广泛分布于中国南北各地。	

苘麻

Abutilon theophrasti Medic.

● 形态特征
一年生草本。株高1～2m，茎直立，茎枝被柔毛；叶互生，圆心形，长5～10cm，宽7～18cm，先端渐尖，基部心形，两面密生星状柔毛，边缘具细圆锯齿；叶柄被星状细柔毛；托叶早落；花单生叶腋，花梗被柔毛，花萼杯状，密被短绒毛，下部呈管状，上部5裂；花黄色，花瓣5枚，倒卵形，瓣上具明显脉纹；蒴果半球形，分果片15～20，被粗毛，顶端具长芒2；种子肾形，褐色，被星状柔毛。花期7～8月。

● 食用部位和方法
种子可食，秋季采收，可直接生食，也可浸泡去除苦味，晒干后磨粉蒸食，还可榨油食用。

● 野外识别要点
本种茎枝、叶、叶柄、花梗、花及果实被柔毛或粗毛，花黄色，花瓣具明显脉纹；心皮和果片具长芒2。

花单生叶腋，黄色

叶互生，圆心形，密生星状柔毛

种子肾形，褐色

蒴果分果片15～20

别名：椿麻、塘麻、青麻、白麻、桐麻、孔麻、野苎麻、磨盘草。	科属：锦葵科苘麻属。
生境分布：常见于路旁、荒地和田野，除青藏高原外，中国各地均有分布。	

丘角菱

花

Trapa japonica Flerow

● 形态特征
一年生水生草本。根着生水底泥中，细铁丝状，茎圆柱形，柔弱，多分枝。叶二型：沉水叶小，细裂，裂片丝状，早落；浮水叶聚生于主茎和分枝茎顶端，形成菱盘，主茎上的叶较大，分枝上的叶较小，叶片广菱形或卵状菱形，长2～5cm，宽2～6cm，基部广楔形或近截形，叶面亮绿色，无毛，叶背淡绿色，有淡褐色长柔毛，主侧脉尤密，叶缘中上部具浅凹锐齿，中下部全缘。叶柄短，中上部膨大成海绵质气囊，被淡褐色短毛。小花单生叶腋，花梗长约3cm，疏被淡褐色软毛，果期向下；萼4深裂，裂片披针形，仅一对萼裂沿脊被短毛；花瓣4枚，长匙形，白色或微红；雄蕊4枚，花丝白色，半透明；子房半下位，2室，每室具1倒生胚珠；花柱钻形，柱头头状；花盘鸡冠状；果三角状，稍扁平，具两个刺状角，果冠小，稍明显。花期5～10月，果期7～11月。

浮水叶呈菱盘

● 食用部位和方法
果实可食，在8～9月采收，洗净，去皮，即可生食或煮食，也可将果实晒干磨粉，蒸食。

果具两个刺状角

● 野外识别要点
本种叶二型：沉水叶细裂成丝状，浮水叶聚生顶端，形成菱盘；叶柄中上部膨大成海绵质气囊；花白色或淡红色。

别名：菱角、野菱、菱角秧子。	科属：菱科菱属。
生境分布：常野生于湖沼或河湾中，分布于中国南北大部分省区。	

秋苦荬菜

Lxeris denticulata (Houtt.) Stebb.

形态特征 多年生草本。有乳汁，具匍匐茎；地上茎直立，高30～80cm；叶互生，长圆状披针形，先端钝圆，具疏缺刻或三角状浅裂，边缘有小尖齿，基部渐狭成柄；茎生叶无柄，基部呈耳廓状抱茎，但最宽处常在中部以上；头状花序顶生，呈伞房或圆锥状排列；总苞钟状；花黄色，全为舌状；瘦果长椭圆形，冠毛白色。花期秋末至翌年初夏（南方）。

食用部位和方法 同苦荬菜。

野外识别要点 有白色乳汁，叶互生，基部抱茎，最宽处常在中部以上；头状花序全为舌状，花黄色。

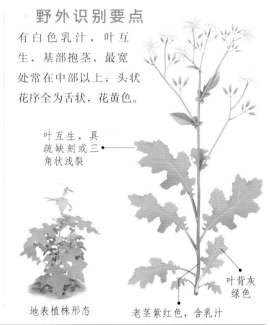

叶互生，具疏缺刻或三角状浅裂

地表植株形态

叶背灰绿色

老茎紫红色，含乳汁

别名：苦荬菜、野苦荬菜、牛舌菜、稀须菜、盘儿草、山林水火草。	科属：菊科苦荬菜属。
生境分布：生于土壤湿润的路旁、沟边、山麓、灌丛、林缘的森林草甸和草甸群落中，分布于中国大部分地区。	

球果蔊菜

Rorippa globosa (Turcz.) Hayek

形态特征 一年生草本。株高可达1m，全株无毛，茎直立，多分枝，基部木质化；叶长圆形或倒卵状披针形，下部叶常大头羽裂，上部叶常不裂，长达10cm，宽达3cm，先端尖或钝，基部渐狭或抱茎，两侧具短叶耳，两面无毛，边缘具不整齐齿裂；总状花序顶生，花梗极短，花淡黄色，花瓣稍短于萼片，基部具短爪；短角果球形，顶端有短喙，无毛，成熟时2瓣裂；种子多数，卵形，棕褐色，有沟纹。花期5～6月，果期7～8月。

食用部位和方法 食用法同蔊菜。

野外识别要点 本种全株无毛，茎多分枝；下部叶裂，上部叶不裂；总状花序，花黄色，花瓣具短爪；角果球形。

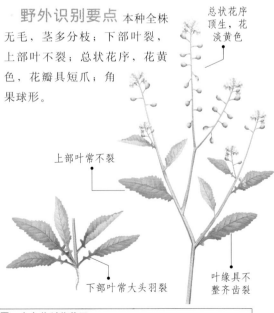

总状花序顶生，花淡黄色

上部叶常不裂

下部叶常大头羽裂

叶缘具不整齐齿裂

别名：风花菜、圆果蔊菜、大荠菜、银条菜、水蔓菁。	科属：十字花科蔊菜属。
生境分布：常野生于山野、河岸、草地、田间或路旁等湿润处，主要分布于中国东北、华北、华中及华南地区。	

球果堇菜

Viola collina Bess.

形态特征
多年生草本。植株低矮，根状茎肥厚，有结节，白色或黄褐色，主根粗壮、横走；叶和花梗自根出；叶基生，呈莲座状，卵形或心脏形，两面都有粗腺毛，边缘具浅圆锯齿；叶柄长，有倒生粗短毛和狭翼；托叶膜质，边缘有线状长毛；花梗长49cm，中部有线状小苞片2枚，倒生梳毛；花淡紫色，萼片5裂，基部及边缘稍有毛；花瓣5枚，花距短，长约3mm；雄蕊5枚，下面2枚有蜜腺的附属

（叶先端钝，基部凹入）

（花和叶自根部出）

（根状茎肥厚）

物；蒴果近球形，长约8mm，有毛。花果期5～8月。

食用部位和方法
嫩叶可食，春季采摘，洗净，入沸水焯熟后，再用冷水漂洗几遍，调拌食用。

野外识别要点
本种全株有毛，叶与花梗自根出，叶缘有浅圆齿；花梗中部具2枚线状苞片，花淡紫色，花萼、花瓣、雄蕊均为5枚，花距短，长约3mm。

（蒴果熟时紫黑色）

别名：毛果堇菜、匙头菜、山核桃、箭头菜、白毛叶地丁草、地丁子。	科属：堇菜科堇菜属。
生境分布：生于林下、山坡、溪谷等阴湿地带，分布于中国东北、华北、华东及四川北部。	

雀麦

Bromus japonica Thumb.

形态特征
一年生草本。株高40～90cm，秆直立，叶鞘闭合，被柔毛；叶舌小，先端不规则齿裂；叶片长12～30cm，宽4～8mm，两面生柔毛；圆锥花序疏展，长20～30cm，具2～8分枝，分枝细，上部着生1～4枚小穗；小穗黄绿色，密生7～11朵小花，颖近等长，脊粗糙，边缘膜质；第一颖具3～5脉，第二颖具7～9脉；外稃椭圆形，草质，边缘

（叶细长，两面被毛）

（秆直立，叶鞘闭合）

膜质，长8～10mm，具9脉，微粗糙，顶端钝三角形，芒自先端下部伸出，基部稍扁平，成熟后外弯；内稃长7～8mm，两脊疏生细纤毛；小穗轴短棒状，长约2mm；花药长1mm；颖果线状长圆形，压扁，腹面具沟槽。花果期5～7月。

食用部位和方法
种子可食，俗称雀麦，秋季采集，春去外皮，碾成面，掺面蒸食。

野外识别要点
一年生禾草，叶鞘闭合；顶生圆锥花序，小穗呈圆柱形，颖片和外稃背面通常无脊，外稃先端具长芒。

别名：燕麦、野麦、牛星草、野小麦、杜姥草、爵麦。	科属：禾本科雀麦属。
生境分布：常野生于山坡林缘、荒野路旁或河滩湿地，海拔可达2500m，广泛分布于中国南北大部分省区。	

软毛虫实
Corispermum puberulum Iljin

● **形态特征** 一年生草本。株高15～40cm，茎直立，圆柱形，基部多分枝；枝开展，淡绿色，具条纹，疏生柔毛或近光滑；叶条形，先端具小尖头，基部渐狭，基出脉1，无毛或疏生星状毛，全缘，具短柄；穗状花序顶生和侧生，圆柱形或棍棒状，紧密，直立或略弯曲，苞片披针形至卵圆形，1～3脉，具白膜质边缘，掩盖果实；花被片1～3枚，宽椭圆形或近圆形，不等大；雄蕊1～5枚；果实椭圆形或近球形，熟时黄绿色，顶端具缺刻，基部截形或心形，背部凸起，中央扁平，腹面凹入，被毛，果喙明显。花果期7～9月。

● **食用部位和方法** 嫩叶可食，初春采摘，洗净，入沸水焯熟后，再用凉水漂洗几遍，炒食或煮食。

● **野外识别要点** 本种叶条形，先端具小尖头，基出脉1；穗状花序，苞片有1～3脉，具白膜质边缘，掩盖果实，花被片1～3枚，不等大；果实熟时黄绿色，被毛，顶端具缺刻，腹面凹入。

穗状花序直立或弯曲

叶长2.5～4cm，宽3～5mm

别名：绿蓬。	科属：藜科虫实属。
生境分布：中国特产，生于河边沙地或海滨沙滩，主要分布于东北和华北地区。	

三脉紫菀
Aster ageratoides Turcz.

● **形态特征** 多年生草本。株高40～100cm，根状茎粗壮，茎直立，有棱，密生柔毛；基生叶和茎下部叶花期枯萎，宽卵形，急狭成长柄；茎中部叶椭圆形或长圆状披针形，纸质，顶端渐尖，边缘有3～7对锯齿，有离基3出脉，侧脉3～4对，网脉明显，故得名；头状花序排列成伞房状，总苞片3层，覆瓦状排列，长圆形，上部绿色或紫褐色，有短缘毛；舌状花紫色、淡红或近白色，管状花黄色；瘦果椭圆形，成熟时灰褐色，有边肋，冠毛红褐色或污白色。花果期7～12月。

离基3出脉

根状茎粗壮

● **食用部位和方法** 嫩叶可食，春季采摘，洗净，入沸水焯熟后，再用冷水洗净，凉拌食用。

● **野外识别要点** 三脉紫菀和紫菀较为相似，区分时注意：紫菀的花色较深，中央管状花较密，金黄色；三脉紫菀的花色较淡，管状花稀疏，淡黄色。紫菀叶脉细密，叶缘具细齿；三脉紫菀有离基3出脉，叶脉和叶缘齿稀疏。

别名：野白菊花、山白菊、山雪花、三脉叶马兰、鸡儿肠。	科属：菊科紫菀属。
生境分布：多生长在林下、林缘、灌丛及山谷湿地，在中国主要分布于东北、西北、西南等地，国外主要分布于朝鲜和日本。	

137

沙参 ★

花

萼钟状，先端5裂

Adenophora stricta Miq.

形态特征 多年生草本。株高40～80cm，有白色乳汁，根圆锥形或圆柱形，稍弯曲，表面黄白色或淡棕色，下部有纵沟纹或纵纹，上部有深陷横纹；茎不分枝，常被短硬毛或长柔毛；基生叶心形，大而具长柄；茎生叶互生，狭卵形或矩圆状狭卵形，两面疏生短毛或长硬毛，边缘有不整齐的锯齿，无柄；花序狭长，花梗极短，萼钟状，先端5裂，裂片披针

植株含有白色乳汁

形，有毛；花冠紫蓝色，宽钟形，5浅裂，裂片三角形；雄蕊5枚，花丝基部扩大，密被柔毛；子房下位，3室；蒴果球形，种子棕黄色，稍扁，有一条棱。花果期8～10月。

花紫蓝色，宽钟形

食用部位和方法 块根可食，春、秋季采挖，洗净，熬粥、煮食或炖食。

叶面疏生柔毛

野外识别要点 本种基生叶具长叶柄，茎生叶无柄；假总状或狭圆锥状花序，花梗极短，花萼大多被毛，裂片长钻形而全缘，基部最宽。

别名：白参、苦心、羊乳、铃儿草、龙须沙参、羊婆奶、知母。	科属：桔梗科沙参属。
生境分布：生长在山坡草丛、林缘或路边，主要分布于中国华东、中南及四川等地。	

沙芥

Pugionium cornutum (L.) Gaertn.

形态特征 1～2年生草本。株高可达2m，根圆柱形，主根发达，肉质，茎多分枝；叶肉质肥厚，基生叶具长柄，羽状深裂或全裂，裂片3～4对，顶裂片卵形或长圆形，全缘或有1～2齿，或顶端2～3裂，侧裂片长圆形，基部稍抱茎，边缘有2～3齿；茎生叶渐小，羽状全裂；上部叶条状披针形；总状花序常呈圆锥状，萼片长圆形，花瓣黄色或白色，宽匙形，顶端细尖；短角果革质，横卵形，两侧各有1披针形翅，上举成钝角，具突起网纹，有4个或更多角状刺，果梗粗；种子长圆形，黄棕色。花果期6～9月。

果两侧各有1披针形翅

食用部位和方法 沙芥含有蛋白质、脂肪、碳水化合物、多种维生素和矿物质。幼苗及嫩茎叶可食，一般在6～9月采收，当株高15cm左右时，间拔幼苗食用，待株高达30cm时，开始采摘嫩叶，洗净，入沸水焯熟后，再用清水浸泡数小时，炒食或凉拌，也可晒干或腌制酸菜，具有行气、消食、止痛、解毒、清肺的功效。

上部叶条状披针形

野外识别要点 本种多生长在干旱向阳的沙质背风坡，中下部叶羽状深裂或全裂，上部叶条形，全缘；花黄色或白色；短角果具4个或更多角状刺，种子黄棕色。

别名：山萝卜、山羊沙芥、沙白菜、沙芥菜。	科属：十字花科沙芥属。
生境分布：常野生于草滩、沙丘、沙地、田边或渠旁，分布于中国甘肃、宁夏、内蒙古、陕西及东北地区。	

沙蓬

Agriophyllum squarrosum (L.) Moq.

形态特征
一年生草本。株高15～50cm，茎直立，从基部分枝，幼时全株被分枝状毛，后脱落；单叶互生，披针形至条形，先端渐尖，有小刺尖，基部渐狭，全缘，无柄；花序穗状，紧密，苞片宽卵形，先端具短刺尖，后期反折；花被片1～3枚，膜质；花两性，雄蕊2～3枚，柱头2个；胞果圆形或椭圆形，两面扁平或背面稍凸，顶部具喙；种子近圆形，扁平，光滑。花果期8～10月。

食用部位和方法
种子可食，含丰富的淀粉，秋季采收，可煮粥食用或磨粉蒸食。

野外识别要点
本种属沙地植物，全株幼时被毛，后脱落；叶互生，先端有小刺尖，无柄；穗状花序，苞片先端具短刺尖，后期反折；花两性，花被片1～3枚，膜质；果顶部具喙。

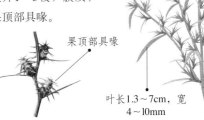

果顶部具喙

叶长1.3～7cm，宽4～10mm

别名： 沙米、东廧子、吉泽日。	**科属：** 藜科沙蓬属。
生境分布： 喜生长于流动沙丘或沙丘的被风地，为中国北部沙漠地区常见的沙生植物。	

山酢浆草

Oxalis griffithii Edgew. et Hook. f.

形态特征
多年生草本。植株低矮，无地上茎，地下根茎横卧，叶全部自根茎的顶端发出；掌状3出复叶，小叶倒三角形，先端微凹，基部宽楔形，叶面无毛，叶背疏生长柔毛，近基部尤密，边缘具贴伏缘毛，无柄；花单生，萼片5枚，卵形，膜质；花瓣5枚，白色或淡黄色，倒卵形；雄蕊10枚；花丝基部合生；花柱5裂，分离；蒴果长圆形，成熟时胞背开裂。花果期5～8月。

食用部位和方法
嫩茎叶可食，春季采摘，洗净生食，或入沸水焯一下，再用清水浸泡约2小时，炒食或做汤。

野外识别要点
无地上茎，叶基生，全部自根茎顶端发出，小叶倒三角形，无柄；花单生，白色或淡黄色，萼片、花瓣各5枚。

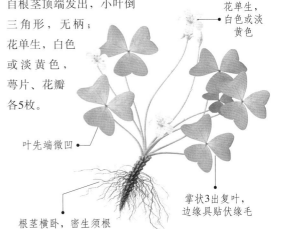

花单生，白色或淡黄色

叶先端微凹

根茎横卧，密生须根

掌状3出复叶，边缘具贴伏缘毛

别名： 三块瓦、小山锄板。	**科属：** 酢浆草科酢浆草属。
生境分布： 常生长在林下、草地或沟谷等阴湿处，分布于中国甘肃、陕西、四川、云南、湖北、江西和台湾等地。	

山丹

Lilium pumilum DC

花瓣无斑点

蒴果矩圆形

花被片鲜红色，反卷

可食的鳞茎

花药红色

叶狭条形，密生于茎中部以上

茎有小乳头状突起

- **形态特征** 多年生草本。株高30～60cm，鳞茎球形，白色，地上茎直立，带紫色条纹，有小乳头状突起；叶互生，狭条形，略弯曲，密集生于茎中部以上；花单生或数朵顶生成疏松的总状花序，花自然下垂，花被6片，反卷，鲜红色，通常无斑点，有香气；雄蕊6枚，花药红色；子房圆柱形；蒴果矩圆形。花期7～8月，果期9～10月。

- **食用部位和方法** 鳞茎可食，富含淀粉，炒食或晒干后煮汤，可滋补强壮，止咳祛痰。

- **野外识别要点** 本种叶狭窄，略弯，集中生长在茎中上部；花自然下垂，红色，花被片反卷。

别名：细叶百合、山丹丹花。	科属：百合科百合属。
生境分布：常生长在山地阴坡、疏林、沟谷，有时在悬崖峭壁上，海拔可达2600m，分布于中国西北、东北、华北及华东地区。	

山荷叶

花白色或微带紫色

Astilboides tabularis (Hemsl.) Engler

- **形态特征** 多年生草本。株高可达1.2m，根状茎粗大，横走，茎直立，不分枝，下部疏生短硬毛；基生叶1片，大型，近圆形或卵圆形，直径通常为40cm，两面有短硬毛，边缘具缺刻或不整齐掌状浅裂，裂片约9个，宽卵形，常再浅裂，边缘有小牙齿，叶柄盾状着生，长30～60cm；茎生叶似基生叶，但较小，基部截形或阔楔形，上部3～5掌状浅裂；叶柄稍短，长4～15cm，密生刺毛；圆锥花序顶生，长可达25cm，花密集，白色或微带紫色；花萼钟形，4～5裂，裂片卵形；花瓣4～5枚，倒卵状矩圆形；雄蕊8枚；雌蕊2枚；心皮合生；蒴果，种子多数，具翅。花期6～8月，果期8～9月。

- **食用部位和方法** 嫩叶、芽及根状茎可食，4～5月采嫩叶和芽，洗净，生吃清凉解渴，酸酸甜甜，也可炒食；8～10月采挖根茎，蒸食。

- **野外识别要点** 本种全株通常只有2片叶，即1片基生叶和1片茎生叶，形似，常再浅裂；花白色，钟形。

叶

地表植株形态

圆锥花序，花密集

别名：大脖梗子、阿儿七、大叶子、窝儿七、佛爷散。	科属：虎耳草科大叶子属。
生境分布：常野生于山地林下或沟谷草地，主要分布于中国东北地区。	

山尖子

Parasenecio hastatus (L.) H. Koyama

花下垂，淡黄色

形态特征 多年生草本。株高40～150cm，有根状茎，地上茎直立、粗壮，具细棱，通常上部分枝；茎下部叶花期枯萎；茎中部叶三角状戟形，长达18cm，宽达19cm，先端渐尖，基部截形或近心形，边缘具不整齐的尖齿，叶面绿色而疏被短毛，叶背淡绿色而密被柔毛，叶柄较短；头状花序多数在茎顶排列成狭金字塔形，下垂，总苞筒状，管状花两性，淡黄色；瘦果黄褐色，冠毛白色。花期6～7月，果期7～8月。

叶三角状戟形，有3个狭尖

食用部位和方法 嫩苗、嫩叶和嫩芽可作青菜，4～5月采收，洗净，加盐凉拌、炒食、煮粥或蒸食。

野外识别要点 本种叶片较大，三角状戟形，有3个狭尖。

茎下部叶花期枯萎

主根粗长，多分枝

别名：戟叶兔儿伞、山尖菜、三角菜、猪耳朵、山波菜。	科属：菊科蟹甲草属。
生境分布：生长在山地、林缘、草甸，也常见于林下、灌丛、河滩等处，分布于中国东北、华北。	

山韭

Allium senescens L.

形态特征 多年生草本。根状茎粗壮、横生，鳞茎卵状圆柱形，单生或数枚聚生，外皮灰黑色至黑色，不破裂；叶基生，狭条形至宽条形，肥厚，基部近半圆柱状，上部扁平，有时略呈镰刀状弯曲，先端钝圆，叶缘和纵脉有时具极细的糙齿；花葶圆柱状，常具2纵棱，长短不一，下部被叶鞘，总苞2裂，宿存；伞形花序半球状，花密集，小花梗近等长，基部具小苞片，花紫红色至淡紫色，花被6片，卵形；蒴果近球形。花果期7～9月。

食用部位和方法 嫩茎叶可食，春季采摘，洗净，入沸水焯熟后，凉拌、炒食或做馅，也可腌制酱菜。

野外识别要点 本种花葶常具2纵棱，花紫红色或淡紫色，小花梗基部有小苞片，此为野外识别点。

叶基生，狭条形至宽条形

花密集，呈球形，紫红色至淡紫色

鳞茎卵状圆柱形，灰黑色至黑色

鳞茎下端生须根

根状茎横生

别名：岩葱、野韭、山葱。	科属：百合科葱属。
生境分布：常野生于丘陵、山坡、草甸或草丛中，分布于中国东北、华北及新疆、甘肃、河南等地。	

山莴苣

Lactuca indica L.

— 舌状花顶端5裂

— 花日中开放，傍晚闭合

● 形态特征 1～2年生草本。株高80～150cm，茎直立，单一或上部多分枝，有纵条纹，近无毛；叶互生，长椭圆状披针形至线形，长10～30cm，宽1.5～5cm，先端钝，基部扩大成戟形半抱茎至羽状全裂或深裂，叶缘具疏大齿及缺刻状齿，叶面绿色，叶背白绿色，叶缘略带暗紫色，无柄；上部叶渐小，线形；头状花序顶生，排列成圆锥状，总苞下部膨大，苞片覆瓦状排列；舌状花淡黄色或白色，日中开放，傍晚闭合；瘦果卵形，稍扁，黑色，每面有一条突起的纵肋，喙端有白色冠毛一层。花期8～9月，果期9～10月。

● 食用部位和方法 嫩苗和嫩叶可食，在春夏季采摘，洗净，入沸水焯熟后，再用冷水浸泡至苦味去除，凉拌或做汤食用。

舌状花淡黄色或白色

● 野外识别要点 本种具白色乳汁，叶基部扩大成戟形抱茎至羽状全裂或深裂，叶缘具粗大牙齿；舌状花淡黄色或白色；瘦果黑色。

瘦果卵形，喙端有白色冠毛

株高可达1.5m

根茎密生须根

叶基部扩大成戟形半抱茎至羽状全裂或深裂

茎直立，有纵条纹

别名： 鸭子食、野生菜、土莴苣、苦芥菜、野莴苣、苦马菜、野大烟。 **科属：** 菊科山莴苣属。

生境分布： 常野生于山谷、河滩、草丛、田间、路旁、河岸边等，除西北地区外，中国南北各省几乎都有分布。

山芹

Ostericum sieboldii (Miq.) Nakai

叶1~2回三出羽状全裂

· 形态特征
多年生草本。株高0.5~1.5m，主根粗短，有2~3分枝，黄褐色至棕褐色；茎中空，具沟纹，基部有时被短柔毛；叶片宽三角形，1~2回三出羽状全裂，裂片菱状卵形至卵状披针形，叶面深绿色，叶背灰白色，边缘有不整齐的粗长锯齿，齿端常有锐尖头；叶柄长5~20cm，基部膨大成扁而抱茎的叶鞘；最上部的叶常简化成叶鞘；复伞形花序，伞辐5~14个，花白色；果长圆形，熟时金黄色，基部凹入，背棱细狭，侧棱宽翅状。花果期8~10月。

· 食用部位和方法
嫩苗可食，含蛋白质、脂肪、碳水化合物、粗纤维、胡萝卜素、维生素等，春季采摘，洗净，入沸水焯熟后，再用清水洗净，凉拌、炒食或做汤。

· 野外识别要点
有明显的芹菜味，叶1~2回三出羽裂全裂，小叶具不整齐的锯齿或牙齿。

菜谱——山芹鸭丝

食材：山芹嫩叶200g，烤鸭肉200g，辣椒2个，油、烤鸭汁、料酒、酱油、胡椒粉各适量。

做法：1.山芹嫩叶洗净，切小段；辣椒剖开、去籽、切丝；烤鸭肉切丝；2.将油放入锅中，烧热，先炒芹菜和辣椒，再放入鸭丝同炒；3.倒入烤鸭汁，快熟时放入料酒、酱油、胡椒粉，即可出锅食用。

别名：山芹独活、小芹当归、山芹菜、山芹当归。	科属：伞形科山芹属。
生境分布：生长于海拔较高的山坡、草地、山谷、林缘和林下，分布于中国东北、华北及山东、江苏、安徽、浙江、江西、福建等省区。	

珊瑚菜

Glehnia littoralis F. Schmidt ex Miq.

果实密被柔毛

· 形态特征
多年生草本。株高20~70cm，全株被白色柔毛，主根粗壮，肉质，表皮黄白色，茎下部埋于沙中，露出地面部分较短，单一或稍分枝，密被淡灰褐色柔毛；叶数枚基生，常平铺地上，叶片圆卵形至长圆状卵形，厚质，三出或二回三出羽状分裂，末回裂片倒卵形至椭圆形，叶脉上微被硬毛，齿边缘白色，软骨质，叶柄长5~15cm，与叶片近等长，有细微硬毛；茎生叶与基生叶相似，稍小，叶柄短，柄基逐渐膨大成鞘状；上部茎生叶退化成鞘状；复伞形花序顶生，密生长柔毛，花序梗常分枝，无总苞片或具1枚，小总苞数片，线状披针形，边缘及背部密被柔毛；花白色；萼齿5裂，卵状披针形；花瓣5枚，白色或带堇色；果实近圆球形，密被柔毛，果棱翼状。花果期6~8月。

· 食用部位和方法
幼苗及嫩茎叶可食，在4~6月采收，洗净、焯熟、炒食或做汤。

· 野外识别要点
本种生长在海边湿地，全株有白色或灰褐色毛，基生叶具长柄，近平铺地面，叶三出或二回三出羽状分裂；花白色或金色；果有木质化翼。

主根粗壮，黄白色

别名：辽沙参、莱阳参、海沙参。	科属：伞形科珊瑚菜属。
生境分布：常野生于海岸及沙滩，主要分布于中国辽宁及东部沿海城市。	

商陆

Phytolacca acinosa Roxb.

花被5片，白色、黄绿色，花后常反折

- **形态特征** 多年生草本。株高0.5～1.5m，全株无毛，根倒圆锥形，肥大、肉质，外皮淡黄色或灰褐色；茎直立，有纵沟，绿色或红紫色，多分枝；叶椭圆形、长椭圆形或披针状椭圆形，长可达30cm，宽达15cm，薄纸质，两面散生细小白色斑点，背面中脉突起，全缘，具短叶柄，上面有槽，下面半圆形；总状花序顶生或与叶对生，圆柱状，直立，密生多花，花序梗短，基部的苞片线形；小花梗细，花两性，花被5片，椭圆形或长圆形，白色、黄绿色，花后常反折；雄蕊8～10枚，花丝白色，花药粉红色；心皮通常为8个，花柱顶端下弯；果序直立，浆果扁球形，熟时黑色；种子肾形，黑色，具3棱。花期5～8月，果期6～10月。

浆果扁球形，熟时黑色

总状花序顶生或与叶对生

叶面散生白色斑点

- **食用部位和方法** 嫩茎叶可食，一般在春季采摘，洗净，入沸水焯一下，再用清水漂洗，去除苦涩味，炒食、做汤或掺面蒸食。注意，商陆的根有毒，入药，不可食用。

- **野外识别要点** 本种倒圆锥形根淡黄色或灰褐色，叶面散生细小白色斑点，中脉在叶背突起；总状花序，小花白色、黄绿色；浆果扁球形，黑色。垂序商陆的嫩茎叶亦可食，方法同上，区别在于本种心皮10个，合生，果序下垂。

茎有纵沟，绿色或红紫色

根倒圆锥形，淡黄色或灰褐色

别名：章柳、牛大黄、山萝卜、见肿消、王母牛。	科属：商陆科商陆属。
生境分布：常野生于山谷、林下、路旁、山沟等湿润处，海拔可达3500m，除东北和内蒙古、青海、新疆外，中国大部分地区均有分布。	

少花龙葵

Solanum photeinocarpum Nakamura et Odashima

形态特征 一年生草本。植株纤细，高约1m，茎直立或斜生，通常无毛；叶卵形至卵状长圆形，薄草质，先端尖，基部楔形下延至叶柄而成翅，两面无毛或疏生短柔毛，全缘、波状或有不规则粗齿；叶柄短，疏生柔毛；伞形花序腋外生，着花1~6朵，花小，萼绿色，5裂达中部，具缘毛；花冠白色，筒部隐于萼内，冠檐5裂；花丝极短，花药黄色，花柱中部以下具白色绒毛；浆果球状，熟后黑色；种子近卵形，淡黄褐色，具网纹。花果期6~11月。

食用部位和方法 嫩茎叶和成熟果实可食，春季采摘嫩叶，洗净，入沸水焯一下，凉拌、炒食或做馅；果实秋季采摘，可直接生食。

野外识别要点 本种幼株和成株变化大，多分枝，茎有时斜生，通常无毛；叶质地薄，叶缘变化大；伞形花序，具花1~6朵，花白色，花冠5裂；果黑色，种子淡黄褐色。

别名： 白花菜、古钮菜、扣子草、衣扣草、痣草、耳坠子。　**科属：** 茄科龙葵属。

生境分布： 常野生于山野、荒地、溪边、田间及路旁，主要分布于中国南方各省。

蛇床

种子　花

Cnidium monnieri (L.) Cuss.

复伞形花序

有翅。花期4~7月，果期6~10月。

叶2~3回羽状细裂

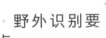

形态特征 一年生草本。株高30~80cm，根圆锥状，茎直立、中空，多分枝，具纵沟纹和细柔毛；叶互生，2~3回羽状细裂，末回裂片线状披针形，先端尖锐，边缘及脉上粗糙；基生叶和茎下部叶具长柄，柄基部扩大成鞘状，茎中上部叶柄全部鞘状；复伞形花序顶生或腋生，总苞片6~10个，线形至线状披针形，边缘膜质，具细睫毛；伞辐8~20个，小总苞片多数，线形，小伞形花序具花15~20朵，萼齿无，花白色，先端具内折小舌片；双悬果为宽椭圆形，果棱

食用部位和方法 嫩叶可食，春季采摘，洗净，入沸水焯熟后，再用凉水浸洗几遍，加入油盐调拌食用。

野外识别要点 本种茎中空，具纵沟纹和细柔毛；叶2~3回羽状细裂，末回裂片线状披针形；伞形花序顶生或腋生，花白色；双悬果具等大的棱翅。

根圆锥状

别名： 蛇床子、野茴香、野胡萝卜、蛇米、蛇栗。　**科属：** 伞形科蛇床属。

生境分布： 生于田边、草地、路旁、田间及河边等潮湿地，分布于中国南北各地，主产于河北、浙江、江苏及四川。

蛇莓

花瓣5枚，黄色

Duchesnea indica (Andr.) Focke

· 形态特征 多年生草本。植株低矮，全株被白色柔毛，地下根茎短而粗，地上茎细长，匍匐状生长，节节生根；叶为三出复叶，互生，小叶倒卵形至菱状长圆形，长2～5cm，宽1～3cm，先端钝，基部渐狭或下延至柄，两面疏生柔毛，边缘有钝

瘦果卵形，暗红色

三出复叶互生

全株被白色柔毛

锯齿；具小叶柄，有柔毛；托叶较小，窄卵形至宽披针形；花单生于叶腋，花梗较长，萼片5，卵形，外面有散生柔毛，副萼片5，倒卵形，比萼片稍大，先端3～5裂；花瓣5枚，黄色，倒卵形；雄蕊多数，着生于扁平花托上，聚合果成熟时花托膨大成半圆形，海绵质，鲜红色，有光泽，外面有长柔毛；瘦果卵形，小，暗红色。花果期4～10月。

· 食用部位和方法 果实可食，肉多汁甜，口感柔嫩，夏季采收，洗净后直接食用。

· 野外识别要点 本种全株有柔毛，匍匐茎细长，节节生根，三出复叶；花黄色，单生于叶腋，副萼片比萼片稍大，先端3～5裂，花托果期膨大成半球形，海绵质，鲜红色。

别名：蛇泡草、鸡冠果、龙吐珠、三爪龙、三脚虎、宝珠草。	科属：蔷薇科蛇莓属。
生境分布：常生长在山坡、沟边、田边、路旁或杂草间，广泛分布于中国南北各地。	

鼠麹草

Gnaphalium affine D. Don

· 形态特征 一年生草本。株高10～40cm，茎有沟纹，被白色厚绵毛，节间长1～5cm，上部不分枝；叶匙状倒披针形或倒状匙形，顶端圆，具刺尖头，基部渐狭，两面被白色绵毛，叶脉1条，全缘；头状花序在枝顶密集成伞房花序，总苞钟形，苞片2～3层，金黄色或柠檬黄色，基部被绵毛；花黄色至淡黄色，雌花多，花冠细管状，顶端3齿裂；两性花少，管状，檐部5浅裂；瘦果倒卵形或倒卵状圆柱形，有乳头状突起，冠毛污白色，易脱落，基部连合成两束。花期1～4月，8～11月。

· 食用部位和方法 嫩苗、嫩茎叶可食，初春采摘，洗净，入沸水焯熟后，再用清水浸泡，去除苦涩味，凉拌、炒食、做汤或掺面蒸食均可。

花黄色至淡黄色

· 野外识别要点 本种基部常有匍匐或斜上分枝，茎、叶被白色绵毛，叶匙形或匙状倒披针形，脉1条，花黄色至淡黄色，冠毛基部连合成两束。

叶长5～7cm，宽1～2cm

别名：鼠耳草、毛耳朵、田艾、清明菜、棉花菜、棉絮头、寒食菜、粑菜。	科属：菊科鼠麹草属。
生境分布：常野生于山坡草地、田边及路旁，尤以稻田最见，分布于中国南北各地。	

石刁柏

Asparagus officinalis L.

雌花绿白色

　　由于形似芦苇的嫩芽和竹笋，故石刁柏也叫"芦笋"，山东省菏泽市曹县有"芦笋之乡"之称。石刁柏富含多种氨基酸、蛋白质和维生素，含量高于一般水果和蔬菜，现在已是世界十大名菜之一，在国际市场上享有"蔬菜之王"的美称。

形态特征 直立草本。株高可达1m，根茎粗壮，茎平滑、细弱，上部常下垂；叶状枝每3～6枚成簇，扁圆柱形，略有钝棱，常稍弧曲，鳞片状叶基部有刺状短距或近无距；花每1～4朵腋生，花梗短，花小，钟形，萼片及花瓣各6枚；雄花淡黄色，雄蕊6枚，花药黄色，雌花绿白色，花内有绿色蜜球状腺；浆果球形，成熟果赤色，果内有3个心室，每室内有1～2个种子；种子黑色。花期5～6月，果期9～10月。

食用部位和方法 嫩苗可食，风味鲜美，柔嫩可口，在初春采摘，洗净，入沸水焯熟后，再用清水洗几遍，炒食、煮食、炖食或凉拌均可。

菜谱——芦笋炒虾仁

食材：嫩芦笋叶150g，虾仁50g，葱、生姜、油、盐、料酒各适量。

做法：1.绿芦笋叶洗净、切段，葱、姜切丝；2.将芦笋叶放入沸水中焯一下，捞出，沥干水分；3.油放入锅中，烧热，先煸炒葱、姜丝，再放入虾仁翻炒，最后放入芦笋叶，炒至熟时放盐、料酒即可出锅食用。

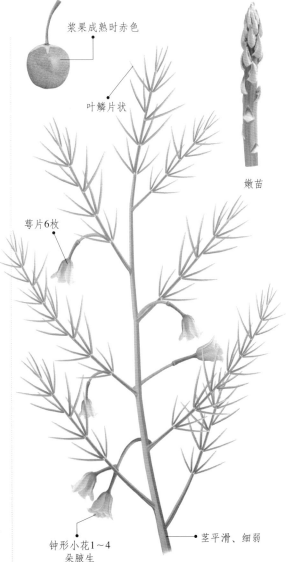

浆果成熟时赤色

叶鳞片状

嫩苗

萼片6枚

钟形小花1～4朵腋生

茎平滑、细弱

别名：露笋、芦笋。	科属：天门冬科天门冬属。
生境分布：常野生于林缘或沟谷，中国新疆西北部有野生，其他地区多为栽培。	

水蓼

Polygonum hydropiper L.

形态特征

一年生草本。株高40～80cm，茎直立，多分枝，节部膨大，红褐色，无毛；叶互生，披针形或椭圆状披针形，长4～8cm，宽0.5～2cm，两面被褐色小点，全缘且具缘毛，叶腋具闭花受精花，有短叶柄；托叶鞘筒状，膜质，褐色，疏生短硬伏毛；穗状花序顶生或腋生，常上部下垂，下部间断；花稀疏，花被5深裂，稀4裂，淡绿色或淡红色，被黄褐色透明腺点；瘦果卵形，密被小点，黑褐色。花期5～9月，果期6～10月。

食用部位和方法

嫩苗和嫩茎叶可食，一般在3～5月采摘，洗净，入沸水焯熟后，再用清水浸泡片刻，凉拌或炒食。

穗状花序，花淡绿色或淡红色

野外识别要点

本种根从茎着地部位长出；叶互生，茎嚼之有辣味；穗状花序细长，从植株顶端或叶腋的部位抽生出来，花淡红色或淡绿色。

茎节部膨大，红褐色

别名：辣蓼、蓼子草、白辣蓼、小叶辣蓼、水胡椒、柳蓼草。	科属：蓼科水蓼属。
生境分布：常野生于山谷湿地、河滩、水沟边、池沼及浅水处，分布于中国南北各省区。	

水车前

Ottelia alismoides (L.) Pers

形态特征

一年生沉水草本。具须状根，茎短或无；叶基生，膜质，叶形因生境条件变化较大，沉水叶多为狭矩圆形，浮水叶多为阔卵圆形或心形，先端钝或尖，基部截形或心形，全缘或有细齿，叶柄因水深浅或长或短；佛焰苞顶端2裂，具3～6条纵翅，总花梗长18～60cm；花两性，单生苞内，无梗，萼片3枚，绿色，花瓣3枚，白色或浅蓝色，花丝具腺毛，花药条形、黄色，子房下位，具短喙；果实长圆形，种子多数，纺锤形，细小，种皮上有纵条纹，被有白毛。花期4～10月。

佛焰苞

食用部位和方法

嫩叶可食，在春夏季采摘没有抽薹的幼苗及莲座嫩叶，洗净，入沸水焯熟后，再用清水浸泡，凉拌、炒食或做汤均可。

野外识别要点

本种生长在水中，叶形变化大；花白色或浅蓝色，花萼、花瓣各3枚；果实有6条沟槽。

浮水叶多为阔卵圆形或心形

沉水叶多为狭矩圆形

别名：龙舌草、水白菜、牛耳朵草、水带菜。	科属：水鳖科水车前属。
生境分布：常野生于湖泊、沟渠、池塘、稻田及积水洼地，广泛分布于中国南北各地，尤其是华南、华中及西南地区。	

水葱

Scirpus validus Vahl

花多数，淡黄褐色

生或2～3个簇生于辐射枝顶端，花多数，淡黄褐色；小坚果倒卵形，双凸状。花果期6～9月。

· **形态特征** 多年生草本。株高60～200cm，秆高大直立，圆柱状、中空，被白粉；地下根茎粗壮而横走，须根多，基部具3～4个膜质管状叶鞘，褐色，鞘长可达40cm，最上面的一个具叶片；叶线形，长2～11cm；圆锥花序假侧生，苞片由秆顶延伸而成，椭圆形或卵形；小穗圆形，单

秆圆柱状、中空、被白粉

· **食用部位和方法** 幼苗和嫩叶可食，春季采摘，洗净，入沸水焯熟后，凉拌食用。

· **野外识别要点** 本种茎秆圆柱状、中空，与我们平常吃的大葱相似，基部具膜质管状叶鞘；花黄褐色，果双凸状。

根茎粗壮而横走

别名：管子草、冲天草、莞蒲、莞、水丈葱、翠管草。	科属：莎草科蔗草属。
生境分布：常野生于池塘、湖泊、水沟及稻田等浅水处，分布于中国东北、西北及西南地区。	

水苦荬

Veronica undulata Wall

花和果

· **食用部位和方法** 幼苗可食，春季采摘，洗净，入沸水焯熟后，再用清水漂洗几遍，凉拌、炒食、做馅等。

· **形态特征** 多年生草本。株高20～100cm，全株无毛，或仅花柄及苞片疏生小腺状毛，茎直立、中空；叶对生，披针形或卵状披针形，先端钝或尖，基部抱茎，全缘或有波状齿，无柄；总状花序腋生，苞片细小，椭圆形；花梗和花序轴近直角，花萼4裂，裂片狭长椭圆形；花冠淡紫色或白色，雄蕊2枚，雌蕊1枚；果近球形，先端微凹，内常有寄生虫；种子多数，细小，长圆形，扁平无毛。花果期6～9月。

· **野外识别要点** 本种全株近无毛，茎中空，叶对生，基部抱茎，无柄；总状花序，花淡紫色或白色，花冠4裂，花梗在果期挺直，横叉开，与花序轴几乎成直角。

叶对生，全缘或有波状齿

茎中空，全株近无毛

须根细长

别名：芒种草、水莴苣、水菠菜、半边山、大仙桃草、水仙桃。	科属：玄参科婆婆纳属。
生境分布：常野生于水边或溪边等湿润处，除西藏、青海、宁夏、内蒙古外，中国大部分地区都有分布。	

水鳖

Hydrocharis dubia (Bl.) Backer

形态特征 多年生浮水草本。须状根丛生，茎匍匐，具节，顶端生芽；叶簇生，多漂浮，心形或圆形，叶背淡绿带紫色，叶脉5条，稀7条，全缘，具长叶柄；雌雄同株或异株，雄花序腋生，佛焰苞2枚，具红紫色条纹，苞内雄花5~6朵，每次仅1朵开放，萼片3裂，常具红色斑点，花瓣3枚，黄色，与萼片互生；雌佛焰苞小，苞内雌花1朵，花稍大，萼片3裂，常具红色斑点，花瓣3枚，白色，基部黄色；果近球形，肉质，表面有刺毛；种子多数，椭圆形，种皮上有毛状突起。花果期6~10月。

食用部位和方法 幼叶柄可食，含有粗蛋白、粗脂肪、粗纤维等，当叶未老化时，采集幼嫩的叶柄，洗净，入沸水焯熟后，再用清水浸泡，凉拌、炒食或制作罐头均可。

野外识别要点 本种为浮水草本，叶圆形，上面绿色，下面略带紫色，中部具宽卵形的泡状贮气组织。

叶心形或圆形

果近球形

须状根丛生

别名：马尿花、青萍菜、小旋覆。	科属：水鳖科水鳖属。
生境分布：常野生于湖泊、沟渠、池沼及水沟中，分布于中国东北、华北、华东、华南、西南及长江中下游地区。	

水蔓菁

Veronica linariifolia Pall. ex Link. ssp.
dilatata Nakai et Kitag.) Hong

蒴果具宿存花柱

总状花序

毛较长；花冠辐射状，花筒短，4裂；花柱很长，通常花落后尚宿存于果端；蒴果扁圆，先端微凹。花期9～10月。

· 形态特征
多年生草本。株高50～90cm，茎直立，偶上部分枝，茎、叶和苞片上有白色细短柔毛；茎下部叶对生，上部叶互生，叶倒卵状披针形至条状披针形，先端渐尖，基部下延成柄，边缘有单锯齿；花密集于枝端，呈穗形的总状花序，花通常蓝紫色，花梗极短，具短柔毛；苞片窄条状披针形至条形；花萼4裂，裂片卵圆形或楔形，边缘的

上部叶互生

· 食用部位和方法
嫩叶可食，春季采摘，洗净，用热水焯熟，再用凉水浸洗干净，凉拌食用。

下部叶对生，边缘有锯齿

· 野外识别要点
蓝紫色花密集，在枝顶组成穗形的总状花序，顶部呈尾状。蒴果成熟后，顶部仍有残留的花柱。

根茎密生须根

别名：追风草、一支香、蜈蚣草、斩龙剑、细叶婆婆纳。	科属：玄参科婆婆纳属。
生境分布：多生长在沟谷、草地、灌木丛、路边等温暖的地方，分布于中国东北、华北及陕西等地。	

水田碎米荠

Cardamine lyrata Bunge

状；花瓣白色，倒卵形；长角果线形，果瓣平，自基部有1条不明显的中脉，果梗水平开展；种子椭圆形，边缘有显著的膜质宽翅。花期4～6月，果期5～7月。

果线形

· 形态特征
多年生草本。株高30～60cm，全株无毛，根状茎短，丛生多数须根；茎直立，不分枝，表面有沟棱，基部有柔长的匍匐茎；匍匐茎上的叶为单叶，心形或圆肾形，顶端圆或微凹，基部心形，边缘具波状圆齿或近于全缘，有叶柄，偶具小叶1～2对；茎生叶为羽状复叶，小叶2～9对，顶生小叶大，圆形或卵形，顶端圆或微凹，基部心形、截形或宽楔形，边缘有波状圆齿或近于全缘，侧生小叶卵形、近圆形或菱状卵形，边缘具粗大钝齿或近全裂，着生于最下的1对小叶全缘，向下弯曲成耳状抱茎；总状花序顶生，花梗短，萼片长卵形，内轮萼片基部呈囊

· 食用部位和方法
嫩茎叶可食，春季采摘，洗净，入沸水焯熟，凉拌、炒食、做汤或做馅。

羽状复叶，小叶2～9对

· 野外识别要点
本种生于水边湿地；茎基部生匍匐茎；匍匐茎上生单叶，心形或圆肾形；茎生叶为羽状复叶，小叶2～9对，最下的1对小叶全缘，向下弯曲成耳状抱茎；总状花序，花白色；长角果线形，自基部有1条不明显的中脉。

别名：小水田荠、水田荠。	科属：十字花科碎米荠属。
生境分布：一般生长于水田边、溪边或浅水处，主要分布于中国东北、华北、华东及湖南、广西等地。	

151

水芹

Oenanthe javanica Blume) DC.

在中国江苏一带，当地人称水芹为"路路通"，有万事顺利的寓意，因而在春季，"路路通"总会作为一道必不可少的野味被端上餐桌，供众人享用！

· **形态特征** 多年生草本。株高20～80cm，全株无毛，根状茎短而匍匐，节部有横隔，须根成簇，茎下部分枝多而呈卧倒状，节处生匍匐枝及须根；匍匐枝长，具节，节上生根及叶；茎上部直立，分枝具棱，内部中空；茎上部叶冬季冻枯，茎下部叶依靠水层越冬，来年再重新萌发，叶轮廓近三角形，2回羽状复叶，小叶卵形、菱状披针形至披针形，边缘有齿；叶柄自下而上渐短，基部加宽成鞘，抱茎，顶部叶常无柄；复伞形花序常与叶对生，花序梗长达16cm，通常无总苞，花密集，白色；双悬果椭圆形，果棱肥厚，钝圆。花期6～7月，果期8～9月。

· **食用部位和方法** 嫩茎叶可食，在4～6月采收株高10cm以上的嫩叶，洗净，沸水焯约2分钟，捞出，用清水浸泡片刻、凉拌、炒食、做馅或腌制酱菜。此种野菜具有促进食欲，平肝降压，镇静安神的功效。

· **野外识别要点** 本种下部卧倒，上部直立，匍匐枝节处生根及叶，叶为2回羽状复叶，花白色，双

全株无毛，生长于低湿地 ●———

悬果。水芹极易与毒芹混淆，区别在于毒芹的叶更狭小，伞形花序球形，根茎肥大，中空而具横隔，心皮柄2裂；水芹小伞形花序平顶状，根茎不肥大，无横隔（除节部），果无心皮柄。

复伞形花序常与叶对生

茎内部中空 ●———

叶近三角形，
2回羽状复叶 ●———

●——— 叶柄基部加宽成鞘

别名： 水英、水芹菜、河芹、细本山芹菜、小叶芹、野芹菜。	**科属：** 伞形科水芹菜属。
生境分布： 常生长在水沟旁、河边附近湿地或低湿池沼边，广泛分布于中国各地。	

水杨梅

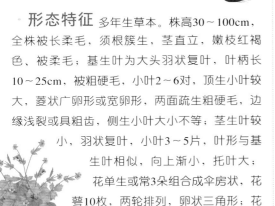

花黄色

Geum aleppicum Jacq.

形态特征 多年生草本。株高30～100cm，全株被长柔毛，须根簇生，茎直立，嫩枝红褐色、被柔毛；基生叶为大头羽状复叶，叶柄长10～25cm，被粗硬毛，小叶2～6对，顶生小叶较大，菱状广卵形或宽卵形，两面疏生粗硬毛，边缘浅裂或具粗齿，侧生小叶大小不等；茎生叶较小，羽状复叶，小叶3～5片，叶形与基生叶相似，向上渐小，托叶大；花单生或常3朵组合成伞房状，花萼10枚，两轮排列，卵状三角形；花瓣5枚，黄色，卵圆形；雄蕊、雌蕊多数；瘦果多数，排列成杨梅状聚合果，故得名，每个瘦果被长硬毛，顶端有花柱形成的钩状长喙。花期5～8月。

食用部位和方法 嫩茎叶可食，春季采摘，洗净，入沸水内焯一下，凉拌、炒食、做馅或煮食。

野外识别要点 叶为羽状复叶，顶生小叶较大，侧生小叶大小不等，两面疏生粗硬毛。花单生或常3朵组合成伞房状，花萼10枚，两轮排列，瘦果被长硬毛，顶端有钩状长喙。

嫩枝红褐色

别名：路边青。	科属：蔷薇科路边青属。
生境分布：常生长在草地、沟边、河滩、林缘或田边，海拔可达3500m，广泛分布于中国南北各地。	

水蕹

Aponogeton lakhonensis A. Camus

形态特征 多年生淡水草本。根茎卵球形或长锥形，具细丝状的叶鞘残迹，下部着生纤维状须根；叶沉没水中或漂浮水面，狭卵形至披针形，草质，通常具平行脉3～4条，中脉明显，全缘；沉水叶柄长9～15cm，浮水叶柄长40～60cm；花葶高15～25cm，穗状花序顶生，花期挺出水面，佛焰苞早落，膜质叶鞘包裹着两性花，无梗；花黄色，花被片2枚，匙状倒卵形；雄蕊6枚，排成两轮；花丝向基部逐渐增宽，花药2室；雌蕊3～6枚；子房上位，1室，每室胚珠4～6颗；蓇葖果卵形，顶端渐狭成一外弯的短钝喙。花果期4～10月。

食用部位和方法 块茎可食，秋季植株枯萎后挖取，洗净，煮食或炖食，也可晒干磨成粉面食用。

野外识别要点 本种为沉水植物，花黄色，花丝向基部逐渐增宽，蓇葖果顶端的钝喙弯曲，易识别。

穗状花序，花黄色

浮水叶

水中植株形态

别名：田干菜。	科属：水蕹科水蕹属。
生境分布：常野生于池塘、溪边或水稻田中，主要分布于中国浙江、江西、福建、广东、广西及海南等地。	

153

酸浆

Physalis alkekengi var. *francheti* Mast.) Makino

花冠5裂，裂片辐射状排列

　　酸浆在中国栽培历史悠久，早在公元前300年，《尔雅》中便有了相关记载。小孩子们喜欢把花萼包裹的红色浆果叫做"红姑娘"，摘下一个，捏得软软的，挤出种子和汁液，把空皮放在嘴边一吹，就会发出响亮的声音，十分好玩。

形态特征
一年生或多年生草本。株高25～60cm，全株密生短柔毛，有横走的根状茎，地上茎直立，多分枝，节间膨大；茎下部叶互生，上部叶对生，叶片卵形至菱状卵形，长达8cm，宽达5cm，先端渐尖，基部楔形，偏斜，叶缘锯齿或波状，叶柄长；花单生于叶腋，花萼钟状，5深裂，果时花萼增大，呈囊状，包围果实，故得名，具10纵脉；花冠钟形，白色，5裂，裂片辐射状排列；雄蕊5枚，花药黄色；子房2室；浆果球形，下垂，成熟时红色，种子多数，肾形，黄色。花果期7～10月。

食用部位和方法
果实可食，在9～10月经霜后连同宿存花萼一起摘下，生食或做罐头、果酱等。

野外识别要点
本种花萼果期增大，呈囊状，包裹浆果，下垂，成熟时浆果红色，花萼紫红色，好像一盏红灯笼，在野外容易识别。

叶背脉隆起

浆果成熟时下垂

花萼果期增大，呈囊状

浆果成熟时红色

叶缘锯齿或波状

全株密生短柔毛

别名：挂金灯、天泡、姑娘菜、花姑娘、锦灯笼、灯笼草、洛神珠。	科属：茄科酸浆属。
生境分布：主产于东北三省及内蒙古，常生长在荒野、路旁或村庄附近，广泛分布于全国大部省区。	

酸模

花语：体贴

Rumex acetosa L.

　　酸模富含维生素和草酸，而草酸吃起来有种酸溜溜的口感，故又名"酸不溜"、"酸溜溜"。古时候，旅行者常通过吸吮酸模的叶子来解渴。

形态特征

多年生草本。株高约1m，根状茎粗短，生多数须根；茎直立，中空，不分枝，具沟纹；基生叶和茎下部叶同形，椭圆形或披针状长圆形，先端尖或钝，基部近截形，两面有粒状细点，全缘或微波状，具长柄；茎中上部叶渐小，常为披针形，先端急尖，基部抱茎；托叶鞘膜质，斜形，顶端有睫毛，早落；花雌雄异株，常数个总状花序排列成疏松圆锥花序，每个总状花序具花2～7朵，生于鞘状苞片内，花梗短，中部具关节；花被6片，两轮排列，红褐色；小瘦果卵状三角形，黑褐色，具光泽，外包增大的花被片。花期夏季，果期秋季。

食用部位和方法

幼苗及嫩叶可食，4～5月采收，生食，也可焯熟、凉拌、炒食、做汤或蒸食，也可腌渍。

菜谱——凉拌酸模叶

食材：鲜嫩酸模叶250g，精盐、味精、酱油、白糖、麻油各适量。

做法：将酸模叶洗净，入沸水焯一下，捞出，挤干水分，切段，放盘中，加适量精盐、味精、酱油、白糖、麻油，拌匀即成。叶富含维生素，可增强体质，提高免疫力。

野外识别要点

本种基生叶和茎下部叶基部箭形，具长柄，叶面有颗粒状点；托叶鞘顶端具睫毛；花红褐色；小瘦果被花被包裹，熟时黑褐色，内轮花被显著增大。

疏松圆锥花序，花红褐色

上部叶渐小，常为披针形

茎中空，不分枝

基生叶两面有粒状细点

叶柄长，基部红色

根状茎粗短，生多数须根

别名：	遏蓝菜、酸溜溜、山羊蹄、酸姜、酸不溜。	科属：	蓼科酸模属。
生境分布：	常野生于山坡、草地、林下或路旁等阴湿处，广泛分布于中国南北大部分省区。		

酸模叶蓼

Polygonum lapathifolium L.

花被4~5深裂　瘦果熟时黑褐色

● 形态特征 一年生草本。株高40~90cm，茎直立，粗细变化较大，多分枝，节部膨大，表面有紫色斑点和绵毛；叶互生，披针形或宽披针形，长达15cm，宽达3cm，顶端渐尖，基部楔形，叶面深绿色，疏生绒毛，叶背被灰白色绵毛，全缘或微波状；叶柄短或无，托叶鞘筒状，膜质，淡褐色，具多数脉，顶端截形，无缘毛；数个花穗组成圆锥状花序，顶生或腋生，花密集，淡绿色或粉红色；花序梗被腺体，苞片漏斗状，边缘具稀疏短缘毛；花被4~5深裂，裂片椭圆形，脉粗壮，顶端分叉，外弯；雄蕊6枚，花柱2枚；瘦果卵圆形，稍扁平，成熟时黑褐色，具光泽，包于宿存花被中。花期6~8月，果期7~9月。

● 食用部位和方法 幼苗和嫩茎叶可食，早春至夏初采摘，洗净，入沸水焯一下捞出，凉拌、炒食、做汤或蒸食均可。注意，本种具酸味，做菜时少放醋或不放醋。

● 野外识别要点 本种托叶鞘顶端截形，无毛；圆锥状花序穗状，花密集，粉红色，花被4~5深裂；叶背下面有时密生白毛，是其变种。

圆锥状花序，花淡绿色或粉红色

花序梗被腺体

托叶鞘筒状，膜质，淡褐色

叶面有块斑

株高40~90cm

茎节部膨大，有紫色斑点和绵毛

叶背被灰白色绵毛

根茎粉红色，节部生根

别名： 水蓼、旱苗蓼、马蓼、白辣蓼。	**科属：** 蓼科蓼属。
生境分布： 常生长在草地、沟谷、岸边、水渠边或路边等湿地，海拔可达4000m，广泛分布于中国南北大部分省区。	

碎米荠

花语：热情

Cardamine hirsuta L.

　　碎米荠是一种非常有趣的植物，果实一旦成熟，便一下子绷开向外散播种子，是植物界中自我传播种子十分积极的代表，因此花语是热情。

● **形态特征** 一年生草本。植株低矮，茎直立或斜升，下部有时淡紫色，被较密柔毛，上部毛渐少；羽状复叶，基生叶具小叶2～5对，顶生小叶肾形或肾圆形，边缘有3～5个圆齿，小叶柄明显，侧生小叶稍小，卵形或圆形，边缘有2～3个圆齿，有或无小叶柄；茎生叶具小叶3～6对，下部叶与基生叶相似，上部叶的顶生小叶菱状长卵形，顶端3齿裂，侧生小叶长卵形至线形，常全缘，所有小叶两面稍有毛；总状花序生于枝顶，花梗纤细，萼片绿色或淡紫色，外面有疏毛；花小，花瓣白色，倒卵形；长角果线形，稍扁，无毛，果梗纤细，直立开展；种子椭圆形，顶端有明显的翅。花期2～4月，果期4～6月。

● **食用部位和方法** 嫩茎叶可食，春季采摘，洗净，入沸水焯一下，凉拌、炒食、做汤或做馅。

● **野外识别要点**
本种茎下部有时淡紫色、毛密，上部绿色、毛疏；叶形变化大，中、下部小叶边缘具圆齿，上部小叶全缘，顶生小叶常有小叶柄；花白色，长角果线形。

萼片绿色或淡紫色

花瓣倒卵形，白色

茎生叶具小叶3～6对

果梗纤细，直立开展

叶缘有2～3个圆齿

羽状复叶，基生叶具小叶2～5对

角果线形，稍扁

别名：白带草、野荠菜、米花香荠菜、雀儿菜。	科属：十字花科碎米荠属。
生境分布：一般生长于海拔1000m以下的山坡、荒地、路旁及耕地的草丛中，广泛分布于中国大部分地区。	

糖芥

Erysimum bungei Kitag.) Kitag.

花橙黄色，花瓣具细脉纹

- **形态特征** 1～2年生草本。株高30～60cm，茎直立，上部分枝，具棱，密生两叉状毛；叶分为基生叶和茎生叶，叶向上渐小，披针形或长圆状线形，先端急尖，基部渐狭，两面疏生两叉状毛，下部叶常全缘，中、上部叶边缘疏生波状小齿；叶柄向上渐短至无；总状花序顶生，花密集，橙黄色，萼片4个，长圆形，边缘白色膜质；花瓣4枚，倒披针形，具细脉纹，顶端圆形，基部具长爪；长角果线形，长达6cm；种子每室1行，长圆形，侧扁，熟时深红褐色。花果期4～7月。

叶面疏生两叉状毛

- **食用部位和方法** 嫩苗可食，在2～4月采摘高10cm左右的嫩苗，洗净，入沸水焯熟，再用清水漂洗几遍，凉拌或炒食。

- **野外识别要点** 本种全株密生两叉状毛，叶披针形，下部叶近全缘，中上部叶边缘疏生波状小齿；花橙黄色，花瓣具细脉纹，基部有爪；角果每室含1行种子，成熟时红褐色。

别名：冈托巴。	科属：十字花科糖芥属。
生境分布：常生长在山沟、野地、坡地、林下或路边，有时甚至在悬崖上，主要分布于中国东北、华北及陕西、四川、江苏等地。	

桃叶鸦葱

花

Scorzonera sinensis Lipsch. et Krasch. ex Lipsch.

瘦果具污黄色冠毛

由于头状花序在未开放时呈尖嘴状，很像乌鸦嘴，故被称为鸦葱。初春，在野地里很容易见到这种植物，长条形叶子很像葱，弄破会流出白色乳汁。

- **形态特征** 多年生草本。植株低矮，根粗壮，褐色或黑褐色，茎直立，不分枝，光滑无毛，有白粉，基部有纤维状、鞘状残遗物；基生叶披针形，长达15cm，顶端急渐尖，基部渐狭成长柄或短柄，边缘皱状弯曲；茎生叶少数，窄小，披针形或钻状披针形，基部心形，半抱茎或贴茎；头状花序单生茎顶，总苞圆柱状，苞片约5层，外层三角形，中层长披针形，内层长椭圆状披针形，总苞片外面光滑无毛；舌状花黄色；瘦果圆柱状，有多数高起纵肋，冠毛污黄色。花果期4～5月。

- **食用部位和方法** 嫩叶可食，在春季采摘，洗净，可直接蘸酱生吃，也可入沸水焯熟后，凉拌、炒食、做馅、煮汤等。

- **野外识别要点** 本种基生叶长披针形，边缘卷曲而皱缩，具白色乳汁，几乎没有茎生叶。

基生叶披针形，边缘皱状弯曲

别名：老虎嘴。	科属：菊科鸦葱属。
生境分布：生长在海拔280～2500m的山坡、丘陵地、沙丘、荒地或灌木、林下，分布于中国东北、华北等地，北京山区较常见。	

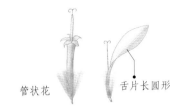

管状花　　　舌片长圆形

蹄叶橐吾

Ligularia fischeri Ledeb.) Turcz.

- **形态特征** 多年生草本。株高80～200cm，根肉质、黑褐色，多数；茎直立，基部被褐色枯叶柄纤维包围，下部光滑，上部及花序被黄褐色有节短柔毛；基生叶和茎下部叶肾形，长10～30cm，宽13～40cm，先端圆形，基部弯缺宽，上面绿色，下面淡绿色，叶脉掌状，主脉5～7条，边缘有整齐的锯齿，叶柄长20～60cm，基部鞘状；茎、中上部叶肾形，较小，具短柄，鞘膨大；总状花序，长可达80cm，花序梗细，苞片卵形，草质，边缘有齿；头状花序多数，辐射状，舌状花黄色，舌片长圆形，管状花多数，冠毛红褐色，短于管部；瘦果圆柱形。花果期7～10月。

- **食用部位和方法** 嫩叶可食，初春采摘，洗净，入沸水焯熟后，再用凉水漂洗去除苦涩味，凉拌、炒食或煮食。

- **野外识别要点** 本种分布广泛，一般北方者株高50～100cm，总苞钟形，苞片卵形或卵状披针形，舌片比管状花稍长；南方者株高可达2m，总苞宽钟形，苞片宽卵形，舌状花的舌片比管状花长，二者都比北方长；生长于西藏的植株与北方植株相似，但苞片窄。

叶背淡绿色

叶柄长20～60cm

叶肾形，叶脉掌状，边缘具锯齿

舌状花

总状花序长可达80cm

根肉质，黑褐色

别名：马蹄叶、山紫菀、肾叶囊舌、土紫菀、葫芦七、马蹄当归、蹄叶紫菀。	科属：菊科橐吾属。
生境分布：常野生于山坡灌丛、草甸、林缘、林下或水边，海拔可达2700m，主要分布于中国甘肃、陕西、河南、安徽、浙江、四川、贵州、湖北、湖南及东北地区。	

天胡荽

Hydrocotyle sibthorpioides Lam.

天胡荽叶片嫩，不宜踩踏，但适应性强、覆盖面广，在短时间内就可生长成草坪。那小小的叶片优雅别致，极具观赏性，现在常作盆栽观赏或点缀绿化园林。

· **形态特征** 多年生草本。全株有气味，茎细长，匍匐地面，节上生根；单叶互生，圆形或肾圆形，膜质至草质，长约2cm，宽约3cm，基部心形，两耳有时相接，上部不分裂或5～7裂，裂片阔倒卵形，叶面光滑，叶背沿脉疏生粗伏毛，边缘有钝齿，具短柄；托叶半圆形，薄膜质，全缘或稍有浅裂；伞形花序与叶对生，单生于节上，具花5～18朵，花序梗纤细，小总苞片膜质，有黄色透明腺点，背部有1条不明显的脉；花绿白色，常无梗，花瓣卵形，有腺点；花药卵形；果实略呈心形，两侧扁，幼时表面草黄色，成熟时有紫色斑点。花果期4～9月。

· **食用部位和方法** 本种属无公害保健绿色型野香菜，有香气，嫩茎叶可食，每年春季采摘，洗净，入沸水焯熟后，煮食或蒸食。

· **野外识别要点** 本种匍匐地面，有气味，叶小，互生，上部不分裂或5～7裂，叶背沿脉疏生粗伏毛；伞形花序单生于节上，与叶对生，花绿白色，花瓣有腺点；果实熟时有紫色斑点。

叶背沿脉疏生粗伏毛

叶圆形或肾圆形，上部不分裂或5～7裂

果实幼时表面草黄色

伞形花序与叶对生，花绿白色

茎匍匐地面，节上生根

别名：石胡荽、小叶铜钱草、龙灯碗、满天星、圆地炮、地星秀、鹅不食草。	科属：伞形科天胡荽属。
生境分布：常野生于山坡灌丛、山沟、湿润草地等，海拔可达3000m，分布于中国西南、华南、中南、华东及陕西等地。	

天蓝苜蓿

Medicago lupulina L.

端微凹、基部具短爪，翼瓣比旗瓣短很多，龙骨瓣与翼瓣近等长，花柱弯曲，稍呈钩状；荚果弯曲，呈肾形，有疏毛，具纵纹，种子1粒，黄色。花果期7~10月。

形态特征
一年生或多年生草本。株高20~60cm，茎细弱，伏卧或斜向生长，疏生柔毛；三出羽状复叶，小叶倒卵形至菱形，先端钝圆、微缺，基部楔形，叶缘上部有锯齿，两面被白色柔毛，叶柄短；托叶大，卵状披针形至狭披针形，基部边缘常具齿，两面疏生柔毛，下部与叶柄合生；总状花序腋生，花10~15朵，花萼钟形，被密毛，萼齿5个；花冠黄色，旗瓣圆形，顶

三出羽状复叶

果序图

食用部位和方法
幼苗及嫩茎叶可食，一般在4~6月采收，洗净，入沸水焯一下，凉拌、炒食、做汤、做馅或掺面蒸食，也可制作咸菜等。

野外识别要点
本种多匍匐生长，三出羽状复叶，小叶有白色柔毛；花小，黄色；荚果肾形，内含1粒黄色种子。

花冠黄色

别名：黑荚苜蓿、天蓝、杂花苜蓿。	科属：豆科苜蓿属。
生境分布：常野生于荒坡、路旁、河岸等地，广泛分布于全国大部分地区，尤其是东北、华北、华西、华中以及四川、云南等地区。	

铁苋菜

Acalypha australis L.

雌花序

由于全草含有铁苋菜碱，故得名铁苋菜。另外，雌花序藏于对合的叶状苞片内，所以也叫"海蚌含珠"。除了作为野菜食用，铁苋菜还有止血、抗菌、止痢的药用功效。

穗状花序腋生；雄花多数，生于花序上部，苞片卵形，花无梗，紫红色；雌花生于花序基部，常1~3朵簇生，苞片卵状心形；蒴果近球形，有毛，3室，每室有1粒种子。花果期4~12月。

雄花多数，紫红色

形态特征
一年生草本。植株低矮，高不过50cm，茎直立，多分枝，有棱，疏生柔毛；单叶互生，长卵形、近菱状卵形或阔披针形，膜质，先端渐尖，基部楔形，叶面无毛，叶背沿中脉具柔毛，基出脉3条，侧脉3对，边缘具圆锯齿；叶柄长2~6cm，托叶披针形，都具短柔毛；花单性，雌雄同株，无花瓣，

食用部位和方法
嫩茎叶可食，在5~6月采摘，洗净，入沸水焯熟后，再用清水浸泡，炒食或做汤。

野外识别要点
本种叶互生，基出3脉，边缘有圆锯齿，蒴果近球形，包藏于对合的叶状苞片内。

茎疏生柔毛　　叶缘有圆锯齿

别名：血见愁、叶里藏珠、海蚌含珠。	科属：大戟科铁苋菜属。
生境分布：常野生于沟谷、荒地、山坡、田野及路旁，分布于中国南北大部分地区，尤其是长江流域。	

葶苈

花语：勇气

Draba nemorosa L.

　　葶苈是纪念4世纪西班牙殉教者——圣沙拉哥沙的花朵。他在被捕后，不断受到严刑拷问，但他仍然鼓励同伴，坚定心中的信念，直到身亡。因此，葶苈的花语便是勇气。

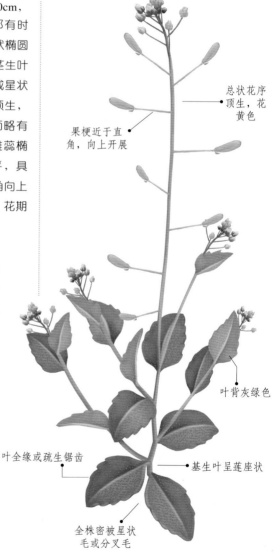

总状花序顶生，花黄色

果梗近于直角，向上开展

叶背灰绿色

叶全缘或疏生锯齿

基生叶呈莲座状

全株密被星状毛或分叉毛

· 形态特征 1～2年生草本。株高10～50cm，全株密被星状毛或分叉毛，茎单一，下部有时分枝；基生叶呈莲座状，长倒卵形或长圆状椭圆形，顶端钝，全缘或疏生锯齿，具短柄；茎生叶卵形或长圆状卵形，两面密生灰白色柔毛或星状毛，边缘不整齐齿状裂，无柄；总状花序顶生，花25～90朵，花梗细，萼片椭圆形，背面略有毛；花瓣倒楔形，黄色；花药短心形；雌蕊椭圆形，密生短单毛；短角果长圆形，扁平，具8～20mm的梗，有短毛或近无毛，近于直角向上开展；种子椭圆形，褐色，有小疣状突起。花期5～6月，果期6～7月。

· 食用部位和方法 幼苗可食，在4～5月采收，洗净，入沸水焯一下，再用凉水浸泡2～3小时，可蘸酱、炒食、做馅、做汤或和面蒸食。

· 野外识别要点 本种密被星状毛或分叉毛，基生叶呈莲座状，茎生叶长圆状卵形；花黄色；短角果长圆形，近直角向上开展，具长8～20mm的果柄。

短角果长圆形，扁平

别名：猫耳朵菜、冻不死草。	科属：十字花科葶苈属。
生境分布：一般野生于荒野、沟谷、田间或路旁，除新疆和中南地区外，中国其他地区均有分布。	

透茎冷水花

Pilea pumila L.) A. Gray

瘦果

• 形态特征

一年生草本。株高10~50cm，全株无毛，茎肉质，直立，分枝或不分枝；叶平展，菱状卵形或宽卵形，近膜质，两面疏生透明硬毛，基出脉3条，侧脉不明显，边缘中上部具牙齿或牙状锯齿，稀近全缘；叶柄长0.5~4.5cm，托叶卵状长圆形，长2~3mm，后脱落；花雌雄同株并常同序，蝎尾状雄花序常生于总花序的下部，雄花密集，具短梗或无梗，花被常2片，有时3~4片，近船形，外面近先端处有短角突起，雄蕊2枚，退化雌蕊不明显；雌花花被3片，近等大或侧生的两片较大，条形；瘦果三角状卵形，略扁，初时光滑，常有褐色或深棕色斑点，熟时色斑稍隆起。花果期6~10月。

• 食用部位和方法

嫩茎叶可食，春夏季采摘，洗净，入沸水焯熟，再用清水漂洗去除苦涩味，加入油、盐调拌食用。

• 野外识别要点

本种全株无毛，叶近平展，两面疏生透明硬毛，基出脉3条，边缘中上部具牙齿或锯齿；花雌雄同株并常同序，雄花花被常2片，船形，雌花花被3片，条形；瘦果常有褐色或深棕色斑点。

别名：美豆、肥肉草、冰糖草。	科属：荨麻科透茎冷水花属。
生境分布：生于海拔400~2200m的山坡林下或岩石缝的阴湿处，除新疆、青海、台湾和海南外，分布几乎遍及全国。	

土人参

Talinum paniculatum Jacq.) Gaertn.

　　土人参栽培容易，病虫害少，吃起来口感嫩滑，风味独特，营养丰富，是近年来新兴起的一种叶菜类蔬菜。

• 形态特征

一年生或多年生草本。株高30~100cm，主根粗壮，圆锥形，皮黑褐色，似人参；茎直立，肉质，具槽，有分枝；叶互生或近对生，倒卵形或倒卵状长椭圆形，肉质，顶端急尖，基部狭楔形，全缘，叶柄短或无；圆锥花序顶生或腋生，常二叉状分枝，花序梗长，总苞片2片，绿色或近红色，常脱落；萼片卵形，紫红色，早落；花小，粉红色或淡紫红色；雄蕊15~20枚，花柱线形，柱头3裂；子房卵球形，1室；蒴果近球形，3瓣裂，坚纸质；种子多数，扁圆形，黑褐色或黑色。花期6~8月，果期9~11月。

• 食用部位和方法

肉质根、嫩茎叶可食，春季采叶，秋季挖根，可炒食、煮食、炖食或涮火锅。

• 野外识别要点

本种主根圆锥形，似人参；茎具槽，叶肉质；圆锥花序，总苞片绿色或近红色，萼片紫红色，花粉红色或淡紫红色；种子黑色。

主根圆锥形，似人参

别名：栌兰、假人参、参草、红参、煮饭花、水人参、人参菜。	科属：马齿苋科土人参属。
生境分布：常野生于阴湿地或石缝中，主要分布于中国中部和南部地区。	

163

兔儿伞

Syneilesis aconitifolia Bunge) Maxim.

- **形态特征** 多年生草本。株高可达1m，有葡匐的根状茎，横走，具多数须根，茎直立，具纵肋，紫褐色，不分枝；基生叶1片，花期枯萎；茎生叶通常2片，互生，叶片盾状圆形，大型，掌状7～9深裂，每裂片再次2～3浅裂，小裂片宽线形，边缘具锐齿，初时反折成闭伞状，被密蛛丝状绒毛，后开展成伞状，变无毛，叶面淡绿色，叶背灰色；茎上部叶变小，披针形，无柄或具短柄；头状花序多数在茎端密集成复伞房状，总苞圆筒状，苞片1层，长圆形，边缘膜质；小花8～10朵，花冠淡红色；瘦果圆柱形，无毛，具肋，冠毛污白色或变成红色。花果期6～9月。

- **食用部位和方法** 幼苗及嫩叶可食，富含维生素和胡萝卜素，在4～6月采收，洗净，入沸水焯1分钟，再用清水浸泡至异味去除，炒食或做汤。

瘦果

叶圆盾状，7～9深裂

根茎横走

- **野外识别要点** 叶呈圆盾状，好似一把伞，7～9深裂，是本种的特点。

别名：雷骨散、雨伞菜、水鹅掌、无心菜、雨伞。	科属：菊科兔儿伞属。
生境分布：常野生于山坡草地、林缘、荒地及路旁，分布于中国东北、华北及华东等地。	

弯曲碎米荠

Cardamine flexuosa With.

- **形态特征** 一年生或二年生草本。植株低矮，茎自基部多分枝，斜升呈铺散状，疏生柔毛；羽状复叶，基生叶具柄，小叶3～7对，顶生小叶卵形、倒卵形或长圆形，顶端3齿裂，基部宽楔形，有小叶柄，侧生小叶较小，卵形，1～3齿裂，有小叶柄；茎生叶小叶3～5对，小叶长卵形或线形，1～3裂或全缘，叶柄短或无；总状花序多数，生于枝顶，花小，花梗纤细，萼片长椭圆形，边缘膜质；花瓣白色，倒卵状楔形；雌蕊柱状，花柱极短，柱头扁球状；长角果线形，扁平，果梗直立开展；种子长圆形且扁，黄绿色，顶端有极窄的翅；种子1行，褐色。花果期3～6月。

- **食用部位和方法** 幼苗及嫩茎叶可食，含蛋白质、脂肪、碳水化合物、维生素等，在3～5月采摘，洗净，可直接炒食、做汤或做馅，也可入沸水焯后凉拌。

- **野外识别要点** 本种茎"之"字形弯曲，叶为羽状复叶，小叶1～3裂或全缘，花白色，果黄绿色。

羽状复叶，小叶3～7对

茎"之"字形弯曲，疏生柔毛

别名：碎米荠、薄菜、野荠菜。	科属：十字花科碎米荠属。
生境分布：常野生于田边、路旁及草地，广泛分布于中国南北各地。	

歪头菜

Vicia unijuga A. Br.

　　歪头菜植株秀丽，花大色艳，除了食用，还是优良的观花植物，可用于城市绿化或地被种植。

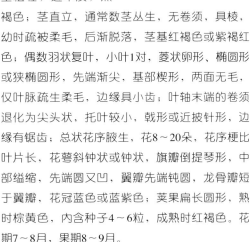

总状花序腋生，花8～20朵

花蓝色或蓝紫色

偶数羽状复叶，小叶1对

叶脉疏生柔毛

托叶小，戟形或近披针形

荚果扁长圆形，含种子4～6粒

株高可达1m

形态特征

多年生草本。株高40～100cm，根茎粗壮，近木质，黑褐色；茎直立，通常数茎丛生，无卷须，具棱，幼时疏被柔毛，后渐脱落，茎基红褐色或紫褐红色；偶数羽状复叶，小叶1对，菱状卵形、椭圆形或狭椭圆形，先端渐尖，基部楔形，两面无毛，仅叶脉疏生柔毛，边缘具小齿；叶轴末端的卷须退化为尖头状，托叶较小，戟形或近披针形，边缘有锯齿；总状花序腋生，花8～20朵，花序梗比叶片长，花萼斜钟状或钟状，旗瓣倒提琴形，中部缢缩，先端圆又凹，翼瓣先端钝圆，龙骨瓣短于翼瓣，花冠蓝色或蓝紫色；荚果扁长圆形，熟时棕黄色，内含种子4～6粒，成熟时红褐色。花期7～8月，果期8～9月。

食用部位和方法

幼苗及嫩叶可食，营养丰富，春季采摘高约30cm的嫩苗和嫩茎叶，洗净、焯熟，再用凉水浸泡2～3小时，凉拌、炒食或做汤均可。

野外识别要点

豆科植物的叶大部分为奇数羽状复叶，唯独歪头菜比较特殊，是偶数羽状复叶，且只有1对小叶，生在茎的一侧，而且一片小叶高，另一片小叶低；叶顶端无卷须。

别名：两叶豆苗、三铃子、草豆、野豌豆、山绿豆。	科属：豆科野豌豆属。
生境分布：生长在山沟、林下、草地及灌丛，广泛分布于中国南北方。	

完达蜂斗菜

Petasites tatewakianus Kitam.

• 形态特征

多年生草本。株高30～60cm，全株被蛛丝状微卷毛，根状茎横走，嫩时具髓，老时中空；叶有根生叶和茎生叶，肾形或圆肾形，质薄，长达23cm，宽达40cm，叶面有蛛丝状毛，叶背密生白色绒毛，掌状7～9浅裂，裂片楔形，顶裂片通常再3裂，边缘具小尖头的齿；叶柄圆柱形，长可达30cm，初时被长柔毛；雌雄异株或杂性，雄性头状花序伞房状或圆锥状排列，雌性头状花序同形或异形，异形时边缘小花雌性，中央小花两性，小花淡紫色或白色；总苞半球形，苞片狭长圆形，背面被卷曲柔毛；雌花结实，花冠丝状，花柱2浅裂；两性花不结实，花冠管状，花柱稍伸出花冠；瘦果圆柱形。花果期5～7月。

• 食用部位和方法

叶柄可食，口感嫩脆，味道清香，一般在5～7月采收，去叶片，洗净，入沸水焯一下，凉拌、炒食、做汤或做馅。

• 野外识别要点

本种叶圆肾形，大型，叶面有蛛丝状毛，叶背密生白色绒毛，掌状7～9浅裂至深裂；小花淡紫色或白色。

别名：掌叶蜂斗菜、老山芹、老水芹、大叶子、蜂斗菜、关东花。	科属：菊科蜂斗菜属。

生境分布： 常野生于河岸、浅水滩、缓坡或峡谷，主要分布于中国黑龙江的伊春、密山、宝清等地。

蚊母草

Veronica peregrina L.

子房肿大似桃

• 形态特征

一年至二年生草本。植株低矮，全株无毛或有腺毛，茎直立，自基部分枝，呈丛生状；叶对生，下部的倒披针形、有短柄，上部的长矩圆形、无柄，全缘或边缘有细锯齿；花单生于苞腋，苞片线状倒披针形，花萼4深裂，裂片狭披针形；花冠白色，略带淡紫红色，花柄短；蒴果扁圆形，无毛或有时沿脊疏生短腺毛，顶端凹入，宿存花枝短；种子长圆形，扁平，无毛。花期5～6月。

• 食用部位和方法

嫩叶可食，春季采摘，洗净，入沸水焯熟后，再用凉水浸泡、漂洗，去除苦味，加入油、盐调拌食用。

• 野外识别要点

本种子房常因虫寄生而形成虫瘿，肿大似桃，易识别。

花单生于苞腋

茎自基部分枝，呈丛生状

根分枝较密

别名：水蓑衣、仙桃草。	科属：玄参科婆婆纳属。

生境分布： 一般生于河旁或湿地，海拔可达3000m，主要分布于中国华东、华中、西南各省区。

尾叶香茶菜

Rabdosia excisa Maxim.) Hara

上唇外翻

形态特征 多年生草本。株高可达1m，根状茎粗大，横走，表面疙瘩状，密生纤维状须根；茎近四棱形，黄褐色，具四槽，具细条纹和柔毛；叶圆形或卵圆形，先端具深凹，凹缺中有一尾状长尖的顶齿，叶基宽楔形或近截形，叶面和叶背沿脉疏生短柔毛，其他处散生黄色腺点，侧脉3～4对，叶缘中部以上有大锯齿；叶柄上部具翅，微被柔毛；圆锥花序顶生或生于上部叶腋，花序梗及花梗微被柔毛，苞片卵状披针形，小苞片线形；花萼钟形，萼齿5裂；花冠淡紫、紫或蓝色，两唇形，上唇4裂，外翻，下唇卵形；小坚果4枚，顶端圆，有毛和腺点，成熟时棕褐色。花果期7～9月。

食用部位和方法 幼苗可食，在4～5月采收，洗净、沸水焯后，再用清水浸泡半天，炒食或掺面蒸食。

野外识别要点 本种根茎表面疙瘩状；叶先端凹缺，凹内有一尾状长尖的顶齿，叶背散生黄色腺点；花蓝紫色或蓝色，花萼、花冠均为两唇形；小坚果有毛和腺点。

叶凹内有一顶齿

别名：龟叶草、狗日草、野苏子、高丽花。	科属：唇形科香茶菜属。
生境分布：常野生于林下、林缘、草地或路旁，主要分布于中国黑龙江、吉林及辽宁。	

委陵菜

Potentilla chinensis Ser.

花

形态特征 多年生草本。株高20～70cm，主根圆柱形，茎粗壮，密生白绒毛，羽状复叶互生，基生叶常有15～31片小叶，茎生叶常有3～13片小叶，小叶向上渐小，长圆形至长圆状披针形，羽状深裂，裂片三角状披针形或长圆披针形，叶面被短柔毛，叶背密生白色绢毛，沿脉尤密，边缘具缺刻，常反卷；基生叶的托叶膜质，褐色，外面被白色绢状长柔毛，茎生叶的托叶草质，绿色，边缘锐裂，全部托叶基部与叶柄连生；聚伞花序顶生，花梗基部有披针形苞片，小花黄色，萼片、副萼片各5，密被绢毛；花瓣宽倒卵形，顶端微凹；瘦果卵球形，聚生于被有绵毛的花托上，熟时深褐色，有皱纹。花果期4～10月。

花枝图

食用部位和方法 幼苗和根可食，在4～6月采收幼苗，洗净，入沸水焯一下，炒食；根在秋季采挖，生食、煮食或蒸食均可。

野外识别要点 羽状复叶，互生，小叶羽状深裂，叶面被短柔毛，叶背密生白色绢毛，边缘常反卷。基生叶托叶褐色，茎生叶托叶绿色。花黄色，萼片、副萼片和花瓣各5。

别名：翻白菜、白头翁、根头菜、蛤蟆草、小毛药、虎爪菜。	科属：蔷薇科委陵菜属。
生境分布：常生长在荒地、山坡、林缘或路边，海拔可达3200m，广泛分布于全国各地，主产于辽宁、山东和安徽。	

167

问荆

Equisetum arvense L.

问荆不仅可供药用、食用和观赏，由于生性强健，对环境要求低，还是很好的生态草种，总而言之，问荆是一种有着巨大市场开发潜力的经济物种。

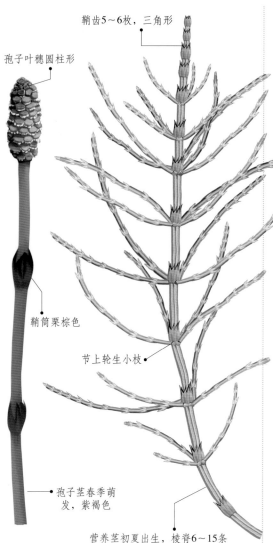

鞘齿5~6枚，三角形

孢子叶穗圆柱形

鞘筒栗棕色

节上轮生小枝

孢子茎春季萌发，紫褐色

营养茎初夏出生，棱脊6~15条

- **形态特征** 多年生草本。株高25~60cm，具匍匐根茎，黑褐色，幼时密生黄棕色鳞片。地上茎直立，2型：孢子茎春季萌发，高可达40cm，紫褐色，肉质，节间长2~6cm，密被纵沟纹，不分枝，叶退化，鞘筒长而大，栗棕色，鞘齿9~12枚，狭三角形，鞘背仅上部有一浅纵沟；营养茎初夏出生，高可达60cm，有棱脊6~15条，节间长2~3cm，节上轮生小枝，小枝纵棱3~4条。叶退化，下部连合成鞘，鞘齿披针形，黑色，边缘灰白色；鞘筒狭小，绿色，鞘齿5~6枚，三角形，中间黑棕色，边缘淡棕色。孢子叶穗5~6月抽出，圆柱形，顶生，具总梗，孢子叶六角形，盾状着生，螺旋排列，边缘有长形孢子囊。

- **食用部位和方法** 孢子囊茎可食，每年3~5月，采集出土3cm以上、孢子叶穗即将裂开时的嫩茎，去掉头部的包颖，用开水烫约1分钟，再用清水泡1夜，待异味去除后，凉拌、炒食或做汤。

- **野外识别要点** 本种孢子茎春季萌发，营养茎在孢子茎枯萎后生出，有轮生分枝，侧枝长而柔软，纵棱仅3~4条，且有横纹；孢子囊盾状着生，孢子叶六角形。

别名：笔头菜、土麻黄、马草、接骨草、节节草。	科属：木贼科问荆属。
生境分布：常生长在荒野、疏林或河道，分布于中国东北、华北、西北、西南及中南地区。	

无瓣蔊菜

Rorippa dubia Pers.) Hara

花黄色，无花瓣

缘膜质；花黄色，无花瓣；雄蕊6枚，2枚较短；长角果线状圆柱形，直伸，果梗纤细；种子每室1行，多数，细小，近卵形，褐色。花期4~6月，果期6~8月。

形态特征

一年生草本。植株低矮，高不及30cm，全株近无毛，茎细弱，直立或铺散，具纵沟纹；叶互生，质薄，基生叶与茎下部叶倒卵形或倒卵状披针形，长达8cm，宽达4cm，常大头羽状裂，顶裂片较大，侧裂片1~3对，向下渐小，边缘具不整齐齿，叶矩短柄；茎上部叶卵形或宽披针形，边缘具波状齿，无柄；总状花序顶生或侧生，花多数，具细花梗；萼片4个，披针形，直立，边

食用部位和方法

食用法同蔊菜。

野外识别要点

本种植株较柔弱，常呈铺散状分枝，叶大而薄；花无瓣；长角果细而直，果瓣近扁平，种子每室1行，细小，褐色。

叶常大头羽状裂

别名：塘葛菜、南蔊菜、大叶香荠菜、野雪里蕻。	科属：十字花科蔊菜属。
生境分布：常野生于山谷、河边湿地、坡地及路旁，海拔可达3500m，主要分布于中国长江流域及以南地区。	

无毛牛尾蒿

Artemisia dubia Wall. ex Bess var. subdigitata Mattf.) Y.R.Ling

花序

有小披针形或线形假托叶；茎上部叶与苞片叶指状3深裂或不分裂；头状花序，花梗短或无，基部有小苞叶，在分枝的小枝上排成穗状花序或总状花序，再组成大型圆锥花序；雌花6~8朵，花冠圆锥形，檐部两裂齿；两性花2~10朵，不孕育，花冠管状；瘦果小。花果期7~10月。

形态特征

多年生草本。株高80~120cm，主根木质，垂直，侧根多，根状茎粗短；茎直立、丛生，紫褐色或绿褐色，纵棱明显，基部略木质化，茎、枝幼时被短柔毛；叶互生，基生叶与茎下部叶卵形或长圆形，羽状5深裂，有时裂片上还有1~2枚小裂片，两面近无毛，无柄，花期叶凋谢；茎中部叶卵形，羽状5深裂，裂片椭圆状披针形、长圆状披针形或披针形，边缘无裂齿，基部渐狭成柄状、

食用部位和方法

嫩茎叶可食，每年早春采摘，洗净，入沸水焯熟后，再用清水浸泡1~2小时，凉拌。

野外识别要点

本种茎紫褐色或绿褐色，具纵棱，茎、幼枝、叶背绿色，常无毛；花序枝常"之"字形弯曲。

别名：指叶蒿。	科属：菊科蒿属。
生境分布：常野生于山坡、草原、疏林及林缘，海拔可达3500m，主要分布于中国西北、西南、华北及华东地区。	

西伯利亚蓼

Polygonum sibiricum Laxm.

• **形态特征** 多年生草本。高10～25cm，根状茎细长，茎斜升或近直立，自基部分枝，无毛；叶长椭圆形或披针形，无毛，长5～13cm，宽0.5～1.5cm，顶端急尖或钝，基部戟形或楔形，边缘全缘，叶柄长8～15mm，托叶鞘筒状，膜质，上部偏斜，开裂，无毛，易破裂；花序圆锥状，顶生，花排列稀疏，通常间断，通常每一苞片内具4～6朵花；花梗短；花被5深裂，黄绿色，花被片长圆形，长约3mm；雄蕊7～8枚，花柱3裂，柱头头状；瘦果卵形，具3棱，黑色，有光泽，包于宿存的花被内或突出。花果期6～9月。

花稀疏，黄绿色

圆锥状花序顶生

叶柄短或近于无

中脉明显，两面隆起

托叶黄褐色

• **食用部位和方法** 采嫩苗、嫩茎叶，水焯后，在水中浸泡数十分钟，凉拌食用。

• **野外识别要点** 全株无毛；叶片长椭圆形或披针形，基部常戟形；托叶鞘筒状，膜质，上部偏斜。

别名：剪刀股、野茶、驴耳朵、牛鼻子、鸭子嘴。	科属：蓼科蓼属。
生境分布：生于路边、湖边、河滩、山谷湿地、沙质盐碱地，海拔30～5100m，中国大部分地区有分布。	

西南水芹

Oenanthe dielsii de Boiss.

• **形态特征** 多年生草本。高50～80cm，全体无毛，有短根茎，支根须状或细长纺锤形；茎直立或匍匐，下部节上生根，上部叉式分枝，开展；叶有柄，长2～8cm，基部有较短叶鞘；叶片轮廓为三角形，2～4回羽状分裂，末回羽片条裂成短而钝的线形小裂片，长2～12mm，宽1～2mm；花序梗长2～23cm，与叶对生；无总苞，伞辐5～12个，小总苞片线形，小伞形花序有花13～30朵，花白色；果实长圆形或近圆球形，背棱和中棱明显，侧棱较膨大，棱槽显著，分生果横剖面呈半圆形。花期6～8月，果期8～10月。

复伞形花序，小花白色

叶2～4回羽状分裂

叶柄基部有鞘

茎上部叉式分枝

• **食用部位和方法** 同水芹。

• **野外识别要点** 与水芹的区别在于叶2～3回羽状全裂，稀为4回羽状分裂，末回裂片线形。

别名：野芹菜、野芫荽、细叶水芹。	科属：伞形科水芹属。
生境分布：多生于山坡、溪边、林下，分布于中国陕西、浙江、湖北、四川、广西等地。	

细根丝石竹

Gypsophila pacifica Kom

形态特征 多年生草本。株高可达1m，全株无毛，根粗大，黑褐色，根状茎多分枝，木质化；茎丛生，上部多分枝；叶对生，卵形、卵状披针形或长圆状披针形，稍肉质，先端尖或钝，基部稍抱茎，脉3～5条，全缘，无柄；聚伞花序顶生，分枝开展，花梗极短，苞片三角形，顶端渐尖，具缘毛；花萼钟形，萼齿裂达1/3，卵状三角形，边缘白色，具缘毛；花瓣5枚，长圆形，淡粉紫色或粉红色；蒴果卵球形，长于宿存萼，成熟时顶端4裂；种子圆肾形，稍扁，黑褐色，表面具钝疣状突起。花果期7～10月。

食用部位和方法 幼苗及嫩叶可食，5～6月采收，洗净，入沸水焯一下，再用凉水浸泡片刻，炒食或凉拌即可。

野外识别要点 本种根粗而长，黑褐色，茎上部分枝开展，叶稍肉质，无毛，脉3～5条；花紫粉色；果熟时4裂，种子圆肾形，黑褐色。

花瓣5枚，淡粉紫色或粉红色

可以食用的幼苗

叶对生，全缘，略肉质

别名：大叶石头花、山雀蓝、石头菜、蚂蚱菜、马生菜、大叶丝石竹、细梗石头花。	科属：石竹科大叶石头花属。

生境分布： 常野生于石砾质干山坡或阔叶林下，主要分布于中国东北地区。

细叶鼠麴草

Gnaphalium japonicum Thunb.

头状花序，花黄色

茎密被白色绵毛

基生叶呈莲座状，叶脉明显1条

形态特征 一年生草本。植株低矮，茎不分枝或自基部发出数条匍匐的小枝，有细沟纹，密被白色绵毛；基生叶呈莲座状，线状剑形或线状倒披针形，顶端具短尖头，基部渐狭，叶面绿色，疏被绵毛，叶背白色，厚被白色绵毛，叶脉1条，边缘多稍反卷；花茎叶少，线状剑形或线状长圆形，紧接复头状花序下面有3～6片线形或披针形小叶；头状花序，无梗，在枝端密集成球状，总苞近钟形，苞片3层，带红褐色，外面疏生柔毛；花黄色，雌花多数，花冠丝状，顶端3齿裂；两性花少数，花冠管状，檐部5浅裂；瘦果纺锤状，密被棒状腺体，冠毛白色。花期1～5月，果期5～7月。

食用部位和方法 同鼠麴草。

野外识别要点 本种茎、叶背密被白色绵毛，头状花序无梗，密集成复头状，下面有等大而呈放射状或星状排列的叶，总苞片红褐色。

别名：白背鼠麴草、天青地白、翻底白。	科属：菊科鼠麴草属。

生境分布： 常野生于草地或田间，主要分布于中国长江流域以南各省区，北方河南、陕西有少量分布。

狭叶荨麻

Urtica angustifolia Fisch.

雄花

荨麻不仅可以烹制成各种各样的菜肴，还可用于纺织、榨油及饲料、药物生产等。荨麻籽榨的油，味道独特，可强身健体。以前，人们对荨麻了解甚少，随着科技的发展，这一宝贵野生资源正被积极地开发利用。

• **形态特征** 多年生草本。株高40～150cm，根状茎木质化，呈匍匐状，地上茎直立，四棱形，偶有分枝，全株密被短柔毛或疏生螫毛；单叶对生，披针形，长4～15cm，宽1～4cm，先端长渐尖，基部圆形，稀浅心形，基出主脉3条，叶面粗糙，沿脉疏生细糙毛，叶背边缘有粗牙齿或锯齿，齿尖常前倾或稍内弯，叶柄短，疏生刺毛和糙毛；托叶线形，每节4枚，膜质；雌雄异株，花序长圆锥状，雄花近无梗，花被4片，在近中部合生，裂片卵形，外面上部疏生小刺毛和细糙毛；雌花小，近无梗，花被4片，有2片花后增大，紧包瘦果；瘦果卵形，黄色。花期6～8月，果期8～9月。

叶背淡绿色，脉隆起

齿尖常前倾或稍内弯

花序长圆锥状

叶对生，披针形

基出主脉3条

• **食用部位和方法** 嫩茎叶可食，含有水分、粗蛋白、脂肪、粗纤维、碳水化合物、钙等营养物质，一般5～7月采摘，洗净，入沸水焯熟后做汤。注意，在采摘时要带上防护手套。

• **野外识别要点** 本种有螫毛，叶对生，披针形，基出主脉3条，花雌雄异株，花序长圆锥状，容易识别。

全株密被短柔毛或疏生螫毛

别名：小荨麻、螫麻子、哈拉海。	科属：荨麻科荨麻属。
生境分布：常野生于海拔800～2000m的林缘、沟谷、灌丛或山地等潮湿处，主要分布于中国山西、内蒙古、河北及东北地区。	

狭叶香蒲

Typha angustifolia L.

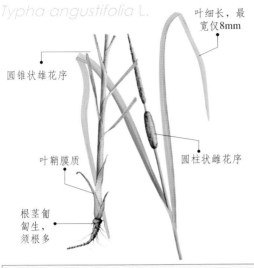

叶细长，最宽仅8mm

圆锥状雄花序

圆柱状雌花序

叶鞘膜质

根茎匍匐生，须根多

形态特征 多年生水生或沼生草本。根状茎乳白色，地上茎粗壮，高达2m；叶片条形，宽5～8mm，光滑无毛，上部扁平，下部腹面微凹，背面逐渐隆起成凸形，横切面呈半圆形，细胞间隙大，海绵状；叶鞘抱茎；雄花穗和雌花穗间均有一段间隔；雄花序在上，长20～30cm；雌花序在下，长8～30cm，果期直径1～2.5cm，深褐色或红褐色；小坚果无沟。花果期5～6月。

食用部位和方法 同宽叶香蒲。

野外识别要点 本种叶宽5～8mm，横切面呈半圆形，细胞间隙大，海绵状；雄花穗和雌花穗间均有一段间隔。

别名：水烛香蒲、蒲草、水蜡烛。	科属：香蒲科香蒲属。
生境分布：常生长在河边湿地及沼泽，广泛分布于全国大部分地区。	

夏枯草

Prunella vulgaris L.

花

果穗

形态特征 多年生草木。株高20～30cm，茎直立，钝四棱形，有浅槽和细毛，常带紫红色；叶卵状长圆形或卵圆形，草质，先端钝，基部圆形至宽楔形，有时下延至叶柄成狭翅，叶面深绿色，叶背淡绿色，侧脉3～4对，全缘或略带锯齿；叶柄向上渐短；轮伞花序密集成顶生的穗状花序，每轮着花6朵，花序下方的一对苞片似茎叶，肾形，背面有粗毛；苞片宽心形，边缘具睫毛，浅紫色；花萼唇形，前方有粗毛，后方光滑；花冠紫色或白色，上唇风帽状，下唇平展，3裂，中裂片倒心脏形，先端边缘具流苏状小裂片；小坚果成熟时黄褐色，长圆状卵珠形，微具沟纹。花果期4～10月。

食用部位和方法 本种嫩叶含有多种营养成分，具有很高的营养价值，在3～5月采摘，洗净，入沸水焯后，凉拌、炒食、熬汤、煮粥或泡酒、泡茶喝，尤其是夏季，可多食。

野外识别要点 本种茎绿色带紫红色；轮伞花序密集成顶生的穗状花序，花紫色或白色，萼唇形，前方有粗毛，上唇3裂，下唇2裂。

节处生枝

根茎横走

别名：铁线夏枯、夕句、乃东、燕面、铁色草、毛虫药、灯笼草、羊蹄尖。	科属：唇形科夏枯草属。
生境分布：生长在荒坡、草地、溪边及路旁等湿润地，海拔可达3000m，中国大部分省区都有分布，河南、安徽、江苏、浙江为主产区。	

夏至草
种子

Lagopsis supina Steph.) Ik.-Gal. ex Knorr.

夏至草在初春即出苗，之后不久便开花，花期一直到夏至前后才结束，故得此名。

• 形态特征

一或二年生草本。植株低矮，高不过35cm，主根圆锥形，茎四棱形，带紫红色，常自基部分枝，有沟槽和微柔毛；叶对生，宽卵形，先端圆形，基部心形，掌状3浅裂或3深裂，裂片边缘具圆齿，两面疏生微柔毛，有时还具腺点；具叶柄，下部叶的叶柄稍长，扁平，上面微具沟槽；轮伞花序，花稀疏，花萼管状钟形，外密被微柔毛，脉5个、齿5个；花冠白色，两唇形，上唇全缘，下唇3裂；小坚果长卵形，成熟时褐色，有鳞粃。花果期3～6月。

轮伞花序，花白色

• 食用部位和方法

嫩叶可食，含有多种营养成分，5～6月采摘，洗净，入沸水焯熟后，再用清水漂洗几遍，凉拌、炒食、熬粥或煮汤。

• 野外识别要点

本种与益母草的区别在于植株低矮，花冠白色，花冠筒包于萼内。

别名：笼棵、夏枯草、白花夏枯、白花益母。	科属：唇形科夏至草属。
生境分布：多生长在海拔1200～2700m的田边、路旁、草地或灌丛，广泛分布于中国长江流域以北地区，为常见杂草。	

腺梗菜
果和花

Adenocaulon himalaicum Edgew.

• 形态特征

多年生草本。株高30～100cm，根状茎匍匐，节上生纤维根，茎直立，通常中部以上分枝，分枝纤细，斜上生长；基生叶和茎下部叶花期凋落，肾形或近圆形，边缘有不规则形的波状大牙齿，齿端有凸尖，叶背灰白色，密生蛛丝状毛，叶柄长5～17cm，具翼，翼全缘或有不规则的钝齿；茎中部叶三角状圆形或菱状倒卵形，较大，向上的叶渐小，最上部的叶长约1cm，披针形或线状披针形，无柄，全缘；头状花序数个排列成圆锥状，花梗短，被白色绒毛，花后花梗伸长，密被稠密头状具柄的腺毛；总苞半球形，苞片宽卵形，全缘，果期向外反曲；雌花白色，檐部比管部长，两性花淡白色，檐部短于管部；瘦果棍棒状，被多数头状具柄的腺毛。花果期6～11月。

叶背灰白色，密生蛛丝状毛

• 食用部位和方法

嫩叶可食，春季采摘，洗净，入沸水焯熟，再用凉水洗净，凉拌食用，也可晒成干菜。

• 野外识别要点

本种生长地常较为阴湿；叶柄有翼，密生白色蛛丝状毛；花白色，小，花序梗有腺体。

别名：土冬花、水葫芦、水马蹄草、和尚菜。	科属：菊科和尚菜属。
生境分布：生长于河岸、湖旁、峡谷或林下、山沟的阴湿处，分布于全国各地，国外主要分布于日本、朝鲜、印度、俄罗斯远东地区。	

仙人掌

花语：坚强、勇敢、不屈

Opuntia stricta (Haw.) Haw. var. *dillenii* (Ker-Gawl.) Benson

仙人掌的故乡在美洲和非洲，其中墨西哥的种类最多，素有"仙人掌王国"之称。明朝末年，仙人掌被引入中国，现在全国各地都有栽培。仙人掌全身带刺，开出的花朵鲜艳美丽，由于生命力极强，花语为坚强、勇敢、不屈。

形态特征 多年生肉质灌木。株高1.5～3m，茎节倒卵形、扁平，茎上有刺座，密生黄色刺；上部分枝宽倒卵形、倒卵状椭圆形或近圆形，先端圆形，基部楔形或渐狭，绿色至蓝绿色，无毛，边缘通常不规则波状；叶钻形，绿色，早落；花辐状，黄色，花托倒卵形，顶端截形并凹陷，基部渐狭，疏生突出的小窠，小窠具短绵毛、倒刺刚毛和钻形刺；萼状花被片具绿色中肋，瓣状花被片边缘全缘或浅啮蚀状；浆果倒卵球形，顶端凹陷，基部多狭缩成柄状，紫红色，每侧具5～10个突起的小窠，小窠具短绵毛、倒刺刚毛和钻形刺；种子多数，扁圆形，边缘稍不规则，淡黄褐色。花期6～10月。

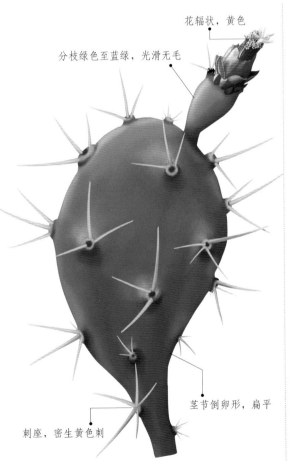

花辐状，黄色

分枝绿色至蓝绿，光滑无毛

茎节倒卵形，扁平

刺座，密生黄色刺

食用部位和方法 肉质茎和浆果可食，肉质茎夏季采集，刮去外皮，洗净，入沸水中焯一下，凉拌、炒食、炖食或裹面炸食；秋季采摘浆果，洗净，去除果皮和刺可直接当水果吃。

野外识别要点 丛生肉质灌木，茎扁平肉质，其上疏生小窠，小窠内的刺密集，黄色，有淡褐色横纹。

株高1.5～3m

别名：观音掌、神仙掌、霸王、仙巴掌、火焰、火掌、牛舌头。	科属：仙人掌科仙人掌属。
生境分布：常野生于沿海湿润的地方，主要分布于中国四川、贵州、云南、广东、广西及海南等地区。	

175

香茶菜

Rabdosia amethystoides Benth.) Hara

花两唇形

- **形态特征** 多年生草本。株高可达1.5m，全株被短柔毛，根茎肥大、疙瘩状，密生纤维状须根；茎直立，四棱形、中空、有条纹，节明显，基部木质化，密被向下贴生的疏柔毛或短柔毛；叶对生，卵形至披针形，两面被柔毛且有白色或黄色小腺点，边缘有钝齿，

疏散的圆锥花序

根茎疙瘩状

叶柄短或近无；聚伞花序多花，组成顶生、疏散的圆锥花序，花冠淡紫色，两唇形，上唇3裂，下唇不裂，稍向下伸；果实由4个小坚果组成，小坚果卵形，稍扁，有不明显网纹，黄栗色，被黄色及白色腺点。花果期9～11月。

地表植株形态

- **食用部位和方法** 嫩叶可食，春季采摘，洗净，入沸水焯熟后，再用凉水漂洗去除苦味，凉拌、炒食、煮食或做馅。

- **野外识别要点** 本种全株被短柔毛，圆锥花序疏散、顶生，聚伞花序分枝极叉开，果萼阔钟形且直立，是野外识别的要点。

别名： 铁棱角、四棱角、铁角棱、铁丁角、铁生姜、铁钉头、山薄荷、盘龙七。 **科属：** 唇形科香茶菜属。

生境分布： 一般生长在林下或草丛等湿润处，海拔1000m以下，分布于中国南方大部分省区，主产于湖北、广东、广西等省区。

小白酒草

Conyza canadensis L.) Cronq.

- **形态特征** 一年生草本。株高50～100cm，具圆锥形根，茎直立，上部多分枝，有粗糙毛和细条纹；叶互生，条状披针形或矩圆状条形，长可达10cm，宽达2cm，先端尖，基部渐狭成柄，全缘或有微锯齿，边缘有长睫毛；头状花序顶生或腋生，常数朵成多分

枝的圆锥花序，有短花梗，总苞片2～3层，披针形，边缘膜质；外层舌状花雌性，白色带紫色，中央管状花两性，黄色或白色，5齿裂；瘦果扁长圆形，具毛，冠毛污白色。花果期5～11月。

- **食用部位和方法** 嫩茎叶可食，一般3～6月采摘，洗净，入沸水焯一下，再用清水浸泡去除苦味，炒食或做汤。

- **野外识别要点** 本种全株有长硬毛，叶长披针形，边缘有睫毛；花小，中间为黄或白色的管状花，外边为白紫色的舌状花。

花枝图

别名： 小蓬草、小飞蓬、飞蓬、百灵草、风头花。 **科属：** 菊科飞蓬属。

生境分布： 常野生于旷野、河滩、渠旁、田边或路边，比较喜欢干燥的土壤，广泛分布于中国南北大部分地区。

小花风毛菊

Saussurea parviflora Poiret) DC.

形态特征 多年生草本。株高40～80cm，根状茎纺锤形，茎直立、粗壮，上部有分枝，纵棱显著，疏生细柔毛；基生叶具长柄，茎生叶的叶柄稍短，有翼；叶片椭圆形、长圆状披针形或广披针形，先端尖，基部楔形，叶面绿色，叶背灰绿色，全缘；头状花序，总苞筒状，花全部为管状花，紫红色；瘦果，有条纹和黑色斑点。花果期7～10月。

食用部位和方法 嫩茎叶可食，在4～6月

采摘，洗净，入沸水焯熟后，再用凉水浸泡去除苦味，凉拌或炒食。

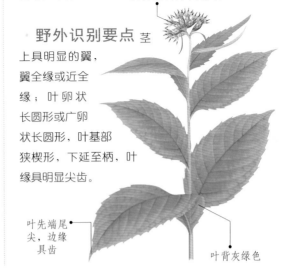

头状花序聚成伞房状

野外识别要点 茎上具明显的翼，翼全缘或近全缘；叶卵状长圆形或广卵状长圆形，叶基部狭楔形，下延至柄，叶缘具明显尖齿。

叶先端尾尖，边缘具齿

叶背灰绿色

别名：燕尾泥胡菜、燕子尾、燕尾风毛菊。	科属：菊科风毛菊属。
生境分布：常野生于山地、林缘、草地及河岸旁，分布于中国东北和华北地区。	

小花鬼针草

Bidens parviflora Willd.

头状花序单生

形态特征 一年生草本。株高20～90cm，茎下部圆柱形，中上部常为钝四方形，有纵条纹，偶有稀疏柔毛；叶对生，具短柄，叶柄腹面有沟槽、槽内及边缘有疏柔毛；茎中、下部叶2～3回羽状分裂，叶面被短柔毛，叶背无毛或沿叶脉被稀疏柔毛，边缘稍向上反卷；茎上部叶1～2回羽状分裂；头状花序单生，具长梗，总苞筒状，基部被柔毛，外层苞片4～5枚，条状披针形，内层苞片常仅1枚，托片状；盘花两性，6～12朵，花冠筒状，冠檐4齿裂；瘦果条形，略具4棱，两端

渐狭，有小刚毛，顶端芒刺2枚，边缘有倒刺毛。花果期7～10月。

食用部位和方法 同鬼针草。

野外识别要点 本种茎下部圆柱形，中上部常为钝四方形；叶对生，1～3回羽状分裂，叶柄有沟槽；头状花序单生，总苞筒状，外层苞片4～5枚，内层苞片常仅1枚；瘦果条形，顶端芒刺2枚。

叶对生，1～3回羽状分裂

茎有纵条纹

别名：小刺叉、小鬼叉、细叶刺针草、锅叉草。	科属：菊科白花鬼针草属。
生境分布：生长于荒野、林下、水沟边及路旁，分布于中国东北、华北、西南及山东、河南、陕西、甘肃等地。	

小黄花菜

Hemerocallis minor Mill.

花

据说，秦末农民起义领袖陈胜曾讨过饭，有一对黄氏母女给过他一碗黄花菜饭，他吃后终生难忘，在起义胜利后，他不仅让百姓大量种植黄花菜，还以那姑娘的名字——金针命名，即金针菜。

生1～2朵花，花梗很短，苞片近披针形，花淡黄色，外有褐晕，具芳香；花被片6片；蒴果椭圆形或矩圆形。花果期6～9月。

· **食用部位和方法** 小黄花菜是中国的传统干菜，幼苗味道鲜美，4～5月采收，洗净，入沸水焯几分钟，炒食或做汤；花蕾及初开的花也称黄花菜，6～8月采摘，鲜食或洗净晒干制干菜。

· **形态特征** 多年生草本。株高30～60cm，主根短、细，呈绳索状，须根稍粗；叶基生，条形，叶脉平行，全缘；花葶多个，通常低于叶，花序不分枝或稀叉状分枝，顶

蒴果

· **野外识别要点**
本种根较细，绳索状；1～2朵花顶生，花被片黄色，有时带褐晕，长1～2.5cm。

别名：黄花菜、金针菜、黄花苗子、金针菜。	科属：百合科萱草属。

生境分布：常生长在草地、林缘、山坡或灌丛中，海拔可达2300m，主要分布于中国东北、华北及陕西、甘肃、山东等地。

小藜

Chenopodium serotinum L.

· **食用部位和方法** 嫩苗和嫩茎叶可食，一般在每年3～5月采收，洗净，入沸水焯熟后，凉拌、炒食、做汤或做馅均可。

· **形态特征** 一年生草本。株高20～50cm，茎直立，具红色或绿色条棱；叶片卵状矩圆形，通常3浅裂；中裂片两边近平行，先端钝或急尖并具短尖头，边缘具深波状锯齿；侧裂片位于中部以下，通常各具2浅裂齿；花两性，数朵簇生于上部枝，形成顶生的圆锥状花序；花被近球形，5深裂，裂片宽卵形，不开展，背面具微纵隆脊并有密粉；胞果包在花被内，果皮与种子贴生；种子双凸镜状，黑色，有光泽，边缘微钝，表面具六角形细洼；胚环形。花期4～5月。

· **野外识别要点** 本种茎具条棱，叶通常3浅裂，侧裂片常再2浅裂；花簇生于上部枝，花被近球形，5深裂；种子黑色，表面具六角形细洼。

圆锥状花序，花黄绿色

叶背灰绿色

叶通常3浅裂

茎具红色或绿色条棱

基出主脉3条

别名：苦落藜、灰灰菜。	科属：藜科藜属。

生境分布：常野生于荒地、道旁、垃圾堆等处，为普通田间杂草，除西藏外，中国大部分省区均有分布。

薤白

Allium macrostemon Bunge

　　薤白是药食两用品种。2002年之前，薤白销量极少，价格很低，是名副其实的"冷品种"。2002年之后，中国药市推出许多新药、特药和中成药，其中百余个药品中都有薤白，薤白的需求量瞬间提升，价格也节节攀高。现在，不管是蔬菜市场、还是药用市场，薤白已经是当仁不让的抢手货。

· **形态特征** 多年生草本。株高30～70cm，地下鳞茎近球状，外皮棕黑色，里面白色，基部常有易脱落的小鳞茎；叶3～5枚，半圆柱形或三棱状半圆柱形，中空，长可达30cm，上面具沟槽；花葶圆柱状，高30～70cm，伞形花序半球状至球状，具多而密集的花，或间具珠芽，或有时全为珠芽；花梗基部具小苞片，珠芽暗紫色，花淡紫色或淡红色；子房近球状，腹缝线基部具有帘的凹陷蜜穴；花柱伸出花被外；蒴果。花果期5～7月。

· **食用部位和方法** 嫩苗及地下鳞茎可食，嫩苗宜在春季薤白萌发出土，茎叶未老化时割取，洗净，直接蘸酱生食或做汤、做馅、腌制咸菜；鳞茎在秋后植株枯萎后挖取，多腌制食用，味道鲜美。

· **野外识别要点** 本种具棕黑色的地下鳞茎，叶3～5枚，三棱状半圆柱形；珠芽暗紫色，花淡紫色或淡红色。

花密集，呈球形或半球形

叶3～5枚，中空，上面具沟槽

子房近球状

花瓣6枚，淡紫色或淡红色

花葶高30～70cm

叶基部常有小鳞茎

鳞茎球状，外皮棕黑色

鳞茎下部生须根

别名： 小根蒜、小根菜、大脑瓜儿、野蒜、山蒜、苦蒜、团葱。　**科属：** 百合科薤白属。

生境分布： 一般野生于山坡、丘陵、山谷、荒滩、林缘、草甸及田间，常成片生长，除新疆、青海外，中国大部分地区均有分布，尤其是长江流域。

兴安鹿药

Smilacina dahurica Turcz. ex Fisch. et Mey

花序顶生

花药近球形

叶背浅绿色

花瓣反折

• 形态特征 多年生草本。株高30～60cm，根状茎纤细，茎单一、直立，近无毛或上部有短毛；叶互生，矩圆状卵形或矩圆形，纸质，长可达12cm，宽仅达5cm，先端急尖或具短尖，基部抱茎，叶背密生短柔毛，全缘，无柄；总状花序顶生，除花外全被柔毛，花常2～4朵簇生，稀单生，白色；花被片倒卵状矩圆形，基部稍合生；花药小，近球形；柱头稍3裂；浆果近球形，熟时红色或紫红色，具1～2颗种子。花期6～8月，果期8～10月。

• 食用部位和方法 幼苗可食，初春采摘，洗净，入沸水焯熟后，再用清水漂洗几遍，凉拌或炒食。

• 野外识别要点 本种茎粗壮，叶大型，花白色，浆果球形，熟时红色或紫红色。

基出脉近平行

别名：山白菜。	科属：百合科鹿药属。
生境分布：常野生于海拔450～1000m的林下，主要分布于中国黑龙江和吉林。	

兴安毛连菜

Picris dahurica Fisch. ex Hornem

花

花梗、总苞被硬毛

聚伞状花序，花黄色

叶渐向上渐小

• 形态特征 二年生草本。株高60～100cm，茎直立、单一，上部分枝，密被钩状分叉硬毛，株内有白浆；基生叶较多，花期枯萎；茎下部叶互生，披针形或长圆状披针形，长8～15cm，宽1～4cm，两面密被钩状分叉硬毛，边缘有疏齿，密生长硬毛，无柄；茎中上部叶渐向上渐小，稍抱茎；茎上部叶全缘；头状花序排列成聚伞状花序，花序梗密被钩状分叉硬毛，苞片狭披针形，密被硬毛；总苞筒状，密被或疏被长硬毛及白色疏柔毛；花冠舌状，黄色，先端5齿裂；瘦果纺锤形，稍弯曲，红褐色，具纵沟及横皱纹，冠毛羽状，两层。花期7～9月，果期8～10月。

• 食用部位和方法 嫩茎叶可食，一般初春采摘，洗净，入沸水焯熟后，凉拌、炒食或做汤。

叶面密被硬毛

• 野外识别要点 本种株内有白色乳汁，茎、叶、花序梗及苞片被钩状分叉硬毛，花黄色，花冠5齿裂；果红褐色。

中脉明显

别名：枪刀菜、粘叶子草。	科属：菊科毛连菜属。
生境分布：常野生于林缘、山坡草地、沟边及灌丛等地，分布于中国南北大部分省区。	

兴安升麻

Cimicifuga dahurica (Turcz.) Maxim.

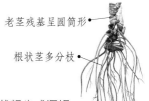

老茎残基呈圆筒形

根状茎多分枝

形态特征 多年生草本。株高可达1m，有臭气，根状茎粗壮，表面黑色，老茎残基在根状茎上呈圆筒形，茎具纵沟；茎下部叶2～3回三出复叶，顶生小叶宽菱形，羽状3浅裂至深裂，边缘具齿，侧生小叶长椭圆状卵形，叶背沿脉疏生柔毛，边缘具缺刻状粗齿或深锯齿；上部茎生叶较小，为1回三出复叶；叶柄向上渐短；圆锥花序，密生小腺毛和短柔毛，苞片钻形，花单性，黄白色，雌雄异株，雌花萼片倒卵形，有退化雄蕊，无花瓣，有蜜腺；雄花序较大，具多数雄蕊；蓇葖果顶端近截形，被贴伏的白色柔毛；种子3～4粒，椭圆形，成熟时褐色，四周生膜质鳞翅，中央生横鳞翅。花期7～8月，果期8～9月。

圆锥花序，花黄白色

蓇葖果

食用部位和方法 叶柄可食，通常在早春采摘未展开的嫩茎，去掉幼叶，洗净，入沸水焯至用手可以掐破时捞出，再放入温水中浸泡约5分钟，最后用冷水浸泡约5分钟，捞出，沥干水分，炒食或蘸酱食用。

野外识别要点 本种全株有臭气，根茎黑褐色，顶部有老茎残基，地上茎纵沟；下部叶2～3回三出复叶，上部叶1回三出复叶；花单性，黄白色。

叶2～3回三出复叶

顶生小叶羽状3浅裂至深裂

植株有臭味

别名：北升麻、窟窿根、升麻。	科属：毛茛科升麻属。
生境分布：常生长在山地、林缘、灌木丛、草地及沟谷中，海拔可达1200m，分布于中国西北、东北及华北等地区。	

星宿菜

Lysimachia fortunei Maxim.

花瓣有黑色腺点

· **形态特征** 多年生草本。株高30～70cm，全株无毛，根状茎横走，紫红色，茎直立，圆柱形，基部紫红色，有黑色细点，常分枝；叶互生，长圆状披针形至狭椭圆形，先端尖，基部渐狭，两面有黑色腺点，干后突起，全缘，叶柄短或近无；总状花序，稍有腺毛，苞片三角状披针形，花梗极短，萼5裂，裂片椭圆状卵形，先端钝尖，边缘有缘毛，膜质，中部有黑色腺点；花冠白色，喉部有短腺毛，裂片5枚，倒卵形，先端钝尖，背面有黑色腺点；蒴果球形。

花期6～8月，果期8～11月。

叶面有黑色腺点

· **食用部位和方法** 嫩叶可食，春季采摘，洗净，入沸水焯后用清水漂洗去苦涩味，凉拌、炒食或煮食。

· **野外识别要点** 本种全株无毛，茎、叶、萼片和花冠均有黑色腺点，易识别。

茎圆柱形，有黑色腺点

总状花序，小花白色

蒴果球形，略扁

根状茎横走，紫红色

别名：红根草、散血草、大田基黄、红脚兰（广东）、红头绳。	科属：报春花科珍珠菜属。
生境分布：生于水边、田边等低湿处，分布于中国中南、华南、华东各省区。	

杏叶沙参

Adenophora hunanensis Nannf.

· **形态特征** 多年生草本。株高50～90cm，根圆柱形，茎不分枝；基生叶圆心形，边缘有粗齿，具长柄；茎生叶互生，狭卵形、菱状狭卵形或长圆状狭卵形，叶面无毛，叶背沿脉疏生柔毛，边缘有不整齐锯齿，叶柄短或近无；总状花序狭长，花序轴、花萼有短毛；萼5片，狭披针形，5浅裂；花冠紫蓝色，钟状，5浅裂；雄蕊5枚，花丝基部宽，边缘密被柔毛，花盘圆筒状；蒴果近球形，有毛。花果期8～10月。

· **食用部位和方法** 嫩叶及根可食，春季采摘嫩叶，洗净，入沸水焯熟后，凉拌、炒食或做馅；秋末采根，洗净，煮食。

· **野外识别要点** 本种茎生叶在茎上部的无柄，叶基部常楔状下延；花萼裂片顶端急尖至渐尖。

钟形花紫蓝色

基生叶圆心形

茎生叶狭卵形至长圆状狭卵形

叶背灰绿色

根圆柱形

别名：裂叶沙参、甜桔梗、白面根、荠苨。	科属：桔梗科沙参属。
生境分布：一般生长在山坡草丛中，分布于中国西北、华北、西南及湖南、湖北等地。	

荇菜

Nymphoides peltatum Gmél.) O. Kuntze

花瓣边缘具齿状毛

种子边缘有睫毛

根茎横走

荇菜很像睡莲，也是一种适宜观赏的浮水植物。虽然每朵花开放的时间很短，只有在上午9～12点，但全株花多，整个花期可长达4个月，因而非常适合栽培在池塘或水箱中观赏。

形态特征 多年生草本。植株水生，具不定根，根状茎横走，茎沉入水中，圆柱形，多分枝，密生褐色斑点，节下生根；叶漂浮水面，下部叶互生，上部叶对生，叶片圆心形，基部深心形，叶面粗糙，叶背带紫色且密被腺点，全缘或微波状；叶柄圆柱形，基部膨大，呈鞘状，半抱茎，花腋生，通常5朵簇生成一束，花梗伸出水面，花萼5个，分裂近基部，裂片椭圆形；花冠金黄色，顶部辐射5裂，裂片宽倒卵形，中部质厚部分卵状长圆形，边缘宽膜质，具不整齐的齿状毛，喉部具5束长柔毛；雄蕊5枚，着生于冠筒基部；子房基部有蜜腺5个；花柱长，瓣状2裂；蒴果无柄，长椭圆形，先端尖，不裂；种子多数，椭圆形，成熟时褐色，边缘密生睫毛。花果期4～10月。

花腋生，花冠金黄色

叶基部深心形

叶柄圆柱形，基部膨大，呈鞘状

叶漂浮水面，圆心形

食用部位和方法 嫩茎叶可食，春季采摘，洗净，沸水焯后，凉拌、炒食或掺面蒸食，也可晒成干菜。

野外识别要点 本种生长在水中，叶浮于水面，圆心形；花较大，黄色，花瓣边缘具齿状毛，喉部有5束长柔毛。

水中植株形态

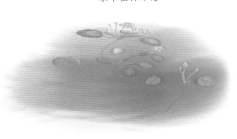

茎沉入水中，密生褐色斑点

别名： 金莲儿、野荷花、荇似菜、大浮萍、马蹄秧、水荷叶、大紫背浮萍、水葵。	**科属：** 龙胆科荇菜属。
生境分布： 常生长在池塘、沼泽、河流或静水中，分布于中国东北、华北、华东、西北及西南地区。	

旋覆花

Inula japonica Thunb.

花

形态特征 多年生草本。茎常单生，直立，高30～70cm，上部有分枝。基部叶常较小，在花期枯萎；中部叶长圆形、长圆状披针形或披针形，长4～13cm，宽1.5～4cm，基部多狭窄，常有圆形半抱茎的小耳，无柄，顶端稍尖或渐尖，边缘有小尖头状疏齿或全缘，上面有疏毛或近无毛，下面有疏伏毛和腺点；上部叶渐狭小。头状花序径3～4cm，数个排列成疏散的伞房花序。总苞半球形，总苞片约6层，线状披针形；舌状花和管状花均为黄色。瘦果圆柱形，冠毛白色。花果期6～11月。

根茎稀疏分枝

食用部位和方法 采集嫩茎叶用沸水焯熟，然后换水浸洗，去除苦味，加入油、盐调拌食用。

野外识别要点 叶长圆状披针形或披针形，基部常有圆形半抱茎的小耳；舌状花和管状花均为黄色，管状花数量极多。

别名： 覆、盗庚、盛椹、戴椹、飞天蕊、金钱花、野油花、滴滴金、金钱菊、全福花。　**科属：** 菊科旋覆花属。

生境分布： 生于海拔150～2400m的山坡路旁、湿润草地、河岸和田埂上，广泛分布于中国东北、华北、华中、华东等各省区。

鸭舌草

Monochoria vaginalis Burm. f.) Presl ex Kunth

形态特征 多年生水生草本。植株低矮，地下根状茎短，须根柔软，茎直立或斜上，光滑无毛；叶丛生，叶形变化大，心状宽卵形、长卵形至披针形，先端尖，基部圆形或浅心形，全缘；具弧状脉，叶柄长10～20cm，基部扩大成开裂的鞘，具弧状脉，鞘顶端有舌状体；总状花序自叶梢内抽出，花序梗短，基部有1披针形苞片；花序在花期直立，果期下弯，常具3～5朵花，花被片长圆形，蓝色略带红色；雄蕊6枚，其中1枚较大；蒴果卵形，室背开裂；种子多数，长约1mm，灰褐色，具8～12条纵条纹。花期8～9月，果期9～10月。

花蓝色，略带红色

叶丛生，形多变

叶柄基部扩大成鞘

脉弧形

地表植株形态

食用部位和方法 幼苗及嫩茎叶可食，在春夏季采摘，洗净，先入沸水焯熟，再换清水浸泡，待苦味去除后凉拌、炒食或做汤。

野外识别要点 本种为水生草本，植株低矮，无毛，叶丛生，具长柄，柄基部有鞘；总状花序，花3～5朵，蓝色带红色；种子灰褐色。

别名： 薅草、猪耳菜、水锦葵、肥猪草、香头草、鸭娃草。　**科属：** 雨久花科雨久花属。

生境分布： 常野生于沟旁、浅水池塘、稻田等水湿处，分布于中国南北各省区，尤其是西南、中南、华东等地区。

鸭儿芹

Cryptotaenia japonica Hassk.

株高可达1m，全株无毛

形态特征 多年生草本。株高20～100cm，主根短，侧根多数，茎直立，具细槽，有分枝，绿色带紫色，全株无毛；基生叶和茎下部叶三角形至广卵形，叶柄长5～20cm，叶鞘边缘膜质，常为3小叶，中间小叶菱状倒卵形或心形，两侧小叶斜倒卵形至长卵形，有时2～3浅裂，叶面绿色，叶背淡绿色，脉在两面隆起，叶缘有不规则的尖锐重锯齿；茎中上部叶卵状披针形至窄披针形，边缘有锯齿，近无柄；复伞形花序呈圆锥状，花序梗不等长，总苞片1个，呈线形或钻形；小总苞片1～3个；萼齿三角形；花瓣倒卵形，白色，顶端有内折的小舌片；双悬果条状长圆形，光滑。花期4～5月，果期6～10月。

食用部位和方法 嫩苗、嫩茎叶可食，翠绿，有特殊的芳香味，营养丰富，是优良的野生蔬菜。一般每年春秋季待株高30～35cm时采摘，夏季株高25cm以上时可采摘，洗净，入沸水焯熟后凉拌或炒食。

菜谱——鸭儿芹烧豆腐
食材：鸭儿芹嫩茎叶300g、豆腐250g，油、盐、味精、葱花适量。
做法：1.将鸭儿芹叶洗净，入沸水焯熟，捞出沥干，切段；豆腐切小块，备用。2.油放入锅中，烧热，放葱花煸香，再放入豆腐、菜叶和盐，炒至入味，点入味精，出锅即可。

复伞形花序，小花白色

叶三角形至广卵形，常为3小叶

叶柄长5～20cm

茎绿色带紫色

主根密生侧根

小总苞片1～3枚

茎中上部叶近无柄

别名：三叶、鸭脚板、野蜀葵。	科属：伞形科鸭儿芹属。
生境分布：常野生于200～2400m的山地、山沟及林下阴湿地区，分布于中国南北大部分省区。	

鸭跖草

Commelina communis L.   花和嫩叶

形态特征

一年生草本。株高可达1m，茎圆柱形、肉质，基部枝呈匍匐状，节上生根，节间较长，绿色或暗紫色，具纵细纹；单叶互生，披针形至卵状披针形，质厚，先端短尖，基部狭圆，呈膜质鞘，全缘；总状花序生于二叉状花序柄上，具花3～4朵，总苞片心状卵形，绿色，先端尖，基部浑圆，边缘对合折叠；花两性，蓝紫色，萼片3片；花瓣3枚，分离，圆形；蒴果椭圆形，稍扁，熟时开裂；种子4枚，三棱状半圆形，暗褐色，有纹和窝点。花果期6～10月。

•节上生根

食用部位和方法

嫩茎叶可食，营养丰富，5～6月采收，洗净，沸水焯5～6分钟，再用清水浸泡直至异味去除，凉拌、炒食、做汤或晒制成干菜。

野外识别要点

本种节上生根，披针形叶互生，叶基狭圆，呈膜质鞘；花两性，蓝紫色，萼片、花瓣各3枚。

别名： 鸡舌草、蓝花菜、三角菜、水浮草、竹节菜、翠蝴蝶、竹叶菜、鹅儿菜、淡竹叶。 **科属：** 鸭跖草科鸭跖草属。

生境分布： 常生长在山坡、田边、河岸、林缘及路旁等阴湿处，广泛分布于全国各地。

烟管头草

Carpesium cernuum L.

由于头状花序酷似烟袋锅或挖耳勺，所以既可叫烟管头草，也可叫金挖耳。

花枝图

形态特征

多年生草本。株高可达1m，茎直立、粗壮，多分枝，有明显的纵条纹，全株有毛；基生叶花期枯萎，茎下部叶卵形、长椭圆形或匙状长椭圆形，长达20cm，先端尖，基部狭窄，形成有翅的长柄，叶面有毛，全缘或有波状齿；茎中上部叶渐小，叶形与下部叶相似，短柄或近无柄；头状花序单生茎端及枝端，开花时略下垂，基部有叶状苞，总苞半球形，苞叶多枚，大小不等，内层苞片长圆形，上部稍扩大，边缘干膜质，外层苞片线形，较长，上部绿色，最外层还有几片更大的苞片，呈叶状；雌花狭筒状，两性花筒状，黄色；瘦果线形，多棱，有短喙，两端稍狭，上端有黏液。花果期7～10月。

食用部位和方法

嫩叶可食，春季采摘，洗净，入沸水焯熟后，用凉水反复漂洗直至苦味去除，凉拌、炒食或做馅。

野外识别要点

本种基生叶卵形、长椭圆形或匙状长椭圆形，全缘或波状；头状花序直径15～18mm，在第一次分枝顶端单生，下垂，基部有数个线状披针形且不等长的苞叶。

别名： 杓儿菜、金挖耳。 **科属：** 菊科天名精属。

生境分布： 常生长在山坡、草地、林缘和沟里，广泛分布于中国各地。

盐地碱蓬

Suaeda salsa L.) Pall.

形态特征 一年生草本。株高20～80cm，茎直立、黄褐色，常有红紫色条棱，无毛，自基部多分枝；叶小、条形、半圆柱状，上部叶更短，无柄；花3～5朵簇生于叶腋，呈间断穗状花序，小苞片卵形，花两性，花被5片，半球形，果时背面基部增厚，呈翅状突起，花药矩圆形，柱头2裂，有乳头，常带黑褐色；胞果包于花被内，果皮膜质，果实成熟后常破裂而露出

种子；种子横生，卵形，黑色，有光泽，表面具不清晰的网点纹。花果期8～10月。

食用部位和方法 幼苗和嫩茎叶可食，在4～6月采摘，洗净，放入开水中焯一下捞出，凉拌、炒食、做汤或做馅。

野外识别要点 本种茎常具红紫色条纹，叶条状半圆柱形；花3～5朵簇生于叶腋或腋生短枝上，花被5片，半球形，果时呈翅状突起；种子黑色。

茎常具红紫色条棱

穗状花序，紫红色

别名：翅碱蓬、黄须菜、碱葱、海英菜。	科属：藜科碱蓬属。
生境分布：常野生于盐碱荒地、沟渠、滩涂等处，分布于中国东北、华北、西北及江浙一带。	

野艾蒿

Artemisia lavandulaefolia DC.

茎下部叶

形态特征 多年生草本或略呈半灌木状，有浓烈香气。茎高50～150cm，基部稍木质化，茎枝有灰白色蛛丝状短柔毛；叶纸质，叶面绿色且有白色腺点与小凹点，叶背密被灰白色蛛丝状密绵毛；基生叶具长柄，花期萎谢；茎下部叶近圆形或宽卵形，2回羽状全裂或1回全裂2回深裂；中部叶卵形、长圆形或近圆形，1～2回羽状全裂或2回深裂，每侧裂片具2～3枚披针形裂片或深裂齿，叶柄基部常有假托叶；上部叶与苞片叶3全裂或不裂；头状花序椭圆形，直径

2～2.5mm；总苞片3～4层，背面密被灰白色蛛丝状绵毛；花紫红色；瘦果长卵形或长圆形。花果期9～10月。

食用部位和方法 嫩茎用沸水焯熟，然后换水浸洗去除苦味，加入油、盐调拌食用。另外，还可以做成艾叶茶、艾叶汤及艾叶粥。

野外识别要点 植物体有浓烈的蒿味，叶裂片披针形，宽5～7cm；叶上面绿色，并有白色腺点与小凹点，背面密被灰白色蛛丝状密绵毛。

花序枝

别名：荫地艾、野艾、小叶艾、狭叶艾、艾叶、苦艾、陈艾。	科属：菊科蒿属。
生境分布：生于中低海拔的山坡、路旁、草地、河岸和沟边，广泛分布于全国大部分地区。	

百合

Lilium brownii F.E. Brown ex Miellez

百合是智利的国花。公元16世纪，西班牙殖民者入侵智利，3万名爱国将士因叛徒出卖，全部壮烈牺牲。第二年，在战士们倒下的地方，漫山遍野开满了百合花，因此智利在独立后，将百合定为国花，纪念为自由和独立献身的战士们。现在，智利的国徽上就是一束红色的百合。

蒴果成熟时3瓣裂

蒴果具6棱

叶散生，向上渐小

茎有紫色条纹

花喇叭形，白色或乳白色

花瓣外带紫色

鳞茎

- **形态特征** 多年生草本。株高1～2m，鳞茎球形，直径2～5cm，鳞瓣卵状披针形，白色，肉质；茎有紫色条纹，有的下部有小乳头状突起；叶散生，通常自下向上渐小，披针形、窄披针形至条形，长可达15cm，宽达2cm，具5～7脉，全缘，叶柄短或无；花单生或几朵排列成顶生的伞形花序，花梗长约8cm，花大，芳香，喇叭形，白色、乳白色，外面稍带紫色；花丝淡绿色，向上弯曲；花柱肾状长圆形，棕褐色；子房圆柱形，柱头3裂；蒴果矩圆形，褐色，具6棱；种子多数，具翅。花期5～8月，果期9～10月。

- **食用部位和方法** 鳞茎可食，一般在秋季枯萎后挖取，洗净，炒食、炖食、煮食、做汤或熬粥，也可制成百合粉冲饮。

- **野外识别要点** 本种茎有紫色条纹，下部有小乳头状突起，叶散生，花单生或几朵聚生，白色、乳白色，花药棕褐色，花柱淡绿色，果褐色。

别名：山百合。	科属：百合科百合属。

生境分布：常野生于山坡、灌木林、河岸、石缝及路旁，海拔可达2000m，分布于长江流域及其以南各省。

188

野慈姑

Sagittaria trifolia L.

叶通常为狭箭形

瓣边缘反卷，花瓣3枚，白色；瘦果斜倒卵形、扁平，背腹有翅。花期6～8月，果期10～11月。

· 形态特征

多年生沼生草本。株高50～100cm，根状茎粗壮，横生，顶端有土黄色球茎；叶基生，呈簇生状，叶形变化大，多数为狭箭形，裂片卵形或线形，顶裂片通常短于侧裂片，长可达15cm，侧裂片开展，顶裂片与侧裂片之间缢缩；叶柄粗壮，长20～40cm，基部扩大成鞘状，边缘膜质；花葶直立，高20～80cm，粗壮，总状或圆锥状花序，花密集，常3朵轮生在一节上；雄花在上，雄蕊24枚；雌花在下，萼片形花

· 食用部位和方法

嫩茎叶和球茎可食，春季采摘近根部的嫩茎，洗净，入沸水焯熟后，凉拌或炒食；球茎含有蛋白质、脂肪、淀粉等，秋季采挖，洗净，可炒食或煮粥，也可煮熟蘸白糖吃。注意：球茎有小毒，不可生食。

· 野外识别要点

本种的叶比较特殊，常呈箭状，在野外容易识别。

花白色，常3朵轮生

叶柄长20～40cm

别名：水慈菇、剪刀草、燕尾草、三脚剪、箭搭草。	科属：泽泻科慈姑属。
生境分布：多生长在湖边、河边、池畔、沼泽地或水田里，分布于中国南北大部分省区。	

野海茄

Solanum japonica Nakai

花瓣边缘外翻

先端5深裂，裂片披针形，边缘外翻；子房卵形；花柱纤细，柱头头状；浆果圆形，成熟后红色；种子肾形。花期夏秋间，果熟期秋末。

· 形态特征

多年生草质藤本。茎攀缘生长，长可达1.2m，无毛或小枝被疏柔毛；叶互生，三角状宽披针形或卵状披针形，先端渐尖，呈尾状，基部楔形，两面无毛、疏生柔毛或仅脉上有毛，中脉明显，侧脉纤细，边缘波状或3～5裂，具长柄；小枝上部的叶较小，卵状披针形，具短柄；聚伞花序顶生或腋外生，总花梗长1～1.5cm，花梗极短，花稀疏，花萼浅杯状，5裂，萼齿三角形；花冠紫色，冠筒隐于萼内，基部具5个绿色的斑点，

· 食用部位和方法

嫩叶可食，春季采摘，洗净，焯熟，再用清水漂洗几遍，加入油、盐调拌即可食用。

· 野外识别要点

茎蔓生，植株近无毛。聚伞花序顶生或腋外生，花紫红色，浆果成熟时红色。

茎攀缘生长

先端渐尖，呈尾状

浆果熟后红色

别名：狗掉尾苗、毛风藤。	科属：茄科茄属。
生境分布：常生长在山谷、荒坡、疏林、溪边及路旁。除新疆、西藏外，中国大部分省区都有分布。	

野胡萝卜

Daucus carota L.

- **形态特征** 二年生草本。株高15～120cm，根肉质、黄白色；茎多分枝，全株有白色粗硬毛；基生叶长圆形，薄膜质，2～3回羽状全裂，末回裂片线形或披针形，顶端有小尖头，有时被糙硬毛；叶柄长3～12cm；茎生叶近无柄，有叶鞘，末回裂片小或细长；复伞形花序，花序梗有糙硬毛，苞片呈叶状，羽状分裂；伞辐多数，结果时外缘的伞辐向内弯曲；小总苞片5～7片，线形，边缘膜质，具纤毛；花白色或带淡红色；果实圆卵形，棱上有白色刺毛。花果期5～8月。

- **食用部位和方法** 根和嫩茎叶可食，初春采叶，秋季挖根，根可炒食、炖食或蒸食；叶含有多种营养成分，可炒食、蒸食或做馅。

菜谱——炒野胡萝卜叶

食材：野胡萝卜嫩叶250g，精盐、味精、葱花、油适量。

做法：1.将嫩叶洗净，入沸水焯一下，捞出，沥干水分，切段；2.油倒入锅中烧热，放葱煸香，再放入嫩叶煸炒，然后加盐炒至入味，最后点入味精出锅。

花序梗长10～55cm

根粗壮，黄白色

叶2～3回羽状全裂

别名：无。	科属：伞形科胡萝卜属。
生境分布：常野生于荒野、山坡、田间及路旁，广泛分布于中国各省区，尤其是华东、华南及西南地区。	

野火球

Trifolium lupinaster L.

- **形态特征** 多年生草本。株高30～60cm，根粗壮，多分叉，茎单生、直立，基部无叶，上部分枝且被柔毛；掌状复叶，常5片小叶，叶柄短，几乎全部与托叶合生；托叶膜质，大部分抱茎，呈鞘状，先端披针状三角形；小叶披针形至线状长圆形，中脉在叶背隆起，被柔毛，侧脉多达50对，在两面隆起，全缘；小叶柄极短；头状花序着生顶端和上部叶腋，具花20～35朵，总花梗短，被柔毛，花序下端具一早落的膜质总苞；萼钟形，被长柔毛，脉纹10条，萼齿丝状锥尖，花淡红色至紫红色，子房具柄，花柱丝状，上部弯成钩状；荚果长圆形，棕灰色，具种子3～6粒；种子阔卵形，橄榄绿色。花果期6～10月。

花枝图

- **食用部位和方法** 荚果和种子可食，春季采摘荚果，洗净，可直接生食；秋季从成熟荚果中剥取种子，煮食。

- **野外识别要点** 本种茎基部无叶，上部分枝；掌状复叶，常5片小叶，小叶侧脉多达50对，在两面隆起；头状花序，花淡红色至紫红色，旗瓣椭圆形，基部稍窄，翼瓣长圆形，下方有一钩状耳，龙骨瓣长圆形，先端具小尖喙，基部具长瓣柄。

别名：野火荻、红五叶、野车轴草。	科属：豆科车轴草属。
生境分布：常生于草地、山地灌丛、林缘及沼泽等低湿地中，主要分布于中国新疆、内蒙古、山西、河北及东北等地。	

野韭
Allium ramosum L.

花密集，呈半球形，白色

圆锥状球形，具3圆棱，外壁具细的疣状突起；蒴果具圆形的果瓣，种子黑色。花果期6～9月。

形态特征

多年生草本。根状茎粗壮，鳞茎近圆柱状，外皮暗黄色至黄褐色，撕裂成纤维状，近网状；叶基生，三棱状条形，中空，沿叶缘和纵棱具细糙齿或光滑；花葶圆柱状，具纵棱，高25～60cm，下部被叶鞘；伞形花序半球形，花密集，小花梗近等长，花被6片，白色，稀淡红色，具红色中脉，花丝等长，子房倒

蒴果三棱状

叶三棱状条形，中空

食用部位和方法

嫩茎叶可食，春季采摘，洗净，可凉拌、炒食或做馅，也可腌制成酱菜食用。

野外识别要点

本种鳞茎圆柱形，外皮撕裂成网状；叶三棱状条形，有时沿棱和边缘具齿；花白色，花瓣具红色中脉。

花瓣具红色中脉

别名：野韭菜。	科属：百合科葱属。
生境分布：常野生于丘陵、山坡、草坡或路边，海拔可达2000m，分布于中国东北、华北、西北等地。	

野茼蒿
Crassocephalum crepidioides (Benth.) S. Moore

 花 　果具白色冠毛

花红褐色或橙红色

叶缘具齿或基部羽状裂

总苞钟状

　在战争年代，老百姓和在外征战的将士们没有饭吃，就常常用这种野菜充饥，因此也叫"革命菜"。

形态特征

一年生草本。株高20～120cm，茎有纵条棱，无毛；叶椭圆形或长圆状椭圆形，膜质，顶端渐尖，基部楔形，两面无毛或近无毛，边缘有不规则重锯齿或有时基部羽状裂，叶柄短；头状花序排成伞房状，总苞钟状，有数枚不等长的线形小苞片；花全部管状，两性，花冠红褐色或橙红色，檐部5齿裂，花柱基部小球状，顶端被乳头状毛；瘦果狭圆柱形，赤红色，有肋，被毛；冠毛白色，易脱落。花期7～12月。

茎有纵条棱

食用部位和方法

嫩茎叶可食，含有胡萝卜素和维生素，春季采摘，洗净，入沸水焯一下捞出，凉拌、炒食、做馅或做汤，清香可口。

野外识别要点

本种叶下部常羽状裂，边缘有不规则锯齿或重锯齿；头状花序数个在茎端排成伞房状，花冠红褐色或橙红色，容易识别。

别名：革命菜、山茼蒿、安南菜。	科属：菊科野茼蒿属。
生境分布：常野生于山坡、水边、灌丛、草丛、路旁及村庄附近，海拔可达1800m，主要分布于中国江西、福建、湖南、湖北、广东、广西、贵州、云南、四川及西藏等省区。	

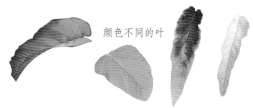

野苋菜

Amaranthus tricolor L.

颜色不同的叶

- **形态特征** 一年生草本。株高80~150cm，茎粗壮，常分枝，绿色或红色；叶卵状椭圆形至披针形，长4~10cm，宽2~7cm，绿色、红色、紫色或杂有其他颜色，先端钝尖，稍有微缺，全缘或略呈波状，两面无毛；叶柄长2~6cm；圆锥花序顶生，由花簇集成断续的穗状，下垂；雄花和雌花混生，苞片和小苞片卵状披针形，顶端具长芒尖，雄蕊比花被片长或短，柱头3枚；胞果卵圆形，环状开裂；种子近圆形，黑色或棕黑色。花期5~8月，果期7~9月。

- **食用部位和方法** 嫩茎叶可食，春季采摘，洗净，入沸水焯后捞出，再用清水洗净，凉拌或炒食。

菜谱——野苋菜蛋汤
食材：野苋菜150g，鸡蛋2颗，精盐、味精、葱花、素油各适量。
做法：1. 将野苋菜去杂洗净，切成段，鸡蛋磕入碗内搅匀；2. 锅内油烧热，放入葱花煸香，投入野觅菜煸炒，加入精盐炒至入味，出锅待用；3. 锅内放适量水煮沸，将搅匀的鸡蛋徐徐倒入锅内成蛋花，沸后倒入炒好的野苋菜，点入味精，出锅即成。

叶面无毛

叶背羽脉隆起

株高可达1.5m

茎粗壮，绿色或红色

叶颜色多变，边缘略呈波状

别名：野苋、光苋菜、苋、雁来红。	科属：苋科苋属。
生境分布：常生于荒地、旷野、河岸、村边、田边，全国各地栽培或野生。	

野西瓜苗

Hibiscus trionum L.

黑色种子

形态特征 一年生草本。株高25～70cm，茎柔软、直立或卧生、全株有细软毛；叶二型，互生，基部叶近圆形、不裂，边缘具齿裂；茎下部叶和上部叶掌状3～5深裂，中裂片倒卵状长圆形，先端钝，两面有粗硬毛，边缘具羽状缺刻或大锯齿；叶柄短，托叶线形，被星状粗硬毛；花单生叶腋，花梗果时延长，被星状粗硬毛；副萼多数，线形，具缘毛；花淡黄色，花萼钟形，5裂，膜质，具纵向绿色条纹；花瓣5枚，倒卵形，淡黄色，内面紫色，基部合生；蒴果长圆状球形、被粗硬毛、果皮成熟时黑色；种子肾形，黑色，具腺状突起。花期7～10月。

● **食用部位和方法** 嫩叶可食，春季采摘，洗净，入沸水焯熟，再用清水漂洗几遍，凉拌或炒食。

花蕾像小纱灯

● **野外识别要点** 叶似西瓜苗，故得名。花未开放时，花蕾像小纱灯，花开后，5片白色花瓣回旋状排列，瓣基部紫色，花药黄色。

掌状深裂，极像西瓜苗

别名：香铃草、灯笼花、小秋葵、野芝麻、打瓜花。	科属：锦葵科木槿属。
生境分布：常生长在荒地、平原、丘陵、田边或路旁，分布于中国各地，主产黑龙江、辽宁、吉林、河北、安徽、江苏等地。	

野芝麻

花冠白或浅黄色

Lamium barbatum Sieb. et Zucc.

形态特征 多年生草本。株高可达1m，茎单一、直立，四棱形，中空，有浅槽，被开展毛或近无毛，但节部具毛；叶对生，向上渐小，叶片卵圆形或心脏形，草质，先端渐尖，基部心形，两面被短硬毛，边缘有微内弯的锯齿，齿尖具胼胝体的小凸尖；叶柄长2～7cm；轮伞花序着花4～14朵，生于茎端，苞片狭线形或丝状，锐尖，具缘毛；花萼钟形，膜质，萼齿披针状钻形，具缘毛；花冠白或浅黄色，冠筒上方呈囊状膨大，内面冠筒近基部有毛环，两唇形，上唇直立，倒卵圆形或长圆形，下唇3裂，中裂片倒肾形，侧裂片先端有针状小齿；小坚果倒卵圆形，近三棱，先端截形，基部渐狭，表面有小突起，熟时淡褐色。花果期4～8月。

食用部位和方法 本种可入药，花可治疗子宫及泌尿系统疾病，全草可治疗跌打损伤、小儿疳积等症。

● **野外识别要点** 本种叶缘齿尖具胼胝体的小凸尖；轮伞花序，花白或浅黄色，花冠筒上方呈囊状膨大，唇形；小坚果倒卵形，有小突起。

别名：白花野芝麻、山麦胡、白花菜、山苏子。	科属：唇形科野芝麻属。
生境分布：多野生于荒野、林缘、河边、田埂及路边等湿润处，分布于中国东北、华北、华东及陕西、甘肃、湖北、湖南、四川、贵州等地。	

异叶败酱

Patrinia heterophylla Bunge

花冠5裂，黄色

形态特征 多年生草本。株高可达1.5m，根状茎横走，茎直立，圆柱形，少分枝，节明显，有倒生粗毛；单叶对生，茎下部叶较大，有长柄，叶片卵形至圆卵形，长5～8cm，宽3～5cm，先端急尖，基部楔形或下延至柄，边缘中上部具钝齿，下部近基处常常羽状全裂，裂片1～2对，裂片倒卵状披针形；茎中部叶3裂，中央裂片卵形，侧裂片长卵形，无柄；茎上部叶较窄，无柄；圆锥状聚伞花序，花序梗有短糙毛，最下分枝处总苞片披针形，先端有1～2裂，小苞片肾形，淡绿色，不裂；花两性，黄色，萼齿5裂，萼管与子房壁合生；花冠近钟形，裂片5片，卵形，筒基部一侧有浅囊距；雄蕊4枚，伸出；子房下位，8室；花柱1枚，柱头头状；瘦果长圆形，顶端平截，小苞片增大成翅状果苞，种子1粒。花期7～9月，果期8～10月。

圆锥状聚伞花序

总苞片披针形

叶背浅绿色

食用部位和方法 嫩叶可食，春季采摘，洗净，焯熟，加入油、盐调拌即可。

野外识别要点 本种较高，根有浓厚的腐酱气味，故得名。叶形变化大，自基部到顶部叶分裂少至无，叶柄有至无。花黄色，花冠基部一侧有浅囊距，在野外采摘时要注意。

叶对生，边缘中上部具钝齿

茎圆柱形，倒生粗毛

根状茎横走

小苞片增大成翅状果苞

果顶端平截

别名：追风箭、青荚儿菜、脚汗草、虎牙草、墓头回。	科属：败酱科败酱属。
生境分布：常生长在山坡、草地、山沟或石缝中，分布于中国东北、华北、华东、西北及广西。	

益母草

Leonurus japonicus Houtt.

小坚果　　花两唇形

　　顾名思义，益母草是一种与女性有关的草本，不仅能调经活血，还可治疗妇女胎前产后的各种疾病，堪称妇科良药，故得此名。

形态特征
一或二年生草本。株高可达1.2m，茎单一、直立、中空、四棱形，通常不分枝，有倒向短伏毛；叶对生，茎下部叶花期脱落，卵形，掌状3裂，裂片再继续分裂；茎中部叶3全裂，裂片长圆状菱形，又羽状分裂，小裂片宽线形，全缘或有疏齿；茎上部叶向上分裂渐少至不分裂，全缘或具少数牙齿，两面密被短柔毛；花序部位的叶为条形；轮伞花序排列在茎上部的叶腋内，花小而密集，苞片针刺状，花萼管状钟形，具5刺状齿，都密被伏柔毛；花冠紫红色或淡紫红色，两唇形，上唇长圆形，直伸，下唇3裂，中裂片较大；小坚果长三棱形，先端平截，成熟时褐色。花期6～8月，果期7～9月。

食用部位和方法
嫩茎叶、花、果实均可食，春末夏初采摘，夏季生长旺盛而花未开全时采花，秋季摘果，可榨汁、炒食、煮粥或熬汤，具有调经养血的功效。

食谱——益母草泡红枣

食材：益母草20g，红枣100g，红糖20g。

做法：1．将益母草、红枣洗净，分别放在两个碗中，各加650g清水，浸泡半小时。2．将益母草倒入砂锅中，大火煮沸，改小火再煮半小时，用双层纱布过滤，得汁液为头煎；将渣倒入锅中，加水500g，同样煎出汁液。3．将两次益母草汁液倒入锅中，加红枣煮沸，倒入盆中，再放红糖，溶化后半小时即可饮用。其具有温经养血，去瘀止痛的功效。

野外识别要点
在野外，益母草和细叶益母草较难区别，采摘时注意：益母草顶部叶不裂，而细叶益母草顶部叶3裂；益母草的花稍小，花冠长9～12mm，细叶益母草的花稍大，花冠长15～18mm。

轮伞花序，花紫红色或淡紫色

苞片针刺状

上部叶浅裂至不裂

下部叶卵形，掌状3裂

中部叶3全裂

主根粗壮

别名：益母蒿、益母艾、红花艾、坤草、郁臭苗。	科属：唇形科益母草属。
生境分布：生长在山野荒地、田埂、草地等处，广泛分布于中国各地，是常见的杂草，国外俄罗斯、朝鲜、日本等地也有分布。	

薏苡

Coix lacroyma-jobi L.

颖果熟时红色或淡黄色

叶长披针形

退化；上部为雄花序，每节具2~3个小穗，每穗具2朵花，雄蕊3枚，雌蕊退化；颖果椭圆形，熟时红色或淡黄色；种仁卵形，腹面中央有沟。花果期6~12月。

· 形态特征

一年生草本。株高1~2m，须根黄白色，海绵质，秆直立丛生，具10~12节，节间中空，基部节上生根；叶鞘无毛，与叶片间具白色膜质叶舌；叶互生，呈纵裂排列，长披针形，中脉明显在下面隆起，边缘粗糙；总状花序自上部叶鞘内成束生出，具长梗；下部为雌花穗，包藏在骨质总苞中，常2~3穗生于一节，每穗具3朵花，其中1朵发育，雄蕊

· 食用部位和方法

种仁俗称薏仁，秋季采摘，春去外皮，可做成粥、饭和各种面食。

· 野外识别要点

本种须根黄白色，秆节10~12个，基部节上生根；叶长披针形，中脉在叶背隆起；总状花序成束自叶鞘抽出，下部为雌花穗，包藏于骨质总苞中，上部为雄花序；颖果熟时红色或淡黄色。

别名：药玉米、水玉米、晚念珠、六谷迷、回回米。	科属：禾本科薏苡属。
生境分布：常野生于池塘、河沟、山谷及溪涧等阴湿处，海拔可达2000m，中国各省区多有栽培，主产于河北、江苏、福建、湖南等省。	

翼果唐松草

Thalictrum aquilegifolium L. var. *sibiricum* Regel et Tiling

茎粗壮，有分枝

3~4回三出复叶

· 形态特征

多年生草本。株高60~150cm，全株无毛，茎粗壮，有分枝；基生叶花期枯萎；茎生叶为3~4回三出复叶，具长柄，小叶草质，顶生小叶倒卵形或扁圆形，先端圆或微钝，基部圆楔形或不明显心形，3浅裂，裂片全缘或有1~2齿，两面脉平或在背面稍隆起；叶柄长4.5~8cm，有鞘，托叶膜质；圆锥花序伞房状，花密集；萼片宽椭圆形，白色或外面带紫色，早落；瘦果倒卵形，有3条宽纵翅。花果期7~9月。

· 食用部位和方法

嫩叶可食，春季采收，洗净，焯熟，再用清水浸泡，炒食、凉拌或做汤。

顶生小叶3浅裂

· 野外识别要点

本种全株无毛，叶为3~4回三出羽状复叶，顶生小叶3浅裂；托叶明显，不裂；瘦果倒卵形，有3条宽纵翅，易识别。

果序

花序

别名：唐松草、土黄连。	科属：毛茛科唐松草属。
生境分布：生于海拔500~1800m间的草原、山地、林边草坡或林中，主要分布于中国东北及内蒙古、山西、河北、山东、浙江等地。	

茵陈蒿
Artemisia capillaris Thunb.

株高可达1m

形态特征 多年生草本。株高40～100cm，茎直立，紫色，基部木质化，表面有纵条纹，嫩枝有灰白色细柔毛，老枝光滑；茎生叶2～3回羽状裂或掌状裂，小裂片线形或卵形，密被白色绢毛，叶柄短；花茎上的叶羽状全裂，裂片线形或毛发状，基部抱茎，无柄；头状花序多数，密集成圆锥状，总苞球形，苞片3～4层，外层卵圆形，内层椭圆形，背部中央绿色，边缘膜质；花杂性，均为管状花，淡紫色，雌蕊1枚，柱头2裂；两性花先端膨大，5裂，下部收缩，呈倒卵状，雄蕊5枚，雌蕊1枚，柱头不裂；瘦果长圆形，无毛。花果期9～12月。

食用部位和方法 幼苗及嫩叶可食，早春采摘高约10cm的幼苗和嫩叶，洗净，入沸水焯熟后，再用凉水反复漂洗去除涩味，凉拌、炒食、做汤或做馅。

头状花序密集，呈圆锥状

野外识别要点 本种茎有纵条纹，基部木质化，叶2～3回羽状裂、掌状裂或羽状全裂，裂片线形或毛发状，茎生叶密被白色绢毛；花淡紫色。

花淡紫色

小裂片密被白色绢毛

叶2～3回羽状裂或掌状裂

茎紫色，有纵条纹

别名：因陈、茵陈、白茵陈、茵陈蒿、绵茵陈、家茵陈、绒蒿、臭蒿。	科属：菊科艾属。
生境分布：常野生于低海拔的河岸、山坡或路旁，主要分布于中国西北、华东、华南及四川等地。	

银线草

Chloranthus japonicus Sieb.

4片叶轮状顶生

穗状花序，花白色

蕊3枚，子房卵形，无花柱；核果倒卵球形，绿色。花果期5～8月。

- **形态特征** 多年生草本。植株低矮，高不过50cm，全株有异味，根状茎多节，横走，生多数细长须根；茎直立，不分枝；叶生于茎顶，常4片对生，呈假轮生状，宽椭圆形或倒卵形，纸质，长达15cm，宽达8cm，先端尖，基部宽楔形，两面无毛，侧脉6～8对，叶缘自基部1/4以上具锐锯齿，齿尖有1个腺体，叶柄极短；下部节上对生2片鳞状叶，三角形或宽卵形，膜质；穗状花序顶生，单一，总花梗长约5cm，苞片卵状三角形，花白色，雄

- **食用部位和方法** 幼苗可食，一般在4～5月采挖幼苗，洗净，焯熟，再用清水洗，直到苦味和异味去除，然后凉拌或炒食。

- **野外识别要点** 本种茎单一，顶生4片叶，呈假轮状，穗状花序单一，茎下部节对生2片鳞状叶，易识别。

节上对生2片鳞状叶

根状茎横走，生细长须根

别名：灯笼花、四块瓦、假细辛、杨梅菜、四叶草。	科属：金粟兰科金粟兰属。
生境分布：常生长在山坡林下、灌丛或河谷杂木林中，分布于中国东北、华北及西北地区。	

有斑百合

花　　蒴果矩圆形

花直立向上开放，呈星状

叶条形，最宽约3cm

Lilium concolor Salisb.var. *pulchellum* Fisch.) Regel

- **形态特征** 多年生草本。株高30～60cm，鳞茎卵状球形，白色，顶端簇生很多不定根；茎直立，基部带紫色，上部有白绵毛；叶互生，条形或条状披针形，先端渐尖，基部楔形，叶脉3～7条，无毛，无柄；花单朵或数朵生于茎顶端，花直立向上开放，呈星状，花被6片，椭圆形或卵状披针形，不反卷，红色或橘红色，有紫色斑点；雄蕊6枚，花药紫红色；蒴果矩圆形，种子多数。花果期6～9月。

嫩叶，洗净，入沸水焯一下，炒食；在8～10月挖鳞茎，烧食或剥取鳞片煮食，具有润肺化痰的功效。

- **野外识别要点** 本种茎基部带紫色，上部有白绵毛；叶互生，条形，最宽可达3cm；花直立，向上开放，花被边缘不反卷。

- **食用部位和方法** 嫩茎叶和鳞茎可食，在4～5月采摘新鲜

鳞茎白色，是主要食用部分

别名：渥丹、山丹华、卷莲花、山百合、红辣椒。	科属：百合科百合属。
生境分布：常生长在高山草甸、阴坡林下及沟谷，分布于中国东北部和中部的广大地区。	

油菜

Brassica campestris L.

花黄色

长角果

形态特征 二年生草本。株高30～90cm，茎直立，全株近无毛，带粉霜；基生叶大头羽裂，顶裂片边缘有弯缺牙齿，侧裂5对，叶柄宽，基部抱茎；下部茎生叶羽状半裂，基部扩展且抱茎，两面有硬毛及缘毛；上部茎生叶提琴形或长圆状披针形，基部心形，抱茎，两侧有垂耳；总状花序顶生，萼片4枚，黄中带绿；花瓣4枚，鲜黄色，顶端微缺，基部有爪；长角果条形，先端有喙，果瓣有中脉及网纹；种子球形，红褐色或黑色。花果期3～6月。

食用部位和方法 茎叶可食，含有丰富的钙、铁、维生素C和胡萝卜素，每年2～3月采收，洗净，凉拌、炒食或做汤。

菜谱——油菜炒虾仁
食材：虾肉50g，油菜250g，油、姜、葱、酱油、盐等各适量。

做法：1.将虾肉洗净切成薄片，虾片用酱油腌渍几分钟；2.将油菜叶洗净，切成约3cm长的段；3.将油放入锅中，烧热时倒入虾片，煸炒几下出锅；4.再将油倒入锅中烧热，放入油菜煸炒，半熟时放入虾片，再放入姜、葱、盐等，快炒几下即装盘食用。

别名：寒菜、芸薹、薹芥、胡菜、青菜、薹芥、红油菜。	科属：十字花科芸薹属。
生境分布：主要分布于中国长江流域和西北地区。	

鱼腥草

Houttuynia cordata Thunb.

形态特征 多年生草本。株高30～60cm，茎下部伏地，上部直立，具4～8节，节上生根且常被毛，绿色带紫色；叶卵形或阔卵形，薄纸质，长达10cm，宽达6cm，顶端渐尖，基部心形，两面疏生柔毛和腺点，叶背紫红色，叶脉5～7条；叶柄较短，托叶膜质，顶端钝，下部与叶柄合生为短鞘，基部扩大，略抱茎，有缘毛；总状花序常顶生，花梗短，总苞片长圆形或倒卵形，顶端钝圆；雄蕊长于子房，花丝长为花药的3倍；蒴果顶端有宿存的花柱。花期4～7月。

食用部位和方法 嫩茎叶及根茎可食，在春夏采摘嫩茎叶，洗净，用开水焯一下，再用清水漂洗，直到腥味和苦味去除，凉拌或炒食；在秋后挖采根茎，选取大而粗者，去须根，洗净，生食、炒食或腌制。

野外识别要点 本种茎下部伏地，上部直立节上生根且有毛；叶面绿色，叶背紫红色，两面疏生柔毛和腺点，揉之有腥味。

叶揉之有腥味

茎绿色带紫色

根茎横走，具节

别名：截菜、蕺菜、狗贴耳、侧耳根、岑草。	科属：三白草科蕺菜属。
生境分布：常生长在林间、沟谷、岸边等阴湿处，在中国分布较为广泛，东起台湾，西南至云南、西藏，北达甘肃。	

199

羽叶千里光
Senecio argunensis Turcz.

千里光属植物分布于世界各地，据统计约1200种，但在地大物博的中国只有160多种。由于羽叶千里光适应性强，广泛分布于南北各地，所以在各省区均能见到它们的身影哦！

· **形态特征** 多年生草本。株高20～100cm，地下茎歪斜，地上茎直立，上部有分枝，具纵棱，初被蛛丝状毛；基生叶呈莲座状，花期枯萎，茎下部叶密集，椭圆形，无柄，羽状深裂，裂片常6对，条形，全缘或有1～2对小裂片，叶背疏生蛛丝状毛；茎中部叶大头羽状裂，裂片线形，向上渐增宽，具缺刻；茎上部叶羽状全裂，裂片长圆形，基部抱茎，边缘具齿；头状花序多数排列成复伞房状，总苞钟状，舌状花十余朵，黄色，管状花多数，黄褐色；瘦果圆柱形，有纵沟，冠毛白色。花期夏季，果期秋季。

· **食用部位和方法** 嫩叶可食，春季采摘，洗净，用热水焯熟，再用清水漂洗去除苦涩味，凉拌食用。

· **野外识别要点** 顾名思义，羽叶千里光的识别要点就在叶片，不论是基部叶，还是顶部叶，几乎都是羽状裂片。

复伞房状花序，花黄色

花萼披针形

叶羽状深裂

茎直立，具纵棱

花萼筒状，顶端分裂

地下茎横走，生须根

叶背灰绿色，疏生蛛丝状毛

别名：额河千里光、斩龙草、大蓬蒿。	科属：菊科千里光属。
生境分布：生长于林缘、草甸，主要分布于中国东部、东北和西北一带，国外主要分布于日本、朝鲜、蒙古、俄罗斯。	

玉竹

Polygonatum odoratum Mill.) Druce

花被先端6裂

浆果球形

玉竹自古便是道家服用的仙品，可让人聪慧、滋补强身。据《三国志·阿樊》记载，名医华佗有一天上山采药，见一位僧人在吃玉竹，于是也采来吃。吃后觉得味道极好，于是回去后告诉了徒弟阿樊，阿樊也采来吃，并坚持食用，后来活到100岁。

根茎横走，密生须根，可食用

脉弧形

花被筒状，下垂

成熟干燥的根茎，可入药

中上部叶互生，叶脉隆起

茎光滑无毛

形态特征

多年生草本。株高40～60cm，具横走的地下根茎，黄白色，密生多数细小的须根；茎单一、直立、有棱，光滑无毛；叶互生于茎中部以上，椭圆形至卵状矩圆形，革质，先端渐尖，基部楔形，叶面绿色，叶背淡粉绿色，叶脉隆起，全缘，无柄；花腋生，着花1～4朵，白色或黄绿色；花被筒状，先端6裂，裂片卵圆形或广卵形；雄蕊6枚，生于筒中部；花丝扁平；花药狭长圆形，黄色；子房上位，具细长花柱，柱头3裂；浆果球形，成熟时紫黑色。花期5～6月，果期7～9月。

食用部位和方法

幼苗及根可食，春季采茎叶包卷的嫩苗，洗净，入沸水焯几分钟，炒食或做汤；在春季和秋季挖采根状茎，去须根、洗净、用水浸泡，蒸食或煮粥。注意，玉竹果实有毒，不可食用。

野外识别要点

本种白色的根状茎横走，地上茎直立，有棱；叶互生于茎中部以上，叶背淡粉绿色；花腋生，常着花2～3朵，花梗短；浆果成熟时蓝黑色。

别名： 葳蕤、山苞米、铃铛菜、女萎、山铃子菜、丽草、玉术、竹节黄、黄鸡脚。 **科属：** 百合科黄精属。

生境分布： 常生长在沟谷林下或山野阴坡，海拔可达3000m，主要分布于中国东北和西北地区。

杂配藜
Chenopodium hybridum L.

胞果

片5裂，狭卵形，背面具纵脊并稍有粉；胞果双凸状，果皮膜质，有白色斑点；种子横生，黑色，无光泽。花果期7～9月。

- **形态特征** 一年生草本。株高40～120cm，茎直立，粗壮，具淡黄色或紫色条棱，上部分枝，有时被粉；叶宽卵形至卵状三角形，草质，两面亮绿色，边缘掌状浅裂，裂片2～3对，不等大，轮廓略呈五角形，先端通常锐；上部叶较小，多呈三角状戟形，边缘具少数裂片状锯齿，有时近全缘；叶柄向上渐短；花雌雄异株或同株，常数个团集成开散的圆锥状花序；花被裂

- **食用部位和方法** 幼苗、嫩茎叶可食，春季、夏季采摘，洗净，入沸水锅焯一下捞出，凉拌、炒食或做馅。

- **野外识别要点** 本种茎具淡黄色或紫色条棱，叶具泡状毛（粉），叶缘浅裂，圆锥花序，花被片5深裂；果皮有白色斑点，种子黑色。

叶背灰绿色

叶缘掌状浅裂

别名：大叶藜、血见愁、八角灰菜。	科属：藜科藜属。
生境分布：常野生于林缘、山坡灌丛、旷野、荒地等处，分布于中国东北、华北、西北及浙江等地。	

粘毛卷耳
Cerastium viscosum L.

- **形态特征** 二年生草本。茎直立、簇生，遍体密生柔毛；高可达30cm。茎下部紫红色，上部绿色。叶对生：下部的叶匙形，上部的叶卵形至椭圆形，全缘，先端钝或微凸，基部钝圆；主脉明显。二叉式的聚伞花序密集；萼片5裂，绿色，具腺毛，边缘膜质，披针形；花瓣5枚，白色，倒卵形，先端2裂；雄蕊10枚；花柱4～5裂。蒴果，圆柱形，成熟时10齿裂。种子褐色，略呈三角形，密且具细突起。花果期4～5月。

- **食用部位和方法** 采嫩苗、嫩茎叶，水焯后，在水中浸泡数十分钟，加入油、盐调拌食用。

花瓣先端2裂

- **野外识别要点** 全株密生柔毛；叶对生，叶片多为匙形；花瓣5枚，白色，先端2裂。

枝顶部

叶鞘略膨大

茎多分枝

叶长1～2cm，宽0.5～1.2cm

别名：婆婆指甲菜、瓜子草、高脚鼠耳草。	科属：石竹科卷耳属。
生境分布：生长于路旁及草地上，分布于江苏、浙江、安徽、江西、湖南、河南等地。	

展枝沙参

Adenophora divaricata Franch. et Savat.

形态特征 多年生草本。株高30～70cm，全株具乳汁，肉质根，茎常分枝；茎叶轮生，每轮通常3～4叶，偶有6叶，叶片菱状卵形至菱状圆形，先端急尖，基部渐狭至抱茎，边缘有锐锯齿，无柄；花序顶生，呈狭塔形，常几轮分枝，分枝长而几乎平展，花稀疏，蓝紫色；花萼5裂，裂片全缘；花冠钟状，筒部圆锥状，基部急尖，口部5浅裂，裂片半圆形；雄蕊5裂；花盘细长；花柱常伸出花冠。花期7～8月。

食用部位和方法 嫩茎叶和根可食，春季采摘嫩叶，洗净，入沸水焯一下捞出，凉拌或炒食；秋季挖根，剥去外皮，洗净，一般炖食。

野外识别要点 本种全株具白色乳汁，茎分枝，叶常3～4片轮生；花序分枝开展，花冠钟状，蓝紫色，稍下垂，花柱有时伸出花冠外。

茎叶常3～4片轮生

别名：四叶沙参。	科属：桔梗科沙参属。
生境分布： 常生长在山地、草坡、林下或灌丛，海拔可达1600m，主要分布于中国黑龙江、吉林、辽宁、河北、山东及山西等地。	

展枝唐松草

Thalictrum squarrosum Steph. ex Willd.

瘦果

形态特征 多年生草本。株高可达3m，全株无毛，根状茎细长，自节生出长须根，棕灰色，茎直立，多分枝，有细纵槽；基生叶早落；叶集中生于茎中部，3～4回三出羽状复叶，小叶宽倒卵形、长圆形或圆卵形，薄革质，顶端急尖，基部楔形，叶背有白粉，顶端具3个钝齿或全缘，具短叶柄；花序圆锥状，常二歧分枝，花梗细，花淡黄色，萼片4个，狭卵形，早落；瘦果大，狭倒卵球形，具8～12条粗纵肋。花期夏季，果期秋季。

羽状复叶

食用部位和方法 幼苗可食，4～5月采收高10～15cm的拳卷状幼苗，洗净，入沸水焯熟，再用清水浸泡一夜，炒食或做汤，也可盐渍。

总苞叶状

花序常二歧分枝

叶顶端浅裂

野外识别要点 本种无毛，叶集中生于茎中部，3～4回三出羽状复叶，叶背有白粉，顶端具3个钝齿或全缘；花淡黄色；瘦果大，具8～12条粗纵肋。

别名：猫爪子、序唐松草、牛膝盖、猫蹄芹、坚唐松草。	科属：毛茛科唐松草属。
生境分布： 常野生于山坡疏林、灌丛、林间草地、田边或沙丘，分布于中国东北、华北及西北地区。	

沼生蔊菜

Rorippa islandica Oeder.) Borbas

花黄色

• 形态特征

1～2年生草本。株高20～60cm，全株无毛或稀有单毛，茎多分枝，具棱，下部常带紫色；基生叶丛生，倒披针形，羽状深裂或大头羽裂，裂片3～7对，顶端裂片较大，基部耳状抱茎，全部裂片边缘不规则再裂，有时具缘毛；茎生叶互生，向上渐小，披针形，不分裂，近无柄；总状花序顶生或腋生，花黄色；花梗细而短，萼片长椭圆形，花瓣长倒卵形；短角果近圆柱形，略弯，顶端具喙，果瓣肿胀；种子每室2行，近卵形，褐色，具细网纹。花果期4～8月。

• 食用部位和方法

幼苗可食，每年4～5月采收高15cm以下的幼苗，洗净，用开水焯后，再用清水浸泡几个小时，凉拌、炒食或做汤均可，味道鲜美。

• 野外识别要点

本种基生叶羽状深裂，茎生叶互生，披针形，不裂；总状花序，花黄色；短角果长圆形，长4～8mm，顶端有喙；种子褐色。

总状花序顶生或腋生

短角果

叶羽状深裂或大头羽裂

茎下部常带紫色

别名：风花菜、黄花荠菜、香荠菜。	科属：十字花科蔊菜属。
生境分布：常野生于山坡、草地、河滩、溪岸、田边及路边，广泛分布于中国各地。	

芝麻菜

Eruca sativ Mill

花瓣有紫纹

• 形态特征

一年生草本。株高20～90cm，茎直立，上部常分枝，疏生硬长毛或近无毛；基生叶及茎下部叶大头羽状分裂，顶裂片短卵形，边缘有细齿，侧裂片卵形或三角状卵形，全缘，仅下面脉上疏生柔毛，叶柄短；茎上部叶具1～3对裂片，顶裂片卵形，侧裂片长圆形；总状花序，花梗具长柔毛；萼片长圆形，带棕紫色，外被蛛丝状长柔毛；花瓣黄色，后变白色，有紫纹，短倒卵形，基部有窄线形长爪；长角果圆柱形，有一隆起中脉，喙剑形，扁平，有5纵脉；种子近球形，棕色，有棱角。花期5～6月，果期7～8月。

• 食用部位和方法

幼苗和嫩茎叶可食，具有很浓的芝麻香味，口感滑嫩，一般初春采摘，洗净，入沸水焯熟后，炒食、煮汤、凉拌或蘸酱吃。

菜谱——凉拌芝麻菜

食材：芝麻菜200g，红油、香油、蒜、盐、鸡精、红椒、红醋、花椒油适量。

做法：1.将芝麻菜洗净，切段，放入盘中；2.红椒切丝，大蒜拍末，备用；3.将盐、鸡精、花椒油、香油、红油、红醋调成汁，倒入芝麻菜中，撒上红椒丝、蒜末，即可食用。

植株散发着浓烈的芝麻香味

别名：香油罐、臭萝卜、臭菜、臭芥、紫花南芥、芸芥。	科属：十字花科芝麻菜属。
生境分布：常栽培于海拔1400～3000m的地区，主要分布于中国东北、西北、华北及四川等地。	

直刺变豆菜

Sanicula orthacantha S. Moore

花　　果

形态特征 多年生草本。株高10～60cm，全株无毛，主根粗短，有2～3个分枝，黑褐色；茎直立、中空、有沟纹、上部分枝；基生叶圆心形或心状五角形、掌状3全裂、中裂片楔状倒卵形或菱状卵形，侧裂片斜楔形或倒卵形，所有裂片先端2～3浅裂，边缘有不规则锯齿或短刺芒状齿，叶面深绿色，叶背灰白色，两面均无毛，具长柄；茎生叶与基生叶相似，但叶柄较短，花序下的叶3深裂；伞形花序顶生，常2～3个分枝，伞辐5～14个，花序梗、伞辐和花柄均有短糙毛，总苞3～5个，狭长圆形或狭披针形，小总苞片约5枚，线状披针形，花白色、淡蓝色或淡紫红色，雌花1朵居中，无花梗，萼片5个，花期椭圆状披针形，果期为刺芒状，花瓣5枚，子房下位，2室，花柱2枚；雄花数朵，在雌花周围，有花梗；双悬果椭圆形，棱明显，皮刺短而直。花期8～9月，果期9～10月。

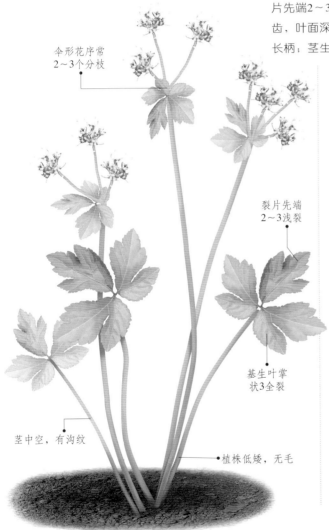

伞形花序常2～3个分枝

裂片先端2～3浅裂

基生叶掌状3全裂

茎中空，有沟纹

植株低矮，无毛

食用部位和方法 嫩叶可食，春季采摘，洗净，入沸水焯熟后，再用清水洗净，蘸酱生食，也可凉拌、炒食、做馅或腌制。

野外识别要点 本种根茎短，黑色；基生叶与茎生叶相似，掌状3全裂，边缘有不规则锯齿或短刺芒状齿；花白色、淡蓝色或淡紫红色；双悬果有皮刺。

别名：小紫花菜、直刺山芹菜、黑鹅脚板、山芹菜。

科属：伞形科变豆菜属。

生境分布：生长在海拔260～3200m的山坡林下、溪边，中国分布于西北、华东、华中、华南、西南地区。

珍珠菜

Lysimachia clethroides Duby

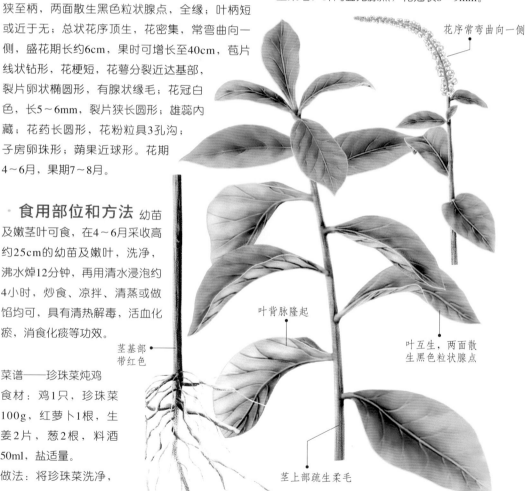

形态特征 多年生草本。株高可达1m，主根粗长，根状茎细长、横走、淡红色；茎单一，直立，不分枝，基部带红色，上部疏生柔毛；单叶互生，集中生于茎的中上部，长椭圆形或阔披针形，长可达16cm，宽达5cm，先端渐尖，基部渐狭至柄，两面散生黑色粒状腺点，全缘；叶柄短或近于无；总状花序顶生，花密集，常弯曲向一侧，盛花期长约6cm，果时可增长至40cm，苞片线状钻形，花梗短，花萼分裂近达基部，裂片卵状椭圆形，有腺状缘毛；花冠白色，长5～6mm，裂片狭长圆形；雄蕊内藏；花药长圆形，花粉粒具3孔沟；子房卵珠形；蒴果近球形。花期4～6月，果期7～8月。

食用部位和方法 幼苗及嫩茎叶可食，在4～6月采收高约25cm的幼苗及嫩叶，洗净，沸水焯12分钟，再用清水浸泡约4小时，炒食、凉拌、清蒸或做馅均可，具有清热解毒，活血化瘀，消食化痰等功效。

菜谱——珍珠菜炖鸡
食材：鸡1只，珍珠菜100g，红萝卜1根，生姜2片，葱2根，料酒50ml，盐适量。
做法：将珍珠菜洗净，放入锅（砂锅最佳）中，倒入适量清水，熬出汤汁，去除菜渣，备用；将鸡切块，入沸水锅焯熟，捞出后洗去血秽；将鸡块放入炖盅，加入盐，再把红萝卜切块，撒在鸡块上，最后倒入适量沸水和珍珠菜汁，炖至肉熟即可。

野外识别要点 本种茎不分枝，单叶互生，常集中在中上部，叶两面有黑色腺点，全缘，花白色。与狼尾花的区别在于狼尾花全株密生柔毛，叶两面无腺点，花冠长8～9mm。

花序常弯曲向一侧

叶背脉隆起

叶互生，两面散生黑色粒状腺点

茎基部带红色

茎上部疏生柔毛

别名：矮桃、狼尾巴蒿、矮婆子、狗尾巴、红根草、九节莲。	科属：报春花科矮桃属。

生境分布：常野生于林下、林缘、山坡草地、河边湿滩及杂草丛中，分布于中国东北、华中、华东、华南、西南及长江中下游地区。

皱果苋

Amaranthus viridis L.

胞果

形态特征 一年生草本。株高40～80cm，茎直立，有不明显棱角，稍有分枝，绿色或带紫色；叶卵形、卵状矩圆形或卵状椭圆形，长3～9cm，宽2.5～6cm，顶端有1芒尖，全缘或微呈波状缘；具短柄；圆锥花序顶生，有分枝，顶生花穗比侧生者长；总花梗短，苞片及小苞片披针形，顶端具凸尖；花被片矩圆形，内曲，顶端急尖，背部有1绿色隆起中脉；胞果扁球形、绿色，不裂，极皱缩，超出花被片；种子近球形、黑褐色，具薄且锐的环状边缘。花果期8～10月。

食用部位和方法

幼苗及嫩茎叶可食，在春末夏初采集，洗净，入沸水锅焯后，再用清水浸泡片刻，凉拌、炒食、做汤或晒干菜，具有滋补、清热、解毒、消肿的功效。

圆锥花序长可达15cm

野外识别要点

本种茎直立，全株近无毛，稍有分枝，圆锥花序顶生或生于上部叶腋，胞果皱缩，易识别。

叶顶端有1芒尖

全株近无毛

别名：绿苋。	科属：苋科苋属。
生境分布：常野生于旷野、荒地、河岸、山坡或田野间，分布于中国东北、华北、华东、华南及陕西、云南等地。	

猪毛菜

Salsola collina Pall.

穗状花序

状尖，背部有白色隆脊；小苞片与苞片同形；花被卵状披针形，膜质，果时变硬，自背面中上部生鸡冠状突起；胞果球形，种子横生或斜生。花期7～9月，果期9～10月。

形态特征 一年生草本。株高可达1m，茎直立，常自基部开展，有白色或紫红色条纹，无毛或疏生短硬毛；叶互生，线状圆柱形，肉质，生短糙毛，顶端有小锐尖刺，基部边缘膜质，稍下延而抱茎，无柄；穗状花序顶生，苞片卵形，顶部延伸成刺

叶线状圆柱形，肉质

食用部位和方法 幼苗及嫩茎叶可食，5～6月采收，洗净，焯熟，再用凉水浸泡，凉拌、炒食、做馅或蒸食均可。

野外识别要点 本种分枝互生，叶线状圆柱形，顶端有小锐尖刺，与茎均有短硬毛；花被具鸡冠状突起。

猪毛菜是一种常见的田间杂草

别名：刺蓬、猪刺蓬草、野针菜、野鹿角、刺猬草。	科属：藜科猪毛菜属。
生境分布：常野生于荒地、路旁、村庄附近或盐碱化沙质地，为常见的田间杂草，分布于中国大部分地区。	

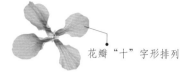

诸葛菜

Orychophragmus violaceus L.) O. E. Schulz

花瓣"十"字形排列

诸葛菜是中国北方常见的一种野花。据说三国时期，诸葛亮率军北伐时，由于路途艰难，粮食无法按时运来，于是他命令士兵广种芜菁（即二月蓝），以此解决军粮。蜀军离去后，当地百姓也来采摘食用，并改名为"诸葛菜"。

· 形态特征 1～2年生草本。株高30～50cm，茎单一、直立，有分枝，浅绿色或带紫色，全株光滑无毛，有粉霜；基生叶和茎下部叶近圆形，大头羽状全裂，中央裂片短卵形，先端钝，基部心形，无叶柄，侧裂片2～6对，卵形或三角状卵形，叶基部两侧耳状抱茎，有短柄，全部裂片边缘有波状钝齿；茎上部叶不分裂，基部抱茎，边缘具缺刻；总状花序顶生，花紫色，花梗极短，花萼筒状，紫色；花瓣4枚，呈"十"字形排列，宽倒卵形，下部变窄成爪；雄蕊6枚；长角果线形，具4棱，裂瓣有1突出中脊，先端有喙；种子卵形，扁平，黑棕色，有纵条纹。花期4～5月，果期5～6月。

· 食用部位和方法 嫩茎叶可食，营养丰富，每年3～4月采摘，洗净，先用开水焯一下，再用冷水漂洗去苦味，炒食。

· 野外识别要点 本种基生叶和茎下部叶大头羽状全裂，基部两侧耳状抱茎；花淡紫色，花瓣4枚，呈"十"字形排列，宽倒卵形，下部变窄成爪；长角果线形，具4棱，裂瓣有1突出中脊，先端有喙。

总状花序顶生，花紫色

花萼筒状，紫色

上部叶不分裂

下部叶大头羽状全裂

植株低矮，全株无毛，被粉霜

别名：二月蓝、菜子花、二月兰。	科属：十字花科诸葛菜属。
生境分布：常生长在平原、林缘、山地或田边，分布于中国西北、东北、华北、华东及湖北、四川等地。	

紫斑风铃草

Campanula punctata Lamk.

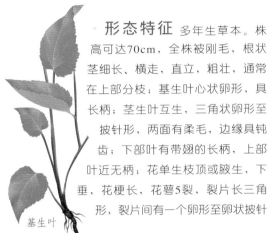

基生叶

形态特征 多年生草本。株高可达70cm，全株被刚毛，根状茎细长、横走、直立、粗壮，通常在上部分枝；基生叶心状卵形，具长柄；茎生叶互生，三角状卵形至披针形，两面有柔毛，边缘具钝齿；下部叶有带翅的长柄，上部叶近无柄；花单生枝顶或腋生，下垂，花梗长，花萼5裂，裂片长三角形，裂片间有一个卵形至卵状披针形而反折的附属物，边缘有芒状长刺毛；花冠筒状钟形，白色，常带紫色斑点，上部5浅裂，裂片有睫毛；蒴果半球状倒锥形，具明显脉，熟时自基部3瓣裂；种子矩圆状，稍扁，灰褐色。花果期7～9月。

钟状花白色

茎生叶互生，两面被毛

食用部位和方法 嫩叶可食，春季采摘，洗净、焯熟、漂洗去苦味，加入油、盐调拌。

野外识别要点 本种有乳汁，下部叶有带翅长柄；花钟状，下垂，白色且有紫色斑点，容易识别。

别名：山小菜。	科属：桔梗科风铃草属。
生境分布：常生长在草地、林缘、灌丛或路旁，主要分布于中国东北、华北、西北及四川、湖南、河南。	

紫花地丁

Viola yedoensis Makino

花单生顶部，紫堇色或紫色

形态特征 多年生草本。植株低矮，根状茎稍粗，垂直，白色至黄褐色，生数条细长须根；无地上茎；叶基生，3～6对或多数，三角状狭卵形或长圆状披针形，先端钝，基部截形或楔形，两面淡绿色，散生或密生短毛，仅于脉上有毛或无毛，边缘具很平的圆齿；叶柄具狭翼，上部翼较宽，被短毛或无毛，花期叶柄长可达10cm，托叶较长，白色或淡绿色，通常下部与叶合生，边缘具疏齿或近全缘；花葶自叶中抽出，花单生顶部，萼片披针形，边缘具膜质；花瓣5枚，紫堇色或紫色，通常具紫色条纹，下面一瓣较大，距细管状；花柱棍棒状，向上渐粗，前方具短喙；蒴果长圆形。花果期4～6月。

根状茎白色至黄褐色

食用部位和方法 幼苗和嫩茎叶可食，春季采摘，洗净，入沸水锅焯一下捞出，再用凉水漂洗去除苦味，凉拌、炒食或做馅。

野外识别要点 本种与早开堇菜（*Viola prionantha* Bunge.）很相似，区别仅在于本种叶长圆状卵形，花的侧瓣内面常具须毛。

别名：辽堇菜、野堇菜、光瓣堇菜。	科属：堇菜科堇菜属。
生境分布：常野生于林缘、山坡草地、灌丛、路旁及荒地，分布于中国西北、东北、华北、华中及华南地区。	

紫花碎米荠

Cardamine tangutorum O. E. Schulz.

· 形态特征 多年生草本。株高20～40cm，根状茎细长，呈鞭状，茎单一，不分枝，具沟棱，上部直立且疏生柔毛；叶为羽状复叶，小叶3～5对，矩圆状披针形，长2～4cm，宽0.5～1.5cm，顶端短尖，基部楔形或阔楔形，两面有时被柔毛，边缘具钝齿，具短叶柄或近无柄；总状花序顶生，着花10余朵，花梗较短，萼片4个，内轮萼片长椭圆形，外轮萼片长圆形，基部囊状，边缘膜质，外面带紫红色；花瓣紫红色或淡紫色，倒卵状楔形，顶端截形，基部渐狭成爪；雌蕊柱状，无毛；花柱的柱头不明显；长角果线形，扁平，基部具极短的子房柄；果梗直立，种子长椭圆形，成熟时褐色。花期5～7月，果期6～8月。

· 食用部位和方法 嫩茎叶可食，春季采摘，洗净，入沸水锅焯熟，凉拌、炒食、做汤或做馅。

· 野外识别要点 本种茎生叶通常3～4枚，叶形与基生叶相似，着生于茎的中、上部，小叶3～5对；总状花序顶生，花瓣4枚，呈"十"字形，紫红色；长角果线形。

羽状复叶，顶端具尖

根茎细长，呈鞭状

别名：石荠菜。	科属：十字花科碎米荠属。
生境分布：常生长在山地林下或高山草甸，海拔可达4400m，分布于中国西北、西南及河北。	

紫苜蓿

Medicago sativa L.

花冠蝶形

· 形态特征 多年生草本。株高约1m，主根粗而长，茎直立或斜生，多分枝，绿色或带紫色；羽状三出复叶，互生，小叶倒卵形或倒披针形，长约3cm，宽约1.5cm，边缘中上部具齿；复叶具叶柄，小叶近无柄，托叶狭披针形，上部锐尖，下部与叶柄合生；总状花序腋生，花20余朵，蓝紫色，花梗短，花萼有毛，萼齿狭披针形；花冠蝶形；雄蕊10枚，大多数9枚合生，1枚分离；心皮1个；子房被毛；荚果螺旋状卷曲，通常卷曲1～3圈，无毛；种子多数，肾形，黄褐色。花期5～7月，果期6～8月。

· 食用部位和方法 嫩茎叶可食，4～5月采收，洗净，入沸水焯一下，炒食、做汤或掺面蒸食。

· 野外识别要点 本种羽状三出复叶，小叶边缘有齿；总状花序腋生，花蓝紫色，花冠蝶形；荚果螺旋状卷曲，易识别。

花序枝

植株呈丛生状

别名：紫花苜蓿、苜蓿、蓿草。	科属：豆科苜蓿属。
生境分布：常生长在山沟、山坡、田边或路旁，广泛分布于中国南北各地。	

紫萁

Osmunda japonica Thunb.

根茎短而粗

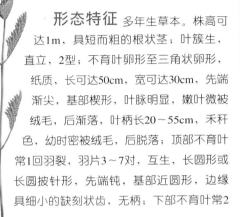

形态特征 多年生草本。株高可达1m，具短而粗的根状茎；叶簇生，直立，2型；不育叶卵形至三角状卵形，纸质，长可达50cm，宽可达30cm，先端渐尖，基部楔形，叶脉明显，嫩叶微被绒毛，后渐落，叶柄长20～55cm，禾秆色，幼时密被绒毛，后脱落；顶部不育叶常1回羽裂，羽片3～7对，互生，长圆形或长圆披针形，先端钝，基部近圆形，边缘具细小的缺刻状齿，无柄；下部不育叶常2回羽裂，羽片4～8对，对生或近对生，卵形或长圆形，边缘有均匀的细锯齿，具叶柄，柄基部有关节；能育叶稍高于不育叶，2回羽裂，小羽片退化为线形，沿中肋两侧背面密生孢子囊。

孢子叶图

食用部位和方法 嫩叶可食，春季采收，洗净，鲜用或干制，具体可炒食、烩食或凉拌。

不育叶常2回羽裂

野外识别要点 叶簇生、直立，幼时拳卷并被密绒毛，不及脱落；叶二型，能育叶与不育叶分开，不育叶二回羽状，小羽片长圆形，不与羽轴合生。

别名：薇菜、紫蕨。	**科属：**紫萁科紫萁属。
生境分布：多野生于荒坡、疏林及旷野，分布于中国暖温带、亚热带地区。	

紫沙参

Adenophora paniculata Nannf.

形态特征 多年生草本。株高60～150cm，茎绿色而稍带紫色，通常不分枝，平滑无毛或具较长的硬毛；基生叶心形，边缘呈不规则锯齿状，早枯；茎生叶互生，卵状椭圆形至线形，两面有柔毛或无毛，全缘或偶有疏齿，常无柄；圆锥状花序，大而多分枝，花下垂，花萼无毛，裂片5枚，丝状钻形，全缘；花冠钟形，蓝紫色或淡蓝紫色，口部缢缩，无毛，5浅裂，裂片反卷；雄蕊5枚，花柱伸出花冠，花盘长筒状；蒴果卵形或卵状长圆形，种子黄色。花期7～9月，果期9～10月。

叶缘不规则锯齿状

花序圆锥状，大而多分枝

食用部位和方法 根可食，春、秋两季采挖，洗净，煮食或炖食。

野外识别要点 植株具白色乳汁，茎生叶互生；花冠近筒状，口部缢缩，花柱明显伸出花冠；花萼裂片毛发状，全缘。

蒴果具宿存花柱

花下垂，蓝紫色或淡蓝紫色

别名：细叶沙参。	**科属：**桔梗科沙参属。
生境分布：一般生长在较为干旱的山坡草地、灌丛及林缘，主要分布于中国西北和华北地区。	

紫苏
种子　叶　茎

Perilla frutescens L.) Britt.

色至紫红色，两唇形，上唇微缺，下唇3裂；小坚果近球形，灰褐色，具网纹。花果期8～12月。

形态特征
一年生直立草本。株高可达2m，须根粗壮发达，茎钝四棱形，具四槽，茎节间密，绿色带紫色，密被长柔毛；叶互生，阔卵形或圆形，叶面常呈泡泡皱缩状，绿色或紫色，疏生柔毛，侧脉7～8对，边缘自基部以上有粗锯齿；具短叶柄，背腹扁平，密被长柔毛；总状花序顶生或腋生，苞片被红褐色腺点，边缘膜质；花梗密被柔毛；花萼钟形，下部有黄色腺点，内面喉部有疏柔毛环；花冠白

花序枝

食用部位和方法
嫩叶可食，每年春季，当紫苏叶全开而未老化时，采摘完整、新鲜、无病虫害的嫩叶，洗净，入沸水焯一下，凉拌、炒食或做汤。另外，新鲜的紫苏叶清香扑鼻，可用开水冲饮，具有防暑解渴的作用。

叶背紫色

根系发达

野外识别要点
本种全株有香气，茎、叶绿色或带紫色，疏生柔毛；花白色或紫红色，两唇形；小坚果灰褐色。

别名：赤苏、臭苏、野藿麻、鸡苏、白苏、香荽。	科属：唇形科紫苏属。
生境分布：常野生于田间、路旁、沟谷和村子附近，广泛分布于中国各地，以黑龙江、吉林、北京、河北、安徽、江苏、浙江及贵州分布较多。	

紫菀
干燥根茎

Aster tataricus L. f.

花黄色，边缘舌状花蓝紫色；瘦果扁平，冠毛灰白色或红褐色。花果期7～10月。

复伞房状花序

紫菀是10月27日的生日花，也是祭祀基督教圣人圣迪鲁菲那的花朵。这种花原产于欧洲，但由于生长很分散，所以很晚才被发现。当紫菀绽放时，星星点点，犹如从四面八方聚集而来的紫色小天使，给孤单的荒野带来了清新和活力。

食用部位和方法
嫩茎叶可食，在5～6月采收，洗净，沸水焯后，炒食、煮粥或掺面蒸食，常食具有润肺下气、化痰止咳的功效。

形态特征
多年生草本。植株可达1m，根状茎短，生多数细根，茎直立，上部多分枝；叶互生，基生叶大，丛生，长圆匙形，边缘疏生锯齿；茎生叶较小，披针形，两面疏生小刚毛，边缘具锐齿；头状花序排列成复伞房状，中间管状

野外识别要点
植株高达1m，基生叶具长柄，叶面疏生小刚毛，有6～10对羽状脉。

根茎生多数细根

别名：紫菀花、青菀、驴耳朵菜、大耳草、花菪。	科属：菊科紫菀属。
生境分布：适应性强，生长于山坡、草地、林下或河边，中国主要分布于东北、华北、西北等地。	

菹草

花
果

Potamogeton crispus L.

开花时伸出水面，具花2～4轮，初时每轮2朵对生，花序梗棒状，花小，被片4枚，淡绿色，雌蕊4枚；果宽卵形，背脊有刺。花果期4～7月。

形态特征
多年生沉水草本。根状茎细长，圆柱形，茎稍扁，近基部常匍匐地面，于节处生出疏或稍密的须根，多分枝，枝端常结芽苞，脱落后长成新植株；叶宽披针形或线状披针形，长3～8cm，宽3～10mm，先端钝圆，基部与托叶合生，叶脉3～5条，叶缘浅波状，有细锯齿，无柄；托叶薄膜质，早落；穗状花序腋生于茎顶。

食用部位和方法
嫩茎叶可食，春季捞取嫩茎叶，洗净，剁碎，入沸水焯熟后，凉拌或煮粥。

野外识别要点
本种为沉水植物，茎节处生须根，枝端常结芽苞，叶基部与托叶合生，边缘波状或具细锯齿；穗状花序，花淡绿色。

叶缘浅波状

别名：虾藻、虾草、麦黄草。	科属：眼子菜科眼子菜属。
生境分布：常野生于池塘、水沟、湖泊、水稻田、灌渠及缓流河水中，是常见水生杂草，分布于中国南北各省区。	

钻形紫菀

花

Aster subulatus Michx

食用部位和方法
同三脉紫菀。

野外识别要点
本种茎基部红色，叶无柄，线状披针形；头状花序，舌状花淡红色，管状花短于冠毛，瘦果有5纵棱。

形态特征
一年生草本。株高25～100cm，茎肉质，无毛，基部略带红色；叶互生，无柄，基生叶倒披针形，花期凋落；茎中部叶线状披针形，先端尖或钝，有时具钻形尖头，全缘；上部叶线形；头状花序顶生，常排成圆锥状，总苞钟状，苞片3～4层，线状钻形；舌状花细狭，淡红色，长与冠毛相同或稍长；管状花多数，短于冠毛；瘦果长圆形或椭圆形，有5纵棱，冠毛淡褐色。花果期9～11月。

花序枝

瘦果具淡褐色冠毛

苞片线状钻形

叶长可达15cm，宽达2cm

别名：剪刀菜、燕尾菜。	科属：菊科紫菀属。
生境分布：常野生于河边、海岸、路边及低洼地，主要分布于中国华东、华南、中南、西南及河南等地。	

Collembola

木本篇

白刺

Nitraria tangutorum Bobr.

叶常2~3片簇生

子1粒，浆果状核果，熟时暗红色。花期5~6月，果期7~8月。

形态特征 匍匐性小灌木。株高1~2m，枝平卧，先端刺针状；叶通常2~3片簇生于嫩枝上，倒卵状长椭圆形，叶面灰绿色，叶背淡绿色，肉质，被细绢毛，全缘，无叶柄，托叶早落；蝎尾状聚伞花序顶生，萼片5个，三角形，绿色；花瓣5枚，黄白色，雄蕊10~15枚，子房3室；果实近球形，成熟时初为红色，后为黑色，先端短而渐尖；种

食用部位和方法 果可食，肉质多汁，酸甜可口，秋季成熟后可直接采摘食用，也可酿酒或制醋。

野外识别要点 本种枝端有针状刺，叶2~3片簇生于嫩枝上，叶背淡绿色，被细柔毛；蝎尾状聚伞花序，花黄白色；果实红黑色。

成熟浆果可食用

枝黄褐色，多分枝

别名：地枣、白茨、沙漠樱桃、酸胖。	科属：蒺藜科白刺属。
生境分布：常野生于山谷疏林中，分布于中国西北、华北及东北沿海地区。	

白鹃梅

Exochorda racemosa Lindl.) Rehd.

食用部位和方法 嫩叶和花蕾可食，在初春采摘叶，洗净，入沸水焯熟后，再用凉水漂洗几遍，凉拌或炒食。

野外识别要点 本种全株无毛，叶互生，叶背灰绿色，全缘或有时中部以上有钝锯齿，花白色，果具5棱脊。

形态特征 落叶灌木。株高3~5m，小枝圆柱形，无毛，微有棱角，幼时红褐色，老时褐色；冬芽三角卵形，先端钝，平滑无毛，暗紫红色；单叶互生，长椭圆形至长圆状倒卵形，两面无毛，叶背面灰白色，全缘或有时中部以上有钝锯齿，叶短柄；总状花序顶生小枝上，着花6~10朵，黄绿色，花瓣倒卵形；蒴果倒圆锥形，具5棱脊，有短果梗。花期6~7月，果期8~9月。

蒴果具5棱脊

单叶互生，叶背面灰白色

茎幼时红褐色，老时褐色

别名：白绢梅、金瓜果、茧子花。	科属：蔷薇科白鹃梅属。
生境分布：常野生于山坡阴地，海拔在500m以下，主要分布于中国江苏、浙江、江西、湖北等省区。	

白簕

Acanthopanax trifoliatus Linn.) Merr

花瓣三角状卵形

食用部位和方法 嫩茎叶可食，在4～6月采摘，洗净，入沸水焯熟后，再用清水浸泡片刻，炒食、凉拌或做汤均可。

· 形态特征 攀缘状灌木。株高1～7m，枝铺散，新枝黄棕色，老枝灰白色，疏生先端钩曲、基部扁平的皮刺；指状复叶，叶柄2～6cm，有刺或无刺，无毛；小叶3片，椭圆状卵形至椭圆状长圆形，纸质，两面无毛或上面脉上疏生刚毛，侧脉5～6对，边缘有细锯齿或钝齿，具短柄；伞形花序，花多数，花梗细短，萼无毛，边缘有5个三角形小齿；花瓣5枚，三角状卵形，黄绿色，开花时反折；雄蕊5枚，子房2室；花柱2裂，基部或中部以下合生；果实扁球形，黑色。花果期8～12月。

果成熟时黑色

· 野外识别要点 本种新枝黄棕色，老枝灰白色，枝散生倒皮刺；指状复叶，小叶3片，叶缘有齿；伞形花序，花黄绿色，花萼边缘有5个小齿，花瓣花后反折，果黑色。

指状复叶，小叶3片

老枝疏生皮刺

| 别名：鹅掌簕、三加皮、白刺尖、禾掌簕。 | 科属：五加科五加属。 |

生境分布：常野生于山坡路旁、林缘和灌丛中，海拔可达3000m，主要分布于中国中南、华南、华东及西藏、四川等地。

扁核木

Prinsepia uniflora Batal.

种子

核果

花

卵形，雄蕊多数，2～3轮生于花盘上，心皮1片；核果长倒卵形或椭圆形，成熟时暗紫红色，被粉霜，宿萼反折；核平滑，紫红色。花期4～5月，果期8～9月。

· 形态特征 灌木。株高1～5m，树皮光滑，老枝粗壮、灰绿色，小枝灰绿色或灰褐色，被黄褐色短柔毛，常为粗刺状，刺上生叶，近无毛；单叶互生，卵形至狭长椭圆形，尖端尖，基部楔形或近圆形，上面深绿色，下面淡绿色，中脉突起，两面无毛，全缘或有锯齿，近无柄；花两性，总状花序顶生或腋生，萼筒杯状，上部5裂，裂片半圆形或宽

果枝图

食用部位和方法 嫩茎叶和果实可食，春季采摘嫩叶，洗净，入沸水焯熟后，凉拌、炒食或煮食，也可制成干菜；果实秋季熟后采摘，可直接食用，也可酿酒、制醋。

花枝图

· 野外识别要点 叶全缘，或有时呈波状，或有不明显锯齿，长圆披针形或狭长圆形；花白色，花梗长3～5mm。

| 别名：蕤核、扁核木、单花扁核木、山桃、马茹、青刺、栓子果、鸡蛋果。 | 科属：蔷薇科扁核桃属。 |

生境分布：常野生于海拔900～1100m的山坡阳处或山脚下，主要分布于中国甘肃、内蒙古、陕西、山西、河南和四川等省区。

波缘楤木

Aralia undulata Hand.-Mazz.

圆锥花序，花白色

梗短，有棕色粗毛；小苞片长圆形，花白色，萼无毛，边缘有5个三角形小齿；花瓣5枚，长圆形，开花时反折；果实球形，黑色。花果期6～10月。

形态特征 灌木或乔木。株高4～8m，树皮赤褐色，小枝有短而粗的刺；叶大，二回羽状复叶，长达80cm，叶柄稍长，有稀少短刺，基部有小叶1对，托叶和叶柄基部合生；羽片有小叶7～15枚，卵形至卵状披针形，纸质，先端尖，基部圆形或歪斜，叶面深绿色，叶背灰白色，侧脉7～9对，边缘有波状齿，齿有小尖头，叶柄短；圆锥花序大，总花梗有棕色糠屑状粗毛；苞片披针形，棕色，边缘有纤毛；花

二回羽状复叶

食用部位和方法 同楤木。

野外识别要点 本种羽片有小叶7～15枚，叶面灰白色，边缘有波状齿，齿有小尖头，花白色，总花梗、苞片、花梗有棕色粗毛。

别名：紫红伞。	科属：五加科楤木属。
生境分布：常野生于海拔500～1000m的密林或山谷疏林中，分布于中国湖南、广西、广东、四川等地，目前尚未进行人工引种栽培。	

稠李

Padus racemosa Lam.) Gilib.

果序

稠李花序长而下垂，花白如雪，入秋后叶变红色，衬以紫黑果穗，十分美丽，是一种理想的观花、观叶、观果树种，适宜城市美化。

形态特征 落叶乔木。株高可达13m，树皮粗糙、多斑纹，嫩枝紫褐色，有短柔毛，老枝灰褐色，近无毛，有浅色皮孔；冬芽卵圆形，边缘有睫毛；叶椭圆形、长圆形或长圆倒卵形，先端渐尖，呈尾状，叶面深绿色，叶背淡绿色，光滑无毛，侧脉8～11对，中脉和侧脉在叶背突起，边缘具锐锯齿或重锯齿；叶柄短，柔毛渐脱落，顶端两侧各具1腺体；托叶膜

质，线形，边缘有带腺锯齿，早落；总状花序，小花白色，芳香，花瓣5枚，基部有短爪；萼筒钟状，萼片边有带腺细锯齿；核果卵球形，顶端有尖头，成熟时红褐色至黑色，核有明显皱纹。花期4～5月，果期5～10月。

食用部位和方法 果实可食，一般9月果熟时采摘，生食或制果酱、果汁、果酒等。

叶先端渐尖，呈尾状

野外识别要点 本种小枝紫褐色，有棱，老枝灰褐色，有皮孔；叶缘具尖细锯齿，叶基部有1对腺体；总状花序，花白色，花瓣有异味，故又叫臭李子；核果成熟时黑色或紫红色。

别名：臭李子。	科属：蔷薇科稠李属。
生境分布：常生长在山坡、沟谷或草丛，分布于中国东北、华北、西北及山东。	

臭常山

Orixa japonica Thunb

形态特征

落叶灌木或小乔木。株高1～3m，枝、叶有腥臭气味，树皮灰或淡褐灰色，嫩枝暗紫红色或灰绿色，常被短柔毛；叶互生，菱状卵形至卵状椭圆形，薄纸质，叶面散生半透明的细油点，嫩叶上面中脉及侧脉被短毛，下面被长柔毛，全缘或中上部有细钝齿，叶柄短或无；花单性，雌雄异株，雄花序总状腋生，雌花序单生，花黄绿色；蓇葖果2瓣裂，种子1粒，球形。花期4～5月，果期9～11月。

食用部位和方法

嫩茎叶可食，春季采摘，洗净，入沸水焯熟后，再用清水漂洗几遍，凉拌、炒食、煮食或做汤。

野外识别要点

本种枝、叶有腥臭气味，叶面有半透明的细油点，花黄色，种子1粒。

叶面散生细油点

枝、叶具腥臭味

蓇葖果2瓣裂

别名：大山羊、日本常山、拔马瘟、白胡椒、臭萝卜、臭山羊、臭苗、臭药。	科属：芸香科臭常山属。
生境分布：常野生于山坡密林或疏林中，海拔可达1300m，分布于中国东部及贵州一带。	

臭牡丹

Clerodendrum bungei Steud.

花冠5裂

形态特征

灌木，高1～2m。植株有臭味。叶柄、花序轴密被黄褐色或紫色脱落性的柔毛；小枝近圆形，皮孔明显；单叶对生；叶柄长4～17cm；叶片宽卵形或卵形，长8～20cm，宽5～15cm，先端尖或渐尖，基部心形或宽楔形，边缘有粗或细锯齿，基部脉腋有数个盘状腺体；伞房状聚伞花序顶生，密集，有披针形或卵状披针形的叶状苞片，花萼钟状，宿存，长2～6mm，有短柔毛及少数腺体，萼齿5深裂；花冠淡红色、红色或紫红色，花冠管长2～3cm，先端5深裂；雄蕊4枚，与花柱均伸于花冠管外；核果近球形，成熟时蓝紫色。花果期5～11月。

食用部位和方法

采摘嫩茎叶，洗净，炒食或做汤；嫩花蕾可炒食。

野外识别要点

植株有臭味，叶柄、花序轴密被黄褐色或紫色脱落性的柔毛，伞房状聚伞花序顶生，密集，核果成熟时蓝紫色。

花萼钟状，5裂

植株发出臭味

叶腋具褐色叶芽

别名：矮桐子、大红袍、臭八宝。	科属：马鞭草科大青属。
生境分布：生于海拔2500m以下的山坡、林缘、沟谷、路旁及灌丛中，分布于华北、西北、西南及江苏、安徽、浙江、江西、湖南、湖北、广西等地。	

垂柳
Salix babylonica L.

雄花序，花药红黄色

垂柳发芽早、落叶晚、枝条柔软下垂、微风吹来、随风飘舞、姿态潇洒妩媚、别有风致、是优美的风景树、多种植于河岸、池畔、庭院。

枝条细软且下垂

稍淡、两面幼时微被毛、边缘具齿；叶柄短、有柔毛；托叶仅生在萌发枝上、边缘有齿；花序先叶或与叶同时开放、雄花序有短梗、轴有毛、具2~4枚小叶、苞片披针形、外面有毛、腺体2个、雄蕊2枚、花丝基部有长毛、花药红黄色；雌花序较长、苞片同雄花、腺体1个、基部有3~4枚小叶、轴有毛、子房椭圆形、花柱2浅裂；蒴果小、带绿黄褐色。花果期3~5月。

● **食用部位和方法** 嫩叶芽可食、洗净、入沸水焯熟后、炒食、凉拌、蒸食或做馅均可。

● 形态特征
乔木。株高6~18m、树皮灰黑色、不规则开裂、树冠开展而疏散、枝条细而下垂、淡褐黄色、淡褐色或带紫色、无毛；芽卵形；叶狭披针形或线状披针形、长9~16cm、宽0.5~1.5cm、先端尖、基部楔形、叶面绿色、叶背

● **野外识别要点** 本种枝条黄褐色至紫红色、下垂、芽卵形、芽鳞1枚、叶缘有齿、叶柄有毛；雌花有腺体1个；蒴果带绿黄褐色。

别名：水柳、柳树、垂丝柳、清明柳。	科属：杨柳科柳属。
生境分布：一般野生于疏林、沟谷、坡地等地处，垂直分布在海拔1300m以下，主要分布于长江流域及其以南各省区的平原地区，华北、东北有栽培。	

慈竹
Neosinocalamus affinis Rendle) Keng f.

慈竹丛生、新竹旧竹紧紧挨着、高低相互依靠、就像一老一少相偎相依、因此也叫做"子母竹"。

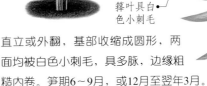

箨叶具白色小刺毛

形态特征
杆高5~10m、径4~8cm、顶梢细长、弧形、向外弯曲、或幼时下垂如钩丝状；节间长15~60cm、贴生灰白色或褐色疣基小刺毛、箨环明显、秆基部数节有时在箨环的上下方贴生银白色绒毛环；箨鞘革质、基部密被白色短柔毛和棕黑色刺毛、腹面具光泽、鞘口稍呈"山"字形；箨耳不明显、呈皱褶状；箨舌高4~5mm、边缘流苏状；箨叶披针形、

杆节

直立或外翻、基部收缩成圆形、两面均被白色小刺毛、具多脉、边缘粗糙内卷。笋期6~9月、或12月至翌年3月。

● **食用部位和方法** 采嫩笋、鲜用、作主料或配料、炒、炖或做汤。

● **野外识别要点** 本种竹内实而节疏、一丛几十根、笋不外迸、只向里生。

别名：丛竹、绵竹、酒米慈、钓鱼慈、甜慈、子母竹。	科属：禾本科慈竹属。
生境分布：常野生于山坡阴湿处或田边，海拔可达2000m，广泛分布在中国西南、中南、华南各省，尤其是四川、贵州、云南、湖南、湖北及广西等地。	

刺果茶藨子

Ribes burejense Fr. Schmidt.

果密生小刺

· 形态特征
落叶灌木。株高1～2m，老枝灰黑色或灰褐色，较平滑，小枝灰棕色，幼时具柔毛，在叶下部的节上着生3～7枚长达1cm的粗刺，节间密生细针刺；芽长圆形，被鳞片；叶宽卵圆形，掌状3～5深裂，幼时两面被短柔毛，老时仅叶背沿中脉具少数腺毛，边缘有粗钝锯齿；叶柄短，常有稀疏腺毛；花两性，单生于叶腋或2～3朵组成短总状花序，花序轴、花梗具疏柔毛或腺毛；苞片宽卵圆形，被柔毛，具3

叶掌状
3～5深裂

脉；花萼浅褐色至红褐色，萼筒宽钟形，萼片在花期开展或反折，果期常直立；花瓣匙形或长圆形，浅红色或白色；子房梨形，具黄褐色小刺，果实圆球形，未熟时浅绿色至浅黄绿色，熟后转变为暗红黑色，具多数黄褐色小刺。花果期5～8月。

· 食用部位和方法
果实可食，有刺，味道酸，秋季成熟后，可采摘后直接食用，也可制作果汁和果酒。

· 野外识别要点
本种老枝较平滑，无毛、无刺，小枝幼时被柔毛，节间密生细针刺，粗刺3～7枚，长达1cm，果密生小刺，易识别。

别名：刺李、刺梨、山梨、刺醋李、醋栗、酸溜溜	科属：虎耳草科茶藨子属。

生境分布： 常野生于山地针叶林、阔叶林、针阔叶混交林下及林缘，也见于山坡灌丛及溪流旁，主要分布于中国黑龙江、吉林、辽宁、甘肃、内蒙古、山西、河南及河北等地。

刺楸

Kalopanax septemlobus Thunb.) Koidz.

鸟儿很喜欢在树木上栖息，可是楸树的树皮和小枝上长满鼓钉状的皮刺，长约5mm，坚硬异常，鸟儿怕挨扎，从不敢靠近它，所以楸树也叫"鸟不宿"。

· 形态特征
落叶乔木。株高10～30m，树皮暗灰棕色，小枝淡黄棕色或灰棕色，散生粗刺；

叶背淡绿色

长枝叶互生，短枝叶簇生，圆形或近圆形，纸质，掌状5～7浅裂，裂片阔三角状卵形至长圆状卵形，幼时疏生柔毛，脉掌状3～5出，边缘具细齿，叶柄细长；大型圆锥花序，花多数，花瓣5枚，三角状卵形，白色

叶柄细长

枝散生粗刺

或淡绿黄色；果球形，蓝黑色。花果期7～12月。

· 食用部位和方法
嫩叶芽可食，在3～5月采摘，洗净，入沸水焯熟后，再用清水漂洗去苦涩味，凉拌、炒食或煮食。注意，一次不可多食。

· 野外识别要点
本种枝上有皮刺，叶掌状5～7裂，叶形多变化，有时浅裂，裂片阔三角状卵形，长不及全叶片的1/2；有时深裂，裂片长圆状卵形，往往超过全叶长的1/2。

别名：鼓钉刺、刺桐、云楸、辣枫树、鸟不宿、钉木树、丁桐皮。	科属：五加科刺楸属。

生境分布： 常野生于山地疏林中，海拔可达2500m，分布于中国东北至华南一带。

刺玫蔷薇

Rosa davurica Pall.

果熟时红色

· 形态特征 落叶灌木。株高可达1.5m，多分枝，小枝细而平滑，紫褐色或灰褐色，具黄色皮刺，枝条基部的皮刺常成对而生；奇数羽状复叶，小叶5～11枚，长圆形或阔披针形，先端圆钝，基部楔形，叶面深绿色，无毛，叶背有白霜，疏生短柔毛和腺点，中脉和侧脉突起，边缘中部以上具细锯齿；复叶有长叶柄，小叶近无柄，叶柄和叶轴有柔毛、腺毛和稀疏皮刺；托叶大部贴生于叶柄，离生部分卵形，边缘有带腺锯齿，下面被柔毛；花单生于叶腋或2～3朵簇生为伞房花序，苞片卵形，边缘有腺齿，下面有柔毛和腺点，萼筒近圆形，无毛，萼片披针形，有腺毛，边缘具不整齐锯齿；花瓣5枚，粉红色，倒卵形；花柱离生，被毛；果近球形，成熟时红色，具宿存萼片。花期春季，果期秋季。

· 野外识别要点 本种小枝无毛，紫褐色或灰褐色，具黄色皮刺，枝基部皮刺常对生；羽状复叶，叶背有白粉，边缘中部以上具细锯齿；花粉红色，苞片、萼片和花瓣有毛，苞片和萼片边缘有齿；果近球形，光滑。

花瓣倒卵形，粉红色

托叶贴生于叶柄

奇数羽状复叶

小枝紫褐色或灰褐色

黄色皮刺

· 食用部位和方法 果实可食，富含多种维生素，在8～9月采摘成熟果实，去宿存萼，洗净，切开晒干，磨碎，风选去除茸毛，生食或做果酱，有健脾胃、助消化的食疗效果。

别名： 刺玫蔷薇、刺玫果。	**科属：** 蔷薇科蔷薇属。
生境分布： 常生长在山坡杂林或林缘灌丛中，海拔可达2500m，分布于中国东北及内蒙古、河北。	

刺五加

Acanthopanax senticosus Rupr. et Maxim.) Harms

花密集，呈伞形，花紫黄色

齿；花瓣5枚，卵形；雄蕊5枚，子房5室，花柱全部合生成柱状；浆果状核果，具5棱，成熟时黑色。花果期6～10月。

· 形态特征
落叶灌木。株高2～6m，多分枝，茎、枝密生细刺，刺直而细长，针状；掌状复叶互生，叶柄疏生细刺，有棕色短柔毛；小叶通常5枚，偶有3枚，椭圆状倒卵形或长圆形，纸质，长达13cm，宽达7cm，先端渐尖，基部阔楔形，叶面暗绿色，叶背淡绿色，两面沿脉有毛，侧脉6～7对，边缘有双重锐锯齿，近无柄；伞形花序单生枝顶，或2～6个组合成球状，总花梗较长，花密集，花梗短，略有毛；花紫黄色，萼片全缘，偶有不明显5小

掌状复叶互生

茎、枝密生细刺

· 食用部位和方法
嫩叶和幼芽可食，在4～6月采收，洗净，入沸水焯熟，再换清水浸泡，凉拌、炒食、做汤或掺面蒸食。

· 野外识别要点
茎、枝有细刺，掌状复叶互生，小叶通常5枚，边缘具重锯齿。花紫黄色，花序梗和花梗近无毛，花瓣5枚，花柱5裂，合生成柱状。

别名：五加皮、刺拐棒、刺花棒。	科属：五加科刺五加属。
生境分布：常生长在阴坡疏林或灌丛中，海拔可达2000m，分布于中国东北、华北及陕西、四川。	

刺榆

坚果黄绿色

Hemiptelea davidii Hance) Planch.

· 形态特征
小乔木。株高可达10m，树皮深灰色或褐灰色，不规则条状深裂，小枝灰褐色或紫褐色，被灰白色短柔毛，具粗而硬的棘刺，刺长2～10cm；冬芽常3个聚生于叶腋，卵圆形；叶椭圆形或椭圆状矩圆形，先端急尖或钝圆，基部浅心形或圆形，叶面绿色，幼时被毛，叶背淡绿，无毛或沿脉疏生柔毛，侧脉8～12对，边缘有整齐粗齿；叶柄短，被短柔毛；托叶长矩圆形或披针形，淡绿色，边缘具睫毛；小坚果黄绿色，斜卵圆形，两侧扁，在背侧具窄翅，形似鸡头，果梗纤细。花期4～5月，果期9～10月。

· 食用部位和方法
嫩叶可食，方法同榔榆。

· 野外识别要点
本种树皮条状裂，小枝被灰白色柔毛和棘刺，冬芽常3个聚生，叶缘齿整齐，小坚果黄绿色，似鸡头。

棘刺长2～10cm

小枝灰褐色或紫褐色

叶缘有整齐粗齿

别名：枢、钉枝榆、刺榆针子。	科属：榆科刺榆属。
生境分布：常野生于海拔2000m以下的坡地次生林中，广泛分布于中国南北大部分省区，主产河北、河南、山西、山东等省。	

楤木

Aralia chinensis L.

花和果

花多数，白色，芳香；萼无毛，边缘有5个三角形小齿；花瓣5枚，卵状三角形；雄蕊5枚，子房5室，花柱5裂；果实球形，黑色。花期7～9月，果期9～12月。

· 形态特征 灌木或乔木。株高2～8m，树皮灰色，疏生粗壮直刺；小枝淡灰棕色，有黄棕色绒毛，疏生细刺；2～3回羽状复叶，长4～11cm，叶柄粗壮，托叶与叶柄基部合生，耳廓形，叶轴、羽片轴被黄棕色绒毛，基部有小叶1对；羽片有小叶5～11枚，卵形、阔卵形或长卵形，先端渐尖，基部圆形，叶面疏生糙毛，叶背有淡黄色或灰色短柔毛，脉上更密，侧脉7～10对，边缘有锯齿，叶柄短或近无；圆锥花序大型，长30～60cm，花序轴密生淡黄棕色或灰色短柔毛；

· 食用部位和方法 同辽东楤木。

· 野外识别要点 本种羽片有小叶5～11枚，小枝、叶轴、羽片轴、叶背、花序轴均有淡黄棕色绒毛，托叶耳廓形，花白色。

2～3回羽状复叶

别名：鹊不踏、海桐皮、鸟不宿、黄龙苞、刺树椿、刺龙柏、虎阳刺。	科属：五加科楤木属。
生境分布：常野生于丛林、灌丛及林缘路边，海拔可达2000m，分布于中国秦岭至河北以南大部分省区。	

达乌里胡枝子

Lespedeza daurica Laxm.) Schindl

· 形态特征 小灌木。株高约1m，茎稍斜升，单一或数个簇生，幼枝绿褐色，有细棱，被白色短柔毛，老枝黄褐色或赤褐色，被短柔毛或无毛；羽状复叶，叶柄短，托叶线形；小叶3枚，长圆形或狭长圆形，先端圆形或微凹，有小刺尖，基部圆形，叶背被贴伏的短柔毛，全缘，叶柄短或无；总状花序腋生，总花梗密生短柔毛，小苞片披针状线形，有毛；花萼5深裂，外被白毛，先端呈刺芒状；花冠白色或黄白色，旗瓣中央稍带紫色；闭锁花生于叶腋，结实，荚果小，倒卵形，先端有刺尖，两面突起，有毛，包于宿存花萼内。花期7～8月，果期9～10月。

· 食用部位和方法 嫩茎叶可食，春季采摘，洗净，入沸水焯熟后，炒食或做汤。

花白色或黄白色

· 野外识别要点 本种幼枝绿褐色，被白色短柔毛，老枝黄褐色，羽状复叶具3枚小叶，小叶先端有刺尖，花白色或黄白色，果包于宿存花萼内。

羽状脉明显

花序腋生

别名：兴安胡枝子、达呼尔胡枝子、毛果胡枝子、忙牛茶、牛枝子。	科属：豆科胡枝子属。
生境分布：常野生于山坡、草地、路旁及沙质地中，分布于中国西北、东北、华北、华中及西南地区。	

大果榕
Ficus auriculata Lour.

簇生的榕果

棱，顶部截形，脐状突起大，顶生苞片4～5轮覆瓦状排列，呈莲座状；基生苞片3枚；花单性，雄花和瘿花同生于一花序托内，雌花生另一花序托内。花期8月至翌年3月，果期5～8月。

· 形态特征 乔木。高4～10m，树冠扩展，有白色乳汁；叶互生，宽卵形或近圆形，长15～55cm，宽15～27cm，先端钝，具短尖，基部心形或圆形，边缘具整齐细锯齿，基出脉5～7条，侧脉3～4对，其间的小脉并行，上面近无毛，下面被短毛；叶柄长5～8cm；榕果簇生于老枝或无叶的枝上，倒梨形或陀螺形，直径约4cm，被柔毛，具8～12条纵

· 食用部位和方法 果熟时采摘，直接食用。

叶先端具短尖

· 野外识别要点
有白色乳汁，小枝上有明显的托叶环痕；榕果大，直径约4cm，表面有红晕，顶生苞片莲座状。

叶面近无毛

别名：馒头果、大无花果、大木瓜、波罗果、蜜枇杷、大石榴。	科属：桑科榕属。
生境分布：生于低山沟谷、潮湿林中，分布于中国海南、广西、云南、贵州、四川等。	

大果榆
Ulmus macrocarpa Hance

翅果

· 食用部位和方法 嫩叶和嫩果可食，春季采摘，洗净，入沸水焯熟后，炒食或煮食。

· 形态特征 落叶乔木或灌木。株高可达20m，胸径3m，树冠扁球形，树皮灰黑色，纵裂，小枝有时具对生而扁平的木栓翅；幼枝有疏毛，一、二年生枝淡褐黄色，具散生皮孔；冬芽卵圆形，被鳞片，边缘有毛；叶倒卵形、椭圆形或倒卵状菱形，革质，大小变异很大，先端短尾状，基部渐窄至圆，两面粗糙，叶面密生硬毛，叶背常有疏毛，脉上较密，脉腋常有簇生毛，侧脉6～16对，边缘具齿，叶柄短；花自花芽或混合芽抽出，在去年生枝上排成簇状聚伞花序或散生于新枝的基部，黄绿色；翅果大，顶端缺口、两面、边缘及果梗有毛。花果期4～5月。

· 野外识别要点
本种小枝有时具对生而扁平的木栓翅，叶倒卵状圆形，中上部宽，先端短尾状，叶面粗糙，两面有毛。

侧脉6～16对

叶形多变，叶面密生硬毛

树皮灰黑色

别名：黄榆、山榆、毛榆、白芜荑、翅枝黄榆、倒卵果黄榆、蒙古黄榆、矮形黄榆、扁榆、柳榆。	科属：榆科榆属。
生境分布：常野生于山坡、谷地、丘陵地、沙丘及岩缝中，海拔可达1800m，分布于中国东北、华北、西北及华东地区。	

东北扁核木

Prinsepia sinensis (Oliv.) Oliv. ex Bean

果

三角状卵形，边缘具睫毛；花瓣5枚，黄色，倒卵形，先端圆钝，基部有短爪；核果近球形，成熟时鲜红色，具宿存萼片；核侧扁，坚硬，有皱纹。花果期5~8月。

· 形态特征 落叶小灌木。株高约2m，树皮灰色、枝条灰绿色或紫褐色，无毛，具刺；冬芽卵圆形，紫红色，外被鳞片有毛；叶互生或簇生，卵状披针形或披针形，革质，先端尖，基部近圆形或宽楔形，叶面深绿色，叶背淡绿色，两面无毛或有少数睫毛，叶脉在叶背隆起，全缘或有稀疏锯齿；叶柄短，托叶成对，刺针状，内面有毛，早落；花1~4朵簇生于叶腋，花梗短，萼筒钟状，萼片短

· 食用部位和方法 果实可食，酸甜多汁，有香气，一般在8~9月采摘，生食或榨汁。

· 野外识别要点 本种属低矮灌木，冬芽卵圆形，紫红色；叶披针形，托叶成对，刺针状；花1~4朵簇生于叶腋，黄色；果熟时鲜红色。

核仁

别名：辽宁扁核木、扁胡子、扁担胡子、金刚木。	科属：蔷薇科扁核木属。
生境分布：常野生于混交林、杂木林、疏林缘或沟谷坡地，分布于中国黑龙江、吉林、辽宁三省。	

东北茶藨子

Ribes mandshuricum (Maxim.) Kom.

· 形态特征 落叶灌木。株高2~3m，小枝褐灰色，皮常长条状剥落，嫩枝褐色，具短柔毛，无刺；芽卵圆形，有纤毛及数枚鳞片；叶掌状3裂，稀5裂，宽与长近相等，基部心脏形，叶面散生细毛，叶背密生白绒毛，缘具不整齐粗锐锯齿或重锯齿；叶柄密生短柔毛；花两性，总状花序长达20cm，初直立，后下垂，花40~50朵，花序轴和花梗密被短柔毛，苞片小，卵圆形，早落；花萼浅绿色或带黄色，萼筒盆形，萼片倒卵状舌形，边缘反卷；花瓣5枚，黄绿色，近匙形，基部5个分离的突出体；浆果球形，成熟时红色；种子多数，圆形。花果期6~8月。

· 食用部位和方法 果实可食，含有维生素、柠檬酸、苹果酸等，汁多，味美，在7~8月采摘，生食或制果汁、果酱等。

· 野外识别要点 本种叶掌状3~5裂，长、宽近相等，叶面散生细毛，叶背密生绒毛；花黄绿色；浆果成熟时红色。

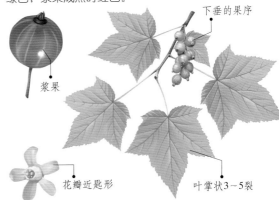

下垂的果序

浆果

花瓣近匙形

叶掌状3~5裂

别名：狗葡萄、满洲茶藨子、山樱桃、灯笼果、洋樱桃、山麻子、山欧李。	科属：虎耳草科茶藨子属。
生境分布：常野生于山坡、山谷、林下或杂林内，海拔可达1500m，分布于中国东北、华北和西北地区。	

冻绿

Rhamnus utilis Decne

由于果和叶内含绿色素，可做绿色染料，因此被称为冻绿。冻绿是中国古代重要的天然绿色染料之一，明清时期，冻绿已闻名国外，被称为"中国绿"。

形态特征
灌木或小乔木。株高2～4m，小枝褐色或紫红色，无毛，枝端常具针刺；腋芽小，有数个鳞片，鳞片边缘有白色缘毛；叶互生或簇生于短枝上，椭圆形、矩圆形或倒卵状椭圆形，纸质，叶面无毛或仅中脉具疏柔毛，叶背干后常变成黄色，沿脉或脉腋有金黄色柔毛，侧脉5～6对，两面均突起，边缘具锯齿，叶柄短，具小沟；托叶披针形，常具疏毛；花单性，雌雄异株，雄花较雌花多且密，黄绿色；核果近球形，成熟时黑色，具2分核；种子背侧基部有短纵沟。花期4～6月，果期5～8月。

叶背干后变成黄色

食用部位和方法
嫩芽可食，初春采摘，洗净，入沸水焯熟后，再用清水漂洗几遍去除苦涩味，炒食或煮食。

野外识别要点
本种枝端有针刺，叶干时常变成黄色，叶背沿脉或脉腋被金黄色柔毛。

枝褐色或紫红色

别名：红冻、绿皮刺、冻木树、黑狗丹、冻绿柴、鼠李、油葫芦子。	科属：鼠李科鼠李属。
生境分布：常野生于山地灌丛、山坡草丛或疏林中，海拔可达1500m，主要分布于中国甘肃、陕西、山西、河南、安徽、江苏、浙江、四川、贵州、云南、广东及广西等地。	

豆腐柴

Premna microphylla Turcz.

形态特征
直立灌木。株高1～3m，幼枝有柔毛，老枝变无毛；叶揉之有臭味，卵状披针形、椭圆形或倒卵形，长3～13cm，宽1.5～6cm，叶面无毛至有短柔毛，全缘至有不规则粗齿，叶柄短；聚伞花序组成顶生的圆锥花序，花萼杯状，绿色，有时带紫色，边缘常有睫毛，5浅裂；花冠淡黄色，外有柔毛和腺点，花冠内部有柔毛，喉部尤密；核果球形至倒卵形，紫色。花果期5～10月。

食用部位和方法
嫩芽可食，春季采摘，洗净，入沸水焯熟后，再用清水漂洗，凉拌或炒食。

疏散圆锥花序，花淡黄色

野外识别要点
本种与狐臭柴很相似，但叶基部下延至叶柄，叶面无毛至有短柔毛，且网脉不清晰，易与后者区别。

叶揉搓有臭味

老枝近无毛

别名：臭黄荆、观音柴、土黄芪、止血草、腐婢、豆腐草。	科属：马鞭草科腐婢属。
生境分布：常野生于山坡林下或林缘，主要分布于中国华东、中南、华南及西南等地区。	

倒提壶

Solanum spirale Roxb.

果实

地表植株形态

　　云南省红河中上游的花腰傣人，非常喜爱倒提壶这种野菜。他们采摘新鲜翠绿的倒提壶嫩叶，调入鸡蛋汁、食盐、味精、入锅煎至绿叶熟脆后装盘，俗称苦凉菜蛋酥。这道野味，现已成为游客必尝的特色食物。

● 形态特征
直立灌木。株高0.5～3m，光滑无毛；叶大，椭圆状披针形，先端尖，基部楔形，下延成叶柄，中脉粗壮，侧脉5～8对，全缘或略波状，具短叶柄；聚伞花序螺旋状，叶对生或腋外生，总花梗短，小花梗细，花萼杯状，5浅裂，花冠白色，5深裂，裂片长圆形，花药黄色，子房卵形，花柱柱状，柱头截形；浆果球形，橘黄色；种子多数，扁平。花期夏秋，果期冬春。

● 食用部位和方法
嫩茎叶可食，含胡萝卜素和维生素，一般在5～6月采摘，洗净，入沸水焯熟后，炒食或煮食均可。

叶长9～20cm，宽4～8cm

● 野外识别要点
本种全株无毛，叶大，聚伞花序螺旋状，花白色；果实橘黄色，种子扁平。

别名：旋花茄、理肺散、倒提壶、白条花、山烟木、滴打稀。	科属：茄科旋花茄属。
生境分布：常野生于溪边灌木丛或林下，海拔500～1900m，主要分布于中国西藏、云南、贵州、广西、湖南等地。	

杜仲

Eucommia ulmoides Oliver

树皮可入药

● 形态特征
落叶乔木。株高可达20m，胸径约50cm，树皮灰褐色，粗糙，内含橡胶，折断拉开有多数细丝，嫩枝有黄褐色毛，老枝无毛而有皮孔；芽体卵圆形，外面发亮，红褐色，有鳞片6～8片，边缘有微毛；叶椭圆形、卵形或矩圆形，薄革质，叶嫩时疏生柔毛，叶面暗绿色，叶背淡绿色，老叶略有皱纹，仅叶背脉上有毛，侧脉6～9对，边缘有锯齿，叶柄短，上面有槽；花生于当年枝基部，雄花无花被，苞片倒卵状匙形，药隔突出，花粉囊细长，无退化雌蕊；雌花单生，苞片倒卵形，子房先端2裂；翅果扁平，长椭圆形，先端2裂，周围具薄翅；坚果位于中央，稍突起；种子扁平，线形。花期春季，果期秋季。

● 食用部位和方法
嫩叶可食，一般在春季采摘，洗净，入沸水焯一下，去掉苦涩味，炒食或做汤。另外，秋叶落后，树皮可炖食，有一定的药效。

● 野外识别要点
本种叶互生，边缘有锯齿，撕裂后可见有多数细丝，容易识别。

别名：丝棉皮、胶丝楝树皮、棉树皮。	科属：杜仲科杜仲属。
生境分布：常野生于海拔300～500m的低山、谷地或疏林中，主要分布于中国西南、中南、华南及甘肃、陕西、河南等地。	

复羽叶栾树

Koelreuteria bipinnata Franch.

蒴果

圆形，顶端有小尖头，具3棱，淡紫红色，老熟时褐色；种子球形，褐色。花果期7～10月。

树皮散生皮孔

形态特征

大乔木。株高可达20m以上，树皮棕绿色，散生卵圆形皮孔，枝具小疣点；2回羽状复叶，长50～70cm，叶轴上有2槽，且叶柄向轴面常有一纵行骏曲的短柔毛；小叶9～17枚，斜卵形，纸质或近革质，两面无毛，或上面中脉上被微柔毛，或下面密被短柔毛，边缘有内弯的小锯齿，叶柄短；大型圆锥花序，开展，花轴与花梗被短柔毛；花萼5深裂，花黄色，基部紫色，花瓣4枚，线状披针形，具爪；蒴果椭

食用部位和方法

嫩叶可食，一般在3～5月采摘，洗净，入沸水焯熟后，再用清水浸泡约1小时，凉拌、炒食或做汤。

野外识别要点

本种植株高大，树皮生皮孔，枝具小疣点，2回羽状复叶，小叶互生，叶缘有内弯小锯齿；花黄色，果实和种子熟时褐色。

羽状复叶平展

别名：灯笼花、山膀胱、一串钱。	科属：无患子科栾树属。

生境分布：常野生于海拔400～2500m的山地疏林中，主要分布于中国西南、中南及华南地区。

枸杞

枸杞子　茎皮

Lycium chinense Mill.

枸杞自古就是滋补佳品，具有延缓衰老的功效，故又名"却老子"。中国宁夏的枸杞最为著名，是当地"五宝"之一，距今已有600多年的栽培历史。

上部5深裂，裂片卵形，边缘有缘毛；花丝在近基部处密生一圈绒毛并交织成椭圆状的毛丛；花柱柱头绿色；浆果长卵形，成熟时深红色或橘红色；种子多数，肾形，黄色，表面有网纹。花期6～9月，果期8～10月。

形态特征

蔓性灌木。株高1～2m，根茎粗长，外皮土黄色，枝条细弱，弯曲下垂，淡灰色，有纵条纹，通常有短针刺；叶互生或2～4枚簇生，长卵形、卵状菱形或卵状披针形，纸质，顶端急尖，基部楔形，全缘；叶柄长约1cm；花在长枝上单生或双生于叶腋，在短枝上则同叶簇生，花梗细，花萼钟形，4～5齿裂，裂片疏生缘毛；花冠漏斗状，淡紫色，筒部向上骤然扩大，

食用部位和方法

嫩苗、嫩尖及嫩叶可食，在整个生长季均可采摘，洗净，焯熟，再用清水浸泡半天，炒食或掺面蒸食；枸杞是上等的营养滋补品，常用其煮粥、熬膏、泡酒或做汤增鲜。

野外识别要点

本种嫩枝上常有针刺，花冠漏斗状，淡紫色，浆果熟时红色或橘红色。

别名：枸杞菜、红珠仔刺、狗牙菜、狗牙根。	科属：茄科枸杞属。

生境分布：常野生于山坡、林地、丘陵、灌丛、田边或路旁，分布于中国南北大部分省区，但主产于西北地区。

枸树

花和果

Broussonetia papyrifera (L.) Vent

形态特征

落叶乔木。株高6～16m，含乳白汁液；树冠卵形至广卵形，树皮平滑，浅灰色或灰褐色，不易裂，枝条粗壮而平展；单叶对生或轮生，阔卵形，长8～20cm，宽6～15cm，3～5深裂，叶面暗绿色，叶背灰绿色，两面有厚柔毛，边缘具粗锯齿；叶柄短，密生绒毛；托叶卵状长圆形，早落；雌雄异株，雄花为葇荑花序，着生于新生嫩枝的叶腋，雌花为头状花序；聚花果球形，熟时橙红色。花期4～5月，果期7～9月。

叶先端具小尖头

食用部位和方法

嫩芽及果实可食，春季采嫩芽，洗净，入沸水焯熟后，再用清水漂洗几遍，凉拌、炒食或做馅；秋季采果，洗净，可直接食用。

野外识别要点

本种全株含乳汁，叶阔卵形，3～5裂，两面毛厚；果熟时橙红色，有点像桑葚。

成熟聚花果

别名：楮树、古浆树、垢树、楮实子、沙纸树、谷木、假杨梅。	科属：桑科枸属。
生境分布：常野生于各地低山或平原地区，除东北外，中国大部分地区均有分布，尤其是河南、湖北、湖南、山西、甘肃等省区。	

桂竹

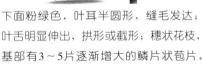

株高可达20m

茎竿

嫩笋

Phyllostachys bambusoides Sieb. et Zucc.

形态特征

竿高可达20m，径达15cm，幼竿无毛，无白粉，偶在节下方具白粉环；节间长达40cm，壁厚约5mm；竿环稍高于箨环；箨鞘革质，背面黄褐色，有紫褐色斑块、小斑点和脉纹，疏生脱落性淡褐色直立刺毛；箨耳镰状，有时无，紫褐色；箨舌拱形，淡褐色或带绿色，边缘生纤毛；箨片带状，中间绿色，两侧紫色，边缘黄色，平直或皱曲，外翻；末级小枝具2～4叶，长椭圆形披针形，下面粉绿色，叶耳半圆形，缝毛发达；叶舌明显伸出，拱形或截形；穗状花枝基部有3～5片逐渐增大的鳞片状苞片，佛焰苞6～8片，每片内具1～3枚假小穗，每穗含1～3朵小花。花期5月，未见种子。

枝叶图

食用部位和方法

嫩笋可食，在春季采摘，洗净，入沸水焯熟后，炒食或做汤，也可鲜食。

野外识别要点

本种幼竿无毛、无粉，箨鞘黄褐色，有紫褐色斑点，箨片带状，中间绿，两侧紫，边缘黄，佛焰苞含假小穗。

别名：刚竹、斑竹、麦黄竹、季竹、五月竹、小麦竹。	科属：禾本科刚竹属。
生境分布：常野生于山坡林缘中，海拔可达2000m，分布于中国黄河流域至长江以南各省区。	

核桃楸

Juglans mandshurica Maxim.

树皮具浅纵裂

腋生，下垂，花黄色；雌性穗状花序与叶同时开放，雌花4～10朵，顶生、直立，花被片披针形；果序俯垂，常具5～7枚果实，核果卵形，表面具8条纵棱，棱间具皱曲及凹穴，种子暗褐色，有褶皱如脑状。花期春季，果期秋季。

· 形态特征

落叶乔木。株高可达20～25m，树皮灰色或灰黑色，具浅纵裂，皮孔隆起，树冠扁圆形，小枝微被柔毛；冬芽卵形，黄褐色，叶痕猴脸形；奇数羽状复叶，生于萌发枝上的叶较长，生于孕性枝上的叶较短，叶柄与叶轴被短柔毛或星芒状毛；小叶9～23枚，长椭圆形、卵状椭圆形至长椭圆状披针形，叶面深绿色，初有柔毛，后除中脉外脱落，叶背淡绿色，被贴伏短柔毛及星芒状毛，主脉明显，边缘具细锯齿，近无柄；雌雄同株，雄葇荑花序先叶开放，

· 食用部位和方法

种子可食，在10月下旬，当外果皮变为淡黄色且部分开裂，有少量果实落下时采收，用竹竿顺枝方向击落果实，堆放，待外果皮全部腐烂或开裂后，及时去除果皮，取种，晒干，生食或炒食。

奇数羽状复叶

幼果

核桃

别名：核桃楸、楸子、山核桃、山楸子、野桃楸。	科属：胡桃科胡桃属。
生境分布：多野生于沟谷或山坡的阔叶混交林中，分布于中国黑龙江、吉林、辽宁、河北及山西。	

黑枣

Diospyros lotus L.

果

花

· 食用部位和方法

黑枣是一种野生小柿子，果实可食，秋季采摘，放至无涩味时可直接食用，也可酿酒、制醋或制作冰糖葫芦。

叶背灰色或苍白色

· 形态特征

落叶乔木。株高5～10m，树皮暗褐色，深裂，呈方块状，幼枝有灰色柔毛；叶椭圆形至长圆形，叶面初密生柔毛后脱落，叶背灰色或苍白色，脉上有柔毛，叶柄短；花单性，雌雄异株，簇生叶腋；花萼密生柔毛，4深裂，裂片三角形；花淡黄色或淡红色；果实近球形，初熟时黄褐色，熟透后变黑色，有白蜡层，近无柄。花期5月，果期10～11月。

· 野外识别要点

本种冬芽先端尖；叶椭圆形至长椭圆形，侧脉每边7～10条；果近球形，几无柄，初熟时黄色，渐变蓝黑色，常被白色薄蜡层。

花雌雄异株，淡黄色或淡红色

别名：君迁子、软枣、牛奶柿。	科属：柿科柿属。
生境分布：常野生于山地、山坡、灌丛或林缘，海拔可达2300m，广泛分布于中国南北大部分省区。	

红松

花语：长寿

Pinus koraiensis Sieb. et Zucc.

种子

红松是一种名贵树种，黑龙江省伊春市素有"红松故乡"之称。红松伟岸挺拔、高耸入云，是天然的栋梁之材，人民大会堂所用木材便是红松。红松可活六七百年，不畏严寒、四季常青，象征着长寿。

形态特征 常绿乔木。株高约30m，胸径50～100cm，树冠呈塔形、枝条开展，树皮红褐色，鳞状开裂，当年生枝密生黄褐色柔毛；冬芽圆柱状卵形，淡红褐色；针叶5针一束，长可达15cm，粗硬，横切面近三角形，树脂道常3个，叶鞘早落；雌雄同株，雄球花红黄色，圆柱状，密生于新枝下部；雌球花绿褐色，单个或数个集生于新枝顶端；球果大，圆锥状卵形，长9～15cm，径6～8cm，有树脂，熟时种鳞稍张开，先端明显反卷，种子露出但不脱落；种子倒卵状三角形，褐色。花期春季，果期秋季。

球果圆锥状卵形

针叶5针一束

枝条开展，红褐色

食用部位和方法 种子可食，俗称"松子"，在9～10月采摘果球，晾晒后，剥去种鳞，取出种子，去木质种皮，炒熟食之，味美。

野外识别要点 本种树皮红褐色，叶5针一束，当年生枝被黄褐色柔毛；球果大，种鳞先端反卷，不张开，较为特殊，易识别。

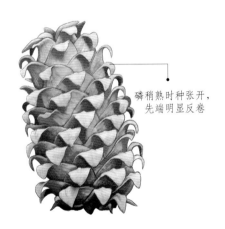

鳞稍熟时种张开，先端明显反卷

株高约30m

别名：海松、果松、韩松、红果松。	科属：松科松属。
生境分布：野生于腐殖层肥厚、排水良好的林中，分布于中国东北长白山区、吉林山区及小兴安岭一带。	

胡枝子

Lespedeza bicolor Turcz.

花

胡枝子的枝条柔韧而细长，俗称"苕条"，常用于编织物品。在一些地区，许多乡镇企业以胡枝子为生产资源，大力发展编织业，使当地人走上了致富之路！

· 形态特征

落叶灌木。株高可达3m，小枝有条棱，黄色或暗褐色，有时被柔毛，芽卵形，外被数枚黄褐色鳞片；三出羽状复叶互生，叶柄长2～7cm，托叶2枚，线状披针形；小叶卵形、倒卵形或卵状长圆形，薄革质，叶背灰绿色，两面疏生长柔毛，全缘，具短柄；总状花序组成大型圆锥状花序，总花梗长达10cm，小苞片2枚，卵形，黄褐色，被短柔毛；花稀疏，花梗极短，密被毛；花萼杯状，4裂，裂片三角状卵形，外被白毛；花冠红紫色，旗瓣倒卵形，翼瓣近长圆形，基部具耳和瓣柄，龙骨瓣与旗瓣近等长，基部具较长的瓣柄；荚果斜倒卵形，稍扁，有短喙，密被柔毛。花果期7～10月。

· 食用部位和方法

嫩叶、嫩芽及嫩苗可食，春季采摘，洗净，用沸水焯后再用清水浸泡，去除苦涩味，炒食或拌面蒸食。

· 野外识别要点

灌木，高可达3m，三出羽状复叶，小叶有毛，全缘；花紫红色，野外采摘时要注意。

叶基近圆形

别名：荆条、随军茶、二色胡枝子、帚条、鹿鸡花。	科属：蝶形花科胡枝子属。
生境分布：常生长在背阴山坡、沟谷林下、灌丛或路旁，分布于中国东北、华北、西北及河南、山东、安徽、湖北等地。	

虎榛

坚果

果序

Ostryopsis davidiana Decne

· 形态特征

小灌木。株高约3m，树皮浅灰色，枝条灰褐色，密生皮孔；小枝褐色，有条棱，密被短柔毛，疏生皮孔；芽卵状，细小，具覆瓦状排列的膜质芽鳞；叶卵形或椭圆状卵形，叶面绿色，疏生柔毛，叶背淡绿色，有柔毛且密布褐色腺点，侧脉7～9对，脉腋间具簇生髯毛，边缘具重锯齿或中部以上具浅裂；叶柄短，密被短柔毛；雄花序短圆柱形，单生于小枝叶腋，稍下垂，花序梗不明显，苞鳞宽卵形，外被短柔毛；总状果穗着生于当年生小枝顶端，下垂，果序密被柔毛，果苞厚纸质，下半部紧包果实，上半部延伸成管状，外被柔毛，具条棱，绿色带紫红色，成熟后一侧开裂，顶端4浅裂；坚果宽卵圆形，褐色，疏被短柔毛，具细肋。花果期6～10月。

· 食用部位和方法

种子可食，在8～10月采收果实，去除果苞，砸开果壳，取出种子，生食或炒食。

叶先端尖，基部近心形

· 野外识别要点

本种叶互生，基部近心形；果苞囊状，将小坚果全部包裹，易识别。

植株丛生状

别名：虎榛子、棱榆。	科属：桦木科榛属。
生境分布：常野生于杂木林及油松林下，海拔可达2400m，分布于中国西北及辽宁、河北、四川。	

花椒

Zanthoxylum bungeanum Maxim.

花椒是中国特有的香料，位列调料"十三香"之首。四川汉源花椒，古称"贡椒"，自唐代元和年间就被列为贡品，至今已有一千余年的历史。

花白色或淡黄色

· 形态特征 落叶灌木或小乔木。株高3～7m，茎干常有增大皮刺，早落，枝灰色或褐灰色，有细小皮孔及扁三角形刺，当年生枝被短柔毛；奇数羽状复叶，小叶5～11枚，卵形或卵状长圆形，纸质，叶背基部中脉两侧有丛毛或小叶两面均被柔毛，叶缘有细裂齿，齿缝有油点，叶柄基部具1对皮刺；聚伞圆锥花序顶生，花序轴及花梗密被短柔毛，花被片6～8片，白色或淡黄色，雄蕊5～7枚，雌花心皮3～4个，子房无柄；蓇葖果球形，通常2～3个，紫红色，密生疣状突起的油点；种子圆形，黑色，有光泽。花期3～5月，果期6～9月。

· 食用部位和方法 嫩茎叶和果实可食，春季采摘嫩茎叶，洗净，入沸水焯后，凉拌、炖食或裹面炸食；秋季采果，常作调味品。

· 野外识别要点 本种茎、枝有皮刺，奇数羽状复叶，叶面有油点，叶柄基部有皮刺；花白色或淡黄色；果紫红色。

奇数羽状复叶，叶面有油点

叶背灰绿色

蓇葖果成熟
时紫红色

叶柄基部具1
对皮刺

枝有扁三角形刺

株高3～7m

叶背脉隆起

别名：椒、大椒、秦椒、蜀椒、香椒、大花椒、山椒。	科属：芸香科花椒属。
生境分布：常野生于平原、山坡及村子附近，海拔可达2500m，广泛分布于中国南北大部分地区。	

233

华山松

Pinus armandi Franch.

华山松是松族中的著名品种之一，因集中产于陕西的华山而得名。华山松冠形优美、姿态奇特，是良好的绿化风景树。另外，华山松材质轻软、纹理细致、耐水、耐腐，有"水浸千年松"的美誉，是名副其实的栋梁之材。

• 形态特征 常绿乔木。株高可达35m，胸径约1m，树冠广圆锥形，幼树树皮灰绿色，老树则裂成方形厚块片固着树上；小枝平滑无毛，当年生者被白粉；冬芽小，圆柱形，栗褐色；针叶常5针一束，长8～15cm，宽1～2mm，质柔软，边有细锯齿，树脂道多为3条，中生，或背面2个边生，腹面1个中生，叶鞘早落；球果圆锥状长卵形，长10～20cm，柄长2～5cm，熟时黄褐色，种鳞张开，种子脱落，鳞盾斜方形或宽三角状方形，先端不反曲或微反曲；种子卵圆形，无翅或两侧及顶端具棱脊。花期4～5月，球果次年9～10月成熟。

球果圆锥状

针叶常5针一束

小枝平滑无毛，具冬芽

种子卵圆形

树冠广圆锥形

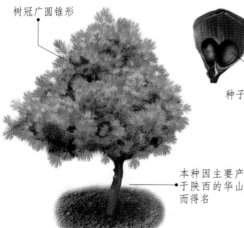

本种因主要产于陕西的华山而得名

• 食用部位和方法 种子可食，在果即将成熟时采摘，取出种子，炒食、炖食或熬粥；花粉可食，可掺入面粉等制成饼类。

• 野外识别要点 本种叶5针一束，当年生枝青绿色，无毛；球果成熟后下垂，种鳞张开。

别名： 白松、胡芦松、五须松、五叶松、果松、青松。	**科属：** 松科松属。
生境分布： 常野生于阴坡和沟谷，海拔可达3000m，分布于中国西北、中南及西南各地，尤其是宁夏、甘肃、山西、陕西、河南、四川、贵州及湖北等省。	

槐树

花语：吉祥、幸福、美好

Sophora japonica L.

种子

叶

据说周代时，宫廷外种有三棵槐树，三公（太师、太傅、太保，周代最高的三种官职）朝见天子时总是站在槐树下等，因此后人就用槐树象征官位、地位。国槐是吉祥、幸福、美好的象征，现在已成为北京、陕西、辽宁、山东等省市的市树。

形态特征 落叶乔木。株高可达25m，树干暗灰色，小枝绿色，疏生柔毛，皮孔明显，圆形、淡黄色；奇数羽状复叶，长15～25cm，叶轴有毛，基部膨大；小叶9～15枚，卵状长圆形，顶端尖，基部阔楔形，叶面绿色，叶背灰白色，疏生柔毛，全缘，具短柄；圆锥花序顶生，萼钟状，有5小齿；花冠乳白色，旗瓣阔心形，有短爪，有紫脉，翼瓣龙骨瓣边缘稍带紫色；雄蕊10枚；荚果串珠状，肉质，长可达20cm；种子肾形，深褐色。花果期6～11月。

食用部位和方法 嫩茎叶和花可食，前者一般在3～5月采摘，洗净，入沸水焯熟后，再用清水漂洗去除苦涩味，凉拌、炒食、煮食或做汤均可，也可鲜用。

野外识别要点 本种植株高大，奇数羽状复叶，小叶9～15枚，叶背灰绿色，有柔毛；花白色，荚果念珠状，种子深褐色。

小枝疏生柔毛，具皮孔

叶轴基部膨大

奇数羽状复叶

花冠乳白色

荚果串珠状，长可达20cm

株高可达25m

别名：槐、国槐、白槐、护房树、家槐、守宫槐、槐花树、豆槐、金药树。	科属：蝶形花科槐属。
生境分布：常野生于山坡、路旁、庭院及疏林，海拔可达1800m，原产于中国北部，现南北各省区广泛栽培，尤其是华北和黄土高原地区。	

黄连木
Pistacia chinensis Bunge.

黄连木树冠浑圆、枝叶繁茂、早春嫩叶红色，入秋后变为深红色或橙黄色，极具观赏性，同时黄连木寿命长达几百年，是城市及风景区的优良绿化树种。

• 形态特征
落叶乔木。株高可达30m，胸径2m，树干扭曲，树冠近圆球形，树皮暗褐色，呈鳞片状剥落，幼枝灰棕色，具细小皮孔，疏生柔毛；通常为偶数羽状复叶互生，叶轴、叶柄微被柔毛，小叶5～6对，披针形或卵状披针形，纸质，长可达10cm，宽可达3cm，先端尖，基部偏斜，两面沿中脉和侧脉被卷曲微柔毛或近无毛，全缘，小叶柄短；花先叶开放，雌雄异株，圆锥花序，雄花序淡绿色，雌花序紫红色；果倒卵状球形，略压扁，初为黄白色，后变为红色至蓝紫色，若红而不紫多为空粒。花期3～4月，果期9～11月。

• 食用部位和方法
嫩芽和雄花序可食，是上等的绿色蔬菜，清香、脆嫩，早春采摘，洗净，入沸水焯熟后，炒食、煎食、蒸食、炸食、凉拌或做汤，也可腌制食用。

• 野外识别要点
本种株形高大，树皮剥落，偶数羽状复叶，小叶全缘；花序圆锥形，雌花序紫红色，雄花序淡绿色；果初为黄白色，后变为红色至蓝紫色。

叶轴和叶柄微被柔毛

一般为偶数羽状复叶

叶面常沿中脉和侧脉被卷曲柔毛

果红而不紫则多无籽

复叶

雌花序紫红色

别名：木黄连、黄连芽、鸡冠果、黄儿茶、黄连茶、木萝树、田苗树、岩拐角。　　科属：漆树科黄连木属。

生境分布：常野生于疏林中，海拔可达3500m，分布于中国黄河流域及其以南大部分省区，尤其是河南、河北、陕西、山西等省。

黄栌

Cotinus coggygria Scop

黄栌叶春夏绿色、秋季变红、色泽鲜艳，煞是好看，著名的北京香山红叶即为本种。其实，除叶具有观赏价值，黄栌花在夏季开花后，不育花的花梗久留不落，羽毛状细长的花梗呈粉红色在枝头飘动，犹如万缕罗纱缭绕林间，因此黄栌又有"烟树"的美誉。

形态特征 灌木。株高3～8m，树冠圆形，树皮暗灰褐色，不裂；小枝紫褐色，被蜡粉；叶互生，倒卵形或卵圆形，长3～8cm，宽2.5～6cm，先端圆形或微凹，基部圆形或阔楔形，叶绿色，秋季变红，叶面尤其叶背显著被灰色柔毛，侧脉6～11对，先端常叉开，全缘，叶柄短；圆锥花序顶生，花序梗被柔毛，花小、杂性、黄绿色，雄蕊5枚，花盘5裂，紫褐色，花柱3裂，分离，花后有多数不育的紫绿色羽毛状细长花梗宿存；核果肾形。花期4～5月，果期6～7月。

食用部位和方法 嫩茎叶可食，春季采摘，洗净，入沸水焯熟后，再用凉水漂洗几遍，去除苦味，凉拌或炒食。

野外识别要点 本种叶近圆形，叶两面尤其叶背显著被毛，花序被柔毛，不育花的花梗特化成羽毛状。

不育花的紫绿色羽毛状花梗

核果肾形

叶互生，先端有时微凹

花黄绿色

侧脉先端常叉开

叶秋季渐渐变红，具有观赏价值

小枝紫褐色，被蜡粉

别名：黄道栌、黄栌材、烟树。	科属：漆树科黄栌属。
生境分布：常野生于山坡林中，海拔可达1500m，主要分布于中国华北、西南及浙江等地。	

灰榆

Ulmus glaucescens Franch.

小叶叶形多变

浅裂，花小，黄绿色；翅果椭圆形，顶端缺口柱头有毛，果翅较厚，宿存花被钟形，上端4浅裂，裂片边缘有毛果梗，密被短毛。花果期3～5月。

• 形态特征

落叶乔木或灌木。株高可达10m，树皮浅纵裂，枝灰黄色、淡黄灰色或黄褐色，无毛或疏生柔毛；冬芽卵圆形，内部芽鳞有毛，边缘密生锈褐色长柔毛；叶小，形多变，卵形、菱状卵形、椭圆形、长卵形或椭圆状披针形，先端渐尖，基部偏斜，两面光滑无毛，侧脉6～12对，边缘具齿，叶柄短，有柔毛；花与叶同时开放，自混合芽或花芽抽出，3～5枝在去年生枝上呈簇生状，花萼钟形，先端4

翅果椭圆形，果翅厚

• 食用部位和方法

同大果榆。

• 野外识别要点

本种与大果榆相似，但小枝无木栓翅，叶形多变，先端尖，基部楔形或圆形，两面无毛，易与其区别。

别名：旱榆、灰榆、崖榆、粉榆。	科属：榆科榆属。
生境分布：常野生于海拔500～2400m的山区，分布于中国辽宁、河北、河南、山东、山西、内蒙古、陕西、甘肃及宁夏等省区。	

火棘

花　果

Pyracantha fortuneana Maxim.) L.

秋季是果实成熟的季节，远远望去，橘红色或火红色的小球果密密丛丛，一团团、一片片散布在绿叶丛中，艳丽异常，故名火棘。

部全缘；叶柄短，嫩时有柔毛；复伞房花序，着花10～22朵，萼筒钟状，萼片三角卵形；花小，白色，花瓣近圆形；果实近球形，橘红色或深红色。花期3～5月，果期8～11月。

• 食用部位和方法

果实可食，含有丰富的有机酸、蛋白质、氨基酸、维生素和多种矿物质元素，秋季成熟后采摘，直接食用或榨汁。

• 形态特征

常绿灌木。株高1～3m，嫩枝被锈色短柔毛，老枝暗褐色，侧枝短，先端呈刺状；芽小，外被短柔毛；单叶互生，倒卵形或倒卵状长圆形，先端钝圆或微凹，有时具短尖头，基部楔形或下延连于叶柄，边缘有钝锯齿，齿尖向内弯，近基

• 野外识别要点

本种侧枝先端呈刺状，单叶互生，叶先端有时具短尖头，边缘齿向内弯；花小，白色，10～22朵；果成熟时橘红色或深红色。

叶沿中脉微内折

别名：救兵粮、火把果、赤阳子、救命粮、红子。	科属：蔷薇科火棘属。
生境分布：常野生于山地、丘陵地及河沟旁，海拔可达2800m，主要分布于中国陕西、河南、江苏、浙江、福建、湖北、湖南、广西、贵州、云南、四川及西藏等地。	

金雀花

Caragana sinica Buc'hoz) Rehd.

荚果

每年初春，一朵朵蝶形小花绽放开来、黄中带红，展开时就像一只金雀，故名金雀花。

形态特征 落叶灌木。株高可达2m、枝条细长、有棱，当年生枝淡黄褐色，老枝灰绿色，疏生皮孔；偶数羽状复叶在短枝上丛生，在嫩枝上单生，叶轴短，先端硬化成刺状；托叶两裂、硬化成针刺；小叶2对，掌状排列，倒卵形、硬纸质，顶端一对较大，先端微凹或有短尖头，无柄；花两性，花梗细长且中部具关节；花黄色或深黄色，凋谢时变褐红色，花冠蝶形；荚果圆筒形，熟时开裂且扭转。花果期5～9月。

食用部位和方法 花朵可食，在4～5月采摘、洗净、可炒食、做汤、熬粥或凉拌。

野外识别要点 本种叶轴顶端硬化成尖刺，小叶4枚，掌状排列，花朵单生枝叶丛中，黄色。

花冠蝶形，黄色或深黄色

当年生枝淡黄褐色

偶数羽状复叶

别名：锦鸡儿、黄雀花、生血草、土黄豆、粘粘袜、酱瓣子、阳雀花、欛齿花。	科属：豆科锦鸡儿属。
生境分布：常野生于林缘、灌丛或村庄附近，分布于中国陕西、河南、河北及华南、西南地区。	

金银木

Lonicera maackii Rupr.) Maxim

成熟浆果

形态特征 落叶小乔木，常丛生成灌木状。株高可达6m，小枝中空，幼时被柔毛；叶对生，卵状椭圆形至披针形，两面疏生柔毛，全缘；花成对腋生，花序梗有腺毛，苞片线形，小苞片2个合生，萼齿紫红色；花冠两唇形，先白色后转为黄色，具芳香，故得此名；浆果球形，暗红色。花期4～6月，果期8～9月。

花成对腋生

食用部位和方法 果实可食，秋季成熟时采摘，洗净，可直接食用。

野外识别要点 本种花成对腋生，初为白色，后渐变为黄色，香气淡雅，花序梗短于叶柄，易识别。

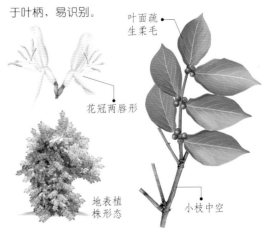

叶面疏生柔毛

花冠两唇形

地表植株形态

小枝中空

别名：金银忍冬、驴骆布袋、马氏忍冬。	科属：忍冬科忍冬属。
生境分布：常野生于山坡和路旁，分布于中国华北、华东、华中及陕西、甘肃、四川、云南等地。	

金樱子

Rosa laevigata Michx.

金樱子生性强健、形美花艳，既可孤植修剪成灌木状、也可种植于墙垣、栅栏等处作垂直绿化材料。

形态特征

常绿攀缘灌木。株高可达5m，干枝粗壮、密生，有扁弯皮刺，幼时被腺毛，老时脱落至无；羽状复叶互生，小叶通常3枚，偶5枚，椭圆状卵形、倒卵形或披针状卵形，长可达6cm，宽达3.5cm，先端渐尖，基部渐狭，叶面亮绿色，叶背黄绿色，幼时沿中肋有腺毛，边缘具细锐锯齿；小叶柄和叶轴有皮刺和腺毛，托叶披针形，边缘有细齿，齿尖有腺体，早落；花单生叶腋，白色，有香气，花梗长约3cm，被腺毛；萼筒随果实成长变为针刺，有腺毛，萼片卵状披针形，内面密被柔毛，先端叶状，全缘或羽状浅裂，常有刺毛和腺毛；花瓣5枚，宽倒卵形；雄蕊多数；心皮多数；花柱有毛，离生，略比雄蕊短；果梨形或倒卵形，成熟时橘红色，密被刺毛，具宿存萼片。花期4～6月，果期7～11月。

食用部位和方法

果实可食，秋季成熟后采摘，生食、煮食、炖食或熬粥。

菜谱——金樱子粥

食材：金樱子30g，粳米60g，盐少许。

做法：1.将金樱子洗净，放入锅中，加适量清水，大火煮沸，再用小火煮约10分钟，滤渣留汤。

2.将粳米洗净，放入汤中，煮为粥，加少许盐，出锅即可。

野外识别要点

本种枝干散生扁平刺，羽状复叶常具小叶3枚，叶面亮绿色，叶背黄绿色；花单生，白色，萼筒在果期变为针刺状，萼片先端羽裂，且有腺毛和刺毛。

花白色，有香气

梨果密被刺毛

羽状复叶，小叶通常3枚

皮刺扁平且弯曲

枝干红褐色

茎干图

别名：刺梨子、和尚头、山石榴、山鸡头子、糖罐子、倒挂金钩。	科属：蔷薇科蔷薇属。
生境分布：常生长在向阳山坡，主要分布于中国中部和南部的广大地区。	

聚果榕

Ficus racemosa L.

聚果榕果实多，常一串串地挂满树干，从生到熟、或红或黄、或青或绿、煞是惹人喜爱。

根部

形态特征
落叶乔木。株高25～30m，胸径60～90cm，树皮灰褐色，平滑，小枝褐色，幼枝、嫩叶和果被平贴毛；叶椭圆状倒卵形或长椭圆形，薄革质，叶面深绿色，无毛，叶背浅绿色，幼时被柔毛，基生叶脉三出，侧脉4～8对，全缘，叶柄短；托叶卵状披针形，膜质，外被微柔毛；隐头花序先叶开放，聚生于小枝顶端，稀成对生于落叶枝叶腋，梨形，直径2～2.5cm，基部缢缩成柄；成熟榕果橙红色。花果期5～7月。

叶薄革质，基出脉3条

食用部位和方法
果实可食，秋季成熟后采摘，洗净，可直接食用，味道甜美。

野外识别要点
本种叶全缘，基出脉3条，榕果聚生于老茎瘤状短枝上，成熟时橙红色。

树皮灰褐色

别名：马郎果。	科属：桑科榕属。
生境分布：常野生于河畔、溪边等潮湿地带，主要分布于中国广西南部、云南南部及贵州。	

苦木

花　果

Picrasma quassioides D.Don) Benn.

形态特征
落叶乔木。株高可达10m，树皮紫褐色，平滑，有灰色斑纹，全株有苦味；小枝青绿色至红褐色，有黄色皮孔；冬芽裸露，棕色；奇数羽状复叶，互生，长15～30cm，具短叶柄；小叶9～15枚，卵状披针形或广卵形，除顶生叶外，其余小叶基部均不对称，边缘具不整齐的粗锯齿，叶柄短或近无，托叶披针形，早落；花雌雄异株，组成腋生复聚伞花序，花序轴密被黄褐色微柔毛；萼片小，通常5枚，外面被黄褐色微柔毛；花瓣5枚，两面中脉附近有微柔毛；核果成熟后蓝绿色，种皮薄，萼宿存。花期4～5月，果期6～9月。

食用部位和方法
嫩芽可食，春季采摘，洗净，入沸水焯熟，再用凉水淘洗干净，去除苦味，凉拌或炒食。

奇数羽状复叶

野外识别要点
本种树皮紫褐色，有灰色斑纹，全株有苦味；小枝有黄色皮孔；奇数羽状复叶，互生；花序轴、萼片和花瓣微被柔毛；果熟后蓝绿色。

全株有苦味

枝干图

小枝有黄色皮孔

别名：苦树、黄楝树、苦楝树、苦檀木、苦皮树、熊胆树、苦胆木、赶狗子、兜栌树。	科属：苦木科苦木属。
生境分布：常野生于海拔1400～2500m的山地杂木林中，分布于中国黄河流域及其以南各省区。	

苦竹

Pleioblastus amarus Keng) Keng f.

可食用的笋

• 形态特征

竿直立，高3～5m，茎1.5～2cm，幼竿淡绿色，具白粉，老后渐转绿黄色，被灰白色粉斑；节间长27～29cm，节下方粉环明显；竿环隆起；箨环留有箨鞘基部木栓质的残留物，在幼竿的箨环还具一圈发达的棕紫褐色刺毛，每节具5～7枝，枝稍开展；箨鞘革质，绿色，被厚白粉，上部边缘橙黄色至焦枯色，背部无毛，或具棕红色、白色微细刺毛，易脱落，基部密生棕色刺毛，边缘密生金黄色纤毛；箨舌截形，淡绿色，被白粉，边缘具短纤毛；箨片狭长披针形，向内卷折，背面有白色绒毛，边缘具锯齿；末级小枝具3～4叶，叶片椭圆状披针形，长4～20cm，宽1～3cm，叶鞘草黄色，具细纵肋；无叶耳，叶舌紫红色，叶柄短；总状花序或圆锥花序，具3～6个小穗，基部有1苞片，小穗含8～13朵小花，绿色或绿黄色，被白粉，花药淡黄色。笋期6月，花期4～5月，果实未见。

叶椭圆状披针形

花穗

• 食用部位和方法 同桂竹。

• 野外识别要点 本种竿直径1.5～2.5cm，在幼竿的箨环还具有一圈棕紫色刺毛。

别名：伞柄竹。	科属：禾本科大明竹属。
生境分布：常野生于向阳山坡或平原，多为栽培，主要分布于中国安徽、江苏、浙江、福建、湖南、湖北、四川、贵州、云南等省。	

库叶悬钩子

Rubus sachalinensis Levl.

花

针刺，萼筒碟状，萼片5个，长三角形，顶端具长芒，果时常直立开展；花瓣5枚，白色，舌状或匙形，基部具爪；聚合果有多数红色小核果，有绒毛。花果期6～9月。

• 形态特征

矮小灌木。株高1～2m，茎被柔毛和皮刺，枝条灰褐色或紫褐色，有时混生腺毛；奇数羽状复叶，互生，叶柄长达8cm，被卷曲柔毛与稀疏直刺，有时混生腺毛；小叶常3枚，不孕枝上有时具5枚小叶，卵形、卵状披针形或长圆状卵形，叶面微被柔毛，叶背密被灰白色绒毛，边缘有锯齿，齿尖有尖刺；顶生小叶柄短，侧生小叶近无柄，均具柔毛、针刺或腺毛；托叶线形，有柔毛或疏ämtlichen毛；花常5～9朵组成伞房状花序，总花梗和花梗具卷曲柔毛，密被针刺和腺毛；小苞片线形，有柔毛和腺毛；花萼外密被卷曲柔毛、腺毛和

• 食用部位和方法 果实可食，口味酸甜，一般在秋季采摘，生食或做果酱。

• 野外识别要点 本种与绿叶悬钩子非常相似，但本种全株均有皮刺、刺毛和腺毛；小叶片下面密被白色绒毛；果实无香味。

羽状脉凹陷

聚合果熟时红色

羽状复叶常具3枚小叶

别名：白背悬钩子、沙窝窝、马林果、托盘。	科属：蔷薇科悬钩子属。
生境分布：野生于林缘灌丛、山地林下、林间草甸和沟谷石缝中，海拔可达2500m，分布于中国东北及河北、甘肃、青海、新疆。	

腊肠树

Cassia fistula L.

花　荚果

唐代时，腊肠树从非洲传入中国。这种树不仅花串优美动人，就连果实也十分奇特。每年秋末，只见又粗又长的荚果一节一节，像极了用猪肉灌的大香肠，故名腊肠树。

· 形态特征

落叶小乔木。株高可达15m，树皮灰褐色，幼时光滑，老时粗糙，枝条细长；偶数羽状复叶对生，小叶阔卵形、卵形或长圆形，薄革质，幼时两面微被柔毛，网脉纤细，全缘；叶柄短；总状疏松花序，下垂，花梗柔弱，无苞片；萼片长卵形，花后反折；花瓣5枚，黄色，倒卵形，具明显的脉；荚果圆柱形，长30～60cm，有3条槽纹，成熟时黑褐色；种子40～100粒，为横隔膜所隔开。花期6～8月，果期9～10月。

· 食用部位和方法

腊肠树营养丰富，维生素C的含量居于所有蔬菜和野菜的首位，春季采摘嫩茎叶，夏季采花序，洗净，焯后，再用清水漂洗，炒食或做汤均可。另外，秋季还可采摘荚果，多煮食，但切记不可多吃，易腹泻。

· 野外识别要点

本种叶为偶数羽状复叶，小叶4～8对；总状花序疏松，黄色；荚果圆柱状，似腊肠。

偶数羽状复叶

花序长达30cm

别名：阿勃勒、黄花、牛角树、波斯皂荚。	科属：豆科决明属。
生境分布：常野生于坡地或疏林，主要分布于中国南方各省区。	

蓝靛果忍冬

Lonicera caerulea L. var. edulis Regel

蓝靛果忍冬出汁率高，是制作饮料的极好原料，人们喝的黑加仑便是用其果实加工而成。蓝靛果忍冬因名贵、稀有、风味独特，且具有滋补功效，越来越受到国内外市场的欢迎。

果

萼片

· 形态特征

落叶灌木。株高可达1.5m，树皮灰褐色，片状剥落，枝红棕色，幼枝微被柔毛；冬芽卵形，开展，外被2枚舟状鳞片，有时具暗紫色副芽；叶对生，卵状长圆形或长圆形，两面疏生短硬毛，叶背中脉尤密，全缘；叶柄短，具长柔毛；托叶基部常连合，茎贯穿其中；花单生叶腋，花梗短，苞片长为萼筒的2～3倍；花冠黄白色，筒状漏斗形，基部具浅囊，外被柔毛，5裂；浆果熟时蓝黑色，稍被白粉。花果期5～9月。

· 食用部位和方法

果实可食，在8～9月采摘，生食或做果酱、果汁等。

· 野外识别要点

本种树皮片状剥落，叶对生，长圆状卵形或长圆形，基部圆形；浆果成熟时蓝黑色，有白粉。

叶面疏生短硬毛

别名：羊奶子、蓝靛果、黑瞎子果、山茄子、蓝果。	科属：忍冬科忍冬属。
生境分布：常野生于林缘、山坡灌丛、草甸或河岸附近，分布于中国东北、西北、西南及河北。	

243

榔榆

Ulmus parvifolia Jacq.

　　榔榆树形优美，姿态潇洒，树皮斑驳，小枝婉垂，秋日叶色变红，具有较高的观赏价值，常用作庭荫树、行道树或制作盆景，还可作为厂矿区绿化树种。

· **形态特征** 落叶乔木。株高可达25m，胸径可达1m，树冠广圆形，树干基部有时呈板状根，树皮灰褐色，裂成不规则鳞状薄片而剥落，露出红褐色内皮，近平滑，微凹凸不平，当年生枝密被短柔毛，深褐色；冬芽卵圆形，红褐色，无毛；叶披针状卵形或窄椭圆形，质厚，先端尖或钝，基部偏斜，叶面深绿色，中脉凹陷处疏生柔毛，叶背淡绿色，幼时被短柔毛，后变无毛或沿脉有疏毛，侧脉10～15对，边缘有齿；叶柄短，有毛；花3～6朵在叶腋簇生或排成簇状聚伞花序，花上部杯状，下部管状，花被4片，深裂至杯状花被基部，花梗极短，被疏毛；翅果卵状椭圆形，顶端缺口被毛，果翅稍厚，两侧的翅较果核部分窄，上端接近缺口。花果期8～10月。

· **食用部位和方法** 嫩叶和嫩果可食，在初春采摘嫩叶，洗净，入沸水焯后，凉拌、炒食或煮食；嫩果在秋末采摘，炒食、蒸食、做汤或熬粥。

· **野外识别要点** 本种树干薄片状剥落，红色内皮，当年枝密被深褐色短柔毛，冬芽红褐色，叶背颜色较淡，侧脉10～15对，边缘有齿。

叶脉凹陷处疏生柔毛

翅果卵状椭圆形

叶缘有锯齿

侧脉10～15对

当年生枝密被短柔毛

树皮内部红褐色

别名：小叶榆、秋榆、豺皮榆、挠皮榆、构树榆、掉皮榆。	**科属**：榆科榆属。
生境分布：常野生于平原、丘陵、山坡及谷地，除东北和西北外，中国大部分地区均有分布。	

辽东楤木

Aralia elata Miq.) Seem

辽东楤木味道鲜美、营养丰富，是有名的上等山野菜，被誉为"山野菜之王"，多年来，一直是出口的主要野菜品种之一，深受国外广大消费者的青睐。

· 形态特征 小乔木。株高可达6m，树皮灰色，小枝灰棕色，疏生细硬刺；叶为2回或3回羽状复叶，大型，叶柄长20～40cm，与叶轴一样具长刺，托叶和叶柄基部合生，先端离生部分线形，边缘有纤毛；小叶7～11片，阔卵形、卵形至椭圆状卵形，薄纸质，先端渐尖，基部近圆形，叶面绿色，叶背淡绿色，两面无毛或沿脉有短柔毛和细刺，侧脉6～8对，边缘疏生锯齿，稀为波状，叶柄短或近无；伞房状花序排列成大型圆锥花序，长可达50cm，花序轴密生灰色短柔毛，苞片和小苞片披针形，膜质，边缘有纤毛；花黄白色，花萼杯状，5齿；花瓣5枚，卵状三角形，开花时反曲；雄蕊5枚；子房下位，5室；花柱5裂，离生或基部合生；浆果球形，熟时黑色。花期6～8月，果期9～10月。

· 食用部位和方法 幼芽可食，在4～6月采收未开放的嫩叶芽，洗净、沸水焯一下，再用清水洗过、炒食、做汤或和面蒸食均可，口感嫩脆，味道独特，是一种美味的野菜。

· 野外识别要点 本种分枝指状排列，2～3回羽状复叶，叶柄与叶轴具长刺，小叶片较薄，圆锥花序伞房状，易识别。

侧脉6～8对

大型羽状复叶

叶柄基部具红褐色长刺

大型圆锥花序，花黄白色

浆果有5棱

小枝疏生细硬刺

别名： 龙牙楤木、刺龙芽、五郎头、刺老鸦、树头菜。	**科属：** 五加科楤木属。
生境分布： 常野生于阔叶林、混交林或杂木林中，主要分布于中国东北地区。	

栾树

Koelreuteria paniculata Laxm.

栾树果呈三角状卵形、顶端尖、内部空，外面包裹着三片黄绿色像纸似的果皮，远远看去，犹如一盏小灯笼。待进入夏季，果逐渐成熟变为红色，即使冬季叶子全部凋落，它们依旧悬挂在树上，因而栾树也叫"灯笼树"。

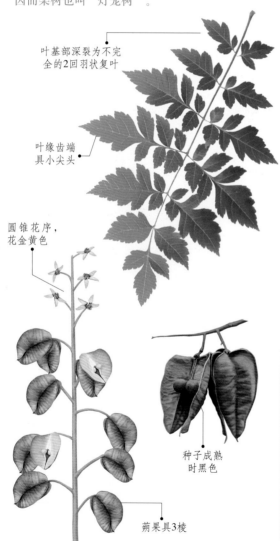

叶基部深裂为不完全的2回羽状复叶

叶缘齿端具小尖头

圆锥花序，花金黄色

种子成熟时黑色

蒴果具3棱

形态特征
落叶乔木。株高7～15m，树冠近圆球形，树皮厚，灰褐色，老时细纵裂，小枝皮孔明显，与叶轴、叶柄均被皱曲柔毛；奇数羽状复叶，平展，长可达50cm，叶柄短；小叶11～18枚，对生或互生，阔卵形至卵状披针形、纸质，先端渐尖，基部近截形，叶背沿脉有短柔毛，边缘有不规则的钝锯齿，齿端具小尖头，有时基部深裂为不完全的2回羽状复叶，近无柄；大型圆锥花序顶生，花序轴密被柔毛，苞片狭披针形，花金黄色，稍芬芳，萼裂片卵形，具腺状缘毛；花瓣4枚，线状长圆形，开花时向外反折，瓣片基部的鳞片初时黄色，开花时橙红色；雄蕊8枚；花丝下部密被白色长柔毛；子房三棱形，棱上具缘毛；蒴果三角状卵形，具3棱，顶端尖，果瓣卵形，外面有网纹；种子近球形。花期6～8月，果期9～10月。

食用部位和方法
嫩芽可食，春季采摘，洗净，入沸水中焯一下捞出，再用清水浸泡去除苦味，凉拌或炒食后做馅。

野外识别要点
本种树皮有细纵裂，小枝有皮孔；奇数羽状复叶，部分小叶深裂为不完全的2回羽状复叶；花金黄色，果成熟时囊泡状。

别名：木栾树、灯笼树、大夫树、黑色叶树。	科属：无患子科栾树属。
生境分布：常生长在阴湿疏林或山谷，广泛分布于中国北部和中部地区。	

麻竹

Dendrocalamus latiflorus Munro

食用部位和方法 嫩笋脆嫩鲜美，夏季采收、炒食、做汤或腌制食用。

可食用的笋

形态特征 竿高20～25m，径15～30cm，节幼时被白粉，节内具一圈棕色绒毛环；壁厚1～3cm，竿节多分枝，箨鞘宽圆铲形，易早落，背面略被小刺毛；箨耳小；箨舌高1～3mm，边缘微齿裂；箨片外翻，腹面被淡棕色小刺毛；小枝幼时被黄棕色小刺毛，具7～13叶，长椭圆状披针形，叶背中脉隆起且有小锯齿，次脉7～15对，叶舌突起，边缘微齿裂；花枝密被黄褐色细柔毛，着生多枚卵形假小穗，小花6～8朵，红紫色或暗紫色，花药黄绿色；果实为囊果状，成熟时淡褐色。笋期7～9月。

菜谱——麻竹笋尖炒淡菜
食材：嫩麻竹笋250g，小淡菜200g，油、白糖、鸡汤、黄酒、盐适量。
做法：1.把笋切成3cm长的条子，把淡菜放入开水中浸泡约30分钟；2.把麻竹笋、淡菜各装入一只碗中，倒入适量开水，并放入适量调料，上笼蒸松后，取出淡菜，剪除老块和中心的毛茸，再洗一次；3.把油倒入锅中，油热后把麻竹笋、淡菜分两边倒入，加原汤（即蒸淡菜的汤）、糖、酒、盐和鸡汤，分两边边滚边炒，待汤收干，起锅装盘食用。

叶无柄

节间长45～60cm

别名：甜竹、大头竹、大叶乌竹、吊丝甜竹、青甜竹、马竹。	科属：禾本科牡竹属。
生境分布：常野生于海拔800m以下的山脚平地或村前屋后，分布于中国四川、贵州、云南、广东、广西、福建及台湾等地。	

毛梾

Cornus walteri Wanger.

果枝图

毛梾木材质坚硬、纹理细密，质地精良，可制作高档家具或木雕，因为能制作大车的梁木，也称为车梁木。

食用部位和方法 嫩枝叶可食，在3～5月采摘，洗净，入沸水焯熟后，再用清水浸泡几小时，炒食或煮食。

野外识别要点 本种株形高大，树皮黑褐色，枝黄绿色，幼时密生灰白色柔毛；花白色，聚伞花序顶生或腋生；果黑色。

形态特征 落叶小木。株高6～15m，树皮厚、黑褐色、纵裂而又横裂成块状；幼枝略有棱角，密被贴生灰白色短柔毛，老后黄绿色、无毛；冬芽腋生，扁圆锥形，被灰白色短柔毛；叶对生，椭圆形至阔卵形，纸质，叶面深绿色，叶背淡绿色；伞房状聚伞花序顶生或腋生，花密、白色，有香味；核果球形，成熟时黑色。花期5月，果期9月。

地表植株形态

花密集成伞房状

老枝黄绿色

叶面深绿色，光滑无毛

别名：小六谷、车梁木、油树、光皮树。	科属：山茱萸科梾木属。
生境分布：常野生于海拔300～1800m的杂木林或密林下，主要分布于中国华北、华中及西南地区。	

绿叶悬钩子

Rubus Romarovi Nakai

果

状倒卵形，白色；聚合果近球形，熟时红色，外被短柔毛。花期5～6月，果期8～9月。

形态特征 落叶灌木。株高约1m，茎直立，密被针刺，枝黄褐色，有时被白粉、有腺毛、疏生针刺；奇数羽状复叶，叶柄长2～5cm，与叶轴均被柔毛和稀疏小皮刺，托叶线形，基部与叶柄合生，具柔毛；小叶3枚，稀5枚，顶生小叶卵形或卵状椭圆形，长达10cm，宽达6cm，具短柄，侧生小叶斜卵形，长达8cm，宽达5cm，叶面微被柔毛，近无柄；花数朵聚成短总状或短伞房状花序，花梗短，具柔毛和小皮刺；萼筒浅杯状，萼裂片三角状披针形，与萼筒外面均被刺毛、柔毛和腺毛；花瓣椭圆

食用部位和方法 果实可食，口味酸甜，一般在秋季采摘，生食或做果酱。

野外识别要点 本种全体无刺毛及腺毛，一年生枝有绿色针刺，有时具稀疏腺毛；常具3枚小叶，叶片上面无毛或近无毛，下面仅沿叶脉有柔毛；果实有香味。

托叶线形

叶面粗糙，微被柔毛

果熟后可食

别名：无。	科属：蔷薇科悬钩子属。
生境分布：常野生于山地、林缘或灌丛，分布于中国黑龙江和吉林。	

毛樱桃

Cerasus tomentosa Thunb.) Wall.

花

形态特征 落叶灌木。株高2～4m，枝紫褐色或灰褐色，嫩枝密被绒毛，后渐脱落；冬芽卵形，微被柔毛；叶卵状椭圆形或倒卵状椭圆形，叶面暗绿色，疏生柔毛，有皱纹，叶背灰绿色，密生灰色绒毛，侧脉4～7对，边缘具不整齐锯齿；叶柄短，常被绒毛；托叶线形，被长柔毛；花单生或2朵簇生，先叶或与叶同时开放，花梗短或无，萼筒呈圆

筒形，外被短柔毛，萼片卵圆形，内外均有毛；花瓣5枚，白色或粉红色，倒卵形，先端圆钝；核果卵球形，成熟时红色，棱脊两侧有纵沟，被短柔毛。花期5～6月，果期6～7月。

花枝图

食用部位和方法 果实形似珍珠，色泽艳丽，熟后味道鲜美，且富含营养物质，在春夏之际采摘，生食或制果酱、果汁、蜜饯、枝紫褐色或灰褐色罐头等。

果熟时红色

全株被柔毛

野外识别要点 本种全株有柔毛，尤其是嫩枝密被绒毛，故得名，此为识别点。

别名：山樱桃、山豆子、梅桃。	科属：蔷薇科樱桃属。
生境分布：常生长在向阳山地、林缘灌丛或草丛，分布于中国西藏、四川、云南及黄河流域一带。	

毛榛

坚果　雄花序

Corylus mandshurica Maxim.

形态特征 小灌木。株高2～4m，树皮灰褐色、龟裂、多分枝，幼枝黄褐色，密被长柔毛，老枝灰褐色，近无毛；叶宽卵形、矩圆形或倒卵状矩圆形，纸质，长可达12cm，宽达9cm，先端具5～9个骤尖的裂片，中央裂片呈短尾状，基部心形，叶面深绿色，叶背淡绿色，嫩叶两面疏生柔毛，侧脉5～7对，边缘具不规则的重锯齿；叶柄细瘦，疏生柔毛；雌雄同株，雄花序2～4枚生于叶腋，下垂，无花被，苞鳞密被白色短柔毛，雄蕊4～8枚；雌花序头状，2～4枚生于枝顶或叶腋；坚果单生或2～6枚簇生，果苞管状，在果上部收缩，全部包住坚果，坚果近球形，果梗粗壮，三者皆密被黄色刚毛。花果期6～10月。

食用部位和方法 种子可食，在8～10月采收果实，去除果苞，砸开果壳，取出种子，生食或炒食。

侧脉5～7对

野外识别要点 本种叶宽卵形，先端急尖，果苞管状，全部包过小坚果，且在果上部收缩，果苞、坚果、果梗均有黄色刚毛。

老枝灰褐色，近无毛

别名：毛榛子、火榛子、胡榛子。	科属：桦木科榛属。
生境分布：常野生于山坡林下或灌丛，海拔可达1500m，分布于中国东北、西北及河北、四川。	

毛竹

Phyllostachys edulis Carr.) H.de Lehaie

中国是毛竹的故乡，世界上85%的毛竹生长在中国南方。毛竹秀丽挺拔、四季翠绿、经霜不凋，常与松、梅共植，被誉为"岁寒三友"，是雅俗共赏的植物。

形态特征 大型竹。竿圆筒形，高可达20m，直径可达20cm，幼竿被白粉且密生柔毛；箨环有毛，老竿无毛，且由绿色渐变为黄绿色；基部节间短，向上逐节增长，壁厚；竿环不隆起；箨鞘背面黄褐色或紫褐色，具黑褐色斑点且密生棕色刺毛；箨耳小；箨舌隆起至尖拱形，边缘具粗长纤毛；箨片绿色，长三角形至披针形，初时直立，后外翻；竿上部每节有两分枝，每枝具叶2～4片，叶片细小，披针形。笋期3～4月。

可食用的笋

每枝具叶2～4片

竿幼时被白粉和柔毛

食用部位和方法 春笋或冬笋可食，分别在春季和冬季采摘，洗净，入沸水焯后，炒食、做馅或炖汤，也可腌制或晒干食用。

野外识别要点 幼竿被白粉，具密生柔毛，长大的竿直径可达20cm。

别名：江南竹、猫头竹、貌儿竹、貌头竹、茅茹竹。	科属：禾本科牡竹属。
生境分布：常野生于山坡、山脚平地，海拔可达2000m，广泛分布于中国南方大部分省区。	

茅栗

Castanea seguinii Dode

果实包于总苞内

具花3～5朵；雌花单生或混生于花序轴下部，总苞近球形，苞片针刺形，密生，具花3～5朵，花柱6～9裂；坚果常为3个，有时可达7个，扁球形，无毛或顶部有疏伏毛。花期5～7月，果期9～11月。

形态特征

小乔木或灌木。株高通常2～5m，小枝暗褐色，幼时被短柔毛，托叶细长，开花仍未脱落；冬芽小，卵形；叶倒卵状椭圆形或长圆形，长6～14cm，宽4～5cm，先端尖，基部楔形、圆形或近心形，叶背被黄或灰白色腺鳞，幼嫩时沿叶背脉两侧有疏单毛，侧脉12～17对，边缘有锯齿，叶柄短，有柔毛；雄花序长5～12cm，

黄色雄花序

侧脉明显，12～17对

食用部位和方法

坚果可食，秋季成熟后摘取、炒食、煮食或炖食均可。

野外识别要点

本种总苞近球形，苞片针刺形，全包坚果；果小，直径1～1.5cm，肉实味甜。

别名：野栗子、毛栗、毛板栗。	科属：壳斗科栗属。
生境分布：常野生于海拔400～2000m的丘陵山地或山坡灌木丛中，广泛分布于陕西、河南及长江流域以南各省区，尤其是贵州和湖南。	

玫瑰

Rosa rugosa Thunb.

花瓣多层

簇生，紫红色，具芳香；果实扁球形，红色。花期4～5月，果期9～10月。

据史书记载，山东省平阴县从汉朝就开始种植玫瑰，迄今有2000多年的历史，唐代时主要用于制作香袋、香囊，明代用花制酱、酿酒、窨茶，到清朝开始大规模生产，因而号称"玫瑰之乡"。那里的玫瑰花大、瓣厚、色艳，香味浓郁，盛誉远播。

食用部位和方法

花可食，春季采摘，洗净、煮粥、炒食、炖食、做馅等，也可制作饮料，或泡茶饮。

花朵具有美容驻颜的功效

野外识别要点

皮刺细嫩如针状，小叶常7～9枚，叶面皱，花常单生，紫红色。

形态特征

直立灌木。植株矮小，茎丛生，枝干多皮刺和针刺；奇数羽状复叶互生，小叶5～9枚，椭圆形或椭圆状倒卵形，叶面无毛，深绿色，叶脉下陷，多皱，叶背面具柔毛和腺体，边缘有尖锐齿；托叶大部和叶柄合生，边缘有腺点，叶柄基部的刺常成对着生；花单生或3～6朵

菜谱——玫瑰美容茶

食材：新鲜玫瑰花4～5朵

做法：将玫瑰花进行简单清洁，再将开水倒入杯中，待水温稍降低后放入玫瑰花，花浮于水面，汤色清淡。常喝此茶可养颜、消炎、润喉。

别名：刺玫花、徘徊花、刺客、穿心玫瑰。	科属：蔷薇科蔷薇属。
生境分布：常野生于山坡、林缘和村子旁，主要分布于中国西北、华北及西南地区。	

美丽茶藨子

Ribes pulchellum Turcz.

萼片长于花瓣

叶下部常具刺

形态特征 落叶灌木。高可达2.5m，小枝灰褐色，皮稍纵向条裂，嫩枝褐色或红褐色，在叶下部的节上常具1对小刺，节间无刺或小枝上散生少数细刺。叶宽卵圆形，长、宽1.5～3cm，基部近截形至浅心脏形，两面具短柔毛，掌状3裂，有时5裂，边缘具粗锐或微钝单锯齿，或混生重锯齿；叶柄长1～2cm。花单性，雌雄异株，形成总状花序；具10余朵密集排列的花；花萼浅绿黄色至浅红褐色，萼片长于花瓣；花柱先端2裂；果实球形，直径5～8mm，红色，无毛。花期5～6月，果期8～9月。

食用部位和方法 果熟时采摘，直接食用。

野外识别要点 叶下部的节上常具1对小刺，叶互生，掌状3～5裂，果红色。

别名：小叶茶藨、碟花茶藨子。	科属：虎耳草科茶藨子属。
生境分布：生于多石砾山坡、沟谷、黄土丘陵或阳坡灌丛，中国主要分布于华北、西北等地。	

蒙桑

Morus mongolica Bur.) Schneid.

叶缘具三角形单锯齿

雄花序

树皮深纵裂

形态特征 小乔木或灌木。株高2～5m，树皮灰褐色，具深纵裂，小枝暗红色，常有白粉，老枝灰黑色；冬芽卵圆形，灰褐色；叶卵形、椭圆形或长椭圆状卵形，长达15cm，宽达8cm，先端尾尖，基部心形，两面无毛，边缘具三角形单锯齿，稀为重锯齿，齿尖有长刺芒；具短叶柄；雄花序长约3cm，花黄色，花被外面及边缘被长柔毛，花药2室，纵裂；雌花序短圆柱状，长约1cm，花被疏被柔毛或近无毛，花柱长，柱头2裂，内面密生乳头状突起；聚花果熟时红色至紫黑色，果梗长约3cm。花期4～5月，果期6～7月。

食用部位和方法 聚花果可食，7～8月果实变为紫红色时，采摘生食，味道酸甜。

野外识别要点 本种叶背光滑，叶缘刺尖锯齿状，花柱明显，易识别。

别名：岩桑、刺叶桑、崖桑。	科属：桑科蒙桑属。
生境分布：常野生于山坡、山谷或疏林，广泛分布于中国南北大部分省区。	

茉莉

Jasminum sambac L.) Aiton

花芳香浓郁

叶背灰绿色

脉明显，叶面皱缩

从夏到秋，茉莉花连绵不断地绽放，远远望去，碧绿的叶间犹如闪烁着一颗颗珍珠，十分喜人。茉莉的花语是：清纯、忠贞、质朴。它是菲律宾、印度尼西亚和巴基斯坦的国花，是中国福州市的市花。

形态特征 常绿小灌木。植株低矮，小枝细长，有棱角，略呈藤本状，绿色，具柔毛；老枝灰色；单叶对生，宽卵形或椭圆形，具光泽，叶脉明显，叶面微皱，全缘，具短柄；初夏由叶腋抽出新梢，顶生或腋生聚伞花序，着花3～9朵，花冠白色，极芳香，花冠裂片长圆形，常重瓣；花后通常不结果。花期6～10月。

食用部位和方法 花朵可食，在夏、秋季采摘未完全展开的花朵，洗净，可直接炒食，也可入沸水焯一下捞出，凉拌或炒食，也可晒干制茶叶。

野外识别要点 本种叶对生，全缘；花洁白，香味浓烈，在野外容易识别。

别名：香魂、木梨花、末莉。	科属：木樨科茉莉属。
生境分布：常野生于山坡、公园或村庄附近，主要分布于中国华南地区。	

木槿

Hibiscus syriacus L.

花瓣一至数层

木槿花娇艳夺目，早上开放，晚上凋谢，单朵花期只有一天，因此也称朝开暮落花。木槿在韩国又叫"无穷花"，是韩国的国花，以此象征大韩民族的顽强和坚韧。花语：温柔的坚持。

形态特征 落叶灌木或小乔木。株高3～4m，小枝密被黄色星状绒毛；叶菱形至三角状卵形，具深浅不同3裂或不裂，边缘具齿缺，具短柄，托叶线形，疏被柔毛；花单

叶菱形至三角状卵形

生于枝端叶腋间，钟形，单瓣或重瓣，花色有紫、粉红、白色等。花期7～10月。每花开放仅一天。

食用部位和方法 花瓣可食，在盛夏采摘新鲜的花瓣，洗净，炒食、做汤或熬粥。

枝条被星状毛

野外识别要点 本种枝密被星状毛，叶常3裂，边缘具不整齐齿；花腋生，淡紫色；果实密被金黄色星状柔毛。

别名：无穷花、沙漠玫瑰、朝开暮落花。	科属：锦葵科木槿属。
生境分布：原产于中国，常野生于山沟、山坡、林缘或灌丛中，主要分布于长江流域以南地区。	

牛奶子

果

花

Elaeagnus umbellata Thunb.

形态特征 落叶灌木。株高可达4m，枝具针刺，小枝带黄褐色，局部密被银白色鳞片；叶互生，椭圆形至倒卵状披针形，纸质，先端钝至短尖，基部圆形至阔楔形，叶面有银白色鳞片或星状毛，老时或脱落，叶背有银白色或杂有褐色的鳞片，边缘通常卷缩，叶柄短；花腋生，黄白色，芳香，外面有鳞片，花被筒漏斗形，上部4裂；雄蕊4枚，花柱疏生白色星状柔毛；果实近球形至卵圆

形，初有银白色或杂有褐色的鳞片，熟时红色。花期5~6月，果期9~10月。

食用部位和方法

果实可食，秋季成熟后采摘，洗净，可直接食用。

野外识别要点 本种枝具针刺，小枝、叶、花瓣及果实常具银白色鳞片；花腋生，黄白色，花被漏斗形，先端4裂。

小枝具针刺

叶互生，叶缘常卷缩

别名：阳春子、甜枣、麦粒子、芒珠子、禾了子、剪子果、半春子、岩麻子、白棠子树。	科属：胡颓子科胡颓子牛奶属。
生境分布：常野生于山坡干燥地、河边沙地及灌丛中，海拔在300m以下，分布于中国长江流域及其以北地区。	

欧李

Cerasus humilis Bunge)Sok.

核果光泽无毛

由于钙元素的含量比一般水果都高，欧李也被称为"钙果"。据说清朝的康熙皇帝对欧李情有独钟，从小就十分爱吃，甚至派专人为他种植和管理。

形态特征 落叶灌木。植株低矮，高不及2m，树皮灰褐色，小枝被白色短柔毛，后渐脱落；单叶互生，长椭圆形或椭圆状披针形，薄革质，叶背沿中脉散生短柔毛，边缘具细锯齿；叶柄短，托叶线形，早落；花与叶同时开放，单生或2朵对生，花梗短

且有稀疏短柔毛；萼片5个，三角状卵形，外面微有毛，花后反折；花瓣5枚，白色或粉红色，宽卵形；核果卵圆形，成熟时红色，无毛，具光泽。花期春季，果期夏季。

食用部位和方法 果实可食，7~8月采收色泽鲜红，气味芳香的成熟果实，生食味道酸甜，也可制作果汁、果酱等。

野外识别要点 本种树皮灰褐色，小枝有白色柔毛；叶互生，叶片中部或中部以上最宽，基部楔形至宽楔形，叶柄沿中脉散生短柔毛；花白色或粉红色，与叶同时开放，花后萼片反折，果实成熟时红色。

花白色或粉红色

别名：山梅子、小李仁。	科属：蔷薇科欧李属。
生境分布：常生长在山坡、沟谷或杂林中，主要分布于中国黑龙江、吉林、辽宁、内蒙古、河北及山东。	

平基槭

Acer truncatum Bunge.

形态特征 落叶乔木。株高8～12m，胸径可达60cm，树冠近球形，树皮黄褐色或深灰色，纵裂；枝初为绿色，后渐变为红褐色或灰棕色，无毛；冬芽卵形；单叶对生，宽长圆形，掌状5裂，裂片三角形，有时裂片上半部又侧生2小裂片，掌状脉5条，两面光滑或仅在脉腋间有簇毛，全缘或波状，叶柄短；花杂性同株，常6～10朵花组成顶生的伞房花序，萼片黄绿色，花瓣黄色或白色，雄蕊4～8枚，生于花盘内缘；翅果具脉纹，扁平，有翅，两果翅开张成直角或钝角。花果期6～10月。

食用部位和方法 种子可食，含丰富油脂和蛋白质，在10月份果实由绿变为黄褐色时，采翅果，曝晒3～4天后，置于通风阴凉处，一般榨油食用。

野外识别要点 本种枝初为绿色，后渐变为红褐色或灰棕色；叶掌状5裂，掌状脉5条，花黄色或白色，果具翅。

- 叶掌状5裂
- 荚果的两翅张开
- 叶背灰绿色，脉隆起
- 基出主脉5条

别名：元宝槭、元宝树、五脚树、槭。	科属：槭树科槭属。
生境分布：常野生于海拔400～1000m的疏林中，主要分布于中国吉林、辽宁、甘肃、内蒙古、陕西、山西、河南、河北、山东及江苏等省区。	

杞柳

Salix integra Thunb.

花黄色，先叶开放

形态特征 小灌木。株高1～3m，小枝细而柔韧，淡黄色，无毛；芽卵形，尖，常对生，黄褐色；叶对生或近对生，萌生枝的叶有时3叶轮生，椭圆状长圆形或倒披针形，长可达8cm，宽可达2cm，先端短尖，基部近圆形，叶面绿色，叶背灰绿色，嫩叶呈红色且背面密生柔毛，全缘或上部有尖齿；具短叶柄；花先叶开放，花序密被柔毛，基部有小叶，无总花梗；苞片倒卵形，黑褐色，有柔毛，腺体1个；

雄花序长可达3cm，雄蕊2枚，花丝合生；雌花序长约2cm，子房有丝状毛，柱头2～4裂；蒴果无梗，被柔毛。花期春季，果期夏季。

食用部位和方法 嫩叶可食，在4～5月采摘，洗净，入沸水焯一下，再用清水浸泡，待苦味去除后，凉拌、炒食、做馅或做汤均可。

野外识别要点 小灌木，小枝柔韧，无毛，芽鳞1枚；叶对生或近对生，萌生枝的叶有时3叶轮生，全缘或上部有尖齿。

地表植株形态

- 叶全缘或上部有尖齿
- 叶背灰绿色

别名：绵柳、柳条、白箕柳、红皮柳。	科属：杨柳科柳属。
生境分布：常野生于河边湿地，分布于中国黑龙江、吉林、辽宁及河北。	

蔷薇

果　花

Rosa multiflora Thunb.

形态特征 常绿灌木。株高2～3m，茎枝通常具扁平的皮刺；奇数羽状复叶，互生，叶柄短；小叶5～9枚，卵形或椭圆形，叶面绿色而疏生柔毛，叶背密被灰白色柔毛，边缘有锯齿，叶柄短或近无；托叶常贴生于叶柄上，下部有刺；花数朵密集成圆锥状伞房花序，萼筒球形、坛形至杯形，萼片覆瓦状排列，花单瓣或重瓣，花色有白色、黄色、粉红色至红色，具芳香；果球形，成熟时褐红色，萼脱落。花期4～5月，果期9～10月。

食用部位和方法 嫩芽可食，春季采摘、洗净，入沸水焯熟后，再用清水漂洗几遍，加入油盐凉拌食用。

野外识别要点 本种茎枝有扁平皮刺，羽状复叶，小叶5～9枚，叶面疏生柔毛，叶背密被灰白色柔毛，边缘有齿，枝条呈蔓延状。

奇数羽状复叶　枝具皮刺

别名： 野蔷薇、多花蔷薇、蔷薇梅。	**科属：** 蔷薇科蔷薇属。
生境分布： 常野生于平原或低山丘陵地带，分布于中国黄河流域以南各省区。	

青荚叶

花黄绿色

Helwingia japonica Thunb.)Dierr

形态特征 落叶灌木。植株低矮，高不过2m，树皮深褐色，枝条绿色，光滑无毛，叶痕明显；叶卵形或卵状椭圆形，纸质，长达10cm，宽达6cm，先端渐尖，基部阔楔形，叶面暗绿色，叶背紫绿色，两面无毛，中脉在叶面微凹，在背面突起，边缘具刺状细锯齿；叶柄长2～5cm，托叶线状分裂；花雌雄异株，雄花常10～12朵组成密伞花序，雌花单生或2～3朵组成伞形花序，二者皆着生于叶面中脉的1/3～1/2处，花黄绿色，

花梗短，花萼小，花瓣3～5枚，三角状卵形，啮合状；浆果椭圆形，具5棱，幼时绿色，成熟后黑色，分核3～5枚；种子3～5粒，长圆形，具网纹。花期4～5月，果期8～9月。

叶背脉隆起

食用部位和方法 嫩茎叶可食，春季采摘，洗净，入沸水焯一下捞出，再用清水洗几遍，凉拌、煮汤或蒸菜。

野外识别要点 本种最大的特点就是花和果生在叶面近中部处，花黄绿色，浆果成熟时黑色，故又称"叶上珠"，容易识别。

浆果生于叶轴

叶面粗糙，脉凹陷

别名： 叶上珠、大叶通草、绿叶托红珠。	**科属：** 山茱萸科青荚叶属。
生境分布： 常生长在林下、沟谷草地或灌丛，广泛分布于中国黄河流域以南的大部分省区。	

楸子梨

Pyrus ussuriensis Maxim.

花

形态特征
乔木。株高可达15m，树冠宽广，嫩枝黄灰色至紫褐色，微被柔毛，老枝黄灰色或黄褐色，具稀疏皮孔；冬芽肥大，卵形，被鳞片；叶卵形至宽卵形，两面无毛或在幼嫩时被绒毛，边缘具刺芒状尖锐锯齿，叶柄短，嫩时被绒毛；托叶线状披针形，边缘具有腺齿，早落；花序密集，每花序具花5～7朵，总花梗和花梗在幼嫩时被绒毛，苞片膜质，线状披针形，全缘；萼筒外微具绒毛，萼片三角披针形，边缘有腺齿，内面密被绒毛；花瓣白色，倒卵形或广卵形；果近球形，黄色或绿色，带红晕。花期4～5月，果期8～10月。

食用部位和方法
果实汁多味甜，沁人心脾，为上等佳品，秋季成熟后可采摘生食。

野外识别要点
本种嫩枝被柔毛，老枝有皮孔，冬芽被鳞片；叶缘具刺芒状尖锐锯齿；花白色，萼筒内密被绒毛，花药紫色，果黄绿色。

叶长5～10cm，宽4～6cm

果成熟后可生食

别名： 山梨、花盖梨、野梨、沙果梨、酸梨、青梨、秋子梨。	**科属：** 蔷薇科李属。
生境分布： 常野生于海拔100～2000m寒冷而干燥的山区，分布于中国东北、华北及西北地区。	

桑

Morus alba L.

成熟果实

枝干部分图

形态特征
落叶小乔木。株高3～8m，胸径可达50cm，树皮厚，黄褐色，具不规则浅纵裂；枝条褐色，幼枝有短柔毛；芽短卵圆形，红褐色，芽鳞覆瓦状排列，有细毛；叶大型，卵形或广卵形，先端尖，基部楔形或浅心形，叶面鲜绿色，叶背浅绿色，沿脉疏生柔毛，且脉腋有簇毛，边缘锯齿粗钝；叶柄短，具柔毛；托叶披针形，早落，外被细硬毛；花与叶同时生，雌雄异株，雄花序柔荑状，下垂，密被白色柔毛，花被4裂，裂片宽椭圆形，表面有毛，雄蕊4枚；雌花序稍短，被毛，雌花无梗，花被4片，倒卵形，外面和边缘被毛，两侧紧抱子房，柱头2裂；核果卵圆形，外被肉质花萼，常数个组成聚合果，成熟时红色或暗紫色，多汁。花果期5～8月。

食用部位和方法
聚花果可食，俗称"桑葚"，在7～8月，果实变为紫红色时，摘下生食，味道酸甜，也可制作果脯和果酱。

野外识别要点
本种树皮黄褐色，有浅裂，芽黄褐色，互生叶卵圆形，叶背沿脉有柔毛；花序腋生，雄花序稍长，花被4片，小核果组成聚合果，熟后红紫色或白色。

果枝图

别名： 家桑、桑树、崩那木。	**科属：** 桑科桑属。
生境分布： 野生于山谷或溪边的疏林中，本种原产于中国，分布于东北至西南各省区。	

沙棘

Hippophae rhamnoides L.

果脯

形态特征 落叶灌木或乔木。株高1~5m，枝干具粗棘刺，嫩枝褐绿色，密被银白色带褐色的鳞片，或有时具白色星状毛，老枝灰黑色；芽金黄色或锈色；单叶近对生，狭披针形或矩圆状披针形，纸质，两端钝形或基部近圆形，叶面被白色盾形毛或星状柔毛，叶背银白色或淡白色，被鳞片，无星状毛；叶柄极短或无；短总状花序生于小枝叶腋，小花淡黄色，花被筒囊状；果实圆球形，橙黄色或橘红色；种子稍扁，黑色或紫黑色，具光泽。花期4~5月，果期9~10月。

食用部位和方法 果实可食，秋季采摘、洗净、加入白糖腌制食用，也可加工成果汁、果酒、果酱、果脯、果冻、饮料、保健品等。

野外识别要点 本种枝干具棘刺，嫩枝被银白色带褐色的鳞片，或有时具白色星状柔毛，叶面被白色盾形毛或星状柔毛，叶背银白色或淡白色，被鳞片。

果熟时橙黄色或橘红色

枝干具粗棘刺

别名：中国沙棘、黄酸刺、酸刺柳、酸刺、黑刺。	科属：胡颓子科沙棘属。
生境分布：常野生于海拔800~3600m向阳的山脊、谷地、干涸河床地或山坡，多在砾石、沙质土壤或黄土上，主要分布于中国西北、东北、华北及四川、云南等地区。	

沙枣

果早期被银白色鳞片

Elaeagnus angustifolia L.

圆形，直径为1cm，果皮早期银白色，后期鳞片脱落，呈黄褐色或红褐色。花果期4~7月。

食用部位和方法 果熟后，可采摘生食。

形态特征 灌木或乔木。高3~15m，树皮栗褐色至红褐色，有光泽，树干常弯曲，枝条稠密，具枝刺，嫩枝、叶、花果均被银白色鳞片及星状毛；叶互生，具柄，披针形，长4~8cm，先端尖或钝，基部楔形，全缘，上面银灰绿色，下面银白色；花小，银白色，极芳香，通常1~3朵生于小枝叶腋，花萼筒状钟形，顶端通常4裂；果实长圆状椭

野外识别要点 具枝刺，嫩枝、叶、花果均被银白色鳞片及星状毛；花银白色，极芳香。

小花极芳香

枝刺长而锋利

叶披针形，全缘

别名：桂香柳、银柳。	科属：胡颓子科胡颓子属。
生境分布：生于沙质土壤，中国东北、华北、西北等地均有分布。	

山荆子

Malus baccata Linn.) Borkh.

花　　果

钝，基部有短爪；果实近球形，具果梗，熟时红色或黄色。花期4~6月，果期9~10月。

形态特征

乔木。株高可达14m，树冠广圆形，枝纤细，嫩枝红褐色，老枝暗褐色；冬芽卵形，鳞片边缘微具绒毛，红褐色；叶椭圆形或卵形，先端渐尖，基部楔形或圆形，嫩时微有柔毛，边缘具细密锯齿；叶柄初有短柔毛和少数腺体，后脱落；托叶膜质，披针形，全缘或有腺齿，早落；花常4~6朵聚合成伞房状花序，生于小枝顶端，花梗细长，无毛；苞片膜质，线状披针形，边缘具腺齿，早落；萼片披针形，与萼筒均内面有柔毛；花瓣5枚，白色，倒卵形，先端圆

食用部位和方法

果实可食，每年入秋，待果实八成熟——颜色变红、涩味减淡、果肉变甜时可分批采摘，生食或制果酱、果脯、果汁。

野外识别要点

本种株形高大，有长、短枝之别，嫩枝红褐色，老枝暗褐色，伞房状花序，无总梗，花梗细长，花白色。

叶缘具细密锯齿

老枝暗褐色

别名：山定子、林荆子。	科属：蔷薇科苹果属。
生境分布：一般野生于山区，主要分布于中国东北及黄河流域一带。	

山莓

Rubus corchorifolius Linn. f.

花瓣边缘向内卷缩

形态特征

落叶灌木。高1~2m，小枝红褐色，有皮刺，幼枝带绿色，有柔毛及皮刺；叶卵形或卵状披针形，长3.5~9cm，宽2~4.5cm，顶端渐尖，基部圆形或略带心形，不分裂或有时作3浅裂，边缘有不整齐的重锯齿，两面脉上有柔毛，背面脉上有细钩刺；叶柄长约1.5cm，有柔毛及细刺；托叶线形，基部贴生在叶柄上；花白色，直径约2cm，通常单生在短枝上；萼片卵状披针形，有柔毛，宿存；聚合核果球形，直径1~1.2cm，成熟时红色。花期4~5月，果期5~6月。

食用部位和方法

果熟时采摘，直接食用，或制果酱及酿酒。

野外识别要点

小枝、叶柄及叶脉均有皮刺，叶卵形或卵状披针形，不分裂或有时作3浅裂，两面脉上有柔毛。

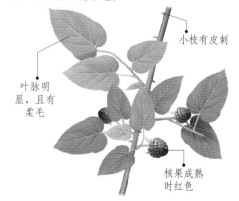

小枝有皮刺

叶脉明显，且有柔毛

核果成熟时红色

别名：三月泡、四月泡、山抛子、刺葫芦、悬钩子、馒头菠、高脚菠、龙船泡、牛奶泡、树莓、泡儿刺。	科属：蔷薇科悬钩子属。
生境分布：生于海拔300~1500m的向阳山坡、溪边、山谷、荒地和灌木丛，广泛分布在中国除东北及内蒙古、新疆、西藏以外的其他各省区。	

山杏

Armeniaca sibirica L.) Lam.

果实可生食

形态特征

灌木。株高可达3～7m，树皮暗灰色，表皮有不规则块裂，小枝淡红褐色，幼时微被柔毛；叶宽卵形或近圆形，薄革质，先端尾状渐尖，基部截形或近圆形，两面无毛或叶背脉腋有短柔毛，叶缘具单锯齿；叶柄长约3cm，基部偶有小腺体；花先于叶开放，单生，花梗极短或近于无，花萼紫红色，萼筒钟形，基部微被短柔毛，萼片长圆状椭圆形，先端花后反折；花瓣倒卵形，白色或粉红色；雄蕊多数，几乎与花瓣近等长；子房被短柔毛；果实扁球形，直接生于短果梗上，成熟时黄色或橘红色，有时具红晕，被短柔毛；核扁球形，易与果肉分离，表面较平滑，腹面宽而锐利；种仁味苦。花期3～4月，果期6～7月。

花粉色，先叶开放

枝干图

食用部位和方法

果实可食，在春夏之际，待果实由绿变为橙黄色时即可采摘，生食或做果酱；果仁可炒食。杏仁有毒，食用前需水浸数小时。

野外识别要点

属灌木，叶宽卵形，边缘单锯齿；花白色或粉红色；果实直接生于果梗上，成熟时黄色或橘红色。

别名：西伯利亚杏、蒙古杏。	科属：蔷薇科杏属。
生境分布：常野生于向阳山坡、杂木林或沟谷，海拔700～2000m，分布于中国东北、西部及河北等地。	

山杨

Populus davidiana Dode

树皮光滑无毛

形态特征

乔木。株高可达25m，树冠近圆形，树皮光滑，淡绿色或淡灰色，老树基部黑灰色；小枝圆筒形，赤褐色，光滑无毛，萌枝及萌枝叶被柔毛，芽卵圆形，无毛，稍有黏质；叶卵圆形、圆形或三角状圆形，长宽近等，先端圆钝，基部近圆形，嫩叶微被柔毛，后渐脱落，边缘波状浅齿；叶柄长，侧扁；花单性，雌雄异株，花序轴有柔毛，苞片棕褐色，掌状条裂，边缘密被长柔毛；雄花序长可达10cm，苞片淡褐色，深裂，被长柔毛，雄蕊5～12枚，花药紫红色；雌花序长可达7cm，子房圆锥形，柱头2裂，再2深裂；穗状果序，蒴果椭圆状纺锤形，具短梗，成熟时2瓣裂。花果期3～5月。

芽棕褐色

叶缘具波状浅齿

食用部位和方法

嫩叶可食，春季采摘，洗净，入沸水焯一下，再换清水浸泡去除异味，炒食。

叶柄长

野外识别要点

本种叶长宽近相等，边缘具浅齿或波状齿，叶柄长；雄花序较雌花序长；蒴果成熟时2瓣裂。

雄花序的苞片淡褐色

小枝赤褐色

别名：大叶杨、铁叶杨、响杨、火杨。	科属：杨柳科杨属。
生境分布：常野生于山坡阳地或混交林中，海拔可达3500m，分布于中国东北、华北、西北、西南及华中地区。	

山楂

Crataegus pinnatifida Bunge

初开放的花　　　　　　　　　　干燥果实

　　山楂是中国著名的果树，距今已有3000多年的栽培历史。每年春夏之际，漫山遍野的绿丛中挂着一颗颗红艳艳的小果实，艳丽夺目，因而，又被称为"红果"。

● 形态特征

落叶乔木。株高可达6m，树皮灰褐色，粗糙，常有茎刺，长1～2cm，小枝圆柱形，当年生枝紫褐色，老枝灰褐色，疏生皮孔；冬芽三角状卵形，紫色，无毛；叶互生，宽卵形或三角状卵形，长达10cm，宽达8cm，先端短渐尖，基部截形，两侧3～5羽状深裂，裂片卵状披针形或带形，中脉及侧脉上散生柔毛，侧脉6～10对，边缘具尖锐齿；叶柄长2～6cm，托叶草质，镰形，边缘有锯齿；伞房花序，具花10～20朵，总花梗和花梗均被柔毛，花后脱落；苞片膜质，线状披针形，边缘具腺齿，早落；萼筒钟状，外被灰白色柔毛，萼片5裂，三角卵形；花瓣5枚，近圆形，初为白色，后渐变为粉红色；雄蕊20枚，花柱3～5裂，柱头头状，基部被柔毛；核果近球形，成熟时深红色，表面有浅色斑点，小核3～5个。花期5～6月，果期9～10月。

● 食用部位和方法

果实可食，口味酸甜，香味浓郁，9～10月采摘，生食或制罐头、山楂糕、山楂片、山楂酒等。

● 野外识别要点

本种茎上有枝刺，叶羽状分裂，核果近球形，成熟时深红色，且具3～5枚小核，容易识别。

● 叶缘3～5羽状深裂

核果熟时深红色，有斑点

小枝圆柱形，疏生皮孔

侧脉6～10对

别名：山里红、道老纳。	科属：蔷薇科山楂属。
生境分布：常野生于山坡林边、沟谷或灌丛中，分布于中国东北、华北、西北及山东、江苏。	

山楂叶悬钩子

Rubus crataegifolius Bunge

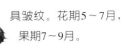

花瓣卷缩

果

具皱纹。花期5～7月，果期7～9月。

食用部位和方法 果实可食，酸甜可口，秋季成熟后采摘，洗净，可直接生食，也可制作果酱或酿酒。

形态特征 直立灌木。株高可达2.5m，幼枝有细柔毛，老枝无毛，具钩状皮刺；单叶互生，宽卵形，掌状3～5浅裂至中裂，裂片长卵形，边缘具不规则粗锯齿；叶柄长2～5cm，疏生柔毛和小皮刺；托叶线形，近无毛；小伞房状花序顶生，具花5～10朵，花白色，有微香；花梗极短，有柔毛，苞片与托叶相似；花萼外面有柔毛，至果期渐无，萼片卵状三角形，反折；花瓣5枚，长圆形，易脱落；雄蕊和雌蕊多数；小核果近球形，成熟时暗红色，有光泽，果核

野外识别要点 本种枝具钩状皮刺；叶宽大，掌状3～5浅裂至中裂，叶柄有柔毛和小皮刺；花白色，萼片反折，花瓣易脱落，核果成熟时暗红色，以上为本种识别要点。

小伞房状花序

叶长达12cm，宽达8cm

别名：牛迭肚、托盘、马林果。	科属：蔷薇科悬钩子属。
生境分布：常生长在林缘、灌丛、山沟、坡地或路旁，分布于中国东北、华北及山东。	

守宫木

Sauropus androgynus L.) Merr

红色宿存花萼

柄，宿存花萼红色；种子三棱状，黑色。花期4～7月，果期7～12月。

食用部位和方法 嫩枝和嫩叶可食。守宫木是一种多年生蔬菜，一次种植可多年收获。种植当年，当株高30cm以上时就可陆续采收，洗净，入沸水焯熟，炒食或煮汤均可。

形态特征 多年生灌木。株高可达3m，全株无毛，茎直立，小枝长而细，幼时上部具棱，老后渐圆柱状；叶互生，卵状披针形、长圆状披针形或披针形，膜质或薄纸质，长3～10cm，宽1.5～3.5cm，叶面绿色，叶背灰绿色，侧脉5～7对，全缘，具短柄；托叶2枚，着生于叶柄基部两侧，锥状；雌雄同株异花，花数朵簇生于叶腋，花梗纤细，花小，无花瓣；雄花花萼浅盘状，6浅裂，裂片倒卵形，覆瓦状排列，淡紫红色；雌花花萼6深裂，裂片红色，无花盘；蒴果扁球状，无果

野外识别要点 本种全株无毛，叶背灰绿色，托叶锥状；花小，无花瓣，红色或紫红色；种子三棱状。

叶背灰绿色

叶互生，全缘

花腋生，无瓣

别名：越南菜、树仔菜、树豌豆、帕汪、甜菜。	科属：大戟科守宫木属。
生境分布：常野生于林下、路旁或山脚草丛中，分布于中国云南、四川地区。	

树头菜

Grateva unilocularis Buch.-Ham

● **形态特征** 乔木。株高5～15m，枝灰褐色，常中空，有散生灰色皮孔，指状复叶，具长柄，顶端向轴面有腺体；小叶3枚，卵形或卵状披针形，纸质，长7～12cm，宽3～5cm，侧生小叶偏斜，叶面光滑，叶背灰白色，干后褐绿色，中脉带红色，侧脉5～10对，全缘，叶柄长，托叶细小，早落。伞房状花序顶生，具花10～40朵，萼片卵形，花瓣叶状，绿黄色转淡紫色，有爪；雄蕊13～20枚，子房圆柱形；浆果近球形，幼时光滑，后粗糙，有灰黄色小斑点；种子多数，光滑，扁肾形。花期3～7月，果期7～8月。

● **食用部位和方法** 嫩叶芽可食，初春采摘，洗净，可直接生食，也可入沸水焯熟后，炒食、做馅或煮食。

● **野外识别要点** 本种树皮灰褐色或灰白色，小枝散生灰色皮孔，指状复叶，小叶3枚，中脉带红色；花瓣4枚，绿黄色转淡紫色，有爪；果有灰黄色小斑点。

花瓣叶状

侧脉5～10对

指状复叶，小叶3枚

别名：鱼木、四方灯盏。	科属：山柑科鱼木属。
生境分布：常野生于海拔1500m以下的山坡或谷地的湿润处，主要分布于中国广东、广西及云南等省区。	

水麻

果鲜时橙黄色

Debregeasia orientalis C. J. Chen

● **形态特征** 灌木。株高1～4m，小枝纤细，暗红色，初生白色短柔毛，后渐脱落；叶长圆状狭披针形或条状披针形，纸质，长5～18cm，宽1～2.5cm，叶面暗绿色，常有泡状隆起，疏生短糙毛，叶背密被灰白色或蓝灰色毡毛，基出脉3条，侧脉3～5对，均在叶缘内网结，边缘有细齿；叶柄短，托叶披针形，顶端浅2裂；雌雄异株，稀同株，2回二歧分枝或二叉分枝，雄花芽时扁球形，花被常为4片，雄蕊4枚，退化雌蕊倒卵形，在基部密生雪白色绵毛；雌花几无梗，花被片壶形，顶端有4齿，外面近无毛；瘦果小浆果状，倒卵形，鲜时橙黄色，宿存花被肉质紧贴生于果实。花期3～4月，果期5～7月。

侧脉3～5对

叶背被灰白色或蓝灰色毡毛

● **食用部位和方法** 嫩茎叶可食，一般在3～5月采摘，洗净，入沸水焯一下，待苦涩味去除后，炒食或做汤。

● **野外识别要点** 本种花只生于上年生枝与老枝上，于早春叶前或与叶同时开放，叶较狭长，枝与叶柄常被贴生白色柔毛；雄花有短梗，雌花近无梗；果实橙黄色。

别名：柳莓、水麻叶、沙连泡、水冬瓜、赤麻、水麻柳。	科属：荨麻科水麻属。
生境分布：常野生于溪谷、河岸等潮湿地区，海拔可达3000m，分布于中国大部分地区，尤其是西藏、甘肃、陕西、云南、贵州、四川、湖北及湖南等地。	

水竹

Phyllostachys heteroclada Oliver

形态特征 竿高3~6m、茎约4cm，幼竿具白粉并疏生短柔毛；节间长达30cm，竿环平坦或高于箨环；箨鞘背面绿色或深绿带紫色，被白粉，边缘生白色或淡褐色纤毛；箨耳小或无，淡紫色，边缘有数条紫色繸毛；箨舌低，微凹乃至微呈拱形，边缘生白色短纤毛；箨片直立，三角形至狭长三角形，绿色或紫色，背部呈舟形隆起；末级小枝通常具2叶，披针形，叶背基部有毛，叶鞘边缘有毛，无叶耳，叶舌短；花枝呈紧密的头状，常侧生于老枝上，基部有4~6片逐渐增大的鳞片状苞片，仅托1~2片佛焰苞，先端具短柔毛，边缘生纤毛，顶端具小尖头，每片佛焰苞腋内有假小穗4~7枚，含3~7朵小花。笋期5月，花期4~8月，果实未见。

食用部位和方法

同桂竹。

野外识别要点

本种具呈头状的花枝，佛焰苞1~2片，老枝可达6片，易开花。

小花黄色

叶长达10cm，宽达6cm

根茎密生须根

节长可达30cm

别名：无。	科属：禾本科刚竹属。
生境分布：常野生于河流两岸及山谷中，海拔可达1600m，分布于中国黄河流域至长江以南各省区。	

酸角

Tamarindus indica L.

花冠有紫红色条纹

形态特征 常绿乔木。株高10~20m，树皮暗灰色，不规则纵裂；偶数羽状复叶，互生，叶柄短而粗壮；小叶7~20对，长椭圆形或矩圆形，先端钝或微凹，基部圆而偏斜，无毛，全缘；总状花序腋生或为顶生的圆锥状花序，总花梗和花梗被黄绿色短柔毛，萼筒陀螺形，裂片4片，花后反折；花冠黄色，有紫红色条纹，花瓣5枚，上面3枚发达，下面2枚退化成鳞片状，边缘波状，皱折；荚果圆柱状长圆形，肿胀，棕褐色；种子3~14颗，红褐色，有光泽。花期5~8月，果期12月至翌年5月。

食用部位和方法

果实可食，含有胡萝卜素、维生素等，秋季采摘，洗净，可直接食用，果肉酸甜，也可制作蜜饯、调味酱或泡菜，或榨汁饮用。

偶数羽状复叶

荚果

野外识别要点

本种株形高大，树皮纵裂，偶数羽状复叶互生，小叶矩圆形，花黄色，荚果棕褐色，种子红褐色。

别名：酸豆、酸梅、罗望子。	科属：豆科酸豆属。
生境分布：常野生于杂木林、田边、村旁及公园，主要分布于中国云南、广东、广西、福建及台湾等地。	

酸枣
果　花

Ziziphus jujuba Mill. var. *spinosa* Bunge) Hu ex H. F. Chow

叶缘有细齿

可食用的果实

· 形态特征
灌木或落叶小乔木。株高1～3m，小枝紫褐色，常"之"字形弯曲，托叶刺2型：针状直形刺和向下反曲的刺；叶互生，椭圆形至卵状披针形，长约4cm，宽约1.5cm，基出主脉3条，边缘有细锯齿，叶柄短或近于无；花2～3朵簇生于叶腋，黄绿色；核果小，近球形，熟时暗红色。花期5～7月，果期8～10月。

· 食用部位和方法
酸枣可食，味道酸甜，富含维生素C和维生素E，具有防病抗老、养颜益寿的食疗功效，在9～10月采摘，生食或做饮料、冲剂、果汁、果酒等。

幼果绿色

叶基出主脉3条

· 野外识别要点
本种小枝具2型托叶刺，叶互生，基出脉3条，边缘有齿；花黄绿色，果熟时暗红色。

托叶刺细长

别名：山枣、棘、刺枣、角针、硬枣。	科属：鼠李科枣属。
生境分布：常野生于向阳山坡、荒野或路旁，分布于中国西北、华北及辽宁、安徽。	

贴梗海棠

Chaenomeles speciosa Sweet) Nakai

· 形态特征
落叶灌木。植株高可达2m，枝干丛生开展，紫褐色或黑褐色；小枝无毛，有刺；单叶互生，卵形至椭圆形，边缘具锐锯齿；托叶大，肾形或椭圆形，边缘有尖锐重锯齿，齿尖有腺体；花先叶开放或同时开放，簇生，花梗极短，花瓣红色、粉红色、淡红色或白色；梨果球形，黄绿色，表面有稀疏浅白色斑点，具芳香，干后果皮皱缩。花果期3～10月。

· 食用部位和方法
果实可食，含有维生素、苹果酸、柠檬酸等，在秋季采摘，可直接食用，也可凉拌、炒食、煮汤或炖食。

叶背脉隆起

· 野外识别要点
本种枝干有刺，叶、托叶边缘具齿，托叶的齿间有腺体；花多为红色，花梗近无；果实球形，黄绿色，表面有白色斑点。

叶互生，边缘有齿

果熟后可食

花单瓣或重瓣，花色丰富

别名：铁脚海棠、铁杆海棠、木瓜花、川木瓜。	科属：蔷薇科木瓜属。
生境分布：常野生于公园、庭院或道路旁，主要分布于中国陕西、甘肃、北京、四川、贵州、广东、云南等地。	

铁刀木

Cassia siamea Lam.

　　铁刀木因材质坚硬，刀斧难入而得名。同属树种约500种，广泛分布于热带、亚热带及温带地区，其中铁刀木的维生素含量仅次于腊肠树，是营养价值很高的树种，同时也是很有经济价值的乔木树种，常用于建筑业或制造家具等。

形态特征 乔木。株高可达12m，树皮灰色，稍纵裂，嫩枝条有棱，疏生柔毛；偶数羽状复叶，长20～30cm，叶轴顶端常有针状长尖头；小叶6～10对，长圆形或长圆状椭圆形，革质，先端具小尖头，基部圆形，无毛，叶背粉白色，全缘，具短柄，托叶线形，早落；总状花序生于枝条顶端的叶腋，常排列成伞房状，苞片线形，萼片近圆形，花瓣黄色，阔倒卵形，具短柄；荚果扁平，边缘加厚，被柔毛，熟时紫褐色；种子10～20颗。花期10～11月，果期12月至翌年1月。

食用部位和方法 嫩茎叶和花可食，一般在4～5月采摘嫩叶或花，洗净，用开水烫后，再用清水漂洗几遍，炒食、煮食或做汤均可。

野外识别要点 本种属高大乔木，偶数羽状复叶，小叶对生，6～10对；总状花序，花黄色；雄蕊10枚，其中7枚发育，3枚退化，子房被白色柔毛；荚果熟时紫褐色。

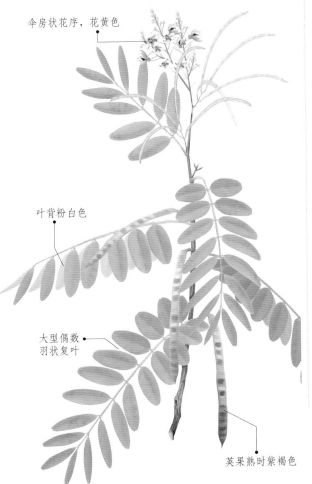

伞房状花序，花黄色

叶背粉白色

大型偶数羽状复叶

荚果熟时紫褐色

株高可达12m

别名：黑心树、挨刀树、泰国山扁豆、孟买黑檀。	**科属**：豆科决明属。
生境分布：常野生于山坡、路边或村子周围，除云南有野生外，中国南方各省均有栽培。	

头序楤木

Aralia dasyphylla Miq.

花　果具5棱

头状花序密集成大型伞房状圆锥花序，长30～60cm，密被黄棕色绒毛；苞片、小苞片长圆形，密生短柔毛；花无梗，萼无毛，边缘有5个三角形小齿；花瓣5枚，长圆状卵形，开花时反曲；果实球形，紫黑色，有5棱。花期8～10月，果期10～12月。

形态特征

灌木或小乔木。株高2～10m，小枝有短而直的刺，幼枝密生淡黄棕色绒毛；叶为2回羽状复叶，叶柄长达30cm，托叶和叶柄基部合生，先端离生部分三角形，有刺尖；叶轴和羽片轴密生黄棕色绒毛；羽片有小叶7～9枚，卵形至长圆状卵形，薄革质，叶面粗糙，叶背密生棕色绒毛，侧脉7～9对，边缘有细锯齿，齿有小尖头，小叶柄短或无；

果熟时紫黑色

食用部位和方法 同楤木。

野外识别要点

本种叶为2回羽状复叶，小叶7～9枚，幼株、叶轴、羽片轴、花序轴及苞片密生淡黄棕色绒毛。

侧脉7～9对

叶轴密生黄棕色绒毛

别名：	毛叶楤木、雷公种、牛尾木。	科属：	五加科楤木属。
生境分布：	生于林中、林缘和向阳山坡，海拔数十米至1000m，广布中国南部。		

楙楂

Cydonia oblonga Mill.

果外被柔毛

果实梨形，黄色，有芳香，外被柔毛，内含种子多数。花期5～7月，果期8～10月。

形态特征

灌木或小乔木。株高可达8m，树冠圆头形，树皮纹理常扭曲，枝丛生，当年生枝无刺，嫩时密被绒毛，后渐脱落；2年生枝紫褐色，有稀疏皮孔；冬芽小，有短柔毛，被鳞片；叶阔卵形至长圆形，长5～10cm，先端尖，基部圆形或近心形，叶面暗绿色，老时光滑，叶背密生柔毛，全缘，具短柄；花生于嫩枝顶端，萼片5片，向外弯曲，有绒毛；花瓣5枚，白色或淡红色，倒卵形；雄蕊20枚，子房下位，5室，花柱5裂，离生，下部有短柔毛。

食用部位和方法

果实可食，秋季成熟后采摘，洗净，可直接食用，也可制成果冻、果酱、果脯、罐头、点心、青红丝等。

花瓣向内弯曲

野外识别要点

本种高大，嫩枝被绒毛，老枝有皮孔，叶面暗绿色，叶背有柔毛；花单生，白色；果黄色，疏被柔毛。

叶阔卵形至长圆形

2年生枝紫褐色

别名：	木梨、土木瓜。	科属：	蔷薇科楙楂属。
生境分布：	常野生于林木或沟谷灌木丛，分布于中国新疆、陕西、辽宁、河北、山东、江西、贵州、云南及福建等省区。		

文冠果

Xanthoceras sorbifolia Bunge

花瓣基部紫红色或黄色

文冠果又称"文官果"，常被理解为"文官掌权"的意思。

蒴果椭圆形

顶生小叶常3深裂

小叶边缘有锐利锯齿

奇数羽状复叶

株高3～8m

形态特征 落叶小乔木或落叶。株高3～8m，树皮灰褐色，有粗条裂，小枝幼时褐红色，有毛，顶芽和侧芽有覆瓦状排列的芽鳞；奇数羽状复叶互生，小叶9～17枚，披针形或近卵形，纸质，顶端渐尖，基部楔形，边缘有锐利锯齿，叶面深绿色，中脉上微有柔毛，侧脉在两面略突起，叶背鲜绿色，嫩时被绒毛，边缘具粗缺刻，顶生小叶常3深裂，近无柄；花序常先叶抽出，两性花序顶生，雄花序腋生，总花梗短，基部常有残存芽鳞；萼片被灰色绒毛；花瓣5枚，白色，基部紫红色或黄色，爪两侧有须毛；花盘的角状附属体橙黄色；花丝无毛；子房被灰色绒毛；蒴果椭圆形，长达6cm，具木质厚壁；种子黑色，有光泽。花期春季，果期秋初。

食用部位和方法 花、叶及果实可食，春季采花和嫩叶，秋季采果，花、叶焯熟后可凉拌，果实可与蜂蜜腌制蜜饯。

野外识别要点 本种树皮灰褐色，有条裂；奇数羽状复叶，侧生小叶全缘，顶生小叶常3深裂；花杂性，白色。

种子黑色

果具木质厚壁

别名：文冠树、木瓜、文冠花、崖木瓜、文官果、土木瓜。	科属：无患子科文冠果属。
生境分布：常生长在丘陵、山坡、杂林或谷地，主要分布于中国西北和华北地区。	

无梗五加

Acanthopanax sessiliforus Rupr.et Maxim.) Seem

侧脉5～7对

叶缘有锯齿

- **形态特征** 灌木或小乔木。株高2～5m，树皮暗灰色或灰黑色，有纵裂纹和粒状裂纹；枝灰色，有时疏生粗壮的刺；鸟足状或指状复叶，叶柄长3～12cm，偶具刺；小叶3～5片，倒卵形或长圆状倒卵形至长圆状披针形，纸质，长8～18cm，宽3～7cm，无毛，侧脉5～7对，边缘有不整齐锯齿，叶柄短；头状花序，有花多数，常5～10个组成顶生圆锥花序或复伞形花序，总花梗密被短柔毛，花无梗，萼密生白色绒毛，边缘有5小齿；花瓣5枚，卵形，浓紫色，外面有短柔毛；果实倒卵状椭圆球形，黑色，稍有棱。花期8～9月，果期9～10月。

- **食用部位和方法** 嫩茎叶可食，早春季采摘，洗净，入沸水焯熟后，再用清水漂洗几遍，凉拌、炒食或做汤。

枝疏生粗刺

- **野外识别要点** 本种树皮有裂纹，复叶具小叶3～5片，无毛；头状花序，总花梗、萼片、花瓣被柔毛；花柱2裂，下部合生，柱头分离。

成熟果序

别名：乌鸦子、短梗五加。	科属：五加科五加属。
生境分布：常野生于林中或灌木丛，海拔可达1000m，主要分布于中国黑龙江、吉林、辽宁、河北及山西等地。	

小叶杨

Populus simonii Carr.

芽

雄花序

果枝叶中部最宽

- **形态特征** 落叶乔木。株高15～25m，树冠近圆形，树皮沟裂，幼时灰绿色，老时棕灰色；小枝细长，灰绿色，嫩枝和萌生枝常具棱角；冬芽细长，棕褐色，无毛，稍有黏质；萌枝叶倒卵形，先端短尖，基部楔形，全缘，叶柄短；果枝叶菱形或菱状倒卵形，先端渐尖，中部以上最宽，叶面淡绿色，叶背灰绿色，无毛，边缘具钝锯齿；叶柄圆筒形，较短；雌雄异株，雄花序长达7cm，序轴无毛，苞片细条裂，暗褐色，雄蕊8～9枚；雌花序长达6cm，果期可增至15cm，苞片淡绿色，裂片褐色，柱头2裂；蒴果卵形，熟时黄色，2～3瓣裂；种子具白色丝状长毛。花期3～5月，果期4～6月。

树皮沟裂

- **食用部位和方法** 嫩叶可食，4～5月采摘，洗净，入沸水焯熟，再用清水浸泡直到苦味去除，炒食或做汤。

- **野外识别要点** 本种成株树皮暗灰色，有纵裂，冬芽棕褐色，稍有黏质；萌枝叶倒卵形，全缘，果枝叶菱形，边缘具齿；雌花序在果期较雄花序长；果熟时黄色，种子具白毛。

别名：南京白杨、杨树、冬瓜杨、大白树、水桐。	科属：杨柳科杨属。
生境分布：为中国原产树种，常野生于河岸或河滩沙地，主要分布于华北及黄河中下游地区。	

无花果

Ficus carica L.

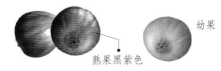

熟果黑紫色　幼果

无花果是人类最早培育的果树树种之一，原产于阿拉伯南部，唐代时传入中国，至今已有1300余年的栽培历史。无花果并非不开花，只是它的花隐藏在肥大的囊状花托里，不易察觉，蜜蜂授粉时，往往需要钻进里面才可完成。

形态特征 落叶灌木。株高3～12m，有乳汁，树皮灰褐色，皮孔明显，平滑或有不规则纵裂，多分枝；小枝直立、粗壮，托叶红色，包被幼芽，脱落后有明显的环状叶痕；单叶互生，广卵圆形，长宽近相等，厚纸质，通常3～5裂，小裂片卵形，叶面粗糙，叶背密生细小钟乳体及灰色短柔毛，边缘具不规则钝齿，叶柄短、粗壮；花序托有短梗，单生于叶腋，雄花生于花序托内面的上半部，花被片4～5，雄蕊3枚，雌花生于另一花序托内，子房卵圆形，花柱侧生，柱头2裂；聚花果梨形，顶部下陷，成熟时黑紫色，基生苞片3枚；瘦果卵形，淡棕黄色。花期4～5月，果期6～10月。

食用部位和方法 果实可食，秋季成熟后采摘，洗净，可直接食用，也可制果脯、果酱、果汁、果茶、果酒、饮料、罐头等。无花果味道浓厚、甘甜，在国内外市场极为畅销。

野外识别要点 常植于庭院或村边，枝上有托叶环痕，有白色乳汁，叶3～5裂。

菜谱——无花果粥
食材：无花果（干）50g，粳米100g，冰糖适量。
　做法：1.将无花果洗净，切成碎米状；2.将粳米洗净，放入锅中，加水适量，煮粥；3.待粥煮至浓稠时，放入无花果和冰糖，小火继续煮约30分钟，即可食用。此粥具有健脾益气、养血通乳之功效。

叶缘具不规则钝齿

叶常3～5裂

梨果顶部下陷

小枝粗壮，光滑无毛

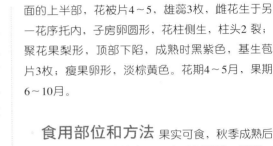

本种含乳汁，树皮灰褐色

别名：阿驵、映日果、明目果、文先果、树地瓜、奶浆果、蜜果。	科属：桑科榕属。
生境分布：常野生于温暖湿润处，主要分布于中国长江流域和华北沿海地区。	

香椿

Toona sinensis A. Juss.) Roem

蒴果熟后5裂

香椿被称为"树上蔬菜"，每年春季谷雨前后，采摘新发的嫩芽做成各种菜肴，不仅口感清香浓郁，而且营养价值远高于其他蔬菜，堪称宴宾之名贵佳肴。

形态特征

落叶乔木。株高可达25m，有气味，树皮粗糙，深褐色，片状脱落；枝粗壮，叶痕大，扁圆形，内有5维管束痕；偶数（稀奇数）羽状复叶，具长柄，小叶16～20对，卵状披针形或卵状长椭圆形，纸质，长9～15cm，宽2.5～4cm，先端尾尖，基部一侧圆形，另一侧楔形，不对称，叶背呈粉绿色，侧脉18～24对，全缘或有疏齿，具短叶柄；圆锥花序，疏生锈色短柔毛，花小，花萼5齿裂，花瓣5枚，白色，长圆形，子房圆锥形，有5条细沟纹，柱头盘状；蒴果狭椭圆形，深褐色，5瓣裂；种子上端有膜质的长翅，下端无翅。花期6～8月，果期10～12月。

食用部位和方法

嫩茎叶可食，一般在早春采摘，尤其是雨水前采摘的芽肥嫩味浓，无论树龄每年只能采摘一次，摘后当天食用，凉拌、炒食、煮食或腌渍均可。

野外识别要点

易与臭椿混淆，区别在于树皮常片状脱落，小叶边缘全缘或有疏齿，没有腺体；花白色；蒴果。

推荐菜谱——香椿豆腐肉饼

食材：香椿嫩叶150g，豆腐300g，肉馅80g，盐、生抽、鸡精适量。

做法：将香椿洗净，沥干水分，切碎；豆腐、肉弄成碎末，加调料和菜叶搅拌均匀，压扁；油放入平底锅，烧热，再放入饼煎至两面金黄即可食用。

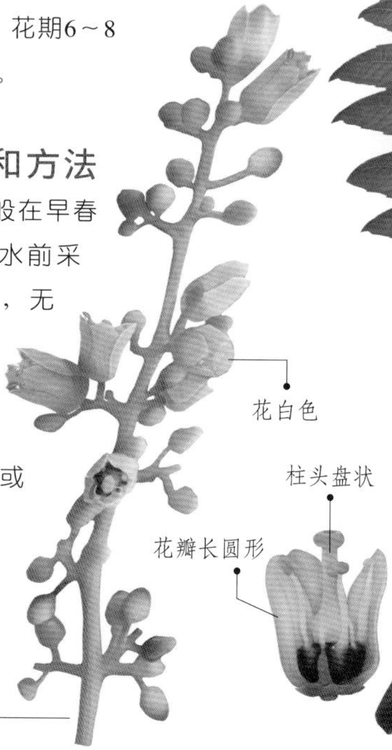

花白色

柱头盘状

花瓣长圆形

小叶两边不对称

圆锥花序，花稀疏

叶背粉绿色

枝粗壮，扁圆形

别名： 山椿、椿添树、虎目树、椿阳树、椿花、香椿头。　**科属：** 楝科香椿属。

生境分布： 常野生于山地杂木林或疏林中，分布于中国华北、华东、华中、华南和西南地区。

悬钩子叶蔷薇

Rosa rubus Lent.et.Vant

形态特征 匍匐灌木。株高3～6m，小枝圆柱形，被柔毛，散生粗短且下弯的皮刺；小叶常3～5枚，卵状椭圆形、倒卵形或圆形，先端尖，基部宽楔形，叶面常无毛，叶背密被柔毛，边缘有尖锐锯齿，向基部浅而稀；叶柄、叶轴有柔毛和散生的小沟状皮刺；托叶大部贴生于叶柄，离生部分披针形，全缘常带腺体，有毛；伞房花序，花10～25朵，总花梗、花梗和萼筒均被柔毛和稀疏腺毛，萼筒倒卵球形，萼片披针形，两面密被柔毛；花瓣白色，倒卵形，先端微凹；果近球形，猩红色至紫褐色，萼片花后反折，以后脱落。花期4～6月，果期7～9月。

食用部位和方法 嫩茎叶可食，一般在3～5月采摘，洗净，入沸水焯一下，再换清水浸泡片刻，凉拌或炒食。

野外识别要点 本种小枝和叶片下面密被柔毛；花白色，芳香浓郁；果实球形，红色，易识别。

花瓣顶端浅裂

叶缘具尖锐锯齿

别名：	山蔷薇、佛见笑、酴醿、独步春、白蔓君、雪梅墩。	科属：	蔷薇科蔷薇属。
生境分布：	常野生于林缘、灌丛、沟谷、山坡及路旁等地，海拔可达1500m，广泛分布于华东、华南各省山区。		

洋槐

Robinia pseudoacacia L.

形态特征 落叶乔木。株高10～25m，胸径约1m，树皮灰褐色，纵裂，树冠开展，椭圆状倒卵形，小枝灰褐色，具托叶刺；奇数羽状复叶，小叶7～25枚，常对生，椭圆形、长圆形或卵形，先端微凹，基部圆形至阔楔形，全缘；叶柄短，托叶刺状；总状花序腋生，下垂，花萼斜钟状，萼齿5裂，被柔毛；花冠蝶形，白色，具香气，各瓣均具瓣柄；雄蕊二体，子房线形；荚果扁平带状，褐色，一侧有窄翅；种子3～11颗，近肾形，褐色，种脐圆形。花期4～5月，果期7～9月。

食用部位和方法 嫩叶和花可食，初春采摘嫩叶，洗净，入沸水焯后，凉拌或炒食；夏季采摘花瓣，洗净，凉拌、炒食、蒸食或做馅。

野外识别要点 本种树皮、小枝灰褐色，无毛，枝具托叶刺；小叶常对生，绿色，先端微凹；花白色，各瓣均具瓣柄；荚果扁平带状。

复叶长10～25cm

小枝具托叶刺

花序下垂，花白色

别名：	刺槐。	科属：	蝶形花科刺槐属。
生境分布：	常野生于平原及低山丘陵地区，海拔最高达3600m，分布于中国黄河、淮河流域。		

野花椒

Zanthoxylum simullans Hance.

形态特征 灌木，有香气，高1～2m，枝通常有皮刺及白色皮孔。奇数羽状复叶，互生，叶轴有狭翅和长短不一的皮刺；小叶通常5～9枚，对生，厚纸质，两面均有透明腺点，上面密生短刺刚毛。聚伞状圆锥花序顶生；花单性，花被5～8片为一轮；雄花雄蕊5～7枚；蓇葖果1～2枚，红色或紫红色，基部有伸长的子房柄，外面有粗大的腺点。花果期6～9月。

食用部位和方法 嫩茎叶和果实可食，春季采摘嫩茎叶，洗净，入沸水焯后，凉拌、炖食或裹面炸食；秋季采果，常作调味品。

野外识别要点 与花椒的区别在于上面密生短刺刚毛，蓇葖果基部有伸长的子房柄。

果实熟时红色或紫红色

叶背灰绿色

小叶长2.5～6cm，宽1.8～3.5cm

叶面密生短刺刚毛

别名：岩椒。	科属：芸香科花椒属。
生境分布：生于山坡灌丛，分布于长江以南及河南等地。	

一叶萩

Securinega suffruticosa Pall.) Rehd.

果卵圆形，不可食用

顶端具宿存花被

叶互生，全缘或具不整齐齿

形态特征 灌木，高1～3m。茎丛生，多分枝，小枝绿色，纤细，有棱线，上半部多下垂；老枝呈灰褐色，平滑无毛。单叶互生；具短柄；叶片椭圆形或倒卵状椭圆形，全缘，或具不整齐的波状齿，或微被锯齿。花通常3～12朵簇生于叶腋；花小，淡黄色，无花瓣；单性，雌雄同株；萼片5个，卵形；雄花花盘腺体5个，分离，2裂，5萼片互生，退化子房小，圆柱形，长1mm，2裂；雌花花盘几不分裂，子房3室，花柱3裂。花期5～7月，果期7～9月。

食用部位和方法 采嫩茎叶，水焯后，在水中浸泡数十分钟，凉拌。

野外识别要点 全株无毛；叶片椭圆形或倒卵状椭圆形，基部常楔形；花3～12朵簇生于叶腋。

别名：叶底珠。	科属：大戟科大戟属。
生境分布：生于山坡或路边，分布于东北、华北、华东及湖南、河南、陕西、四川等地。	

银杏

Ginkgo biloba L.

银杏生长较慢，寿命却很长，从栽种到结果需要20多年，40年后才能大量结果，因此被叫做"公孙树"，是树中的老寿星。

形态特征 高大乔木。株高可达40m，胸径可达4m，树冠圆锥形至广卵形，树皮灰褐色，有纵裂；枝近轮生，当年生枝淡褐黄色，二年生以上变为灰色，并有细纵裂纹；短枝黑灰色，密被叶痕；冬芽黄褐色，常为卵圆形；叶扇形，在一年生长枝上螺旋状散生，在短枝上3～8片簇生，顶端具缺刻或2～3裂，基部宽楔形，淡绿色，有多数叉状并列细脉，秋季落叶前变为黄色，有细长叶柄；雌雄异株，球花单生于短枝的叶腋，雄球花呈荑荑花序状，只开花不结实；雌球花具长梗，端常分2叉，每叉顶生一盘状珠座，着生于上面的胚珠发育成种子；种子核果状，具长梗，下垂，熟时黄色或橙黄色，有白粉；种皮骨质，白色，具2～3条纵脊。花期3～4月，果期9～10月。

食用部位和方法 种仁可食，但食前要去除绿色的胚，并用清水浸泡数小时。

野外识别要点 本种落叶乔木，叶扇形，在长枝上散生，在短枝上簇生；球花单性，雌雄异株，雄花只开花，雌花结实；种子核果状。

叶顶端具缺刻或浅裂

核果下垂

别名：白果、公孙树、鸭脚子、鸭掌树。	科属：银杏科银杏属。
生境分布：常生长在阔叶树种混生林中，海拔1000m以下，为中国特产，仅浙江天目山有野生种，南北大部分省区均有栽培。	

余甘子

Phyllanthus emblica L.

形态特征 乔木。株高可达23m，胸径约50cm，树皮浅褐色，枝条具纵纹，被黄褐色短柔毛；叶两列，线状长圆形，顶端截平或钝圆，基部浅心形而稍偏斜，上面绿色，下面浅绿色，干后带红色或淡褐色，侧脉4～7对，边缘略背卷，叶柄短；托叶三角形，褐红色，边缘有睫毛；聚伞花序腋生，全为雄花或多朵雄花和1朵雌花，萼片6裂；雄花：花梗稍长，萼片膜质，黄色，长倒卵形或匙形，边缘全缘或有浅齿，雄蕊3枚，花药直立，长圆形，花盘球形，6个腺体；雌花：花梗短，萼片长圆形或匙形，边缘具浅齿，花盘杯状，边缘撕裂，花柱3裂；蒴果呈核果状，外果皮肉质，绿白色或淡黄白色，内果皮硬壳质，种子略带红色。花期4～6月，果期7～9月。

小叶长8～20mm，宽2～6mm

果熟时绿白色或黄白色

食用部位和方法 果可食，味道酸甜，故名余甘子，秋季成熟后采摘，可直接食用。

野外识别要点 本种株形高大，枝有细纹和黄褐色柔毛，叶线形，两列，干后带红色；托叶褐红色；聚伞花序，几乎全为雄花。

别名：庵摩勒、米含、木波、油甘子、甘子、庵罗果、望果。	科属：大戟科余甘子属。
生境分布：常野生于山地疏林、灌丛或沟谷，海拔可达2300m，分布于中国四川、贵州、云南、江西、福建、广东、广西、海南及台湾等地。	

榆树

Ulmus pumila L.

翅果

花

果序图

● 形态特征 落叶乔木。株高可达25m，胸径可达1m，树冠卵圆形，树皮暗灰色，具不规则深纵裂，幼树树皮灰褐色，平滑无裂，枝细长，淡褐灰色或灰色，散生皮孔；冬芽小，近球形，内面鳞片背面基部及边缘具毛，外面鳞片无毛；叶互生，椭圆状卵形、长卵形或卵状披针形，先端渐尖，基部偏斜或近对称，叶面无毛，侧脉9～16对，叶背幼时疏生短柔毛，边缘具单锯齿，偶有重锯齿，叶柄极短，常上部被毛；花两性，先叶开放，常数朵簇生去年枝上，呈聚伞状，小花黄绿色，萼片4～5裂，雄蕊4～5枚，花药紫色，子房扁平，花柱2裂；翅果阔倒卵形，果核位于翅果中部，初淡绿色，熟后白黄色，具宿存花被。花果期4～5月。

叶长2～8cm，宽1～4cm

● 食用部位和方法 嫩叶、嫩果及树皮可食，在4～5月采收，嫩叶也可生食，或者洗净，入沸水焯熟，炒食、做馅或煮粥；树皮晒干，磨面粉，与其他粉配合食用。

● 野外识别要点 茎皮纤维发达；叶基部歪斜，叶腋4～16对，边缘常具单锯齿；翅果圆形，先于叶形成。

别名：榆、钱榆、白榆、家榆、钻天榆。	**科属**：榆科榆树属。
生境分布：常野生于山坡、沟谷、丘陵及路旁，分布于中国东北、华北、西北及西南地区。	

郁李

Cerasus japonica Thunb.) Lois.

种仁

花序图

● 形态特征 落叶灌木。株高可达2m，枝纤细而柔软，幼枝黄褐色，干皮褐色，老枝有剥裂，无毛；冬芽极小，灰褐色；叶卵形或卵状披针形，稀披针形，长4～7cm，宽2～4cm，先端长尾状，基部圆形，两面无毛或叶背沿脉有短柔毛，边缘有锐重锯齿，近无柄；托叶条形，边缘具腺齿，早落；花与叶同时开放，单生或2～3朵簇生，花梗无毛，萼筒筒状，裂片向花后反折；花粉红色或近白色；核果近球形，暗红色，有光泽。花果期3～6月。

● 食用部位和方法 果实可食，一般在5～6月果熟时采摘，洗净，可直接食用。

● 野外识别要点 本种小枝幼时黄褐色，干皮褐色，老枝有剥落；叶片中部以下最宽，卵形或卵状披针形，基部圆形，叶缘有锯齿，叶背沿脉有柔毛；花粉红色或近白色，萼裂片花后反折；果熟时暗红色。

老枝紫红色，光滑无毛

别名：爵梅、寿李、栯、英梅、雀李、千金藤、欧李、侧李、酸丁。	**科属**：蔷薇科李属。
生境分布：常野生于山坡林下或灌丛中，海拔在200m以下，广泛分布于中国东北、华北、华中、华南等地。	

月季

花语：爱情、幸福、美好

Rosa chinensis Jacq.

不同颜色
的月季花

在姹紫嫣红的百花园中，月季以千姿百色、芳香馥郁、四季绽放，赢得了"花中皇后"之美名。它不仅是中国"十大名花"之一，还是北京、天津、大连、青岛等32座城市的市花。现在，月季在家庭中的栽培十分普遍，可见其受欢迎程度。

形态特征 有刺灌木。植株低矮，小枝绿色，通常散生三角形尖锐皮刺；叶互生，一般由3～5枚小叶组成奇数羽状复叶，小叶椭圆或卵圆形，叶缘有锯齿，托叶与叶柄近合生；花单生或丛生枝顶，花瓣5枚或重瓣，先端常反卷，颜色多样，有红、黄、粉、白、绿、紫等色，还有复色或具条纹及斑点者；花香因品种而定，有的淡，有的浓，有的无；果卵圆形或梨形，成熟时红色。花期因栽培品种而不定，有的四季开花，有的则只是在某两个季或单季开花。

食用部位和方法 花可以食用，四季开花时均可采摘鲜嫩花瓣，洗净，炒食或煮粥，也可开水冲饮。女性经常食用可行气活血，美容养颜。

野外识别要点 本种枝疏生三角形皮刺，奇数羽状复叶，小叶常3～5枚，叶缘有齿；花单生或丛生，花形、花色因品种不同而富于变化。

花单瓣或重瓣，花色丰富

萼片三角
状卵形

叶柄紫红色

羽状脉明显

叶先端具明
显小凸尖

叶背暗绿色

花瓣5枚

根系发达，多分枝

别名：月月红、常春花、胜红、斗雪红。	科属：蔷薇科蔷薇属。
生境分布：常野生于林缘、灌丛、山谷等湿润处，广泛分布于中国大部分地区。	

275

越橘

Vaccinium vitis-idaea L.

花柱稍超出花冠

形态特征

常绿小灌木。植株低矮，根状茎细长，匍匐生长，地上茎纤细，枝灰褐色，被白色柔毛；芽淡褐色；叶较小，互生，椭圆形或倒卵形，革质，顶端有凸尖或微凹缺，基部宽楔形，叶面暗绿色，无毛或沿中脉被微毛，叶背淡绿色，具腺点，边缘反卷且有浅波状小钝齿；叶柄短，有白色茸毛；短总状花序生于去年生枝顶，着花2～8朵，花序轴纤细，与花梗均微被微毛；苞片宽卵形，红色；小苞片2枚，卵形；花萼短，萼筒钟形，萼片4裂，宽三角形；花冠白色或淡红色，先端4裂，裂片三角状卵形，直立；雄蕊8枚；花柱丝状，稍超出花冠；浆果卵圆形，成熟时紫红色。花期6～7月，果期8～9月。

食用部位和方法

果实可食，在7～8月采摘，生食酸甜适口，也可做果酱、果酒等。

野外识别要点

本种地下茎细长，地上茎被白色柔毛；叶互生，叶面色较深，叶背有腺点；总状花序具花2～8朵，白色或淡红色；果熟时紫红色。

叶背淡绿色

枝被白色柔毛

别名：温普、牙疙瘩、红豆。	科属：杜鹃花科越橘属。
生境分布：常野生于针叶林下，针叶、阔叶的混交林或灌木丛，一般成片生长，海拔可达3000m，分布于中国东北和西南山区。	

榛

坚果

种子

雄花序

Corylus heterophylla Fisch. ex Trautv

形态特征

落叶灌木或小乔木。株高可达5m，树皮灰褐色，光滑无毛，枝条暗褐色，幼时有柔毛，小枝黄褐色，密被柔毛，有时具刺状腺体；叶互生，矩圆形或宽倒卵形，质厚，先端浅裂，中央裂片较长，基部心形，叶面无毛，叶背嫩时有毛，后渐脱落而只剩脉上毛，侧脉3～5对，边缘具重锯齿或中部以上浅裂；叶柄短，疏生柔毛；小托叶早落；雌雄同株，花先叶开放，雄花序单生，圆柱形，下垂，2～3个，花芽鲜黄色，雄蕊8枚，花药黄色；雌花常1～6朵簇生于枝顶，无梗，向上，花柱红色；坚果单生或2～6枚簇生成球形，淡褐色，果苞钟状，外具细条棱，密被柔毛和刺状腺体。花期春季，果期秋季。

叶长达13cm，宽达10cm

食用部位和方法

种子可食，在8～10月采收果实，俗称"榛子"，去除果苞，砸开果壳，取出种子，生食或炒食；种子还可做糕点、糖果或加工成榛子乳。

野外识别要点

本种花先叶开放，雄花序单生，下垂，雌花簇生，向上，花柱红色；果苞钟状，外面具细条棱，密被柔毛和刺状腺体。

别名：榛子、平榛。	科属：桦木科榛属。
生境分布：常野生于向阳干燥的多岩石地或坡地灌丛中，分布于中国东北、华北及西北地区。	

枳椇

种子

Hovenia dulcis Thunb.

花黄色

形态特征

高大乔木，稀灌木。株高可达10m，枝条红褐色或黑紫色，无毛，有皮孔；叶卵圆形、宽矩圆形或椭圆状卵形，纸质或厚膜质，无毛或仅下面沿脉被疏短柔毛，边缘有不整齐的锯齿或粗锯齿，叶柄长2～4.5cm，无毛；复聚伞花序腋生或顶生，萼片卵状三角形，具纵条纹或网状脉，花小，花瓣倒卵状匙形，黄色，花盘边缘被柔毛或上面被疏短柔毛；子房球形，花柱3浅裂；浆果状核果近球形，无毛，成熟时黑色；种子深栗色或黑紫色。花期5～7月，果期8～10月。

脉叉状分枝

叶先端具尾状尖

食用部位和方法

果柄可食，肉质多汁，秋季采摘，洗净，可直接生食，也可制糖、煮粥、泡酒或做饮料。

野外识别要点

本种枝条有皮孔，红褐色或黑紫色；叶互生，叶缘有齿，具明显三出叶脉；花黄色，果黑色。

别名：拐枣、北枳椇、鸡爪梨、枳椇子、甜半夜。	科属：鼠李科枳椇属。
生境分布：常野生于山坡、次生林或沟边，海拔可达1400m，分布于中国西北、华北、华东、中南及西南地区。	

竹叶椒

Zanthoxylum armatum DC.

顶端小叶大

羽状复叶

枝具弯钩状皮刺

形态特征

半常绿灌木至小乔木。株高2～10m，树皮黄绿色，枝条扩展，有弯钩状皮刺，基部扁宽，在老干上木栓化；羽状复叶，叶轴、叶柄具翼；小叶2～4对，对生，披针形至椭圆状披针形，纸质，长5～9cm，宽1～3cm，先端尖，基部楔形，边缘具圆锯齿；聚伞状圆锥花序顶生或腋生，花小，黄绿色，花被6～8片，三角形或细钻状；雄花有雄蕊6～8枚，退化心皮顶端2裂；雌花的柱头略呈头状，成熟心皮1～3片，红色；蓇葖果1～2枚，球形，熟时红棕色至暗棕色，有油点；种子卵球形，黑色，有光泽。花期5～6月，果期8～9月。

叶轴和叶柄具翼

果熟时红棕色至暗棕色

食用部位和方法

同花椒。

野外识别要点

本种树枝有锐利的皮刺，羽状复叶，叶轴有翼，小叶边缘具齿，叶面上可见透亮油点；花黄绿色，蓇葖果暗红色，有油点，种子黑色。

别名：竹叶花椒、白总管、竹叶总管、山花椒、狗椒、野花椒、狗屎椒。	科属：芸香科花椒属。
生境分布：常野生于海拔400～1600m的灌丛中，主要分布于中国西南至东南地区。	

苎麻

Boehmeria nivea L.) Gaudich.

据史料记载，苎麻在中国的栽培历史已有3000年以上，18世纪初，传入欧美等地。苎麻是重要的纺织纤维作物，纤维长、强度大、吸湿和散湿快、脱胶后洁白而有丝光，因此有"中国丝草"之称。

• 形态特征
亚灌木或灌木。株高0.5～2m，茎、花序和叶柄密被柔毛；叶互生，常为圆卵形或宽卵形，草质，长6～15cm，宽4～11cm，顶端骤尖，基部近截形或宽楔形，叶面稍粗糙，疏被短伏毛，叶背密被雪白色毡毛，侧脉约3对，边缘有牙齿；叶柄长可达10cm；托叶分生，钻状披针形；花雌雄异株，团伞花序集成圆锥状，雌花序位于雄花序之上，雄花少，花被片4个，狭椭圆形，外有疏柔毛，雄蕊4枚；雌花稍多，花被片4个，椭圆形，顶端有2～3个小齿，外有短柔毛；瘦果近球形，光滑，基部突缩成细柄。花果期7～10月。

• 食用部位和方法
嫩茎叶及根可食，嫩叶含有多种粗蛋白质和维生素，洗净，入沸水焯熟后，可凉拌、炒食或煮食，也可与米、面搭配制作各种糕点；根冬季挖取，刮去皮，洗净，煮熟食用，味道甜美。

• 野外识别要点
茎皮纤维发达，叶互生，具三条文脉，叶背白色。

菜谱——苎叶

食材：新鲜苎麻叶150g，粳米、糯米各250g。

做法：将食材洗净，混合在一起后捣烂，边捣边倒水，直至呈黏稠状，然后捏成小块，放在蒸笼中蒸熟或炸熟，清香甘润，别有风味。

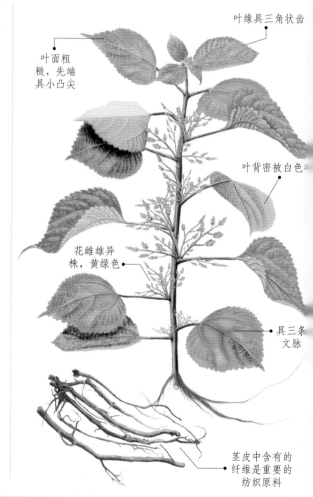

叶缘具三角状齿

叶面粗糙，先端具小凸尖

叶背密被白色毛

花雌雄异株，黄绿色

具三条文脉

茎皮中含有的纤维是重要的纺织原料

别名：野麻、白麻、家麻、青麻、白叶苎麻、圆麻。	科属：荨麻科苎麻属。
生境分布：常野生于山谷林边或草坡，海拔可达1700m，主要分布于中国甘肃、陕西、河南、云南、贵州、四川、湖北、江西、浙江、广西、广东、福建及台湾等地。	

Collembola

藤本篇

菝葜

Smilax china L.

花

幼果

熟果

花大小相似，雄花中花药比花丝稍宽，常弯曲；浆果熟时红色，有粉霜。花期4～5月，果期9～11月。

熟果有粉霜

叶柄有卷须

- **形态特征** 攀缘状灌木。根茎粗硬，为不规则块状，茎长1～3m，疏生刺；叶互生，圆形、卵形或卵状椭圆形，长3～10cm，宽2～6cm，薄革质或坚纸质，叶背灰绿色，有时具粉霜，叶干后通常红褐色或近古铜色，全缘；叶柄短，几乎都有卷须；伞形花序，具十几朵或更多的花，常呈球形；花序托稍膨大，近球形，具小苞片；花绿黄色，外轮花被片3片，长圆形，内轮花被片稍狭；雌花与雄

根茎呈不规则块状

- **食用部位和方法** 果实可食，秋季成熟后，可直接采摘食用。注意，本种果实有的干后果皮开裂。

- **野外识别要点** 本种茎坚硬，疏生刺；叶干后通常红褐色或近古铜色，叶柄两侧有2条卷须；浆果球形，红色。

叶互生，全缘

别名：金刚兜、金刚藤、铁菱角、乌鱼刺、金巴斗、龙爪菜、红灯果、冷饭头。	科属：菝葜科菝葜属。

生境分布：常野生于林下、灌丛、河谷、山坡或路旁，海拔2000m以下，分布于中国中东部及南部地区。

薜荔

Ficus pumila L.

托叶披针形

托叶2枚，披针形；榕果单生叶腋，瘦花果梨形，雌花果近球形，长4～8cm，直径3～5cm，密被长柔毛，成熟时黄绿色或微红。花果期5～8月。

- **形态特征** 攀缘或匍匐灌木。叶两型，不结果枝节上生不定根，叶卵状心形，长约2.5cm，薄革质，基部稍不对称，尖端渐尖，叶柄很短；结果枝上无不定根，叶革质，卵状椭圆形，长5～10cm，宽2～3.5cm，先端急尖至钝形，基部圆形至浅心形，全缘，上面无毛，背面被黄褐色柔毛，叶脉在表面下陷，背面突起，网脉甚明显，呈蜂窝状；叶柄长5～10mm；

- **食用部位和方法** 成熟果可食用，瘦果水洗可做凉粉。

- **野外识别要点** 攀缘或匍匐灌木，有白色乳汁，小枝上有明显的托叶环痕，不结果枝和结果枝上的叶明显不同。

网脉呈蜂窝状

果单生叶腋，密被长柔毛

叶背被黄褐色柔毛

别名：凉粉子、木馒头、凉粉果。	科属：桑科榕属。

生境分布：生于旷野树上、村边残墙破壁上或石灰岩山坡上，广泛分布于中国长江以南及陕西等地。

穿龙薯蓣
Discorea nipponica Makino

形态特征 多年生缠绕草本。根茎横走，圆柱形、肉质、黄褐色、有分枝；地上茎圆柱形，具沟纹，微被柔毛或近无毛；叶互生，卵形或广卵圆形，掌状3～5裂，裂片先端尖，基部平截或浅心形，叶脉密被细毛且在叶背隆起，中间裂片全缘，侧裂片具疏齿；叶柄长可达10cm；雌雄异株，雄花序穗状，腋生，下垂；雌花常单生叶腋，下垂；小花黄绿色，钟形，具短梗；蒴果卵形或椭圆形，具3翅，先端内凹，具短尖，成熟后黄褐色。花期夏季，果期秋季。

食用部位和方法 嫩茎叶可食，在4～5月采摘，洗净，入沸水焯一下，凉拌、炒食或和面蒸食。

茎攀缘生长

雄花序穗状

野外识别要点 叶具长柄，掌状3～5裂；雌雄异株，雄花序穗状，雌花常单生叶腋，两者均下垂，花黄绿色；果成熟时黄褐色。

根茎圆柱形，横走

别名：串地龙、穿山龙、穿地龙、野山药、地龙骨、穿龙骨。	科属：薯蓣科薯蓣属。
生境分布：常野生于山地灌丛、林下、沟边或路旁，海拔可达2000m，分布于中国东北、西北及河北、山东、湖南、湖北、四川、云南、福建等地。	

打碗花
Calystegia hederacea Wall. ex Roxb.

蒴果卵球形

花口部微呈五角形

花苞圆锥状

形态特征 多年生草本。植株矮小，主根横走，粗而长，茎细弱，长可达2m，平铺，有分枝；叶互生，三角状卵形、三角状戟形或箭形，中裂片长圆形或长圆状披针形，侧裂片近三角形，全缘或2～3裂，叶片基部心形或戟形，叶脉明显，全缘，叶柄长1～5cm；花单生叶腋，花梗长过叶柄，大苞片2枚，宽卵形，近贴生于花萼处；萼片5裂，长圆形，顶端具小短尖头，宿存；花冠喇叭状，淡紫色或淡红色，喉部近白色，口部圆形而微呈五角形；雄蕊5枚；子房无毛；柱头2裂，裂片长圆形，扁平；蒴果卵球形，种子黑褐色，表面有小疣。花期5～7月，果期6～8月。

食用部位和方法 嫩茎叶可食，在4～5月采摘，洗净，入沸水焯熟，炒食或做汤。

花冠喇叭状

野外识别要点 打碗花和田旋花极为相似，花直径均在2～2.5cm，但本种苞片大、宽卵形，紧贴花萼基部而生，后者苞片极小、钻形，远离花萼而生，容易识别。

叶基心形或戟形

花梗长过叶柄

根粗长，少分枝

别名：小旋花、铺地参、面根藤、压花苗、狗耳苗、甜根、狗儿蔓、盘肠参、扶苗。	科属：旋花科打碗花属。
生境分布：常生长在林缘、荒地、河边、草地、田间或路旁，是常见杂草，广泛分布于中国大部分省区。	

大山黧豆

Lathyrus davidii Hance

瓣片先端渐尖

荚果长圆形

· 形态特征

多年生草本。株高可达5m，具块根，茎圆柱状、粗壮，具纵沟，无毛；偶数羽状复叶，小叶3～4对，通常为卵形，顶端渐尖，基部宽楔形或楔形，两面无毛，叶面绿色，叶背灰白色，全缘；上部叶轴末端有卷须，卷须有分枝，下部卷须不分枝；托叶大；总状花序腋生，花10余朵，深黄色，萼钟状，旗瓣长圆形，翼瓣与旗瓣瓣片等长，具耳及线形长瓣柄，龙骨瓣约与翼瓣等长，瓣片卵形，先端渐尖，基部具耳及线形瓣柄；雄蕊10枚，呈9枚合生1枚分离的两体雄蕊；子房条形，有柄；花柱扁圆形，内部上面有柔毛；荚果长圆形，种子球形，多粒。花期5～7月，果期8～9月。

· 食用部位和方法

嫩叶可食，4～6月采收，洗净，入沸水焯一下，再换清水浸泡，待异味去除，凉拌、炒食、做汤或掺面蒸食均可。

· 野外识别要点

大山黧豆、假香野豌豆和豌豆三者很相似，野外采摘时注意：大山黧豆的花柱扁圆柱形，花深黄色；假香野豌豆的花柱圆柱形，花紫色；豌豆的花柱向外纵折，托叶大于小叶。

叶轴末端有分枝卷须

总状花序，花深黄色

茎圆柱状，具纵沟

株高可达5m

叶基具大托叶

偶数羽状复叶

别名：莜芒香豌豆、莜芒决明、大豆瓣菜。	科属：豆科山黧豆属。

生境分布： 生长在海拔1800m的山坡、林缘、灌丛等处，分布于中国内蒙古、陕西、甘肃、黑龙江、吉林、辽宁、山东、安徽、湖北等省区，国外在朝鲜、日本及俄罗斯远东地区有分布。

党参

Codonopsis pilosula Franch.) Nannf

　据说在隋炀帝时期，山西一个叫上党郡的地方住着父子俩，每晚，他们都会听见屋后有"丝丝"的响声。这天，儿子在发出响声的地方做了记号。没过几天，父子俩便发现这里长出一株奇特的植物，开着铃铛般的小花，拔起来一看，根与人参很像，于是就给这种植物起名"党参"。

· 形态特征
多年生草质藤本。植株缠绕生长，主根长圆柱形，外皮黄褐色，具多数瘤状茎痕和皱纹，茎细弱，常在中部多分枝，有白色乳汁，臭气扑鼻，下部被粗糙硬毛，上部近光滑无毛；叶对生、互生或假轮生，卵形或狭卵形，先端钝或尖，基部浅心形，叶面绿色且被粗伏毛，叶背粉绿色且疏生柔毛，全缘或有波状齿；具短柄，疏生开展的短毛；花1～3朵生分枝顶端，花梗细，花萼4～5裂，长圆状披针形，无毛；花冠阔钟形，淡黄绿色，有淡紫堇色斑点，口部5浅裂，裂片正三角形，急尖；雄蕊5枚；子房下位，3室；花柱短，柱头3裂；蒴果圆锥形，有宿存萼，成熟时3瓣裂；种子卵形，褐色，有光泽。花期7～8月，果期8～9月。

· 食用部位和方法
根可食，主要含葡萄糖、蔗糖、菊糖和淀粉，秋季挖取，洗净，炖食或煮粥，也可泡酒，是很好的滋补保健品。

· 野外识别要点
本种茎缠绕，多分枝，有浓臭气味，常下部有毛，上部近光滑；叶背粉绿色，两面有毛，边缘有齿；花冠阔钟形，淡黄绿色，口部5裂，尖端稍反卷。

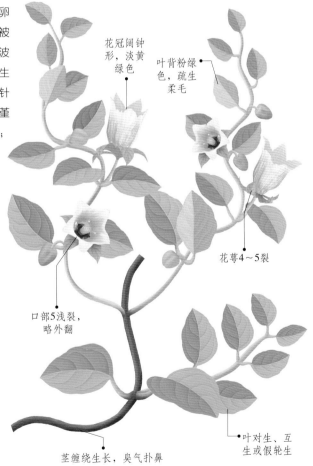

花冠阔钟形，淡黄绿色

叶背粉绿色，疏生柔毛

花萼4～5裂

口部5浅裂，略外翻

成熟干燥根，可食用或入药

茎缠绕生长，臭气扑鼻

叶对生、互生或假轮生

别名：仙草根、合参、中灵草、叶子菜、黄参、上党参、狮头参。	科属：桔梗科党参属。
生境分布：常生长在山区、灌丛或林缘，分布于中国东北、西北及四川、河南、河北等地。	

地果
Ficus tikoua Bur.

叶面被短柔毛

· 形态特征 匍匐木质藤本，有乳汁。茎棕褐色，节略膨大，触地生细长的不定根，叶坚纸质，倒卵状椭圆形，长1.6～6cm，宽1～4cm，先端急尖，基部圆形或浅心形，边缘有细波状锯齿，具三出脉，侧脉3～4对，上面被短毛；叶柄长1～2cm。隐头花序具短梗，成对或簇生于无叶的短枝上，常埋于土内，球形或卵球形，直

径1～2cm，熟时紫红色，表面多圆形瘤点；基生苞片3枚。花果期5～7月。

· 食用部位和方法 成熟果可食用。

· 野外识别要点 攀缘或匍匐灌木，有白色乳汁，小枝上有明显的托叶环痕，榕果常埋于土中，表面多圆形瘤点。

果熟后可食

边缘具齿

茎棕褐色

别名：野地瓜、满地青、地枇杷、地瓜藤、地胆紫、地石榴、过山龙、匍地龙。	科属：桑科榕属。
生境分布：生于海拔400～1000米较阴湿的山坡路边或灌丛中，分布于中国湖南、湖北、贵州、云南、西藏、四川、重庆、甘肃、陕西南部。	

鹅绒藤
Cynanchum chinense R. Br.

· 形态特征 多年生草质藤本。植株攀缘生长，全株被短柔毛，有乳汁，主根圆柱状，土黄色，茎纤细，红褐色，多分枝；叶对生，宽三角状心形，长达9cm，宽达7cm，先端锐尖，基部心形，主脉明显，叶面深绿色，叶背灰绿色，全缘，叶柄长2～5cm；二歧聚伞花序腋生，小花约20朵，花萼5深裂，裂片披针形，外面被柔毛；花冠白色，5裂，裂片长圆状披针形；副花冠杯状，顶端裂成10个丝状体，分两轮排列；花粉块每药室1个，下垂，子房上位；柱头近五角形，顶端2

根部图

裂；蓇葖果双生或仅有1个发育，细圆柱形，长可达12cm，种子长圆形，成熟时黄棕色，顶端具白绢状种毛。花期6～7月，果期8～9月。

茎顶端卷须状

聚伞花序腋生

· 食用部位和方法 嫩叶可食，春季采摘，洗净，入沸水焯熟，再用凉水漂洗去除苦味，加入油、盐调拌食用。

· 野外识别要点 本种茎缠绕，有白色乳汁；叶对生，三角状心形；花白色，花冠5深裂，副花冠上端裂成10条丝状体；蓇葖果长角状。

叶宽三角状心形

茎纤细，红褐色

别名：祖子花、羊角苗、纽丝藤、过路黄、牛皮消、羊奶角角。	科属：萝藦科鹅绒藤属。
生境分布：常生长在荒地、田边及路旁，分布于中国西北、华东及河南、河北、辽宁等地。	

葛

Pueraria lobata Willd.) Ohwi

据说，古时候有个人做贩酒的生意。一天，经过一座石桥时，不幸车翻缸破，酒流了一地。这个人觉得很可惜，于是用手捧着酒喝，结果喝得不省人事。等伙计赶来时，从下面的河里舀来水喂他，没想到，喝完后竟然酒意全无。仔细一看，河岸边爬满了一种藤本植物，水里飘落着紫色花瓣，这就是葛。其实，不只是花，葛的种子和根也有解酒作用。

植株攀缘生长

顶生小叶3浅裂

侧生小叶斜卵形

总状花序腋生，蝶形花紫红色

荚果扁平

根可食用或入药

全株被黄色长硬毛

形态特征 多年生藤本植物。植株低矮，藤长可达20m，块根大而肥厚，茎粗壮，基部木质化，全株微具刺，被黄色长硬毛；羽状3出复叶，叶柄贴生白色短柔毛和开展的褐色粗毛，托叶2枚，较大1枚卵状披针形，被褐色硬毛，较小的托叶线形；小叶3枚，顶生小叶宽卵形或斜卵形，3浅裂，先端渐尖，叶背有灰色毛和短柔毛，2枚侧生小叶斜卵形，有时2浅裂；总状花序腋生，中部以上花密集，花萼钟形，被黄褐色柔毛，花冠蝶形，紫红色，旗瓣倒卵形，基部有2耳及1个黄色硬痂状附属体，具短瓣柄，翼瓣镰状，基部有线形向下的耳，龙骨瓣镰状长圆形，基部有极小极尖的耳；对旗瓣的1枚雄蕊仅上部离生；荚果长条形，扁平，被褐色长硬毛。花期6～8月，果期8～10月。

食用部位和方法 肥大肉质根可食，富含淀粉，营养价值较高，一般在冬季利用工具挖出葛根，可蒸食或煮熟食。

野外识别要点 葛的叶子很有特色，将3枚小叶中的侧面两片沿中脉对起来，就会发现其形状与中间的小叶一致。

别名：野葛、葛藤、甘葛、葛麻叶。	科属：豆科葛属。
生境分布：多生长在山坡、沟谷或密林等温暖潮湿的地方，广泛分布于中国南北各地。	

葛枣狝猴桃

Actinidia polygama Sieb.&Zucc.) Maxim.

果熟时淡橘色

· 形态特征 落叶藤本。茎长可达10m，着花枝细长，近无毛，幼枝顶部微被柔毛，具不明显皮孔；髓白色，实心；叶卵形或椭圆卵形，薄纸质，顶端尖，基部阔楔形，叶面有时尖端变为白色或淡黄色，散生小刺毛，叶背沿脉疏生卷曲柔毛，叶脉在背面呈圆线形，全缘或微具齿；叶柄短，近无毛；花1～3朵簇生，花序梗和小花梗微被柔毛；小苞片长约1mm；花瓣5枚，倒卵形，白色，芳香；萼片5裂，长方卵形；果卵珠形，顶端有喙，基部有宿存萼片，成熟时淡橘色。花期6～7月，果期9～10月。

· 食用部位和方法 果实可食，在9～10月采摘，生食酸甜可口，也可加工成果酱、果汁、果脯、罐头等。

· 野外识别要点 本种髓实心，白色，叶下面沿脉被毛，萼片宿存，花药橘红色，果先端有短喙，常和狗枣狝猴桃、软枣狝猴桃混生。

叶长达13cm，宽达7cm

白色花芳香

叶背浅绿色

别名：葛枣子、木天蓼。	**科属：**狝猴桃科狝猴桃属。
生境分布：分布于中国东北、华北、西北、西南及山东、湖北、湖南，常与狗枣狝猴桃、软枣狝猴桃混生。	

狗枣狝猴桃

花

果

Actinidia kolomikta Maxim. et Rupr.) Maxim.

叶顶端逐渐变色

· 形态特征 落叶藤本。茎长达15m，分枝细而多，1年生枝紫褐色，微被柔毛，2年生枝褐色，近无毛，具明显的皮孔；髓褐色，片层状；叶互生，阔卵形、长方卵形至长方倒卵形，膜质至薄纸质，侧脉6～8对，叶面近无毛，上部先变为白色，后渐变为紫红色，叶背沿脉有褐色短柔毛，脉腋密生柔毛，边缘具不等的锯齿；叶柄初时略被柔毛；雌雄异株，雄花常3朵腋生或1～5朵组成聚伞花序，雌花单生，花序梗和花微被柔毛；小苞片钻形；萼片5裂，外被褐色柔毛，边缘有睫状毛；花瓣5枚，白色或玫瑰红色，长方倒卵形；浆果长圆柱形，先端尖，具宿存萼片，表面有12条纵向深色条纹，熟时淡橘红色，花萼脱落。花期5～7月，果期9～10月。

· 食用部位和方法 果实可食，在9～10月采摘，生食酸甜可口，也可加工成果酱、果汁、果脯、罐头等。

· 野外识别要点 本种叶较薄，上半部常变为白色或红色，花药黄色；果长圆柱形，表面有12条纵向深色条纹，萼片宿存，成熟时淡橘红色。

当年生枝紫褐色

别名：狗枣子、猫人参。	**科属：**狝猴桃科狝猴桃属。
生境分布：常野生于混交林中，分布于中国东北、华北、华中及华南地区。	

广布野豌豆

Vicia cracca L.

荚果

食用部位和方法 幼苗及嫩茎叶可食，维生素含量较一般野菜高，在4～5月采收，洗净，焯后再用清水浸泡几小时，炒食、做汤、蒸食或腌制食用。

形态特征 多年生蔓性草本。株高可达1m，全株被微毛，茎直立，具棱；偶数羽状复叶，末端具分枝卷须；小叶4～12对，狭椭圆形或狭披针形，长约3cm，宽约1cm，先端凸尖，基部圆形，叶面无毛，叶背有短柔毛，全缘；叶柄短或近无，托叶披针形，全缘；总状花序腋生，具花7～15朵，花萼斜钟形，5齿裂，上面2齿较长；花冠紫色或蓝色；荚果长圆形，两端急尖，肿胀，成熟时褐色；种子3～5颗，黑色。花果期5～9月。

野外识别要点 本种偶数羽状复叶，末端具分枝卷须、小叶4～12对，叶背有柔毛，托叶全缘；花紫色或蓝色；荚果长圆形。

花序偏向一侧

茎具棱

叶轴端具分枝卷须

花正面和侧面图

别名：野豌豆、野豌豆草。	科属：豆科野豌豆属。
生境分布： 常野生于山坡、林缘、灌丛、河岸及田边，分布于中国南北大部分省区。	

黑果菝葜

Smilax glauco-china Warb.

食用部位和方法 嫩茎可食，在2～4月采摘，洗净，入沸水焯熟后，再用清水漂洗几遍，炒食或做汤。

形态特征 攀缘灌木。根状茎粗而短，茎长1～4m，疏生刺；叶厚纸质，椭圆形或卵状椭圆形，长5～8cm，宽2～5cm，先端急尖或微凸，基部圆形或宽楔形，叶背苍白色，全缘；叶柄短，约全长的一半具鞘，有卷须，脱落点位于上部；伞形花序常生于叶稍幼嫩的小枝上，具10余朵花，花序托稍膨大，具小苞片；花绿黄色，雌花与雄花大小相似，具3枚退化雄蕊；浆果熟时黑色，具粉霜。花期3～5月，果期10～11月。

野外识别要点 本种根状茎粗短，疏生刺，叶厚纸质，叶面绿色，叶背苍白色；伞形花序具花10余朵，黄绿色；果熟时黑色。

茎红褐色，攀缘生长

基出主脉5条

花被反卷

别名：金刚藤头。	科属：菝葜科菝葜属。
生境分布： 常野生于海拔1600m以下的林下、灌丛中或山坡上，分布于中国甘肃、陕西、山西、河南、安徽、江苏、浙江、湖北、湖南、四川、贵州、广东及广西等地。	

何首乌

Fallopia multiflora Thunb.) Harald

花被5裂，大小不等

何首乌具有延年益寿的功效。据说武则天称帝后，为求长寿，便命药师为其炼仙药。那药师便用黑豆与何首乌炼出丹药，专供武则天服食，武则天一直活到82岁。

• 形态特征

多年生藤本。根细长，末端为肥大的块根，暗褐色；茎缠绕，长2～4m，多分枝，具纵棱，基部略呈木质，中空；叶互生，狭卵形或心形，长4～8cm，宽2.5～5cm，先端渐尖，基部心形或箭形，叶面深绿色，叶背淡绿色，两面光滑无毛，全缘或微带波状；具长叶柄，托叶鞘膜质，褐色；圆锥花序；小花梗具节，基部具膜质苞片；花小，花被绿白色，5裂，大小不等，外面3片的背部有翅；雄蕊8枚，不等长；雌蕊1枚，柱头3裂，头状；瘦果椭圆形，有3棱，黑色，光亮，外包宿存花被，花被具明显的3翅。花期8～9月，果期9～10月。

瘦果外包宿存3棱花被

块根是著名的中药材

叶互生，狭卵形或心形

茎缠绕生长，长可达4m

• 食用部位和方法

嫩茎叶可食，富含胡萝卜素和维生素，在春秋季采摘，洗净，入沸水焯熟，炒食或做汤；块根也可食用，富含淀粉，常用于制作淀粉或酿酒。

• 野外识别要点

缠绕植物，叶互生，狭卵形或心形，具膜质托叶鞘；圆锥花序；瘦果3枚，外包宿存花被，花被具明显3翅。

菜谱——何首乌蒸猪肝

食材：何首乌块根30g，猪肝片250g，枸杞10g，姜3片，麻油、生油、盐、葱段、白糖各适量。

做法：将块根去须根，洗净，用温水浸泡约5小时，切片；猪肝洗净，切片，略放入调料腌渍，枸杞洗净；将所有材料一起放入容器内，拌匀，入锅大火蒸约10分钟即可。此菜具有补肝益肾、养血乌发的功效。

地表植株形态

别名：多花蓼、紫乌藤、夜交藤。	科属：蓼科何首乌属。
生境分布：常野生于草坡、路边、山坡石隙及灌木丛中，海拔可达3000m，分布于中国西北、华东、中南、西南及河北、台湾。	

华东菝葜

Smilax sieboldii Miq.

花绿黄色

果下垂，熟后蓝黑色

基出主脉常5条

叶卵形，边缘波状

茎长1～2m，具针状刺

形态特征 攀缘灌木或半灌木。具粗短的根状茎，茎长1～2m，小枝常带草质，干后稍凹瘪，一般有刺；刺细长，针状，稍黑色；叶卵形，草质，长3～9cm，宽2～5cm，先端渐尖，基部截形，全缘；叶柄短，具狭鞘和卷须；伞形花序，总花梗纤细，花稀疏，花绿黄色，雄花花被6片，内三片比外三片稍狭，雄蕊稍短于花被片；雌花小于雄花，具6枚退化雄蕊；浆果熟时蓝黑色。花期6～8月，果期8～10月。

食用部位和方法 嫩茎叶可食，初春采摘，洗净，入沸水焯熟后，再用清水漂洗几遍去除苦涩味，炒食或做汤。

野外识别要点 本种枝具淡黑色细长针刺，且小枝草质，干后凹瘪，易识别。

别名：钻鱼须。	科属：菝葜科菝葜属。
生境分布：常野生于林下、灌丛及草丛中，海拔可达1800m，主要分布于中国辽宁、山东、安徽、江苏、浙江、福建及台湾等地。	

假香野豌豆

Vicia pseudoorobus Fisch. et Mey

紫色蝶形花

荚果矩圆形

叶轴先端具卷须

叶背灰绿色

茎蔓生，近四棱形

偶数羽状复叶

形态特征 多年生草本。株高50～200cm，茎蔓生，近四棱，无毛，羽状复叶，互生，叶轴先端具分枝卷须；小叶4～10枚，卵形或卵状披针形，长3～7cm，宽1～4cm，上面无毛，下面有白色短柔毛，侧脉不达叶缘，在末端连合成波状纹脉；具短叶柄，托叶半箭形或半戟形；总状花序腋生，具花6～20朵，萼斜钟状，萼齿5裂，微有柔毛；花冠紫色，旗瓣倒卵形，先端微凹，翼瓣较龙骨瓣稍长，与旗瓣近等长；子房无毛，具长柄，花柱上部周围有淡黄色腺毛，荚果矩圆形，扁，无毛，具子房柄，成熟时淡黄色或棕色；种子近圆球形。花期6～8月，果期8～9月。

食用部位和方法 嫩叶可食，初春采摘，洗净，入沸水焯熟后，再用清水漂洗几遍，去除苦涩味，凉拌、炒食、煮食或做馅。

野外识别要点 本种茎近四棱形，无毛，羽状复叶互生，小叶的侧脉不达叶缘，在末端连合成波状纹脉；荚果熟时淡黄色或棕色。

别名：透骨草、大叶野豌豆、槐花条。	科属：豆科野豌豆属。
生境分布：常野生于山地、草丛、灌木丛或路旁，分布于中国南北大部分省区。	

绞股蓝

Gynostemma pentaphyllum Thunb.) Makino

绞股蓝在日本被称为"福音草"，在新加坡被称为"健美女神"，在美国被称为"绿色金子"，在中国有"东方神草"、"南方人参"之称，这些美誉无不说明绞股蓝有着极佳的药食功效。明朝，绞股蓝首次被记载于《救荒本草》中。

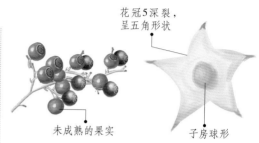

花冠5深裂，呈五角形状

未成熟的果实　　　子房球形

· **形态特征** 草质攀缘藤本。茎细弱，具纵棱及槽，有时疏生柔毛；鸟足状复叶，通常5～7枚小叶，膜质或纸质，叶柄短；小叶卵状长圆形或披针形，叶背淡绿色，两面疏生柔毛，侧脉6～8对，在叶背突起，边缘具波状齿或圆齿；小叶柄略叉开，卷须2枝，稀单一；雌雄异株，雄花圆锥花序，花序轴纤细，多分枝，花梗丝状，基部具

叶背淡绿色，脉隆起

侧脉6～8对

叶为鸟足状复叶　　　卷须2枝

钻状小苞片，花萼筒5裂，花冠淡绿色或白色，5深裂，裂片卵状披针形，具1脉，边缘有毛状小齿，雄蕊5枚；雌花圆锥花序较短小，花萼及花冠似雄花；子房球形，2～3室，花柱3枚，短而叉开，柱头2裂；退化雄蕊5枚；果实球形，肉质不裂，成熟后黑色；种子2粒，卵状心形，灰褐色或深褐色，两面具乳突状突起。花期3～11月，果期4～12月。

· **食用部位和方法** 嫩茎叶可食，每年初春采摘，洗净，入沸水焯熟后，炒食、凉拌或做汤，也可作主料或配料。

· **野外识别要点** 本种小叶卵状长圆形或披针形，疏被柔毛或变无毛，花萼裂片三角形，花冠裂片披针形，上表面被短毛，具缘毛状小齿，可作为识别要点。

地表植株形态

别名：七叶胆、五叶参、七叶参、小苦药、公罗锅底、神仙草、甘茶蔓、南方人参。	科属：葫芦科绞股蓝属。
生境分布：野生于沟谷密林、山坡疏林、灌丛或路旁草丛中，海拔可达3000m，主要分布于中国陕西南部和长江流域以南各省区。	

金银花

Lonicera japonica Thunb.

花语：奉献的爱

由于初开白色，后变为黄色，故称金银花

金银花藤蔓缠绕，常绿不衰，黄白小花，清秀雅致，是中国的传统名花，不仅具极高的观赏性，还有很好的药用价值。金银花是中国辽宁鞍山市的市花。

幼枝红褐色

双花单生叶腋

花蕊伸出花冠

叶对生，卵形至矩圆状卵形

花初开时白色

绿黄色花苞

干燥茎枝

叶背脉隆起且在叶缘聚合

形态特征

半常绿多年生藤本。茎皮条状剥落，枝中空，幼枝红褐色，密被黄褐色的糙毛、腺毛和短柔毛；叶对生，卵形至矩圆状卵形，纸质，幼时两面被毛，后渐脱落；双花单生叶腋，花冠初为白色，渐渐转紫色，后又变黄色，具芳香；果实圆形，熟时蓝黑色，有光泽；种子卵圆形或椭圆形，褐色，中部有一突起的脊，两侧有浅横沟纹。花期4~6月，果期10~11月。

食用部位和方法

嫩茎叶和花可食，春季采摘嫩叶，洗净，入沸水焯一下，凉拌或炒食；花在盛开时采摘，可与其他材料一起凉拌、炒食、做汤或炖食，也可晒干作茶饮。

野外识别要点

本种木质半落叶灌木，茎皮条状剥落，花成对腋生，初白色或渐转为紫色，后又变黄色，香气浓烈。

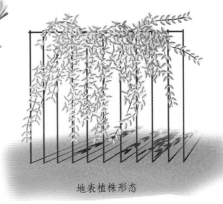

地表植株形态

别名：忍冬、金银藤、银藤、二色花藤、二宝藤、右转藤、鸳鸯藤。	科属：忍冬科忍冬属。
生境分布：常野生于丘陵、山谷、庭院及公园，广泛分布于中国大部分地区。	

救荒野豌豆

Vicia sativa L.

· 食用部位和方法 嫩茎叶和嫩荚果可食，在春季采摘嫩茎叶，洗净，入沸水略焯一下，凉拌、炒食或做汤；在夏季采摘嫩荚果，入沸水焯后，可直接食用。注意：种子有毒，不可食用。

花

荚果

· 形态特征 一年生或二年生草本。株高15～90cm，茎斜升或攀缘，具棱，微被柔毛；偶数羽状复叶，叶柄短或近无，叶轴顶端卷须有2～3分枝，托叶戟形，通常2～4个裂齿；小叶2～7对，长椭圆形或近心形，全缘，无柄；花1～2朵生于叶腋，花梗短，疏生黄色柔毛；花萼钟形，外面被柔毛，萼齿披针形；花冠紫红色或红色，旗瓣长倒卵圆形，先端中部缢缩，翼瓣短于旗瓣，长于龙骨瓣；荚果线长圆形，表皮土黄色，种间缢缩，有毛，成熟时背腹开裂，果瓣扭曲；种子4～8颗，圆球形，棕色或黑褐色。花期4～7月，果期7～9月。

· 野外识别要点 本种茎被柔毛，偶数羽状复叶，叶轴顶端卷须有2～3分枝；花梗疏生黄色柔毛，蝶形花紫红色或红色，花柱顶端有黄白色髯毛；荚果条形，果柄短，种子棕色或黑棕色。

花紫红色或红色

复叶长2～10cm

卷须2～3分枝

别名： 大巢菜、野豌豆、野菉豆、草藤、山扁豆、野毛豆、马豆、薇。	**科属：** 豆科野豌豆属。
生境分布： 常野生于山坡、草丛、林中及路边，海拔可达3000m，分布于中国南北大部分地区。	

篱打碗花

Calystegia sepium L.) R. Br.

· 食用部位和方法 同打碗花。

· 野外识别要点 本种全株无毛，茎具细棱，叶形多变，基部有时伸展为具2～3个大齿缺的裂片，花单朵腋生，花冠漏斗状，白色，有时淡红或紫色，直径4cm以上。

喇叭状小花

· 形态特征 一年生草本。植株卧地或缠绕生长，全株无毛，茎细长，具细棱；叶形多变，三角状卵形、宽卵形、戟形或箭形，长达12cm，宽达6cm，先端尖，基部心形，全缘或基部稍伸展为具2～3个大齿缺的裂片，具长柄；花单朵腋生，花梗通常稍长于叶柄，有细棱，苞片2枚，宽卵形，包住花萼；萼片5裂，卵形，顶端渐尖；花冠漏斗状，白色，有时淡红或紫色，口部近圆形而微裂；雄蕊花丝基部扩大；子房无毛，柱头2裂，裂片扁平；蒴果卵形，宿存，种子成熟时黑褐色，表面有小疣。花期春夏季。

叶形多变，基部心形

花梗通常比叶柄长

茎细长，具棱

别名： 篱天剑、小旋花、打破碗花、兔儿草、吊茄子、饭豆藤。	**科属：** 旋花科打碗花属。
生境分布： 常生长在荒地、林缘、草丛、田间或路旁，海拔可达2000m，分布于中国南北大部省区。	

葎草

Humulus scandens Lour.) Merr.

种子和果

雄花为圆锥状花序

茎长可达5m

叶掌状3～7裂

形态特征 一年生或多年生藤本。茎匍匐或缠绕生长，长可达5m，具纵棱，有分枝，茎枝和叶柄上密生倒刺，叶对生，掌状3～7裂，裂片为卵形或卵状披针形，基部心形，两面生粗糙刚毛，叶背有黄色小油点，叶缘有锯齿，叶柄长5～20cm；花腋生，雌雄异株，雄花为圆锥状柔荑花序，花黄绿色，萼5裂，雄蕊5枚；雌花为球状的穗状花序，由紫褐色且带点绿色的苞片所包被，苞片的背面有刺；聚花果绿色，近松球状，单个果为扁球状的瘦果。花期5～8月，果期8～10月。

食用部位和方法 嫩叶可食，春季采摘，洗净，入沸水焯熟后，再用凉水浸泡直至苦味去除，加入油、盐凉拌食用。

野外识别要点 本种茎粗糙，具倒钩刺；单叶对生，掌状3～7裂，叶缘有齿；花雌雄异株，雄花为圆锥状的柔荑花序，雌花为球状的穗状花序。

别名：拉拉秧、拉拉藤、五爪龙、葛勒子秧、簕草、大叶五爪龙、拉狗蛋、割人藤、穿肠草。	科属：桑科葎草属。

生境分布： 常野生于野地、田间，是常见杂草，除新疆、青海外，中国南北各省区均有分布。

萝藦

Metaplexis japonica Thunb.) Makino

形态特征 多年生草质藤本。植株攀缘状生长，全株具乳汁，有块根，茎细长；叶对生，宽卵形或卵状心形，长可达12cm，宽可达7cm，先端渐尖，基部心形，叶面中脉近基处常带紫色，叶背粉绿色，全缘；具叶柄，柄顶端丛生腺体；总状伞形花序腋生或腋外生，总花梗长，小花多朵，花萼5深裂，绿色，有柔毛；花冠钟状，白色带淡粉色斑纹，先端反卷，副花冠杯状，5浅裂；雄蕊5枚，合生，花粉块黄色；子房上位，心皮2个，离生；花柱合生，延伸成线状，长于花冠，柱头2裂；蓇葖果纺锤形，双生，长可达10cm，表面有瘤状突起，种子多数，顶端具白色种毛。花期6～8月，果期9～12月。

食用部位和方法 果实可食，夏季采摘，可直接生食，也可凉拌或炒食。

野外识别要点 本种攀缘状生长，有白色乳汁，叶对生，宽卵形或卵状心形，蓇葖果纺锤形，双生，表面有瘤状突起，在野外容易识别。

根茎细长

果纺锤形

别名：飞来鹤、天将壳、白环藤、赖瓜瓢、奶浆藤、婆婆针线包。	科属：萝藦科萝藦属。

生境分布： 常生长在荒地、沟谷、灌丛或路旁，分布于中国东北、华北、西北及西南地区。

茅莓悬钩子
Rubus parviflorus L.

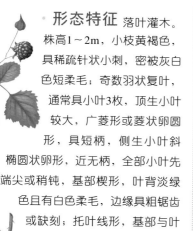
果

· 形态特征 落叶灌木。株高1～2m，小枝黄褐色，具稀疏针状小刺，密被灰白色短柔毛；奇数羽状复叶，通常具小叶3枚，顶生小叶较大，广菱形或菱状卵圆形，具短柄，侧生小叶斜椭圆状卵形，近无柄，全部小叶先端尖或稍钝，基部楔形，叶背淡绿色且有白色柔毛，边缘具粗锯齿或缺刻；托叶线形，基部与叶柄合生，密被柔毛；伞房状花序，顶生或腋生，小花数朵，花梗密被短柔毛和稀疏小刺；苞片针形，密被短柔毛；萼筒浅杯状，外面具刺毛和短柔毛，萼裂片卵状披针形，两面有柔毛，花期开展，果期直立；花瓣5枚，粉红色至紫红色，圆卵形；子房具柔毛；花柱带粉红色，无毛，小核果球形，成熟时红色。花期春季，果期夏季。

· 食用部位和方法 果实可食，秋季成熟时采摘，可直接食用，也可制作糖、饮料或酿酒。

· 野外识别要点 枝黄褐色，有柔毛和针状小刺；羽状复叶，通常具小叶3枚，顶生小叶有柄，侧生小叶近无柄，叶背有白色柔毛；花粉红色至紫红色，花梗有毛和小刺，萼裂片花期开展，果期直立。

别名：无。	科属：蔷薇科悬钩子属。
生境分布：常生长在山沟、杂林中或灌木丛，海拔不高，除黑龙江、吉林、西藏、新疆外，中国大部分省区都有分布。	

木通
果
花
Akebia quinata Houtt.) Decne

· 形态特征 落叶木质藤本。茎缠绕，灰褐色，有圆形、小而突起的皮孔；芽鳞片覆瓦状排列，淡红褐色；掌状复叶互生或簇生，叶柄纤细；通常小叶5枚，倒卵形或倒卵状椭圆形，纸质，先端圆或凹入，具小凸尖，基部圆或阔楔形，上面深绿色，下面青白色，侧脉5～7对，全缘，叶柄短而细；总状花序腋生，疏花，基部有雌花1～2朵，以上4～10朵为雄花；总花梗基部为芽鳞片所包托；雄花：花梗纤细，萼片3～5裂，淡紫色，雄蕊6～7枚，初时直立，后内弯，退化心皮3～6枚；雌花：花梗稍长，萼片暗紫色，退化雄蕊6～9枚，心皮3～6枚，离生；果长椭圆形，熟时紫色，腹缝开裂；种子多数，卵状长圆形，略扁平，褐色或黑色。花果期4～8月。

· 食用部位和方法 果实可食，秋季成熟时采摘，洗净，可直接食用。

· 野外识别要点 本种为木质藤本，掌状复叶，小叶通常5枚，叶背青白色，侧脉5～7对，全缘。

别名：山通草、野香蕉、五拿绳、野木瓜、附通子、八月炸藤、活血藤、海风藤、万年藤。	科属：木通科木通属。
生境分布：常野生于海拔300～1500m的山地灌木丛、林缘和沟谷中，分布于中国长江流域各省区。	

木鳖

Momordica cochinchinensis Lour.) Spreng

花瓣基部有黄色腺体

在中国云南傣族地区，木鳖已成为一种庭院蔬菜，人们将木鳖配上小花鱼、酸鲜笋、番茄等煮食，成为一道口味鲜美、营养丰富的汤菜。由于其再生能力很强，往往栽种一株就够全家人食用。

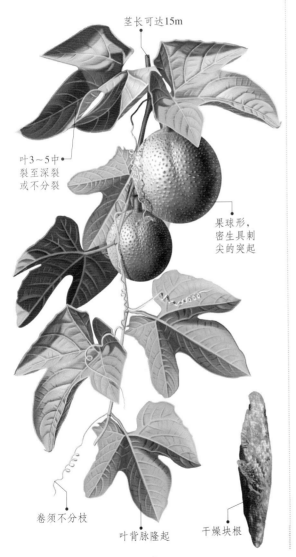

茎长可达15m

叶3～5中裂至深裂或不分裂

果球形，密生具刺尖的突起

卷须不分枝

叶背脉隆起

干燥块根

形态特征 藤本植物。地下具块状根，茎长可达15m，具突出纵棱，节间偶有绒毛；叶片宽大，卵状心形或宽卵状圆形，质稍硬，叶脉掌状3出，3～5中裂至深裂或不分裂，中间裂片最大，侧裂片较小，先端急尖或渐尖，基部心形，边缘有波状小齿或近全缘；叶柄粗壮，长5～10cm，初时被稀疏的黄褐色柔毛，后渐脱落，在中部或近叶片基部具1～4个瘤状腺体；卷须颇粗壮，光滑无毛，不分枝；雌雄异株，雄花：单生于叶腋，有时3～5朵成总状花序，花梗顶端生有一圆肾形苞片，花萼筒漏斗状，花冠黄色，5瓣裂，基部有齿状黄色腺体，腺体密被长柔毛；雌花：单生于叶腋，花梗长5～10cm，近中部生一兜状苞片，花冠、花萼与雄花相似，子房密生刺状突起；果实卵球形，顶端有1短喙，基部近圆，成熟时红色，肉质，密生长3～4mm的具刺尖的突起；种子多数，卵形或方形，干后黑褐色，边缘有齿。花期5～7月，果期7～9月。

食用部位和方法 嫩茎尖可食，富含胡萝卜素、维生素及多种无机盐，一般于3～6月采摘，洗净，入沸水焯熟，再用清水浸泡、漂洗，凉拌或炒食，口感略苦，但清凉去火。注意：种子有毒，人、畜忌食。

野外识别要点 粗壮草质藤本，叶柄中部具2～5个腺体，果实密生具刺尖的突起。

别名：番木鳖、糯饭果、老鼠拉冬瓜。	科属：葫芦科苦瓜属。
生境分布：常野生于海拔400～1000m的林缘、沟谷、灌木丛及路旁，主要分布于中国华东、华中、华南、西南及西藏等地。	

295

软枣猕猴桃

Actinidia arguta Sieb. et Zucc.) Planch. ex Miq.

花白色

花枝

果枝

形态特征 落叶藤本。茎长20~30m，直径约15cm，淡灰褐色，表皮片状裂；小枝螺旋状缠绕于其他树木上，一年生枝灰白色，具长圆状浅色皮孔；髓片状，褐色；叶互生，卵圆形、椭圆形或长圆形，质厚，先端尖，基部圆形或近心形，叶面深绿色，叶背淡绿色，两面近无毛或叶背脉腋上有淡棕色、灰白色柔毛，边缘有不规则尖锐锯齿；叶柄长3~8cm，与叶脉干后通常变成黑色，偶具刚毛，聚伞花序腋生，花3~6朵，萼片5裂，长圆状卵形，内侧具稠密黄色毛，花后脱落；花瓣5枚，白色，倒卵圆形；雄蕊多数，花药暗紫色；花柱丝状；子房球形；浆果长圆形，稍扁，先端钝圆，成熟时暗绿色。花果期6~9月。

食用部位和方法 果实可食，营养价值很高，含大量维生素C、淀粉。在9~10月采摘，生食酸甜可口，也可加工成果酱、果汁、果脯、罐头等，有强壮、解热、健胃、止血等功效。

野外识别要点 本种枝具片状髓，叶柄常带红色，并有少数粗毛，萼片脱落，花药紫色。

别名：软枣子、藤瓜、圆枣子。	科属：猕猴桃科猕猴桃属。
生境分布：常野生于山地林中或沟谷河岸，分布于中国东北、西北及长江流域各省区。	

三叶木通

花
果

Akebia trifoliata Thunb.) Koidz.

开花时广展反折，退化雌蕊6枚或更多，花柱橙黄色；果长圆形，熟时灰白略带淡紫色；种子多数，扁卵形，红褐色或黑褐色。花期4~5月，果期7~8月。

本种果肉质多汁，8~9月成熟时水分渐干，果沿腹线裂开，故又称"八月炸"或"八月瓜"。

形态特征 落叶木质藤本。茎皮灰褐色，疏生皮孔及小疣点；掌状复叶，小叶3枚，卵形至阔卵形，纸质或薄革质，先端具小凸尖，基部截平或圆形，上面深绿色，下面浅绿色，侧脉5~6对，边缘具波状齿或浅裂，叶柄短；总状花序在短枝上簇生叶中抽出，下部有1~2朵雌花，上有15~30朵雄花；雄花：花梗丝状，萼片3裂，淡紫色，雄蕊6枚，排列成杯状；雌花：花梗稍粗，萼片3裂，紫褐色，

食用部位和方法 果实可食，一般在秋季成熟后摘取，煮食、烩食或做甜菜。

果序

野外识别要点 本种复叶具小叶3枚，长宽变化大，先端钝圆、微凹或具短尖，基部圆、楔形或心形，边缘浅裂或呈波状，侧脉5~6对。

掌状复叶，小叶3片

别名：八月瓜、三叶拿藤、八月炸、爆肚拿、八月瓜、活血藤、甜果木通。	科属：木通科木通属。
生境分布：常野生于海拔250~2000m的山地、沟谷、疏林或灌丛中，分布于中国西北、华北及长江流域各省区。	

山葡萄

Vitis amurensis Rupr.

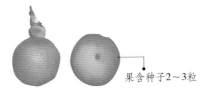

果含种子2～3粒

在秋意渐浓的林中，一串串晶莹圆润的紫色葡萄掩映在黄黄绿绿的秋叶之中，十分惹人怜爱！山葡萄还是酿造葡萄酒的原料之一，所酿葡萄酒酒色深红、品质甘醇，是一种上佳的饮品。

形态特征

木质藤本。茎长可达15m，暗红褐色，片状纵向剥裂，小枝圆柱形，缠绕或匍匐于其他树木上生长，幼枝被柔毛；卷须2～3分枝，常每隔2节间断与叶对生；叶互生，阔卵圆形，长4～20cm，宽4～22cm，3～5浅裂、中裂或不分裂，中裂片顶端尖，基部心形，叶面初被蛛丝状绒毛，后脱落，基出脉5条，边缘具粗锯齿；叶柄长4～14cm，初时被蛛丝状绒毛，托叶较小，膜质，褐色；雌雄异株，雌花序呈圆锥状，与叶对生，长可达15cm，疏生柔毛，花瓣5枚，基部开裂，顶端愈合；雄花序长可达12cm，雄蕊5枚，花丝丝状，花药黄色；浆果球形，成熟时黑色；种子2～3粒，倒卵圆形，顶端微凹，基部有短喙。花期5～6月，果期9～10月。

食用部位和方法

山葡萄是美味的山间野果，口味酸甜可口，含丰富的蛋白质、碳水化合物、矿物质和多种维生素，在秋季待果实渐变为紫黑色、有黏性、手感较软时采摘，生食或做果酱、果汁、果酒等。

野外识别要点

木质藤本，茎皮片状剥裂，茎髓褐色，卷须与叶对生。

叶背浅绿色，脉隆起

小枝圆柱形，嫩时被柔毛

叶阔卵圆形，基出脉5条

浆果熟时紫黑色

卷须2～3分枝

雄花序长可达12cm

别名：野葡萄。	科属：葡萄科葡萄属。

生境分布：常野生于山坡或沟谷的混交林、杂木林中，分布于中国东北及河北、山西、山东、安徽、浙江。

山土瓜

Merremia hungaiensis Lingelsh. et Borza) R. C. Fang

花漏斗状，黄色

花梗细长

叶顶端具
小尖头

叶背灰绿色

· 形态特征 多年生缠绕草本。地下具块根，球形或卵状，单个或2～3个串生，表皮红褐色、暗褐色或肉白色，有乳状黏液；茎细长，圆柱形，有细棱，多旋扭，无毛；叶互生，椭圆形、卵形或长圆形，顶端具小短尖头，叶片基部被少数缘毛，侧脉5～6对，脉有时带紫色，边缘微啮蚀状或近全缘，叶柄短，微被柔毛；聚伞花序腋生，花梗比花序梗粗壮，花冠黄色，漏斗状，瓣中带顶端被淡黄色短柔毛；蒴果长圆形，4瓣裂；种子1～4粒，密被黑褐色茸毛。

· 食用部位和方法 块根可食，富含淀粉，秋季植株枯萎后挖取，洗净，一般煮食或炖食。

· 野外识别要点 本种地下块根红褐色、暗褐色或肉白色，单个或2～3个串生；茎多旋扭，有细棱；叶基部有毛，脉有时带紫色；花漏斗状，黄色，种子密被黑褐色毛。

别名：	野红苕、山萝卜、红土瓜、地瓜、滇土瓜、野土瓜藤。	科属：	旋花科鱼黄草属。
生境分布：	常野生于草坡、山坡灌丛或松林下，海拔可达3000m，主要分布于中国四川、贵州、云南等省。		

山野豌豆

花

Vicia amoena Fisch.

莢果长圆状菱形，两端渐尖，无毛；种子1～6粒，圆形，皮革质，成熟时深褐色，具花斑；种脐黄褐色，内凹。花期4～6月，果期7～10月。

· 形态特征 多年生草本。株高可达1.2m，全株疏生柔毛，主根粗壮，须根发达，茎具四棱，多分枝；偶数羽状复叶，近无柄，顶端有卷须，2～3分枝，下部具托叶，半箭头形，边缘有3～4裂齿；小叶4～7对，椭圆形至卵状披针形，长2～5cm，宽不过2cm，先端圆或微凹，基部近圆形，叶面贴生长柔毛，叶背被白粉且沿中脉密生柔毛；无柄；总状花序生于花序轴上部，花密集，红紫色、蓝紫色或蓝色，花萼斜钟状，萼齿近三角形；花冠蝶形，旗瓣倒卵圆形，翼瓣与旗瓣近等长，瓣片斜倒卵形，龙骨瓣短于翼瓣；子房无毛，胚珠6枚，花柱上部四周被毛；

· 食用部位和方法 幼苗及嫩茎叶可食，春季采收，洗净，沸水焯一下，再换凉水浸泡片刻，炒食或做汤。

· 野外识别要点 本种偶数羽状复叶，近无柄，顶端有卷须，托叶有大锯齿，小叶4～7对，侧脉到达叶缘，荚果长圆状菱形，易识别。

果

别名：	山黑豆、落豆秧、透骨草、涝豆秧、马鞍草、面汤菜	科属：	豆科野豌豆属。
生境分布：	常生长在坡地、疏林、草甸、灌丛或路旁，分布于中国东北、西北及华北地区。		

薯蓣

Dioscorea opposita Thunb.

蒴果

块茎垂直生长

花乳白色

形态特征

缠绕草质藤本。块茎长圆柱形、肥厚肉质、垂直生长、长可达1m；茎通常带紫红色、右旋、无毛；叶在茎下部的互生，中部以上的对生，有时3叶轮生，卵状三角形，先端尖或钝，基部心形，具7~9条脉、全缘、具短柄；叶腋内常有珠芽；雌雄异株，雄花序为穗状花序，近直立，2~8个着生于叶腋，花乳白色，苞片和花被片有紫褐色斑点，雄蕊6枚；雌花序为穗状花序，常下垂，1~3个着生于叶腋；蒴果倒卵状圆形，具三翅，外面有白粉；种子四周有膜质翅。花期6~9月，果期7~11月。

食用部位和方法

块茎可食，是极好的滋补保健品，常吃可延年益寿，在秋季挖取、洗净、蒸熟或煮熟后蘸白糖吃，也可炒食、做汤、煮粥、做糕点等。

野外识别要点

与穿龙薯蓣的区别在于叶不裂，呈卵状三角形，叶腋常有珠芽；种子周围均具翅，呈圆形或扁圆形。

菜谱——薯蓣排骨汤

食材：薯蓣200g，排骨500g，葱、姜、盐、黄酒各适量。

做法：1.将薯蓣洗净、去皮、切段，放入开水锅中蒸2分钟；2.将排骨洗净，放入砂锅中，加水适量，煮开，去浮沫；3.放入葱、姜，加黄酒，转小火，大约1小时后放入薯蓣，中火煮沸后再转小火；4.大约半小时后，加盐适量，继续小火煮至排骨熟烂即可食用。

块茎长可达1m

块茎具有延年益寿的保健功效

雄花序近直立

翅果

地表植株形态

别名：野山豆、山药、山芋、山药蛋、野脚板薯。　　科属：薯蓣科薯蓣属。

生境分布：常野生于山坡、山谷林下、溪边、灌丛或杂草中，海拔可达1500m，广泛分布于中国南北大部分省区。

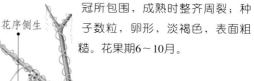

菟丝子

Cuscuta chinensis Lam.

· **形态特征** 一年生草本。茎黄色，纤细、缠绕生长；无叶；花序侧生，常数朵簇生成伞形花序，总花梗短或近无；苞片及小苞片小，鳞片状；花梗极短；花萼杯状，中部以下连合，裂片三角状；花冠壶形，白色，裂片三角状卵形，向外反折，宿存；雄蕊着生花冠裂片弯缺微下处；鳞片长圆形，边缘长流苏状；子房近球形，花柱2裂，柱头球形；蒴果球形，几乎全为宿存的花

冠所包围，成熟时整齐周裂；种子数粒，卵形，淡褐色，表面粗糙。花果期6～10月。

· **食用部位和方法** 嫩茎可食，采取嫩茎，洗净，入沸水焯熟后，换凉水浸泡，凉拌或炖食。

· **野外识别要点** 本种茎黄色，无叶，花序侧生，花冠壶形，白色，易识别。

花序侧生

茎缠绕生长

种子淡褐色

别名：黄丝、龙须子、豆寄生、无根草、无叶藤、山麻子、鸡血藤、黄丝藤、无根藤、雷真子、金丝藤。	科属：旋花科线茎亚属。
生境分布：常野生于山坡阳处、灌丛、海边沙丘或田边，海拔3000m，广泛分布于中国南北大部分省区。	

乌蔹梅

Cayratia japonica Thunb.) Gagnep

· **形态特征** 多年生蔓生草本。茎常绿色，有

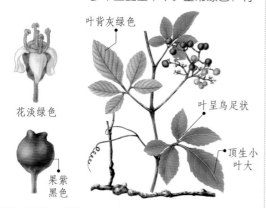

叶背灰绿色

花淡绿色

叶呈鸟足状

顶生小叶大

果紫黑色

纵棱，具卷须，幼枝微被柔毛；鸟足状复叶，互生，小叶5枚，倒卵形至长椭圆形，长2～7cm，中间小叶较大，边缘具粗锯齿；总叶柄长3～8cm，中间小叶柄最长，两侧较短；聚伞花序腋生或假腋生，花序梗长，萼杯状、膜质，花小，淡绿色，花冠4枚，雄蕊4枚，花盘与子房合生；浆果卵形，熟时紫黑色。花期5～6月，果期9～10月。

· **食用部位和方法** 嫩茎叶可食，3～5月采摘，洗净，入沸水焯一下后捞出，凉拌、炒食、煮食或做馅。

· **野外识别要点** 本种茎具卷须，幼枝有柔毛；鸟足状复叶，小叶5枚，边缘有齿；小花黄绿色，果熟时紫黑色。

别名：五爪龙、大叶五爪龙、五叶莓、地五加、猪血藤、过江龙、地老鼠、见肿消、四季草、五将草。	科属：葡萄科乌蔹梅属。
生境分布：常野生于山坡疏林、灌丛、荒野及路边，分布于中国华东及中南地区。	

五味子

种子

Schisandra chinensis Turcz.) Baill.

- **形态特征** 落叶木质藤本。茎长4～8m，老枝灰褐色，幼枝红褐色，表皮皱缩，常片状剥落；老枝叶簇生，幼枝叶互生、卵形、倒卵形至椭圆形，侧脉3～7对，叶背侧脉及中脉被柔毛，边缘中上部具浅锯齿；叶柄短，两侧由叶基下延成极狭的翅；花单生或簇生于叶腋、白色或粉红色，雄花花梗稍长、中部以下具苞片，花被片长圆形，雄蕊5枚，直立排列于花托顶端；雌花花梗稍短，花被片和雄花相似，柱头鸡冠状，基部具附属体；核果球形，常聚合成穗状，成熟时紫红

色；种子1～2粒、肾形、淡褐色，种脐凹入，呈"U"形。花期5～7月，果期7～10月。

- **食用部位和方法** 嫩叶和嫩芽可食，3～5月采摘，洗净，入沸水焯熟后，再用清水浸泡、炒食、凉拌、做汤或制成酱菜。

- **野外识别要点** 木质藤本，叶通常中部以上最宽，背面沿脉具柔毛，叶柄带红色；花雌雄同株或异株，粉白色或粉红色，雌蕊群近卵圆形，雄蕊群倒卵圆形；果熟时紫红色，种子大，淡褐色，种脐凹入，呈"U"形。

别名：山花椒、秤砣子、五梅子。	科属：木兰科五味子属。
生境分布：常生长在山坡、沟谷或水边，海拔可达1500m，分布于中国东北、华北、西北及山东。	

羊乳

蒴果椭圆形

Codonopsis lanceolata Benth. et Hook. f.

主根粗壮

叶2～4片轮生

- **形态特征** 多年生草质藤本。植株攀缘状生长，有乳汁，散发臭气，主根纺锤形，外皮黄褐色，茎细长，有多数短细分枝，微带紫色，疏生柔毛；叶在主茎上互生，细小，披针形或菱状狭卵形；小枝顶端叶通常2～4片轮生，更小，菱状卵形或狭卵形，叶脉明显，叶背灰绿色，近全缘，具短柄；花单生或对生于小枝顶端，花梗长可达9cm，花萼5裂，裂片卵状三角形；花冠阔钟状、黄绿色，里面具紫色斑点或呈紫色，口部5浅裂，裂片三角状，顶端反卷；雄蕊5枚，花盘肉质，深绿色；花丝钻状，基部微扩大；子房半下位，柱头3裂；蒴果椭圆形，顶端有喙；种子多数、卵形，有翼，成熟时棕色。花果期7～8月。

- **食用部位和方法** 幼苗、嫩叶及根均可食，根在春、秋季采挖，去掉地上部分，洗净、剥皮，煮食或熬粥；幼苗和嫩叶一般在5～7

花冠阔钟状，黄绿色

茎含乳汁，有臭气

月采收，洗净，入沸水焯一下，再用清水浸泡约2小时，凉拌、炒食、腌制或煮食均可。

- **野外识别要点** 本植株有乳汁，散发臭气，小枝顶端4叶轮生；花钟形，黄绿色，喉部紫色或具紫色斑点，5裂片反卷，常呈暗红色。

别名：山胡萝卜、羊奶参、四叶参、轮叶党参。	科属：桔梗科党参属。
生境分布：常生长在沟谷、林下或灌丛阴湿处，分布于中国东北、华北、华东、华南及中南地区。	

野大豆

Glycine soja Sieb. et Zucc.

· **形态特征** 一年生缠绕草本。茎长1～4m，疏生黄色硬毛；羽状三出复叶，具长叶柄，托叶卵状披针形，急尖，被黄色柔毛；小叶3枚，顶生小叶卵圆形或卵状披针形，侧生小叶斜卵状披针形，薄纸质、两面均被绢状的糙伏毛，全缘，叶柄短或近无；总状花序腋生，花梗密生黄色长硬毛；苞片披针形；花小，花萼钟状，密生长毛，裂片5裂，三角状披针形；花冠蝶形，淡红紫色或白色，旗瓣近圆形，先端微凹，基部具短瓣柄，翼瓣斜倒卵形，有明显的耳，龙骨瓣比旗瓣及翼瓣短小，密被长毛；花柱短而向一侧弯曲；荚果长圆形，稍弯，密被长硬毛，种子间稍缢缩，干时易裂；种子2～3粒，椭圆形，稍扁，褐色至黑色。花期7～8月，果期8～10月。

· **食用部位和方法** 种子可食，8月采收荚果，剥取里面的豆子，洗净，煮熟食用，也可磨面。

· **野外识别要点** 本种茎细弱，疏生黄色硬毛；羽状三出复叶，小叶两面被长硬毛；花淡红紫色，蝶形；荚果稍弯，密被黄褐色长硬毛；种子黑色。

茎疏生黄色硬毛

羽状复叶，小叶3枚

叶背浅绿色

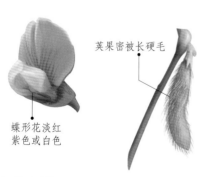

蝶形花淡红紫色或白色

荚果密被长硬毛

叶面被绢状糙伏毛

别名：豆、小落豆、落豆秧、山黄豆、乌豆、蔓豆。	科属：豆科大豆属。

生境分布： 常野生于沼泽、草甸、沟旁、河岸、湖边、田边及灌木丛、草丛中，海拔可达2500m，除新疆、青海和海南外，全国大部分地区均有分布。

中华猕猴桃
Actinidia chinensis Planch.

由于果实质地柔软，猕猴喜食，故名猕猴桃。猕猴桃有"水果之王"的美誉，是一种营养价值极高的水果，尤其是维生素C含量在水果中名列前茅。现在，猕猴桃饮品已成为国家运动员首选的保健饮料。

· 形态特征 落叶藤本。幼枝密生棕黄色柔毛，后渐脱落，具长圆形皮孔，髓白色至淡褐色；叶阔卵形至近圆形，纸质，长达17cm，宽达15cm，先端近圆形、微凹，基部钝圆形至浅心形，叶面暗绿色，叶背密生灰白色绒毛，侧脉5～8对，边缘具细锯齿；具短叶柄，被灰白色茸毛、黄褐色长硬毛或铁锈色硬毛状刺毛；花杂性，多为雌雄异株，常3～6朵组成聚伞花序，花序梗长约2cm，与钻形苞片均被灰白色丝状绒毛或黄褐色茸毛；花初开时白色，开后变橙黄色，有香气，萼片3～7裂，卵状长圆形，两面密被黄褐色绒毛；花瓣5枚，阔倒卵形，有短距；雄蕊多数，花丝狭条形；子房球形，密被金黄色糙毛；浆果半球形，成熟时黄绿色，密被绒毛。花期5～6月，果期10月。

· 食用部位和方法 猕猴桃是一种非常受欢迎的水果，其营养丰富，味道甜美，成熟后采摘，可去皮直接食用。

· 野外识别要点 本种幼枝密生棕黄色粗毛，叶长圆形，先端微凹，叶背密生灰白色柔毛，边缘具齿；花初开时白色，开后变橙黄色，有香气；果成熟时黄绿色。

叶表面暗绿色，叶脉凹陷

小花有香气

花枝图

叶近圆形或长圆形

叶背密生白色绒毛

果枝图

叶缘具细齿

浆果卵形，熟后可食

枝具长圆形皮孔

别名：羊桃、阳桃、藤梨、猕猴桃。	科属：猕猴桃科猕猴桃属。
生境分布：常生长在湿润的溪谷或林缘，原产于中国，主要分布于西北及长江流域以南地区。	

竹叶子

Streptolirion volubile Edgew.

茎带红色，长可达6m

叶脉弧形

叶背灰绿色，疏生柔毛

· 形态特征

缠绕草本。茎细长而缠绕，长可达6m；叶互生，叶片心形，长4～11cm，宽2.5～10.5cm，顶端尾状尖，叶背稍被疏柔毛，叶面近无毛，边缘密被睫毛，叶脉弧形；叶柄长3～15cm，叶鞘长2～4cm，鞘口被睫毛；蝎尾状聚伞花序数个组成圆锥花序，苞片叶状，长约3cm，上部的变小而呈卵状披针形，最下部聚伞花序上的花常为两性花，其余上部花序的花常为雄花；花白色；雄蕊6枚；蒴果卵状三棱形。花期6～9月，果期10～11月。

· 食用部位和方法

采摘嫩苗或嫩茎叶，洗净，水焯后凉拌。

· 野外识别要点

缠绕草本，叶心形，叶脉弧形，叶柄基部有明显叶鞘，花白色。

别名：野地瓜、满地青、地枇杷、地瓜藤、地胆紫、地石榴、过山龙、匐地龙。	科属：鸭跖草科竹叶子属。
生境分布：生于海拔500～3000m的山谷、灌丛、密林下或草地，分布于中国西南、中南及湖北、浙江、甘肃、陕西、山西、河北及辽宁。	

紫藤

花离析图

Wisteria sinensis Sims) Sweet

紫藤在中国的栽培历史长达1200多年，其串串花序悬挂于藤蔓间，蜿蜒的条蔓犹如蛟龙翻腾，自古以来便深受人们喜爱。

· 形态特征

落叶攀缘性大藤本。树皮浅灰褐色，嫩枝暗黄绿色，冬芽扁卵形；奇数羽状复叶，互生，小叶7～13枚，卵状椭圆形，有时两面有白柔毛，后渐脱落；总状花序顶生于枝端或叶腋，长达30cm，下垂，着花50～100朵，蝶状花密集而醒目，蓝紫色，有芳香；荚果细长，外被绒毛，内含种子3～4粒。花期4～5月，果期8～9月。

· 食用部位和方法

花瓣可食，清香味美，夏季采摘，洗净，炒食、做馅或熬粥。紫萝饼、紫藤粥、凉拌葛花、炸紫藤鱼，都是加入了紫藤花做成的美味。嫩豆荚和种子不可食用。

· 野外识别要点

本种树皮灰褐色，不裂，嫩枝黄绿色；羽状复叶；花序下垂，花蓝紫色，芳香浓郁。

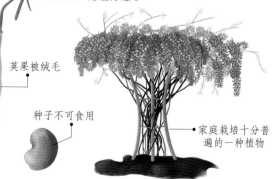

荚果被绒毛

种子不可食用

家庭栽培十分普遍的一种植物

别名：朱藤、招藤、招豆藤、藤萝、黄环。	科属：豆科紫藤属。
生境分布：常野生于土层深厚、排水良好的地方，原产于中国，主要分布于长江流域及陕西、河南、广西、云南等地。	

内容索引

中国之美·自然生态图鉴

Beauty of China　The Natural Ecological View

 中国野菜图鉴

封面设计：垠　子
版式设计：孙阳阳
插图绘制：火美阳光